Hochschultext

G. Hosemann · W. Boeck

Grundlagen der elektrischen Energietechnik

Versorgung, Betriebsmittel, Netzbetrieb, Überspannungen und Isolation, Sicherheit

Vierte, überarbeitete Auflage

Mit 141 Abbildungen und 2 Beilagen

Springer-Verlag Berlin Heidelberg GmbH

Dr.-Ing. Gerhard Hosemann
em. Universitätsprofessor, Lehrstuhl für Elektrische Energieversorgung
der Universität Erlangen-Nürnberg

Dr.-Ing. Wolfram Boeck
Universitätsprofessor, Lehrstuhl für Hochspannungs- und Anlagentechnik
der Technischen Universität München

ISBN 978-3-540-53421-1 ISBN 978-3-662-07572-2 (eBook)
DOI 10.1007/978-3-662-07572-2

CIP-Titelaufnahme der Deutschen Bibliothek

Hosemann, Gerhard:
Grundlagen der elektrischen Energietechnik:
Versorgung, Betriebsmittel, Netzbetrieb, Überspannungen u. Isolation, Sicherheit/
G. Hosemann; W. Boeck. –
4., überarb. Aufl.
Berlin; Heidelberg; New York; London; Paris; Tokyo; Hong Kong; Barcelona: Springer 1991
(Hochschultext)

Vorwort zur vierten Auflage

Nachdem die Ausgaben 1979 und 1983 bei den Lesern so freundliche Aufnahme fanden, konnte 1987 eine gründlich überarbeitete dritte Fassung folgen. Hier liegt nun die vierte Auflage vor. Darin wurden vor allem das erste Kapitel, das einen Überblick über die Elektrische Energieversorgung gibt, unter Berücksichtigung der Bundestarifordnung BTO Elt vom 18.12.1989 auf neuen Stand gebracht.

Allgemein ist heute ein verstärktes Interesse für die großen energiewirtschaftlichen und -politischen Zusammenhänge festzustellen. Diese erfreuliche Tatsache läßt ein wachsendes Verständnis für Wesen und Wert umfassender Energiesysteme erwarten: die tiefgreifenden Umwälzungen allen wirtschaftlichen Denkens in den östlichen Nachbarstaaten und der Aufbruch zum erweiterten Europäischen Markt bestimmen jetzt unsere Zeit. Gerade hier sind die Hochschulen gefordert, nicht nur Fachwissen zu vermitteln, sondern auch zum Systemdenken anzuleiten, was die Verfasser bereits im Vorwort zur ersten Auflage als besonderes Anliegen herausstellten.

Das Lehrbuch soll den Leser an die Fachliteratur heranführen, so daß er technische Handbücher sinnvoll nutzen kann. Dabei ist vor allem an den Band 3 "Netze" der HÜTTE-Taschenbücher für Elektrische Energietechnik gedacht, der auch umfangreiches weiteres Schrifttum enthält.

Die Verfasser schließen sich wieder so eng wie möglich an das Normenwerk an. Sie danken der Deutschen Elektrotechnischen Kommission DKE im DIN und VDE, die ihre Anregungen aufgriff und Auszüge aus DIN VDE 0100 und DIN VDE 1000 herstellen ließ.

Besondere Verdienste erwarb sich wiederum Herr Dr.-Ing. Wolfgang Meyer, der mit seinen Helfern die Durchsicht des Manuskripts mit Sorgfalt und Umsicht besorgte.

Erlangen und München, im Sommmer 1990 Die Verfasser

Aus dem Vorwort zur ersten Auflage

Die gesicherte Versorgung der Bevölkerung mit elektrischer Energie ist eine der wichtigsten Aufgaben der Infrastruktur und Voraussetzung für ein Leben in gesicherten sozialen Verhältnissen. Mit ihr beschäftigen sich heute mehr Wissenschaftler als je zuvor. Ein umfassender systematischer Überblick über die Grundlagen dieses Gebietes fehlt bisher im Schrifttum. Das Buch möchte diese Lücke schließen.

Zur Energietechnik sind innerhalb der Elektrotechnik die Fachgebiete Energieerzeugung, -übertragung, -verteilung, -anwendung und -wirtschaft zu rechnen. Um den Stoff zu beschränken, wird die Energietechnik hier aus der Sicht der Energieversorgung behandelt, des innerhalb der Volkswirtschaft mit Abstand wichtigsten Industriezweiges. Folglich wird die Technik der Energieanwendung etwa für Antriebe, Beleuchtung, Heizung und technische Prozesse sowie auf das Messen, Steuern und Regeln nur soweit eingegangen, wie es das Verständnis des umfangreichen Stoffes erfordert. Auch die Kraftwerkstechnik und die Thermodynamik bleiben ausgeschlossen. Statt dessen sind die Grundzüge der Hochspannungstechnik, der Sicherheitstechnik und der Elektrizitätswirtschaft aufgenommen.

Das vorliegende Buch möchte in diesem Wissensbereich nicht nur Tatsachen und Eindrücke vermitteln. Es will vielmehr den Studierenden zu analytischem und wenigstens im Ansatz konstruktivem Denken anregen und ihn befähigen, auch übergreifende und wirtschaftliche Zusammenhänge zu verstehen. Es wendet sich auch an die im Beruf stehenden Ingenieure, von denen nach vorliegender Erfahrung bislang nur etwa jeder fünfte in der Lage ist, die Grundlagen seines Wissens über Spezialkenntnisse hinaus angemessen zu erweitern.

Der Inhalt dieses Buches geht auf die für die Studenten der Elektrotechnik vorzugsweise im 4. Semester bestimmte Vorlesung zurück, die die Autoren seit mehr als 15 Jahren zuerst in Darmstadt, dann in Erlangen und München in wechselnder Form hielten. Manche Abschnitte dienen zur Ergänzung des Stoffes und zur Vertiefung, ohne daß der Inhalt zum Verständnis anderer Kapitel benötigt wird; sie sind im Inhaltsverzeichnis mit dem Zeichen "V" versehen.
Der Aufwand an Mathematik wird durch Verwendung idealisierter Modelle bewußt klein gehalten: Komplizieren ist immer einfach.

Erlangen und München, im Winter 1978/79 Die Verfasser

Inhaltsverzeichnis

Die mit dem Zeichen (V) gekennzeichneten Abschnitte dienen zur Vertiefung; ihr Inhalt wird zum Verständnis anderer Abschnitte nicht benötigt.

1 Elektrische Energieversorgung

1.1 Aufgabe

Die Versorgung mit elektrischer Energie gehört wie die Wasserversorgung und die Einrichtung leistungsfähiger Verkehrsverbindungen zu den Grundaufgaben der Infrastruktur. Gegenüber anderen Energieformen weist die Elektrizität bedeutende Vorteile auf:

- Sie erlaubt es, im Grundsatz jede Rohenergiequelle auszunutzen, also nicht nur die gegenwärtigen Naturkräfte Wasser, Gezeiten und Wind, sondern auch die erdgeschichtlich gespeicherten Energien der Braun- und Steinkohle, des Erdgases und Erdöls sowie der Erdwärme, ferner die chemischen und kernchemischen Energien ebenso wie die Abfallenergien der Müllentsorgung;

- die ausschließliche oder teilweise Umwandlung dieser Rohenergiequellen in elektrische Energie ist in vielen Fällen besonders wirtschaftlich und umweltfreundlich;

- sie wird zum Einsparen von Primärenergie, z. B. durch Wärmepumpen, benötigt;

- sie läßt sich rasch, zuverlässig, sauber und verlustarm bis zum Endabnehmer verteilen;

- sie ist einfach und gut zu messen, zu steuern und zu regeln;

- sie läßt sich in Groß- und Kleinanlagen am Ort des Verbrauchs nahezu unbegrenzt mit bestem Wirkungsgrad nach Bild 1.1 in alle anderen Energieformen umwandeln, z. B. in mechanische Arbeit, Licht und Wärme. Solche vollständig umwandelbaren Energieteile werden in der Thermodynamik "Exergie", die nichtumwandelbaren Energieteile "Anergie" genannt: Elektrische Energie ist reine Exergie;

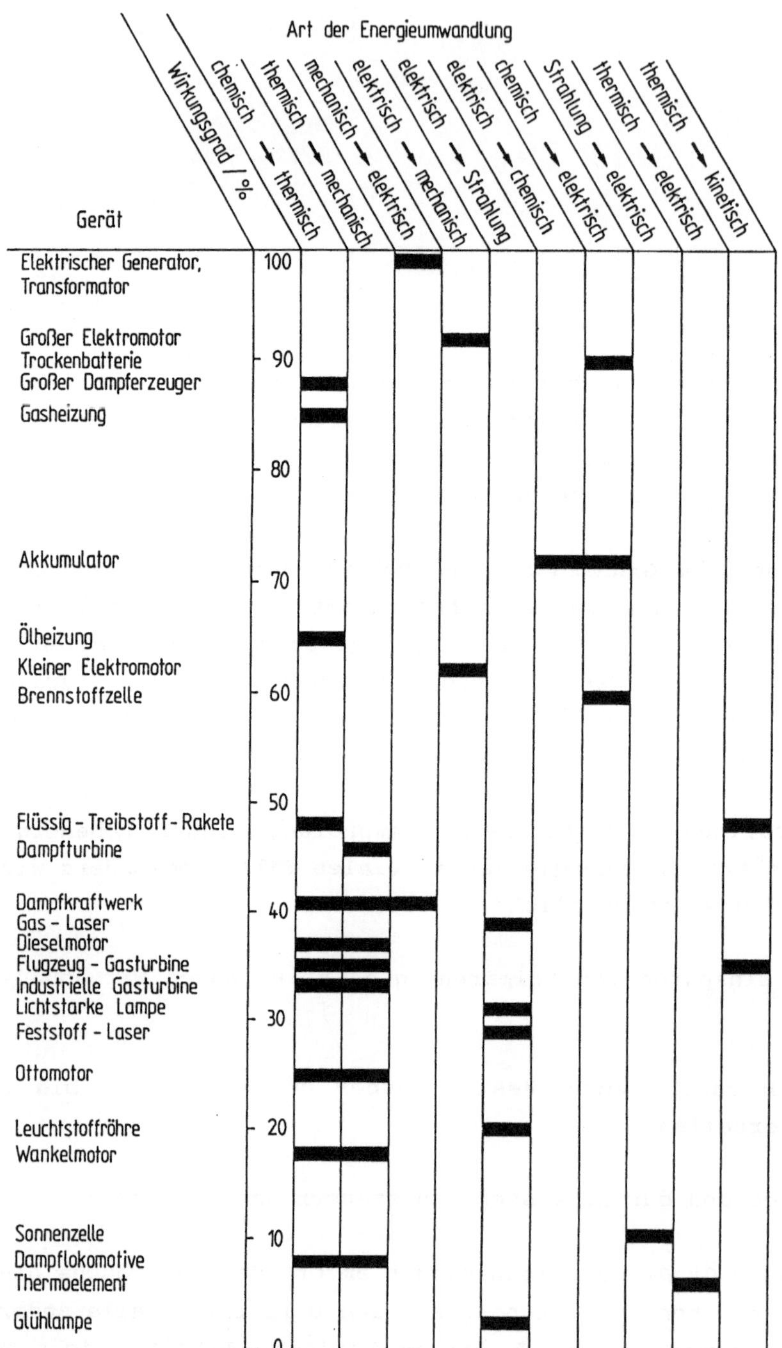

Bild 1.1. Wirkungsgrad von Energieumwandlungen [47 S. 141]

- sie ist für die Nachrichtenübertragung, Datenverarbeitung sowie manche chemische und mechanische Verfahren praktisch unersetzlich;

- die elektrischen und magnetischen Felder sind bei den im menschlichen Lebensraum auftretenden Feldstärken unschädlich, der elektrische Strom ist masselos und bedarf keiner Entsorgung, Wiederaufbereitung oder Endlagerung: Elektrische Energie ist eine umweltfreundliche Dienstleistung.

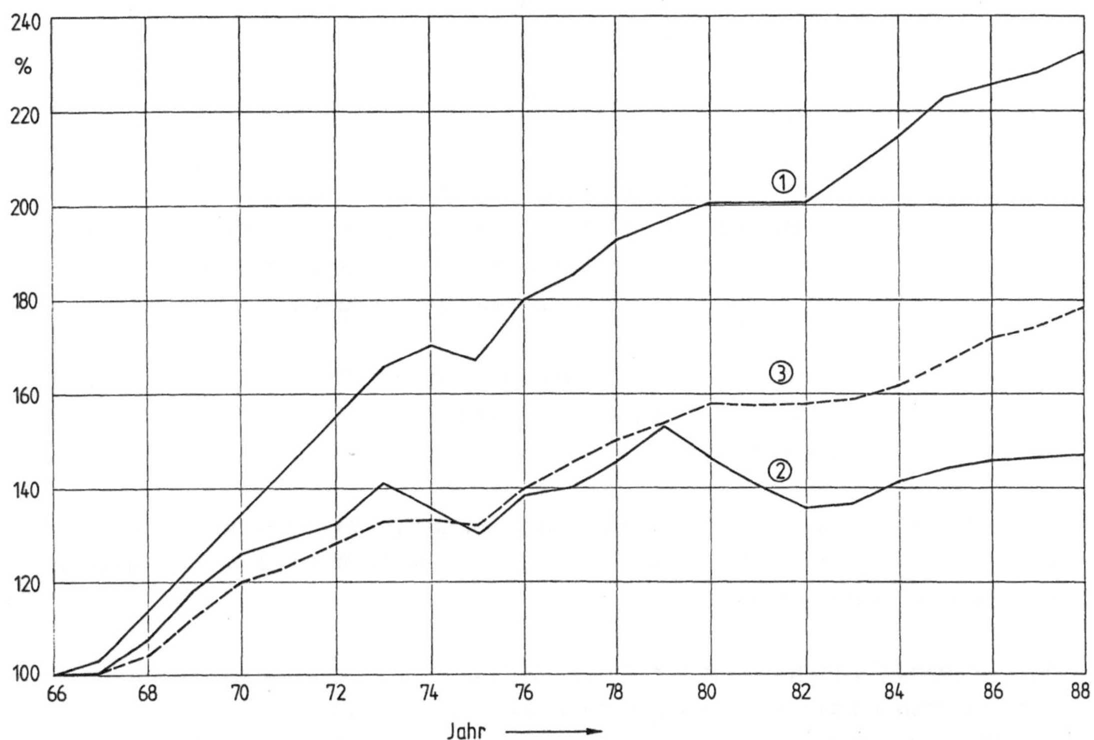

Bild 1.2. Elektrizitätsverbrauch ①, Primärenergieverbrauch ②, und Brutto-Inlandsprodukt ③ 1966 - 1988 [61, 152]

So ist es verständlich, daß der Anteil der elektrischen Energie an der Summe sämtlicher den Endabnehmern gelieferter Energien unterschiedlicher Form nach Bild 1.2 Jahr für Jahr wächst, was man aus dem Vergleich der Kurven ① und ② ersieht. Aufgrund des bisherigen Verlaufes darf man annehmen, daß der jährliche Anstieg des Stromverbrauches auch künftig deutlich über der Entwicklungsrate des Brutto-Inlandsproduktes nach Kurve ③ liegt. Dabei ist der vor allem in den Haushalten festzustellende jährliche Mehrbedarf nicht etwa auf die

Werbung neuer Abnehmer zurückzuführen, da seit etwa 1930 praktisch jeder Haushalt in Deutschland mit Strom versorgt wird. Durch Spar- und Maßhalteappelle wird die Nachfrage kaum beeinflußt; sie ließe sich allenfalls durch einschneidende dirigistische Maßnahmen drosseln. Überhöhte Strompreise gefährden die stromintensiven Arbeitsplätze des Gewerbes und der Industrie.

Langfristig muß bei günstiger gesamtwirtschaftlicher Entwicklung mit einer jährlichen Zuwachsrate der elektrischen Energie in den Industrieländern von 1 bis 2 %, in den Schwellen- und Entwicklungsländern mit erheblich höheren Raten gerechnet werden.

Als Nachteile der elektrischen Energie sind anzuführen:

- Sie läßt sich nicht unmittelbar speichern: In jedem Zeitaugenblick muß von den Kraftwerken ebensoviel Leistung abgegeben werden wie die Endabnehmer fordern, zuzüglich eines Zuschlages für die im allgemeinen unter 10 % bleibenden Übertragungsverluste der Netze;

- sie wird zum überwiegenden Teil durch Wärmekraftmaschinen erzeugt, die die Wärmeenergie naturgesetzlich nur beschränkt in elektrische Energie umwandeln können;

- ihre Übertragung ist an Leitungen gebunden: Freileitungen beeinflussen das Landschaftsbild, Kabel sind nach Bild 2.6 bei großen Leistungen aufwendig;

- die erforderlichen Kraftwerke und Netze sind zu etwa gleichen Teilen außerordentlich kapitalintensiv: Die jährlichen Investitionen der öffentlichen Versorgung mit elektrischer Energie übertreffen die Investitionen vieler anderer Industriezweige.

Der hohe Kapitalbedarf verlangt eingehende Bedarfsanalysen und sorgfältige, langfristige Planungen, die sich nach Bild 1.3 nicht nur auf die Errichtungskosten, sondern auch auf die zu erwartende Versorgungszuverlässigkeit und die Umweltfreundlichkeit erstrecken müssen: Schon der volkswirtschaftliche Wert einer durch Versorgungsunterbrechung nicht zeitgerecht gelieferten Kilowattstunde kann durchaus das Hundertfache oder mehr einer zeitgerecht gelieferten Kilowattstunde betragen. Unterirdische Leitungen fallen in der Umgebung weit weniger auf als Freileitungen, sind aber mit vielfachen Errichtungskosten verbunden und verlangen ein generelles Bau- und einschneidendes Bepflanzungsverbot auf ihren vergleichsweise schmalen Trassen.

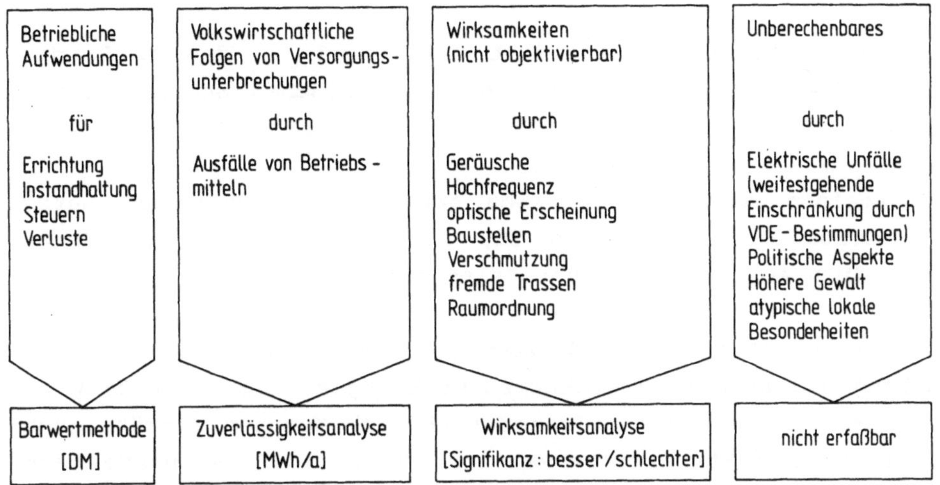

Bild 1.3. Einflußgrößen bei der Planung einer elektrischen Energieübertragung [143 S. 73]. Eine alle Einflüsse umfassende objektive Zielfunktion existiert nicht. Würde man die Versorgungsunterbrechungen nur aus materieller Sicht bewerten und mit dem zu ihrer Vermeidung benötigten Aufwand optimieren, ließe sich die von der Gesellschaft geforderte Versorgungszuverlässigkeit nicht erreichen

Dem nicht quantifizierbaren Sicherheitsbedürfnis bei der gefahrlosen Anwendung elektrischer Energie dienen die vom Verband Deutscher Elektrotechniker (VDE) und vom Deutschen Institut für Normung (DIN) herausgegebenen DIN VDE-Bestimmungen und DIN VDE-Leitsätze (Abschnitt 5.7). Sie werden zunehmend den Erfordernissen des gemeinsamen Europäischen Marktes angeglichen.

Weiterführende Literatur zum Abschnitt 1.1:
[17, 38, 43, 47, 50, 64, 88, 105, 111, 114, 124, 143, 152, 154].

1.2 Zusammenfassung wichtiger Begriffe und Vereinbarungen

Für die weiteren Abschnitte werden die folgenden Begriffe vereinbart. Die ausführlichen Begriffserklärungen findet man in der angegebenen Literatur.

1. Das Beiwort "elektrisch" entfällt weitgehend, so daß z. B. das Hauptwort "Betriebsmittel" stets ein elektrisches Betriebsmittel bedeutet.

2. Im allgemeinen werden symmetrisch gebaute und betriebene Netze für Drehstrom 50 Hz vorausgesetzt, d. h. für dreiphasigen Wechselstrom (DIN 40 108). Ausnahmen sind bezeichnet.

3. Betriebsmittel (DIN VDE 0111) dienen der Erzeugung, Übertragung, Verteilung und Anwendung elektrischer Energie. Hierzu gehören z. B. Generatoren, Leitungen, Transformatoren, Motoren (Geräte nach DIN 40 150) oder Stromrichterventile, Klemmen (Bauelemente nach DIN 40 150).

4. Anlagen (DIN VDE 0111) sind Kombinationen von Betriebsmitteln am gleichen Ort, die für eine gemeinsame Wirkung ausgelegt sind, wie z. B. Kraftwerke, Umspannwerke.

5. Netze (DIN VDE 0111) sind Kombinationen von Anlagen, die für eine gemeinsame Wirkung auch über große Entfernungen hinweg ausgelegt sind. Durch Zusätze lassen sich die überwiegende Aufgabe (Transportnetz, Verteilungsnetz, Stadtnetz, Werksnetz) oder die Struktur (Strahlennetz, Ringnetz, Maschennetz) kennzeichnen.

6. Netzverbände sind Kombinationen von Netzen über Großräume hinweg.

7. Größengleichungen (DIN 1313) werden bevorzugt. Zahlenwertgleichungen sind mit ZwGl gekennzeichnet.

8. Die Einheiten sind dem Système International d'Unités (abgekürzt SI, DIN 1301 T 1) entnommen. Die Währungseinheit DM wird wie eine Grundeinheit des SI behandelt. Das Prozent wird nicht als Einheit, sondern als Abkürzung für die Zahl 10^{-2} angesehen. Die Scheinleistung erhält nach DIN 1301 T 2 die Einheit VA, die Wirkleistung W, die Blindleistung var.

9. Für sinusförmige Größen gilt nach DIN 5483 T 3 die Schreibweise

$$g(t) = \sqrt{2}\ \mathrm{Re}\{\underbrace{\underline{G}\ e^{j\omega t}}_{\text{rotierender Zeiger}}\} \qquad \text{mit } \underbrace{\underline{G} = G\ e^{j\gamma}}_{\text{fester Zeiger}} \ . \qquad (1.1)$$

10. Bei den **A**-Matrizen von Zweitoren werden Kettenzählpfeile mit der Stromrichtung vom Generator zum Verbraucher verwendet; zwischen Erzeuger- und Verbraucherzählpfeilen braucht dann nicht unterschieden zu werden. Alle Mehrtor-Matrizen werden für symmetrische Zählpfeile aufgestellt (DIN 5489 oder DIN 40 148 T 1).

11. Induktive Blindleistung und induktiver Blindstrom werden vereinfachend Blindleistung Q und Blindstrom I_b genannt. Damit ist die komplexe Leistung (DIN 40 110) bei Wechselstrom

$$\underline{S} \overset{\mathrm{DEF}}{=} \underline{U}\ \underline{I}^* = \underline{U}(I_w + jI_b) = P + jQ \qquad (1.2)$$

und der komplexe Strom

$$\underline{I} = I_w - jI_b \ . \qquad (1.3)$$

12. Die Außenleiter nach Bild 1.15 müssen nach DIN 40 108 mit L1, L2, L3 bezeichnet und abgekürzt mit 1, 2, 3 indiziert werden. Wenn kein Irrtum möglich ist, entfällt der Index. Um Verwechslungen zu vermeiden, werden die Indizes der im Abschnitt 1.5.4 eingeführten symmetrischen Komponenten (0), (1), (2) hier wie in den IEC-Dokumenten eingeklammert, was sich zur Unterscheidung als "Null", "Mit" und "Gegen" aussprechen läßt. Die Indizes für Oberschwingungen werden nach DIN 5483 T 2 hochgestellt.

13. Die genormte Nennspannung U_n (nominal value, valeur nominale), die höchste, dauernd zulässige Spannung U_r (Bemessungswert, rated value, valeur assignée) sowie die Betriebsspannung U_b und ihr Höchstwert U_{bmax} sind Außenleiterspannungen. Alle anderen Spannungen sind ausnahmslos Außenleiter-Erdspannungen, bei denen zur Vereinfachung der zweite Index E weggelassen wird, also z. B. U_1 statt U_{1E}. Zur Vereinfachung wird nicht zwischen Nenn- und Bemessungswerten nach DIN 40 200 unterschieden.

14. Die für die Auslegung und den Preis dreiphasiger Betriebsmittel nach Abschnitt 2.1 maßgebende Nennleistung ist

$$S_n = \sqrt{3}\, U_n\, I_n \,. \tag{1.4}$$

15. In dreiphasigen Ersatzschaltplänen, z. B. nach Bild 1.15, werden üblich die Pfeilspitzen der Außenleiter-Erdspannungen zusammengelegt. In Zeigerdiagrammen, z. B. nach Bild 1.17, liegen dagegen die Pfeilenden zusammen. In jedem Fall gilt

$$\underline{U}_{ik} = \underline{U}_i - \underline{U}_k \,,$$

gleichgültig, ob die Pfeilspitzen oder Pfeilenden beisammen liegen.

16. Die Formelzeichen richten sich nach

    DIN 1304 T 1 "Allgemeine Formelzeichen";

    DIN 1304 T 3 "Formelzeichen. Elektrische Energieversorgung".

    Effektivwerte werden nach DIN 5483 T 2 durch Großbuchstaben, Matrizen nach DIN 5486 durch Fettdruck dargestellt.

    Die in Größengleichungen verwendeten Formelzeichen für dimensionslose relative Größen werden nach DIN 1304 T 1 durch einen tiefgestellten Stern indiziert. Als Indizes für Orte und Betriebsmittel werden vorzugsweise große Buchstaben vorgesehen, für Betriebszustände kleine Buchstaben.

17. Längenbezogene Größen werden nach DIN 1304 T 1 Beläge genannt und mit einem hochgestellten Strich gekennzeichnet, z. B. der Widerstandsbelag R' mit der Einheit Ω/km.

18. Für ideale Quellenspannungen wird das Formelzeichen E, für ideale Quellenströme das Formelzeichen K gesetzt.

19. Schaltzeichen und Schaltkurzzeichen werden nach den DIN-Taschenbüchern 7 und 501 verwendet. Ein Sonderdruck für Lehrzwecke kann bei der Deutschen Elektrotechnischen Kommission im DIN und VDE (DKE) angefordert werden. Transformatoren ohne Streuung, Magnetisierung und Verluste werden "ideal" genannt, ihre Wicklungen erhalten hier das Schaltzeichen 82 aus der IEC-Publikation 177-1:

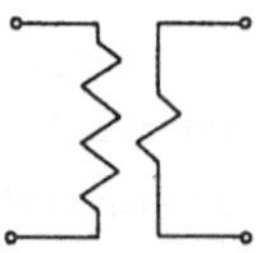

1.3 Aufbau der westdeutschen Energieversorgung

1.3.1 Energieerzeugung

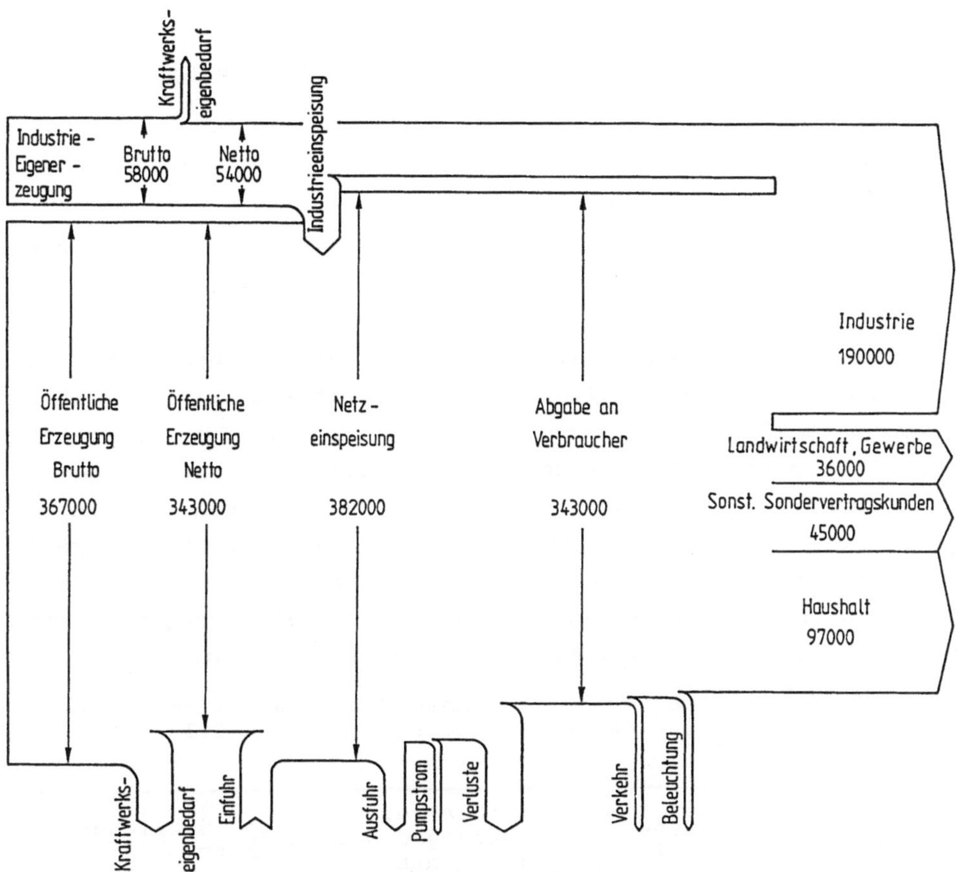

Bild 1.4. Energiefluß in der Elektrizitätsversorgung 1988 in GWh [61, 152]

Mit steigender Tendenz werden etwa 4/5 der elektrischen Energie nach Bild 1.4 in Kraftwerken der öffentlichen Versorgung erzeugt, mit fallender Tendenz etwa 1/5 in industriellen Eigenanlagen. Die bundesbahneigenen Kraftwerke machen weniger als 2 % aus, die Aus- und Einfuhr etwa 2 % bis 5 %. In ähnlicher Weise teilt sich die Engpaßleistung der Kraftwerke auf, worunter man deren höchstmögliche Dauerleistung im störungsfreien Zustand versteht. Die Divison der an den Generatorklemmen zu messenden Bruttoerzeugung durch die Engpaßleistung ergibt die Ausnutzungsdauer T_m. Bezieht man T_m auf den Zählzeitraum T_z der Bruttoerzeugung, so erhält man allgemein

$$\frac{T_m}{T_z} \stackrel{\text{DEF}}{=} \frac{W_{Brutto}}{P_{Engpaß}\, T_z} = \frac{\int_0^{T_z} P\, dt}{P_E T_z} \tag{1.5}$$

und für die öffentliche Energieversorgung 1988 mit $T_z = 1$ a

$$\frac{T_m}{T_z} = \frac{367\ \text{TWh}}{88\ \text{GW} \cdot 1\ \text{a}} = 4170\ \frac{\text{h}}{\text{a}} \approx 0{,}48\ .$$

Dieser Wert ist vor allem im Vergleich zu Kraftfahrzeugen und anderen Kraftmaschinen sehr hoch.

Die Aufteilung der Kraftwerke auf die Primärenergien beschreibt Tabelle 1.1. Die thermischen Kraftwerke mit den niedrigsten Brennstoffkosten werden mit den höchsten Ausnutzungsdauern T_m eingesetzt. Braunkohle läßt sich nicht wirtschaftlich transportieren und muß in Grubennähe verarbeitet werden. Der Standort der anderen thermischen Kraftwerke ist wenig oder gar nicht an die Lagerstätten der Brennstoffe gebunden und kann bei geeigneten Kühlverhältnissen abnehmernah gewählt werden. Fast 40 % der erzeugten elektrischen Energie stammen aus Kernkraftwerken, etwa 20 % aus Braunkohlekraftwerken.

Tabelle 1.1. Kraftwerke der öffentlichen Versorgung 1988 [152]
Engpaßleistung $P_{Engpaß} = 88$ GW. Tagesdiagramm siehe Bild 1.6

Primärenergie	Rel. Engpaßleistung in %	Ungefähre rel. Ausnutzungsdauer T_m/T_z in h/a	Hauptsächlicher Einsatz
Kern-Spaltstoffe	26	6500	Grundlast
Braunkohle	13	6500	
Steinkohle	30	4000	Mittellast
Erdgas	14	1500	Spitzenlast
Heizöl	10	600	
Laufwasser	3	5900	nach Wasserführung
Speicherwasser	< 1	2900	Spitzenlast
Pumpspeicherwasser	4	800	

1.3.2 Energieübertragung

Netze zur Energieversorgung werden so ausgelegt, daß möglichst wenig Leistung auf dem Wege von den Kraftwerken zu den Verbrauchern "verlorengeht". Ein Maß für die Güte einer Übertragung ist der Übertragungswirkungsgrad des Netzes

$$\eta_{\text{Netz}} = \frac{\text{dem Abnehmer zugeführte Leistung}}{\text{dem Netz zugeführte Leistung}} \, .$$

Die Leitungsverluste $3RI^2$ der Netze sind stets groß gegenüber den Ableitverlusten $3GU^2$. Daher werden alle Netze angenähert als Konstantspannungsnetze betrieben und bei großen Leistungen für hohe Spannungen bei mäßigen Strömen ausgelegt. Verbraucher werden parallelgeschaltet mit Spannung versorgt, unbelastete Anschlüsse und Steckdosen laufen leer. Wäre dagegen $GU^2 >> RI^2$, so müßten verlustminimale Netze als Konstantstromnetze betrieben, die Verbraucher in Reihe geschaltet sowie unbelastete Anschlüsse und Steckdosen kurzgeschlossen werden.

Der Ausdruck "Verlust" ist thermodynamisch nicht korrekt, da nach dem ersten Hauptsatz keine Leistung oder Energie abhanden kommen kann. Als "Verlust" werden in der Energietechnik vor allem die nicht völlig vermeidbaren Aufheizungen der Leiter und ihrer Umgebung bezeichnet, also Überführung von umwandlungsfähiger elektrischer Energie (Exergie) in endgültig umgebungsgebundene Wärme (Anergie). Für solche ungewollten Exergie-Anergieumwandlungen wird hier wie im geläufigen Sprachgebrauch der Begriff "Verlust" beibehalten.

Eine ganz grobe Faustformel besagt, daß man für wirtschaftliche Drehstromnetze die Nennspannung in kV nicht kleiner wählen soll, als die vorgegebene Übertragungsentfernung in km. Gebräuchliche und in DIN 40 002 genormte Werte sind in Tabelle 1.2 aufgeführt.

Im allgemeinen sind dem Höchstspannungsnetz nach Tabelle 1.2 drei weitere Spannungsebenen unterlagert. Ob für eine Netzerweiterung als Mittelspannung 20 kV oder 10 kV in Frage kommen, wird durch die Nennspannung der schon vorhandenen Netzteile entschieden. In Netzen der Großindustrie kommen auch andere Nennspannungen vor, z. B. 30 kV und 0,5 kV. Als Nennwert für die ersten Niederspannungsnetze mit Gleichstrom wurde 110 V gewählt, was dem doppelten Wert einer Lichtbogenleuchte entspricht. Wegen der höheren Wirtschaftlichkeit und der geringeren Verluste wurden die europäischen Niederspannungsnetze inzwischen auf Drehstrom 380 V/220 V umgestellt. Dabei bedeutet der erste Wert den Nennwert zwischen den Außenleitern, der zweite Wert die Außenleiter-Erdspannung. Diese Spannungen werden zukünftig auf 400 V/230 V angehoben.

Die durchschnittlichen relativen Netzverluste sanken in den letzten zwanzig Jahren allmählich von etwa 7 % auf 5 %.

Tabelle 1.2. Netze der öffentlichen Versorgung

Netz	gebräuchliche Nennspannungen U_n/kV	Beispiel für durchschnittliche relative Verluste ca.	Sternpunkt
Höchstspannung V	380 220	2 %	niederohmig geerdet
Hochspannung H	110		niederohmig geerdet oder mit Erdschlußspule
Mittelspannung M	20 10	2 %	isoliert oder mit Erdschlußspule
Niederspannung N	0,4	2 %	meist geerdet

In der letzten Spalte der Tabelle 1.2 ist die gebräuchliche Verbindung zwischen den Sternpunkten der Betriebsmittel und der Erde aufgeführt, die man als "Sternpunktbehandlung" bezeichnet. Sie richtet sich in Niederspannungsnetzen vor allem nach den Schutzmaßnahmen bei indirektem Berühren (Abschnitt 5.6), in anderen Netzen nach den folgenden hochspannungstechnischen Gesichtspunkten (Abschnitt 4.2).

Ist der Sternpunkt N der Betriebsmittel im Netz nach Bild 1.5 nicht oder nur hochohmig mit der Bezugserde E verbunden, so stellt sich bei einem Erdschluß ↯ einerseits nur ein kleiner, bei Mittelspannung nach Tabelle 1.2 meist belangloser kapazitiver Erdschlußstrom ein:

$$\underline{I}_E = -\underline{I}_{2E} - \underline{I}_{3E} = -j\omega C(\underline{U}_2 + \underline{U}_3) \quad . \tag{1.6}$$

Setzt man die in Bild 1.5 c angegebenen Beziehungen ein, so erhält man mit $\underline{E}_1 + \underline{E}_2 + \underline{E}_3 = 0$ das Ergebnis

$$\underline{I}_E = j3\omega C\underline{E}_1 \ . \tag{1.7}$$

Andererseits lassen die Spannungszeiger erkennen, daß die Spannungen $\underline{U}$ zwischen den erdschlußfreien Außenleitern L2 und L3 und der Bezugserde E um den Faktor $\sqrt{3}$ anwachsen, was man in Mittelspannungsnetzen in Kauf nimmt.

Sind dagegen der Sternpunkt N und die Bezugserde E niederohmig miteinander verbunden, so wird der Strom an der Fehlerstelle so groß, daß besondere Vorkehrungen u. a. zum Schutz von Personen und benachbarten Nachrichtenkabeln nötig werden. Dagegen steigt die Spannung der fehlerfreien Leiter nach Abschnitt 4.2 weniger stark an, was in den Höchstspannungsnetzen beträchtliche Einsparungen an der Isolation erlaubt, so daß man sich immer zu einer solchen Sternpunkterdung entschließt.

Die Sternpunktbehandlung mit Erdschlußspulen wird im Abschnitt 5.2 beschrieben.

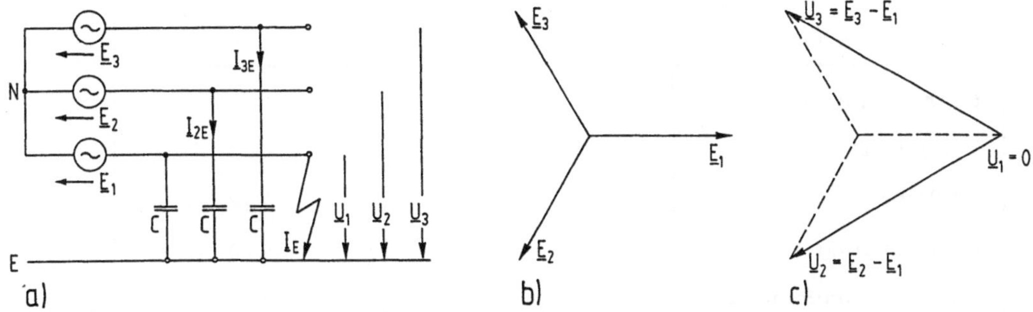

Bild 1.5. Erdschluß in einem stark vereinfachten Netz mit isoliertem Sternpunkt N
a) dreiphasiger Ersatzschaltplan
b) Zeigerdiagramm der Quellenspannungen $\underline{E}_{123}$
c) Zeigerdiagramm der Klemmenspannungen bei Erdschluß des Außenleiters L1
Im fehlerfreien Betrieb ist wegen der kapazitiven Symmetrie $\underline{U}_1 = \underline{E}_1$

1.3.3 Energieverbrauch

Verbraucher nach Tarif werden nach den allgemeinen Versorgungsbedingungen (AVB) versorgt. Hierzu zählen Haushalte, Gewerbebetriebe und landwirtschaftliche Betriebe. Der Leistungsbedarf dieser Gruppen wird nach Erfahrungswerten abhängig von der Heizungsart geschätzt. Für elektrische Heizung rechnet man etwa 0,2 kW/m^2, für Klimatisierung etwa 0,1 kW/m^2. Der Tarifabnehmer zahlte 1988 im Durchschnitt etwa 0,25 DM/kWh brutto. Der jährliche Zuwachs des Energieverbrauchs der Haushalte, der in den vergangenen Jahrzehnten besonders ausgeprägt war, wurde durch den Einsatz energiesparender Geräte wesentlich vermindert.

Verbraucher nach Sondervertrag sind Industriebetriebe, Verkehrsbetriebe und andere öffentliche Einrichtungen. Der Leistungsbedarf wird vertraglich festgelegt.

Tabelle 1.3. Abnehmer der öffentlichen Versorgung [152]

Verbrauchergruppe	Rel. Energieverbrauch 1988 in %	El. $\frac{\text{Energie 1988}}{\text{Energie 1978}}$
Nach Tarif:		
Haushalte	28	1,2
Gewerbe	9	1,2
Landwirtschaft	2	1,0
Nach Sondervertrag:		
Industrie	46	1,2
Verkehr	1	1,2
Beleuchtung	< 1	1,0
andere Verbraucher mit Sondervertrag	13	1,6

1.3.4 Bemerkungen zur zukünftigen Versorgung mit elektrischer Energie

Die elektrische Energieversorgung verlangt wegen der hohen Investitionskosten eine langfristige Planung.

Zusätzliche wirtschaftliche und umweltverträgliche Primärenergieträger müssen erschlossen werden. Die Entwicklungsländer werden die bisher exportierten Primärenergien, z. B. Erdöl, großenteils für die eigene Bevölkerung benötigen. Erneuerbare Energiequellen sparen Brennstoff, keine Kraftwerke. Allgemein bestehen bei der Versorgung mit elektrischer Energie geringere Einsparmöglichkeiten als bei anderen Energieformen: Weitere Senkung der Verluste in Kraftwerken und Netzen, Anwendung von Wärme-Strom-Koppelprozessen, verbesserte Energieanwendung durch Verwendung energiesparender Geräte, Schicht- und Nachtbetrieb der automatisierten Industrie. Mit der Einsparung nichtelektrischer Energien ist meist ein zusätzlicher Verbrauch elektrischer Energie verbunden.

Die Kraftwerke und Netze müssen dem wachsenden Energiebedarf, den steigenden Ansprüchen an die Versorgungszuverlässigkeit und den Erfordernissen der Umwelt folgen. Die Netze sollen auch für den Betrieb technischer Neuerungen, z. B. den Einsatz von Wärmepumpen oder Elektromobilen, aufnahmebereit bleiben.

Niedrige Stromkosten tragen dazu bei, Arbeitsplätze bei hohen Löhnen zu sichern und dienen dem sozialen Frieden.

Weiterführende Literatur zum Abschnitt 1.3:
[13, 17, 21, 31, 50, 61, 64, 73, 106, 152, 158].

1.4 Wirtschaftliche Energieversorgung

1.4.1 Leistungsabhängige und arbeitsabhängige Kostenanteile

Bei betriebswirtschaftlichen Überlegungen unterscheidet man üblich zwischen fixen und variablen Kosten. In der Energieversorgung entstehen fixe Kosten für Verwaltung, Meßeinrichtungen, Abrechnungen und den Vertrieb. Variabel sind Versorgungskosten, die durch das individuelle Verbraucherverhalten bestimmt werden [61]. Sie enthalten leistungs- und arbeitsabhängige Kostenanteile. Im einfachsten Fall werden die anfallenden Kosten als proportional entweder zur Leistung oder zur Arbeit angenommen. Übertragungsverluste verursachen Kosten sowohl für Kraftwerks- und Netzerweiterungen als auch für zusätzlichen Brennstoff.

Da sich Elektrizität wirtschaftlich nicht direkt speichern läßt, müssen die ans Netz angeschlossenen Verbraucher kaum überwachbar mit der in jedem Augenblick benötigten Leistung versorgt werden. Die leistungsabhängigen variablen Kostenanteile werden vor allem für die Errichtung und Erhaltung der Kraftwerke und Netze benötigt. Zu ihnen zählen:

- Die einmaligen Kosten für die Errichtung der betrachteten Betriebsmittel, u. U. in mehreren Ausbaustufen, einschließlich der Bereitstellung von Kraftwerks- und Übertragungsleistung zum Verlustausgleich der Betriebsmittel;

- die jährlichen Kosten für Bedienung, Wartung, Reparaturen, Steuern, Versicherungen.

Zum arbeitsabhängigen variablen Kostenanteil der Energieversorgung zählen die Brennstoffkosten für die gelieferte Energie und für die Verluste. Bei den erneuerbaren Energiequellen Laufwasser, Wind und Sonne entfallen sie.

Mit großen Buchstaben K werden im folgenden die Kosten in Währungseinheiten bezeichnet, mit kleinen, indizierten Buchstaben die spezifischen Kosten, z.B. die Leistungskosten k_P in DM/kW und die Arbeitskosten k_W in DM/kWh. Ein Punkt wird über die alljährlich anfallenden Kosten gesetzt; so sind die jährlichen Leistungskosten mit $\dot{k}_P$ in

DM/kWa bezeichnet. Hierbei werden die Kosten vorzugsweise in DM, die Zeit in Jahren, die Leistung in kW und die Energie in kWh eingesetzt.

1.4.2 Barwerte und Annuitäten

Alle einmaligen Kosten K_e, die um die Zeitdifferenz Δt gegenüber dem Stichtag 0 versetzt entstehen, werden auf diesen Stichtag bezogen. Er wird hier vereinfachend an den Beginn jenes Jahres gelegt, in dem erstmals auch jährliche Kosten entstehen. Man bezeichnet als Barwert K_{0e} der einmaligen Kosten K_e

$$K_{0e} = \frac{K_e}{q^e} \quad . \tag{1.8}$$

Dabei sind

$q = 1 + p$	Zinsfaktor in einem Jahr,	ZwGl	(1.9)
p	Kalkulationsszinsatz für ein Jahr,		
$e = \Delta t$	ganz- oder bruchzahlige Zeitdifferenz in Jahren.	ZwGl	

Alle leistungsabhängigen jährlichen Kosten K_a, die in gleichbleibender Höhe während der kalkulatorischen Lebensdauer des betrachteten Betriebsmittels entstehen, werden auf den Stichtag 0 mit der folgenden Rentenformel bezogen und als Barwert K_{0n} der jährlichen Kosten K_a bezeichnet:

$$K_{0n} = \frac{K_a}{r_n} \quad . \tag{1.10}$$

Dabei sind

$n > 0$ die kalkulatorische Lebensdauer in Jahren (positive Zahl),

r_n der Annuitätsfaktor während der Lebensdauer n in Jahren, der berechnet wird mit

$$r_n = q^n \; \frac{q - 1}{q^n - 1} \quad . \qquad \text{ZwGl} \tag{1.11}$$

Zur Anwendung der Rentenformel (1.10) stellt man sich vor, daß die jährlichen Kosten aus einer Rente K_a bestritten werden, die das Kapital K_{0n} erbringt, das am Stichtag 0 zum Zinssatz p angelegt wird:

Zeitpunkt	Kapital abzüglich Rentenzahlung
0	K_{0n}
nach 1 Jahr	$qK_{0n} - K_a$
nach 2 Jahren	$q(qK_{0n} - K_a) - K_a$
nach 3 Jahren	$q[q(qK_{0n} - K_a) - K_a] - K_a$
nach n Jahren	$q^n K_{0n} - \sum_{i=0}^{n-1} q^i K_a \overset{!}{=} 0$

Die letzte Zeile führt mit der für geometrische Reihen gültigen Beziehung

$$\sum_{i=0}^{n-1} q^i = \frac{q^n - 1}{q - 1}$$

und (1.10) auf (1.11).

In der letzten Zeile kann $q^n K_{0n}$ als aufgezinstes Kapital und $\sum_{i=0}^{n-1} q^i K_a$ als abgezinste Rentenzahlung angesehen werden. Nach ähnlichen finanzmathematischen Verfahren lassen sich auch weniger einfache Fälle behandeln. Damit ist der Barwert K_0 aller Kosten am Stichtag 0:

$$K_0 = K_{0e} + K_{0n} = \frac{K_e}{q^e} + \frac{K_a}{r_n} \; . \qquad (1.12)$$

Unter dem Begriff "Kapitalwert" versteht man die Differenz zwischen dem Barwert der Einnahmen und dem Barwert der Ausgaben. In Tabelle 1.4 sind Annuitätsfaktoren $r_n(p)$ für verschiedene Betriebsmittel und Zinssätze p aufgeführt. Von den banküblichen Zinssätzen ist gegebenenfalls die Inflationsrate abzuziehen. Die kalkulatorische Lebensdauer ist im allgemeinen größer als die fiskalische Lebensdauer. In sozialistischen Ländern zählt die Energieversorgung zu den Grundbedürfnissen der Bevölkerung und wird stark subventioniert. Dies begünstigt die Energievergeudung und erschwert den Umweltschutz.

Multipliziert man den Barwert K_0 nach (1.12) mit r_n, so erhält man aus (1.12) die Annuität A_n genannten jährlichen Gesamtkosten

$$A_n = r_n K_0 = \frac{r_n}{q^e} K_e + K_a \,. \tag{1.13}$$

Alle Wirtschaftlichkeitsberechnungen lassen sich ebensogut mit Annuitäten wie mit Barwerten durchführen. Je nach Aufgabenstellung werden Barwerte (Abschnitt 1.4.6) oder Annuitäten (Abschnitt 1.4.3) bevorzugt.

Tabelle 1.4. Annuitätsfaktoren r_n nach (1.11) für Betriebsmittel mit unterschiedlicher Lebensdauer

Betriebsmittel	kalkulatorische Lebensdauer n in Jahren	Annuitätsfaktor r_n für Zinssätze p			
		4 %	6 %	8 %	10 %
therm. Kraftwerk	15	9,0%	10,3%	11,7%	13,2%
Transformatoren	20	7,4%	8,7%	10,2%	11,8%
Leitungen, Netze	25	6,4%	7,9%	9,4%	11,0%
	∞	4,0%	6,0%	8,0%	10,0%

1.4.3 Jährlicher Leistungskostenanteil

Alle leistungsproportionalen Kostenanteile werden mit dem Faktor $\dot{f}$ für feste Dienste nach Tabelle 1.5 zusammengefaßt. Diesem Beispiel liegt der Zinssatz p = 6 % zugrunde.

Hat man nach (1.12) den Barwert K_0 eines Betriebsmittels und seine höchstzulässige Dauerleistung P_{max} bestimmt, so erhält man den jährlichen Leistungskostenanteil

$$\dot{k}_P = \dot{f} \frac{K_0}{P_{max}} \,. \tag{1.14}$$

Er erhält üblich die abgekürzte Bezeichnung "Leistungskosten" und wird mit einem zusätzlichen Index K, V, H, M oder N versehen, der angibt, auf welchen Ort (Kraftwerk, Verbund-, Hoch-, Mittel- oder Niederspannungsnetz) er sich bezieht.

Beispiel: Für durchschnittliche Kraftwerkserrichtungskosten 2500 DM/kW und $\dot{f} = 0{,}17/a$ wird im Kraftwerk

$$\dot{k}_{PK} = 0{,}17/a \cdot 2500\ \mathrm{DM/kW} = 425\ \mathrm{DM/kWa}.$$

Im Höchst- und Hochspannungsnetz wird mit den Errichtungskosten 510 DM/kW und $\dot{f} = 0{,}128/a$ beim Spitzenlastanteilgrad h = 1, siehe Bild 1.8,

$$\dot{k}_{PH} = \dot{k}_{PK} + 0{,}128/a \cdot 510\ \mathrm{DM/kW} = 490\ \mathrm{DM/kWa}.$$

Entsprechend kann man erhalten

$$\dot{k}_{PM} = 635\ \mathrm{DM/kWa} \quad \text{im Mittelspannungsnetz}$$

und

$$\dot{k}_{PN} = 810\ \mathrm{DM/kWa} \quad \text{im Niederspannungsnetz.}$$

Leistung kann also aus den Hochspannungsnetzen vertraglich billiger bereitgestellt werden als aus den unterlagerten Netzen, sofern sie in einem Umfang bezogen wird, der die Anlage an der Anschlußstelle auslastet. Die wirtschaftlichen Vorteile weitreichender Verbundnetze sind im Abschnitt 3.5 aufgeführt.

Tabelle 1.5. Faktor $\dot{f}$ für feste Dienste (Beispiel mit p = 6 %/a)

Betriebs-mittel	n in Jahren	r_n nach Tab. 1.4 %	Bedie-nung %	Wartung, Reparatur %	Steuer Versicherung %	$\dot{f}$ %/a
therm. Kraftwerk	15	10,3	2,4	2,4	1,9	17,0
Transfor-matoren	20	8,7	1,7	1,7	1,9	14,0
Leitungen, Netze	25	7,9	1,1	1,9	1,9	12,8

1.4.4 Energiekostenanteil und Kraftwerkseinsatz

Die Energiekosten k_W umfassen vor allem die Brennstoffkosten mit einem globalen Zuschlag für die Übertragungsverluste.

Beispiel für Steinkohle mit 7000 kcal/kg ≈ 30 MJ/kg
Wirkungsgrade: Kraftwerk 0,40
Übertragung 0,96

$$k_W = \frac{270\ \text{DM}}{1000\ \text{kg}} \cdot \frac{1\ \text{kg}}{30\ \text{MJ}} \cdot \frac{3{,}6\ \text{MJ}}{1\ \text{kWh}} \cdot \frac{1}{0{,}40} \cdot \frac{1}{0{,}96} = 0{,}084\ \text{DM/kWh}\ .$$

Die Brennstoffkosten für Braunkohle- und Kernkraftwerke sind vergleichsweise geringer und betragen nur etwa 0,05 DM/kWh. In den folgenden Zahlenbeispielen wird mit einem für alle Kraftwerke gemittelten Wert k_W = 0,072 DM/kWh gerechnet.

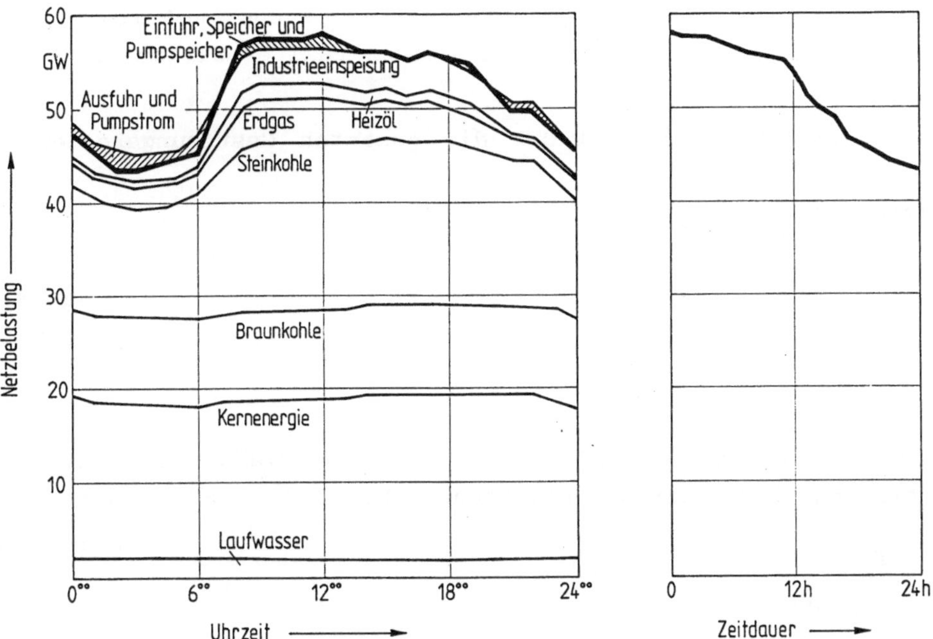

Bild 1.6. Netzbelastung und Kraftwerkseinsatz am 21.12.1988 [152]
a) Zeitverlauf b) geordnetes Belastungsdiagramm

Unter den Energiekosten k_W der Grundlastkraftwerke kann kein Nachtstromtarif liegen.

Es ist Aufgabe der Lastverteilungszentrale, bei Belastungszunahme die Kraftwerke mit dem geringsten Energiekostenanteil einzusetzen und bei Belastungsabnahme die Kraftwerke mit dem höchsten Energiekostenanteil auszusetzen, vergleiche Abschnitt 3.5. Bild 1.6 zeigt ein Beispiel für den Kraftwerkseinsatz während eines Tages im Winter.

1.4.5 Gestehungskosten der elektrischen Energie

Nach den getroffenen Vereinfachungen betragen die leistungs- und arbeitsabhängigen Gestehungskosten der elektrischen Energie während der Zeit T_z

$$K = \dot{k}_P P_{max} T_z + k_W \int_0^{T_z} P \, dt . \tag{1.15}$$

Sie werden zweckmäßig auf die gelieferte Energie oder auf die maximale Leistung und die Zeit bezogen. Im ersten Fall erhält man nach Division von (1.15) durch $\int_0^{T_z} P \, dt$ die gesamten Gestehungskosten je Energieeinheit

$$k_E = \dot{k}_P \frac{P_{max} T_z}{\int_0^{T_z} P \, dt} + k_W . \tag{1.16}$$

Führt man den Belastungsgrad m ein, den man als dimensionslosen, arithmetischen Mittelwert der Belastung während T_z ansehen kann

$$m = \frac{\int_0^{T_z} P \, dt}{P_{max} T_z} , \qquad 0 < m < 1 , \tag{1.17}$$

so wird beispielsweise im Niederspannungsnetz (Index N)

$$k_{EN} = \frac{\dot{k}_{PN}}{m_N} + k_W \,. \tag{1.18}$$

Bild 1.7 zeigt hierzu ein Beispiel. Charakteristisch ist der steile hyperbolische Kurvenverlauf bei kleinen Belastungsgraden m.

Dividiert man dagegen (1.15) durch $P_{max}T_z$, so ergibt der Quotient die Gestehungskosten je Höchstbelastungseinheit im Jahr für das betrachtete Netz:

$$\frac{K}{P_{max}T_z} = \dot{k}_P + mk_W \,. \tag{1.19}$$

Sie sind direkt proportional zum Belastungsgrad m und bilden daher in Bild 1.7 eine Gerade.

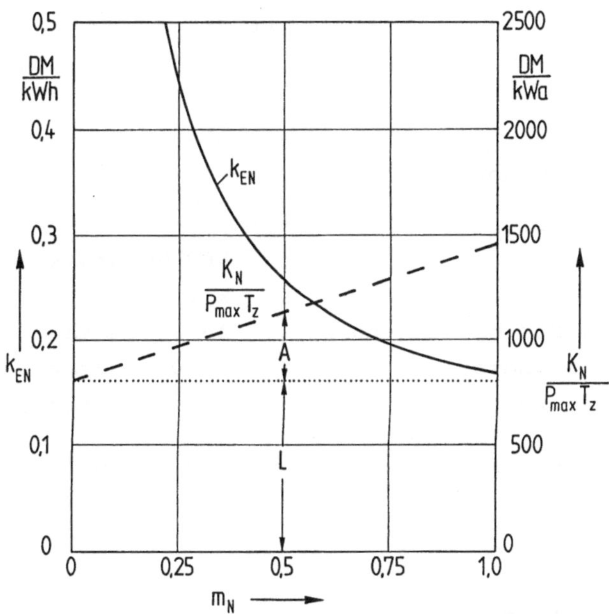

Bild 1.7. Gestehungskosten k_{EN} je Energieeinheit und Gestehungskosten $K_N/(P_{max}T_z)$ je Höchstbelastungseinheit im Jahr für ein Niederspannungsnetz abhängig vom Belastungsgrad mit $\dot{k}_{PN}$ = 810 DM/kWa und k_W = 0,072 DM/kWa. Bei Haushalts-Tarifverbrauchern ist im Winter m ≈ 0,5, für sie betragen die leistungsabhängigen Kosten L/(L+A) ≈ 70 %

Beispiel:

Für einen Verbraucher, der als einziges Elektrogerät eine Kaffeemühle mit 50 W besitzt, die er täglich 0,1 Stunden, also mit m = 0,004, betreibt, entstehen während eines Jahres Versorgungskosten von

$$K = \frac{810 \text{ DM}}{\text{kW a}} \; 0{,}05 \text{ kW} \cdot 1 \text{ a} + \frac{0{,}072 \text{ DM}}{\text{kWh}} \; 0{,}05 \text{ kW} \cdot 36 \text{ h} = 40{,}63 \text{ DM}.$$

Da nur 1,8 kWh abgenommen werden, sind dies über 22 DM/kWh. Der tatsächliche Tarif für solch extremen Kleinverbrauch beträgt ohne Zählergebühren 0,56 DM/kWh. Dies ist gerechtfertigt, wenn man davon ausgeht, daß nur ein kleiner Teil derartiger Verbraucher gleichzeitig eingeschaltet wird. Umgekehrt bedeutet dies aber, daß die Energieversorgung nicht jedem atypischen Verbraucherverhalten nachzukommen vermag. Kostengerechte Tarife sind nach Abschnitt 1.4.7 mehrgliedrig.

Es ist gut, sich der schöpferischen Leistung der Ingenieure bewußt zu werden, die es ermöglichte, körperliche Arbeit in großem Umfang durch elektrische Energie zu ersetzen. Hierzu vergleiche man

	etwa 1900	1985
Durchschnittspreis einer Kilowattstunde	1 Goldmark	0,23 DM
Errichtungskosten eines Kraftwerks	800 Goldmark	2500 DM *)
Kohlebedarf je kWh	1,3 kg	0,3 kg
Preis einer Tonne Steinkohle (Ruhr)	16 Goldmark	270 DM
Porto für einen Inlandsbrief	0,10 Goldmark	0,80 DM
Schweinefleisch je kg	1,28 Goldmark	10 DM

*) Mischpreis aus Steinkohle- und Kernkraftwerken

1.4.6 Verlustbewertung

Vergleicht man Angebote zum Beispiel für einen zu beschaffenden Transformator, so stellt man im allgemeinen nicht nur Unterschiede im Angebotspreis fest, sondern auch in den Verlusten. Für einen realistischen Vergleich müssen die Verluste bewertet werden. Hierbei sind zwei Fälle zu unterscheiden.

<u>Erster Fall:</u> Spannungsabhängige Verluste

Da die Versorgungsnetze mit angenähert konstanter Spannung betrieben werden, sind diese Verluste etwa konstant und entstehen, sobald das Betriebsmittel eingeschaltet ist. Dies trifft z. B. für die nachstehend betrachteten Eisenverluste von Transformatoren zu, die den Index Fe erhalten. Die Eisenverluste verursachen während der Zählzeit T_z die Kosten für die Verstärkung der Kraftwerke und Netze sowie für den zusätzlich benötigten Brennstoff:

$$K_{Fe} = \dot{k}_P P_{Fe} T_z + k_W P_{Fe} T_b \tag{1.20}$$

P_{Fe} Eisenverluste bei Nennspannung,

T_z Zählzeit z. B. 1 a,

T_b Betriebszeit während T_z.

Sie können zweckmäßig auf die Verlustarbeit bei Nennspannung bezogen und mit der Rentenformel (1.10) kapitalisiert werden. So erhält man die Eisenverlustbewertung

$$k_{Fe} = \frac{K_{Fe}}{r_n P_{Fe} T_z} = \frac{1}{r_n} \left(\dot{k}_P + \frac{T_b}{T_z} k_W\right) . \tag{1.21}$$

Die jährlichen Leistungskosten $\dot{k}_P$ sind nach Abschnitt 1.4.3 vom Anschlußort des Verbrauchers abhängig. Der Annuitätsfaktor r_n für die Lebensdauer des Transformators ist nach Tabelle 1.4 einzusetzen.

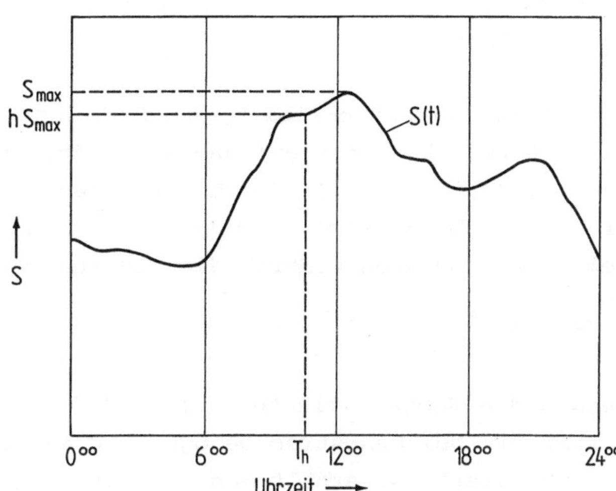

Bild 1.8. Belastungsdiagramm S(t) eines Transformators. Auf der Abzisse ist der Zeitpunkt T_h eingetragen, in dem das überlagerte Netz seine Spitzenlast aufweist

<u>Zweiter Fall:</u> Stromabhängige Verluste

Die für Nennstrom angegebenen Verluste sinken quadratisch mit dem Strom bei Teillast, also auch quadratisch mit der Teillast, da die Spannung wieder als konstant angenommen werden darf. Außerdem ist für den Leistungskostenanteil nicht die maximale Teillast maßgebend, sondern nur die Teillast im Zeitpunkt der Spitzenlast des überlagerten Netzes. Die stromabhängigen Verluste werden am Beispiel der Kupferverluste eines Transformators betrachtet, die den Index Cu erhalten.

Die Kupferverluste verursachen während der Zählzeit T_z die Kosten

$$K_{Cu} = \left[h^2 \dot{k}_P + \frac{\int_0^{T_z} S^2 \, dt}{S_{max}^2 \, T_z} k_W \right] \frac{S_{max}^2}{S_n^2} P_{Cu} T_z \,. \qquad (1.22)$$

Hierbei sind

- h Spitzenlastanteilgrad nach Bild 1.8,
- S_{max} tatsächliche Höchstlast des Transformators.
- S_n Nennleistung des Transformators.
- P_{Cu} Kupferverluste bei Nennstrom des Transformators.

Zweckmäßig führt man sinngemäß zu (1.17) den Verlustgrad ϑ ein:

$$\vartheta = \frac{\int_0^{T} S^2 dt}{S_{max}^2 \, T} \,, \qquad 0 \leq \vartheta \leq 1 \,. \qquad (1.23)$$

$\sqrt{\vartheta}$ ist als dimensionsloser, quadratischer Mittelwert der Transformatorlast zwischen Leerlauf und S_{max} während T anzusehen. Üblich wird ϑ nach (1.23) mit $T = T_b$ für die Betriebszeit T_b aus dem Belastungsdiagramm der Verbraucher ermittelt. Empirisch ist der Verlustgrad ϑ mit dem Belastungsgrad m durch die Beziehung verknüpft:

$$\vartheta \approx m^{1,6} \,.$$

Werden die Kupferverluste nach (1.22) zweckmäßig wieder auf die Verlustarbeit bei Nennstrom bezogen und mit der Rentenformel nach (1.10) kapitalisiert, so erhält man die Kupferverlustbewertung

$$k_{Cu} = \frac{K_{Cu}}{r_n P_{Cu} T_z} = \frac{1}{r_n} \left[h^2 \dot{k}_P + \vartheta \frac{T_b}{T_z} k_W \right] \left[\frac{S_{max}}{S_n} \right]^2 . \tag{1.24}$$

Die Größe $\vartheta T_b/T_z$ wird als "Verluststundenzahl" bezeichnet.

Da die Faktoren h^2, ϑ und S_{max}/S_n nach Tabelle 1.6 stets kleiner als 1 sind, ist auch k_{Cu} grundsätzlich kleiner als k_{Fe}, z. B. um den Faktor 5.

Tabelle 1.6. Zwei Beispiele für den Belastungsgrad m, den Verlustgrad ϑ und den Spitzenlastanteilgrad h von Transformatoren

Transformator	T_b/T_z	m	ϑ während T_b	$\vartheta T_b/T_z$	h
Großtransformator HS/MS	7000 $\frac{h}{a}$	0,5	0,33	2300 $\frac{h}{a}$	0,9
Ortsnetztransformator MS/NS	8760 $\frac{h}{a}$	0,3	0,15	1300 $\frac{h}{a}$	0,8

1.4.7 Elektrizitätswirtschaft

(Zur Vertiefung)

Die öffentliche Elektrizitätsversorgung ist privatwirtschaftlich organisiert, wobei die Anteile des Kapitals in öffentlicher Hand liegen oder kommunalen Eigenbetrieben übertragen sind. Wegen der Leitungsgebundenheit und der Nichtspeicherbarkeit der Elektrizität sowie der besonderen Kapitalintensität der Kraftwerke und Netze kommt ein offener Markt für elektrische Energie nicht in Betracht. Stattdessen ist ein staatlich überwachtes Angebotsmonopol zweckmäßig.

Die EVU sind durch das Energiewirtschaftsgesetz verpflichtet,

- jeden Verbraucher so zuverlässig und kostengünstig wie möglich zu versorgen;

- ihre Investitionsvorhaben einer staatlichen Kontrolle zu unterwerfen;

- jedermann an das Netz anzuschließen und nach allgemein gültigen Bedingungen und nach Tarifen zu versorgen, deren Preise von den Wirtschaftsministerien der Länder genehmigt werden;

- Unternehmen mit eigenen Kraftwerken Zusatz- und Reservelieferungen zu gewähren und jede Überschußerzeugung entsprechend den eingesparten Kosten aufzunehmen.

Die gesetzliche Pflicht zur zuverlässigen und kostengünstigen Versorgung kann nur als wirtschaftlicher Kompromiß erfüllt werden, da die zuverlässigste Versorgung zu teuer und die billigste zu unzuverlässig ist. Eine unterbrechungsfreie Energieversorgung gibt es nicht.

Die Tarife und Sonderverträge (Abschnitt 1.3.3) sollen

- zur Primärenergie sparenden und Umwelt schonenden Nutzung der Kraftwerke und Netze führen, indem neben dem Normaltarif auch ein Tarif mit einem Schwachlastarbeitspreis angeboten wird;

- einen erkennbaren Verrechnungs-, Leistungs- und Arbeitspreis ausweisen, um so zum wirtschaftlichen Umgang mit elektrischer Energie anzureizen;

- bei Sonderverträgen auch die Blindarbeit angemessen in Rechnung stellen, soweit sie vorgegebene Grenzen übersteigt.

Nach der Bundestarifordnung BTO Elt müssen sich die Tarife an den Kosten der Elektrizitätsversorgung orientieren. Während der Leistungspreisanteil bei den Sondervertragskunden die Messung der über eine Viertelstunde gemittelten Wirkleistung voraussetzt, kann bei Tarifkunden der Leistungsmittelwert über einen längeren Zeitraum von z. B. 4 Tagen mit hierzu geeigneten Zählern gemessen werden, da ihre Leistungsspitzen erfahrungsgemäß ungleichzeitig auftreten. Er darf aber auch aus dem Jahresmittelwert der Leistung berechnet werden. Die verbrauchte elektrische Arbeit wird mit geeichten Zählern gemessen. Der Verrechnungspreis deckt die Meß- und Abrechnungskosten.

In der Bundesrepublik Deutschland überwiegen dezentrale Versorgungsstrukturen: Es gibt über 880 kommunale und 60 regionale Versorgungsunternehmen neben 8 Verbundunternehmen.

Weiterführende Literatur zum Abschnitt 1.4:
[17, 31, 50, 61, 64, 96, 99, 143, 152, 156, 158].

1.5 Drehstromsystem

1.5.1 Überblick

Werden drei Spulen nach Bild 1.9 a so angeordnet, daß sich die Spulenachsen im Punkt Z jeweils unter dem Winkel von 120° schneiden, so entsteht dort ein Drehfeld, wenn die drei sinusförmigen Spulenströme jeweils um eine Drittelperiode zeitlich versetzt sind. Das gleiche gilt auch für die drei schalenartigen Spulen im Bild 1.9 b, die so geformt sind, daß sie sich im Bild 1.11 zu einer Drehstromwicklung zusammensetzen lassen. Dabei wird der Zeitpunkt betrachtet, wo i_1 doppelt so groß und entgegengesetzt zu $i_2 = i_3$ ist. Daher wird i_1 in Bild 1.9 b und 1.11 a,b dick eingetragen.

Der Vektor der Induktion im Schnittpunkt Z ist

$$\vec{b}_Z(t) = \vec{e}_1 b_1(t) + \vec{e}_2 b_2(t) + \vec{e}_3 b_3(t) \ . \tag{1.25}$$

Verzichtet man auf die komplexe Zeigerrechnung, darf man ein Koordinatenkreuz nach Bild 1.9 durch den Punkt Z legen. Dann sind die Einheitsvektoren

$$\vec{e}_1 = 1 \cdot \vec{e}_1 \ , \quad \vec{e}_2 = \underline{a} \cdot \vec{e}_1 \ , \quad \vec{e}_3 = \underline{a}^2 \cdot \vec{e}_1 \tag{1.26}$$

mit $\underline{a} = e^{j2\pi/3}$.

Stets gelten

$$\begin{aligned} 1 + \underline{a} + \underline{a}^2 &= 0 \ , \\ (1 + \underline{a})(1 + \underline{a}^2) &= 1 \ , \\ (1 - \underline{a})(1 - \underline{a}^2) &= 3 \ . \end{aligned} \tag{1.27}$$

Einige Kombinationen der komplexen Zahlen $\underline{a}^i$ zeigt Bild 1.10.

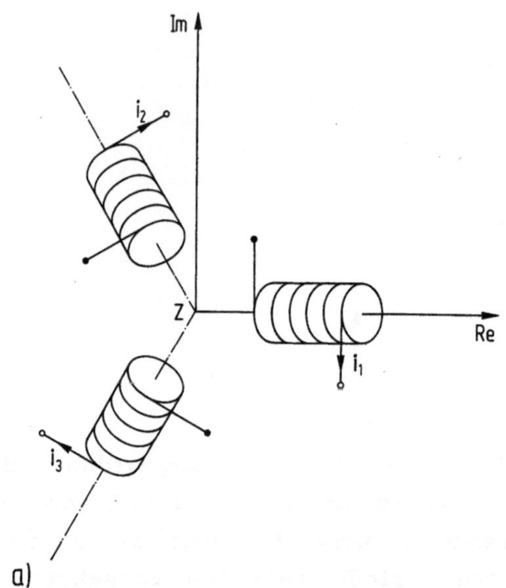

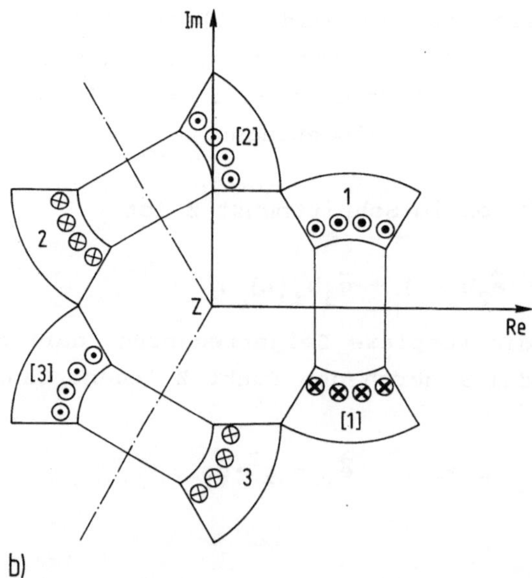

Bild 1.9. Prinzip der Drehfelderzeugung aus drei Wechselfeldern im Punkt Z
a) perspektivisch mit 3 Zylinderspulen
b) geschnitten mit 3 schalenförmigen Spulen, vergl. Bild 1.11

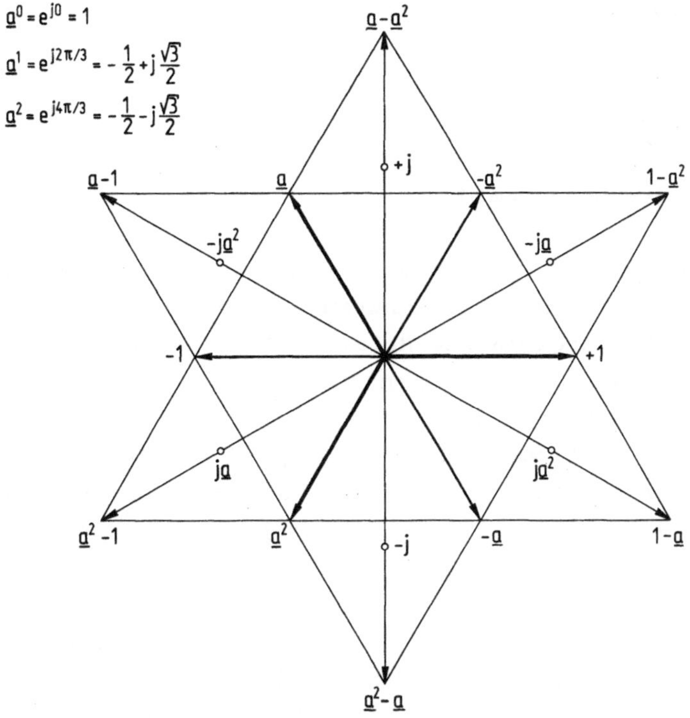

Bild 1.10. Kombinationen der komplexen Zahlen 1, $\underline{a}$ und $\underline{a}^2$

Wechselgrößen lassen sich durch jeweils zwei Drehgrößen beschreiben:

$$\hat{b}\cos(\omega t+\varphi) = \frac{\hat{b}}{2}\,(e^{j\varphi}\,e^{j\omega t} + e^{-j\varphi}\,e^{-j\omega t}) \;. \tag{1.28}$$

Betrachtet man allein die komplexe Amplitude $\underline{b}_Z$ des Vektors $\vec{b}_Z$, so kann der Einheitsvektor $\vec{e}_1$ in (1.26) entfallen. $\underline{b}_Z$ wird dabei zum Drehzeiger nach DIN 5483 T 3. Mit $b_1 = b_2 = b_3 = b$ erhält man aus (1.25)

$$\underline{b}_Z(t) = 1\cdot\hat{b}\cos\omega t + \underline{a}\cdot\hat{b}\cos(\omega t-2\pi/3) + \underline{a}^2\cdot\hat{b}\cos(\omega t+2\pi/3)$$

$$= \frac{\hat{b}}{2}\Big[1\cdot(e^{j\omega t} + e^{-j\omega t})$$

$$+ \underline{a}\cdot(\underline{a}^2 e^{j\omega t} + \underline{a}e^{-j\omega t}) + \underline{a}^2\cdot(\underline{a}e^{j\omega t} + \underline{a}^2 e^{-j\omega t})\Big] \;.$$

Durch Ausmultiplizieren erhält man

$$\underline{b}_Z(t) = \frac{\hat{b}}{2}\left[\underbrace{3\cdot e^{j\omega t}}_{\text{positiv}} + \underbrace{0\cdot e^{-j\omega t}}_{\text{negativ}}\right] . \qquad (1.29)$$

drehendes Feld

Der Induktionsvektor in Z hat also einen konstanten Betrag $3\hat{b}/2$ und ändert seine Richtung mit der konstanten Umdrehungsgeschwindigkeit ω. Jedes in Z drehbar angebrachte Metallteil wird durch die vom Drehfeld induzierten Ströme zum Mitdrehen veranlaßt. Allgemein gilt: Ordnet man m Spulen symmetrisch an und beschickt sie mit um jeweils $2\pi/m$ phasenverschobenen Strömen, so erzeugen sie ein Drehfeld. Im folgenden werden unter Drehströmen nur Wechselströme mit $m = 3$ Hauptleitern verstanden. Vertauscht man zwei beliebige Spulen, so kehrt sich die Drehrichtung um.

Das Drehfeld nach (1.29) heißt kreisförmig, weil die Ortskurve der Vektorspitze einen Kreis um Z beschreibt. Wäre der Koeffizient des negativ drehenden Feldes nach (1.29) ungleich Null, so läge ein elliptisches Drehfeld vor, dessen große (kleine) Ortskurven-Halbachse aus der Summe (Differenz) des positiv drehenden und des negativ drehenden Feldes gebildet würde.

In Erweiterung des in Bild 1.9 dargestellten Prinzips sind Drehfeldmaschinen derart eingerichtet, daß im Luftspalt zwischen Ständer und Läufer nach Bild 1.11 eine Induktionswelle umläuft. Dies erreicht man durch eine räumliche Verteilung der Spulen 1,2,3 derart, daß sie am Umfang des Luftspaltes annähernd die folgenden Funktionen erfüllen:

Feld der Spulen 1...[1]: $b_1(\xi,t) = b_1(t)\cos(p\xi)$, (1.30 a)

Feld der Spulen 2...[2]: $b_2(\xi,t) = b_2(t)\cos(p\xi-2\pi/3)$, (1.30 b)

Feld der Spulen 3...[3]: $b_3(\xi,t) = b_3(t)\cos(p\xi+2\pi/3)$. (1.30 c)

Dabei ist ξ in Bild 1.11 a der Abrollwinkel am Ständer, der zwischen der Achse der Spule 1 und einem beliebigen Punkt auf der Ständeroberfläche gebildet wird. 3p ist die Spulenzahl, p wird Polpaarzahl genannt. Überlagert man die Felder so wird

$$b(\xi,t) = b_1(\xi,t) + b_2(\xi,t) + b_3(\xi,t) . \qquad (1.30\text{ d})$$

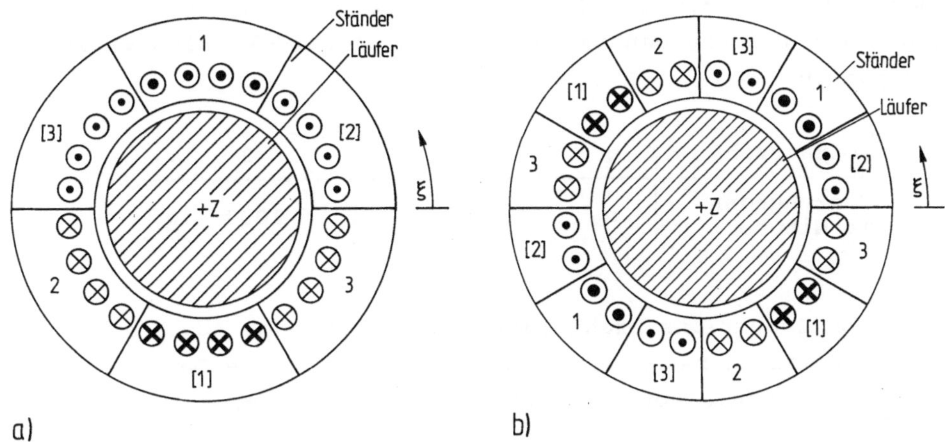

Bild 1.11. Drehfelderzeugung wie in Bild 1.9 b, jedoch mit zentrierten Spulen; betrachteter Zeitpunkt $i_1 = \hat{i}$, $i_2 = i_3 = -\hat{i}/2$
a) Polpaarzahl p = 1
b) Polpaarzahl p = 2

Die in Bild 1.9 b exzentrisch angeordneten Spulen sind in Bild 1.11 a zyklisch symmetrisch um den Drehpunkt Z des Läufers zentriert. Sie erfüllen (1.30) mit p = 1. Wird die Polpaarzahl p > 1 gewählt, so ist die p-fache Spulenzahl erforderlich. Ein Beispiel mit p = 2 zeigt Bild 1.11 b. Die Verbindungen zwischen den eingezeichneten Spulenseiten 1 und [1], 2 und [2] sowie 3 und [3] liegen außerhalb der Papierebene und sind für diese Betrachtung belanglos.

Sind die Spulenströme in Bild 1.9 oberschwingungsfrei, gleich groß und um eine Drittelperiode zeitlich verschoben, so ist in (1.30) einzusetzen:

$$b_1(t) = \hat{b} \cos\omega t \,, \tag{1.31 a}$$

$$b_2(t) = \hat{b} \cos(\omega t - 2\pi/3) \,, \tag{1.31 b}$$

$$b_3(t) = \hat{b} \cos(\omega t + 2\pi/3) \,. \tag{1.31 c}$$

Mit $2 \cos\alpha \cos\beta = \cos(\alpha+\beta) + \cos(\alpha-\beta)$ erhält man aus (1.30 d) nach Zwischenrechnungen

$$b(\xi t) = \frac{3}{2} \hat{b} \cos(\omega t - p\xi) \,. \tag{1.32}$$

Der Ort höchster Induktion wird durch das Argument $\omega t - p\xi = 0$ beschrieben: Er läuft mit der Winkelgeschwindigkeit $d\xi/dt = \omega/p$ um und legt dabei f/p Umdrehungen um das Zentrum Z zurück. Dies entspricht den Wertepaaren

Polpaarzahl	p	1	2	3	...
Umdrehungen je Minute	n	3000	1500	1000	...

Mit Hilfe von Induktions-Drehfeldern läßt sich nach Abschnitt 1.5.10 elektrische Leistung besonders einfach in mechanische Leistung umwandeln. Solche Drehfeld-Motoren und -Generatoren bieten entscheidende Vorteile:

- Die drei Drehfeld-Wicklungen können nach Bild 1.11 nahezu lückenlos nebeneinander angeordnet werden; der in Drehfeldmaschinen für die Wicklungen zur Verfügung stehende Raum ist daher gut ausgenutzt. Dagegen können in einphasigen Wechselstrommaschinen nur etwa 2/3 des Wicklungsraumes genutzt werden.

- Die Drehrichtung ist nach (1.32) eindeutig.

- Im ungestörten Betrieb existiert nach (1.32) kein gegenläufiges Drehfeld, das durch seine unvermeidlichen Verluste und seinen verkehrten Drehsinn nur schädlich wäre.

- Die momentane Leistung von Drehfeldmaschinen ist im ungestörten Betrieb konstant, das von der Welle und den Fundamenten aufzunehmende Drehmoment ist also oberschwingungsfrei, siehe Abschnitt 1.5.8.

- Die Läuferkonstruktion von Drehfeldmotoren nach Abschnitt 1.10 ist denkbar einfach: Bei Synchronmotoren kleiner Nennleistung enthält der Läufer rotierende Permanentmagnete, bei großer Nennleistung Elektromagnete; der Läufer wird vom Ständerdrehfeld mitgezogen. Bei Asynchronmotoren muß das Läufermagnetfeld durch oberflächennahe, induzierte Ströme erzeugt werden. Hierzu genügt im Prinzip bereits ein ferromagnetischer Körper, der sich relativ zum Ständerdrehfeld bewegt. Er wird meist mit eingelegten Stäben versehen, die an beiden Enden nach Bild 1.12 durch Ringe kurzgeschlossen werden. Solche Läufer nennt man Kurzschluß- oder Käfigläufer.

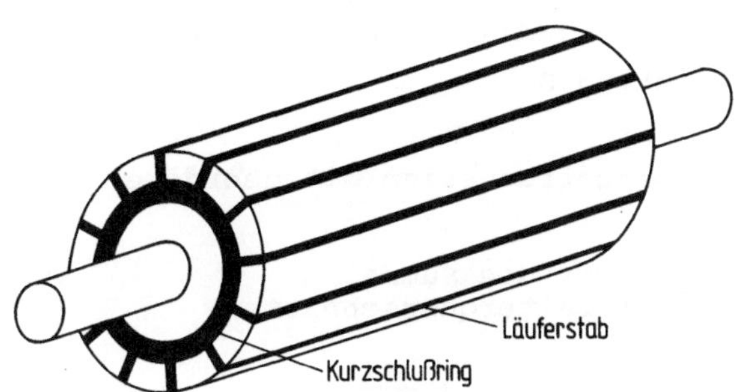

Bild 1.12. Anordnung der Stromleiter in einem Kurzschlußläufer

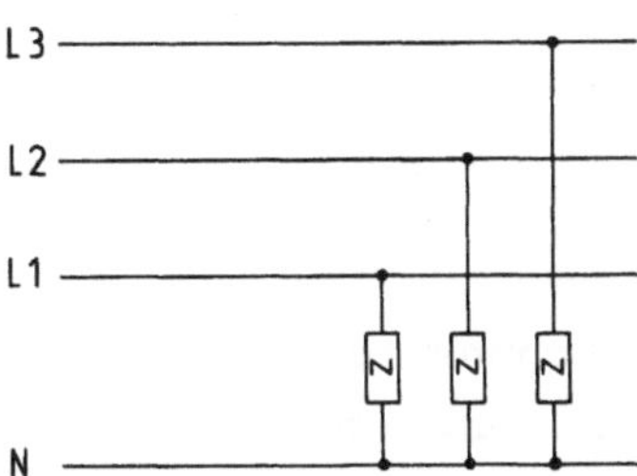

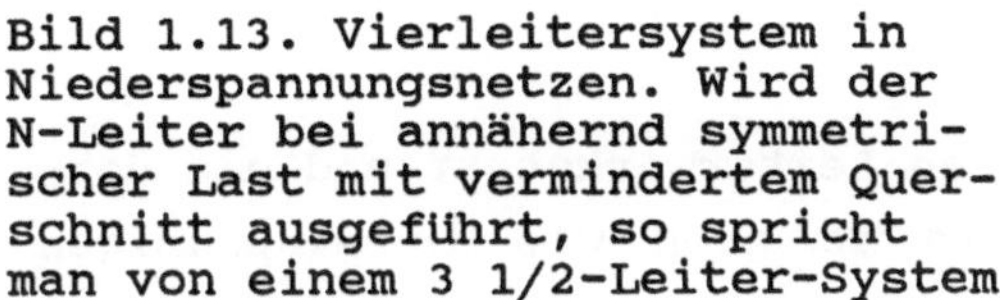
Bild 1.13. Vierleitersystem in Niederspannungsnetzen. Wird der N-Leiter bei annähernd symmetrischer Last mit vermindertem Querschnitt ausgeführt, so spricht man von einem 3 1/2-Leiter-System

Die dreiphasige Anordnung der Außenleiter 1,2,3 ist auch für nichtmotorische Verbraucher und für die Übertragungsnetze vorteilhaft:

- Wird der Neutralleiter N nach Bild 1.13 mitgeführt, wie dies in NS-Netzen der Fall ist, so kann man leistungsschwache Verbraucher einphasig anschließen, leistungsstarke dagegen mehrphasig.

- Bei annähernd betragsgleichen Strömen in den Außenleitern 1,2,3, die sich im ungestörten Betrieb durch eine gleichmäßige Lastaufteilung erreichen lassen, sind die Ströme und Verluste im Neutralleiter gering, so daß er in NS-Netzen einen verringerten Querschnitt erhalten kann; in Netzen höherer Spannung verzichtet man auf Neutralleiter ganz, wodurch sich auch der Aufwand für Meßwandler und -geräte nach Abschnitt 2.2.3 mindern läßt.

- Die Differenzen der Spannungsbeträge nach Abschnitt 3.3 sind in symmetrisch belasteten Drehstromnetzen wesentlich geringer als in einphasigen Wechselstromnetzen bei gleicher Leistung und Materialaufwand.

- Sind die Leiterstromdichte J durch die Erwärmung nach Abschnitt 2.1.2 und die Spannung U_E gegen Erde durch die Isolation vorgegeben, so betragen abhängig von der Leitfähigkeit κ und der Scheinleistung S

in Drehstromnetzen mit geerdetem Sternpunkt, ohne Neutralleiter

die Summe der Leiterquerschnitte — der Verlustbelag

$$q_{3L} = 3\,\frac{S}{3U_E J}\,, \qquad P'_{V3L} = 3\,\frac{SJ/\kappa}{3U_E}\,, \qquad (1.33)$$

in Wechselstromnetzen mit einem geerdeten und einem ungeerdeten Leiter

$$q_{2L} = 2\,\frac{S}{U_E J}\,, \qquad P'_{V2L} = 2\,\frac{SJ/\kappa}{U_E}\,. \qquad (1.34)$$

In Drehstromnetzen sind der Aufwand an Leiterwerkstoff und die Verluste im vorliegenden Fall nur halb so groß wie in einphasigen Wechselstromnetzen.

- Fällt ein Außenleiter eines Drehstromsystems aus, so kann für kurze Zeit auf den übrigen Außenleitern noch beschränkte Leistung übertragen werden. Dies verringert die Gefahr, daß der Leitungswinkel über den im Abschnitt 3.4 beschriebenen Grenzwert von 20° bis 25° hinaus derart anwächst, daß die Leistung nicht mehr stabil übertragen werden kann.

Seit der ersten Versuchsanlage Lauffen-Frankfurt 1891 hat sich die Drehstromübertragung überall durchgesetzt. Einphasen-Wechselstrom ist in Europa nur für Bahnbetrieb und für Kleinverbraucher üblich. In Entwicklungsländern beginnt die Elektrifizierung ländlicher Gebiete meist mit einphasigem Wechselstrom; wächst dann die Leistungsdichte mit steigendem Wohlstand, muß das Netz auf Drehstrom umgestellt werden.

Gleichstrom für Antriebe wird nach Bild 1.55 a aus Drehstrom durch Stromrichter erzeugt. Gleichstromübertragung bei hohen Spannungen (HGÜ) ist in Sonderfällen notwendig bei

- Versorgung von Inseln über lange Seekabel, die bei Drehstrom durch kapazitive Ströme unzulässig belastet würden;

- Kupplung von asynchronen Netzen;

- Kupplung von großen Netzverbänden über leistungsschwache Verbindungen;

- Übertragung über extreme Entfernungen, die nach Abschnitt 2.2.6 an $\lambda/4$ = 1500 km bei 50 Hz heranreichen.

Sie kann außerdem bei Freileitungsstrecken über etwa 600 km und Kabelstrecken über etwa 60 km wirtschaftlich sein, da Gleichstromleitungen geringere Errichtungskosten als Drehstromleitungen verursachen. Das Ausschalten von Gleichströmen ist schwierig, das auf dem Induktionsgesetz beruhende Umspannen unmöglich.

1.5.2 Symmetrisch aufgebaute und belastete Netze

In Bild 1.18 wird der dreiphasige Ersatzschaltplan einer verlustlosen Leitung gezeigt. Er enthält 2 × 3 Koppelkapazitäten, 2 × 3 Erdkapazitäten, 6 Koppelinduktivitäten und 4 Selbstinduktivitäten, also insgesamt 22 Elemente. Für symmetrisch aufgebaute Betriebsmittel, die symmetrisch stationär belastet werden, läßt er sich wesentlich vereinfachen.

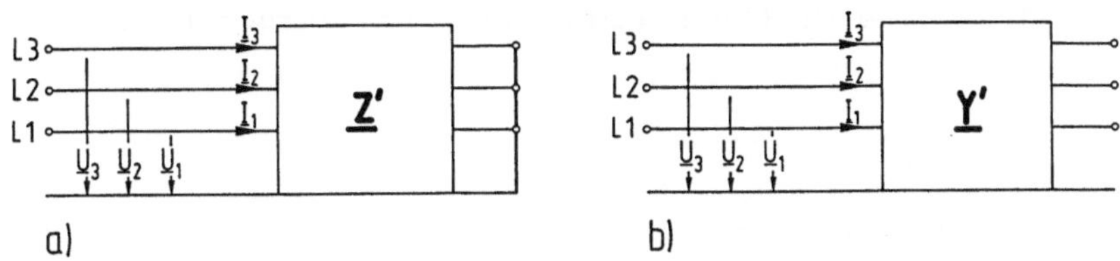

Bild 1.14. Schaltungen zur Bestimmung der differentiellen Leitungsbeläge $\underline{Z}'$ und $\underline{Y}'$
a) Längsimpedanzbelag. Hierzu wird das Leitungsende kurzgeschlossen
b) Queradmittanzbelag. Hierzu läuft das Leitungsende leer

Die Impedanz- und Admittanzmatrizen, die man zum Beispiel nach Bild 1.14 bestimmen kann, sind nämlich zugleich zyklisch- und diagonalsymmetrisch von der Form

$$\begin{bmatrix} \underline{U}_1 \\ \underline{U}_2 \\ \underline{U}_3 \end{bmatrix} = \begin{bmatrix} \underline{A} & \underline{B} & \underline{B} \\ \underline{B} & \underline{A} & \underline{B} \\ \underline{B} & \underline{B} & \underline{A} \end{bmatrix} \begin{bmatrix} \underline{I}_1 \\ \underline{I}_2 \\ \underline{I}_3 \end{bmatrix} \tag{1.35}$$

oder invertiert

$$\begin{bmatrix} \underline{I}_1 \\ \underline{I}_2 \\ \underline{I}_3 \end{bmatrix} = \frac{1}{(\underline{A}-\underline{B})(\underline{A}+2\underline{B})} \begin{bmatrix} \underline{A}+\underline{B} & -\underline{B} & -\underline{B} \\ -\underline{B} & \underline{A}+\underline{B} & -\underline{B} \\ -\underline{B} & -\underline{B} & \underline{A}+\underline{B} \end{bmatrix} \begin{bmatrix} \underline{U}_1 \\ \underline{U}_2 \\ \underline{U}_3 \end{bmatrix} . \qquad (1.36)$$

Dieser Form entsprechen in guter Näherung die Matrizen aller statischen Betriebsmittel, z. B. der Leitungen und Transformatoren.

Bei symmetrischer Belastung sind

$$\underline{U}_1 = \underline{a}\underline{U}_2 = \underline{a}^2\underline{U}_3 \qquad (1.37)$$

und

$$\underline{I}_1 = \underline{a}\underline{I}_2 = \underline{a}^2\underline{I}_3 \; . \qquad (1.38)$$

Damit folgt aus (1.35) oder (1.36)

$$\frac{\underline{U}_1}{\underline{I}_1} = \frac{\underline{U}_2}{\underline{I}_2} = \frac{\underline{U}_3}{\underline{I}_3} = \underline{A} - \underline{B} \; . \qquad (1.39)$$

Bei Betriebsmitteln mit diagonal-zyklischer Symmetrie nach (1.35) reicht es also im symmetrischen Betrieb aus, lediglich den Bezugsleiter L1 zu betrachten. Die Vorgänge in den beiden anderen Außenleitern L2 und L3 sind um eine Drittelperiode zeitlich verschoben.

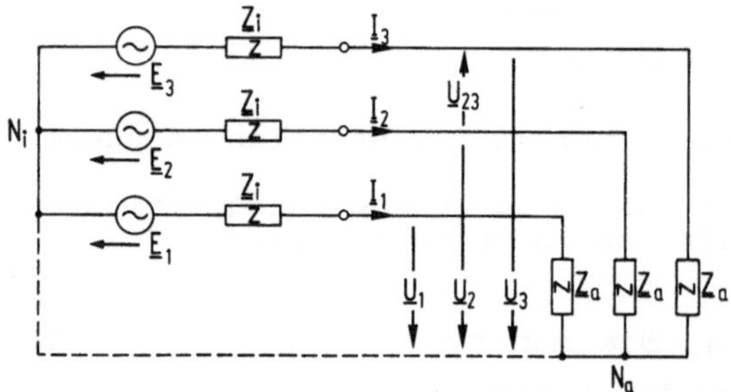

Bild 1.15. Dreiphasiger Ersatzschaltplan für symmetrischen Betrieb

Die in Bild 1.15 gestrichelt dargestellte Verbindung zwischen den Sternpunkten N_i der Spannungsquelle und N_a des Verbrauchers ist im symmetrischen Betrieb stromlos und allenfalls in Niederspannungsnetzen vorhanden. Im einphasigen Ersatzschaltplan in Bild 1.16 fallen daher die Sternpunkte N_i und N_a zusammen.

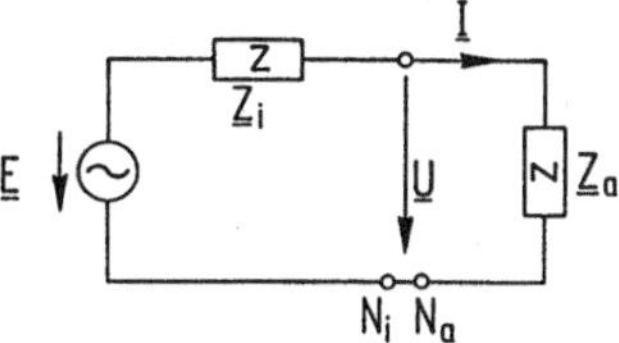

Bild 1.16. Einphasiger Ersatzschaltplan für symmetrischen Betrieb. Der Index 1 für den Bezugsleiter ist entfallen.

Man gewöhne sich nach Abschnitt 1.2 Nr. 15 an, die Zeiger in den Diagrammen wie in Bild 1.17 korrekt mit $\underline{U}_1$, $\underline{U}_2$ und $\underline{U}_3$ zu bezeichnen. Würde man nur die Klemmenzeichen 1,2,3 an die Zeigerspitzen schreiben, so verliefe $\underline{U}_{23}$ in Bild 1.15 von 2 nach 3, in Bild 1.17 dagegen von 3 nach 2; diese Nachlässigkeit führt erfahrungsgemäß zu Rechenfehlern.

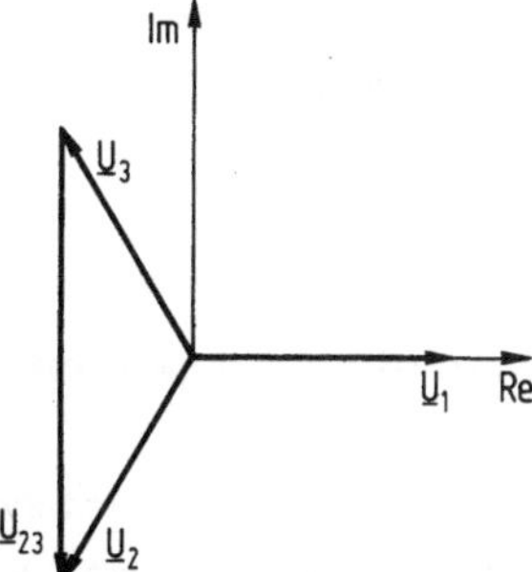

Bild 1.17. Zeigerdiagramm der Klemmenspannungen zu Bild 1.15 und 1.16. Nach DIN 40 108 gilt $\underline{U}_{23} = \underline{U}_2 - \underline{U}_3$

1.5.3 Symmetrisch aufgebaute Netze bei beliebiger Belastung

Bei unsymmetrischer Dauerlast oder bei Einschwingvorgängen treffen die Voraussetzungen (1.37) und (1.38) nicht zu: Es gibt keinen einfachen einphasigen Ersatzschaltplan nach Bild 1.16, womit sich diese Vorgänge beschreiben lassen. Vielmehr sind alle Kopplungen zwischen den Außenleitern 1,2,3 und Erde zu berücksichtigen, die in Bild 1.18 aufgeführt sind. Der mit N bezeichnete Neutralleiter führt bei Unsymmetrien Strom, so daß sich im Gegensatz zu Bild 1.15 kein Knoten oder Leiter als Bezugspunkt auszeichnet, wenn nicht der im Bild 1.31 gezeigte Ausweg beschritten wird.

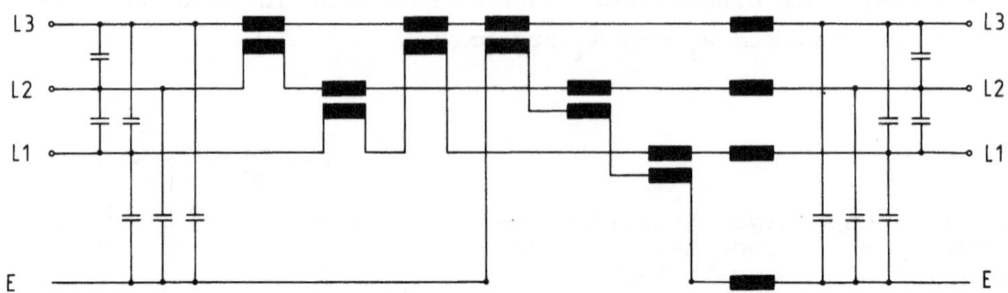

Bild 1.18. Dreiphasiger Ersatzschaltplan mit Koppelelementen für eine Drehstromleitung

Dieser dreiphasige Ersatzschaltplan ist wegen der Vielzahl seiner Elemente nur sehr umständlich zu handhaben. Viel vorteilhafter ist es, Netzberechnungen mit möglichst weitgehend entkoppelten Komponenten nach Abschnitt 1.5.4 durchzuführen.

Weiterführende Literatur zu den Abschnitten 1.5.1 bis 1.5.3: [1, 2, 12, 50, 63, 64, 78, 82, 93, 123, 124].

1.5.4 Drehstromkomponenten

Untersucht man ein Netzwerk etwa nach Bild 1.15, bei dem lediglich zyklische, also nicht zusätzlich diagonale Symmetrie vorausgesetzt wird, so gilt für Zeigergrößen

$$\begin{bmatrix} \underline{U}_1 \\ \underline{U}_2 \\ \underline{U}_3 \end{bmatrix} = \begin{bmatrix} \underline{A} & \underline{B} & \underline{C} \\ \underline{C} & \underline{A} & \underline{B} \\ \underline{B} & \underline{C} & \underline{A} \end{bmatrix} \begin{bmatrix} \underline{I}_1 \\ \underline{I}_2 \\ \underline{I}_3 \end{bmatrix} . \tag{1.40}$$

Die drei Originalgrößen $\underline{U}_1$, $\underline{U}_2$, $\underline{U}_3$ sowie $\underline{I}_1$, $\underline{I}_2$, $\underline{I}_3$ werden dabei als komplexe Komponenten eines dreidimensionalen Spannungsvektors $\underline{\mathbf{U}}$ und Stromvektors $\underline{\mathbf{I}}$ angesehen. Nun wird die Frage gestellt, ob es in diesem dreidimensionalen Originalraum Achsen gibt, auf denen allein

$$\begin{bmatrix} \underline{U}_1 \\ \underline{U}_2 \\ \underline{U}_3 \end{bmatrix} = \underline{\lambda}_{(\nu)} \begin{bmatrix} \underline{I}_1 \\ \underline{I}_2 \\ \underline{I}_3 \end{bmatrix} , \qquad \nu = 1,2,3 \tag{1.41}$$

erfüllt ist. Solche Achsen lassen sich durch Doppelverhältnisse $\underline{I}_1 : \underline{I}_2 : \underline{I}_3 = \underline{n}_1 : \underline{n}_2 : \underline{n}_3$ beschreiben. Nach (1.41) ist dann $\underline{U}_1$ nur von $\underline{I}_1$, $\underline{U}_2$ nur von $\underline{I}_2$ und $\underline{U}_3$ nur von $\underline{I}_3$ abhängig: Die Komponenten sind somit entkoppelt. $\underline{\lambda}_{(\nu)}$ kann komplex sein und hat dieselbe Dimension wie die Elemente $\underline{A}$, $\underline{B}$ und $\underline{C}$ in (1.40). Man kann die Größen $\underline{\lambda}_{(\nu)}$ als Eigenwerte der Matrix [$\underline{A}$, $\underline{B}$, $\underline{C}$] bezeichnen. Setzt man (1.40) in (1.41) ein, so ist nach der Erfüllbarkeit der Beziehung

$$\begin{bmatrix} \underline{A} & \underline{B} & \underline{C} \\ \underline{C} & \underline{A} & \underline{B} \\ \underline{B} & \underline{C} & \underline{A} \end{bmatrix} \begin{bmatrix} \underline{I}_1 \\ \underline{I}_2 \\ \underline{I}_3 \end{bmatrix} = \underline{\lambda}_{(\nu)} \begin{bmatrix} \underline{I}_1 \\ \underline{I}_2 \\ \underline{I}_3 \end{bmatrix} \tag{1.42}$$

zu fragen. In dieser allgemeinsten Form sind die Dimensionen von $\underline{A}$, $\underline{B}$, $\underline{C}$ und $\underline{\lambda}_{(\nu)}$ gleich und beliebig. Sieht man von der trivialen Lösung $\underline{I}_{1,2,3} = 0$ ab, so muß für die homogene Gleichung gelten

$$\det \begin{bmatrix} \underline{A}-\underline{\lambda}_{(\nu)} & \underline{B} & \underline{C} \\ \underline{C} & \underline{A}-\underline{\lambda}_{(\nu)} & \underline{B} \\ \underline{B} & \underline{C} & \underline{A}-\underline{\lambda}_{(\nu)} \end{bmatrix} = 0 \ , \tag{1.43}$$

also

$$\underline{\lambda}^3_{(\nu)} + \underline{\lambda}^2_{(\nu)}(-3\underline{A}) + \lambda_{(\nu)}(3\underline{A}^2-3\underline{B}\underline{C}) + (-\underline{A}^3-\underline{B}^3-\underline{C}^3+3\underline{A}\underline{B}\underline{C}) = 0 \ . \tag{1.44}$$

Diese kubische Gleichung hat die drei mit (0), (1), (2) indizierten Lösungen

$$\begin{aligned} \underline{\lambda}_{(0)} &= \underline{A} + \underline{B} + \underline{C} && \text{Eigenwert des Nullsystems,} \\ \underline{\lambda}_{(1)} &= \underline{A} + \underline{a}^2\underline{B} + \underline{a}\,\underline{C} && \text{Eigenwert des Mitsystems,} \\ \underline{\lambda}_{(2)} &= \underline{A} + \underline{a}\,\underline{B} + \underline{a}^2\underline{C} && \text{Eigenwert des Gegensystems,} \end{aligned} \tag{1.45}$$

wovon man sich durch Einsetzen überzeugen kann. Die Bedeutung der Indizes und ihrer Bezeichnungen wird durch das Bild 1.19 erläutert.

Setzt man $\underline{\lambda}_{(0)}$ in (1.42) ein, so erhält man

$$\begin{bmatrix} -(\underline{B}+\underline{C}) & \underline{B} & \underline{C} \\ \underline{C} & -(\underline{B}+\underline{C}) & \underline{B} \\ \underline{B} & \underline{C} & -(\underline{B}+\underline{C}) \end{bmatrix} \begin{bmatrix} \underline{I}_1 \\ \underline{I}_2 \\ \underline{I}_3 \end{bmatrix} = 0 \ . \tag{1.46}$$

Dieses Gleichungssystem ist erfüllt, wenn $\underline{I}_1 = \underline{I}_2 = \underline{I}_3$, wodurch im dreidimensionalen Originalraum die Achse der Komponente mit dem Index (0) festgelegt ist. Ist beispielsweise ausschließlich eine solche Nullkomponente $\underline{I}_{(0)}$ vorhanden, so muß wegen $\underline{I}_1 = \underline{I}_2 = \underline{I}_3$ gelten

$$\begin{bmatrix} \underline{I}_1 \\ \underline{I}_2 \\ \underline{I}_3 \end{bmatrix} = \underline{K}_{(0)} \, \underline{I}_{(0)} \begin{bmatrix} 1 \\ 1 \\ 1 \end{bmatrix} . \tag{1.47}$$

Setzt man $\underline{\lambda}_{(1)}$ und anschließend $\underline{\lambda}_{(2)}$ in (1.42) ein, so erhält man sinngemäß bei ausschließlicher Existenz der Mitkomponente (1)

$$\begin{bmatrix} \underline{I}_1 \\ \underline{I}_2 \\ \underline{I}_3 \end{bmatrix} = \underline{K}_{(1)} \, \underline{I}_{(1)} \begin{bmatrix} 1 \\ \underline{a}^2 \\ \underline{a} \end{bmatrix} \tag{1.48}$$

und bei ausschließlicher Existenz der Gegenkomponente (2)

$$\begin{bmatrix} \underline{I}_1 \\ \underline{I}_2 \\ \underline{I}_3 \end{bmatrix} = \underline{K}_{(2)} \, \underline{I}_{(2)} \begin{bmatrix} 1 \\ \underline{a} \\ \underline{a}^2 \end{bmatrix} . \tag{1.49}$$

$\underline{K}_{(0)}$, $\underline{K}_{(1)}$ und $\underline{K}_{(2)}$ sind beliebige Maßstabsfaktoren. Die Spaltenvektoren in (1.47), (1.48), (1.49) werden als Eigenvektoren bezeichnet. Sie sind bei der vorausgesetzten zyklischen Symmetrie von den Größen $\underline{A}$, $\underline{B}$, $\underline{C}$ unabhängig!

Sind gleichzeitg alle drei Komponenten (0),(1),(2) vertreten, so ist überlagert:

$$\begin{bmatrix} \underline{I}_1 \\ \underline{I}_2 \\ \underline{I}_3 \end{bmatrix} = \begin{bmatrix} 1 & 1 & 1 \\ 1 & \underline{a}^2 & \underline{a} \\ 1 & \underline{a} & \underline{a}^2 \end{bmatrix} \begin{bmatrix} \underline{K}_{(0)} \, \underline{I}_{(0)} \\ \underline{K}_{(1)} \, \underline{I}_{(1)} \\ \underline{K}_{(2)} \, \underline{I}_{(2)} \end{bmatrix} . \tag{1.50}$$

$\underline{K}_{(0)}\underline{I}_{(0)}$, $\underline{K}_{(1)}\underline{I}_{(1)}$ und $\underline{K}_{(2)}\underline{I}_{(2)}$ sind die komplexen Komponenten des in (1.40) eingeführten Stromvektors $\underline{I}$ in einem der Bildräume nach DIN 13 321. In allen Bildräumen ist (1.41) erfüllt, d. h. die Bildkomponenten sind entkoppelt. Durch geeignete Wahl der beliebigen, u. U. auch zeitabhängigen Faktoren $\underline{K}$ paßt man sich der jeweils gestellten Aufgabe an. Im folgenden wird stets

$$\underline{K}_{(0)} = \underline{K}_{(1)} = \underline{K}_{(2)} = 1 \tag{1.51}$$

gewählt, womit man die am weitesten verbreiteten Bildkomponenten, die sogenannten "Symmetrischen Komponenten", erhält. Man bezeichnet mit den Indizes

(0) die Nullkomponente
(1) die Mitkomponente
(2) die Gegenkomponente

} der symmetrischen Komponenten in bezugskomponenten-invarianter Form

Wählt man dagegen $|\underline{K}_{(0)}| = |\underline{K}_{(1)}| = |\underline{K}_{(2)}| = 1/\sqrt{3}$, so erhält man die (normierte) leistungsinvariante Form der symmetrischen Komponenten nach DIN 13 321.

"1" wird zur Bezugskomponente des Tripels 1,2,3 erklärt, "(1)" zur Bezugskomponente des (0),(1),(2)-Tripels. Dieselben Transformationen $\underline{\underline{T}}$ und $\underline{\underline{T}}^{-1}$ werden auf alle variablen Größen $\underline{G}$ angewandt, also auf Spannungen, Ströme, Flüsse, Ladungen u. a. m., so daß allgemein gilt:

$$\begin{bmatrix} \underline{G}_1 \\ \underline{G}_2 \\ \underline{G}_3 \end{bmatrix} = \underbrace{\begin{bmatrix} 1 & 1 & 1 \\ 1 & \underline{a}^2 & \underline{a} \\ 1 & \underline{a} & \underline{a}^2 \end{bmatrix}}_{\underline{\underline{T}}} \begin{bmatrix} \underline{G}_{(0)} \\ \underline{G}_{(1)} \\ \underline{G}_{(2)} \end{bmatrix} . \quad (1.52)$$

Durch Inversion erhält man

$$\begin{bmatrix} \underline{G}_{(0)} \\ \underline{G}_{(1)} \\ \underline{G}_{(2)} \end{bmatrix} = \underbrace{\frac{1}{3} \begin{bmatrix} 1 & 1 & 1 \\ 1 & \underline{a} & \underline{a}^2 \\ 1 & \underline{a}^2 & \underline{a} \end{bmatrix}}_{\underline{\underline{T}}^{-1}} \begin{bmatrix} \underline{G}_1 \\ \underline{G}_2 \\ \underline{G}_3 \end{bmatrix} ; \quad (1.53)$$

oder abgekürzt

$$\underline{G}_{1,2,3} = \underline{\underline{T}}\, \underline{G}_{(0,1,2)} \quad (1.54)$$

bzw.

$$\underline{G}_{(0,1,2)} = \underline{\underline{T}}^{-1}\, \underline{G}_{1,2,3} . \quad (1.55)$$

Durch Ausmultiplizieren nach dem Falkschen Schema bestätigt man die Beziehung

$$\underline{T}\,\underline{T}^{-1} = 1 = \underline{T}^{-1}\,\underline{T}\,. \tag{1.56}$$

Aus (1.40), (1.52) und (1.53) ergibt sich

$$\underline{U}_{(0,1,2)} = \underline{T}^{-1}\,[\underline{A},\underline{B},\underline{C}]\,\underline{T}\,\underline{I}_{(0,1,2)}\,. \tag{1.57 a}$$

Durch Einsetzen folgt nach Zwischenrechnungen die Diagonalmatrix der Eigenwerte nach (1.45)

$$\underline{T}^{-1}[\underline{A},\underline{B},\underline{C}]\underline{T} = (\mathrm{Diag}\ \underline{\lambda}_{(\nu)}) = \begin{bmatrix} \underline{A}+\underline{B}+\underline{C} & 0 & 0 \\ 0 & \underline{A}+\underline{a}^2\underline{B}+\underline{a}\underline{C} & 0 \\ 0 & 0 & \underline{A}+\underline{a}\underline{B}+\underline{a}^2\underline{C} \end{bmatrix}. \tag{1.57 b}$$

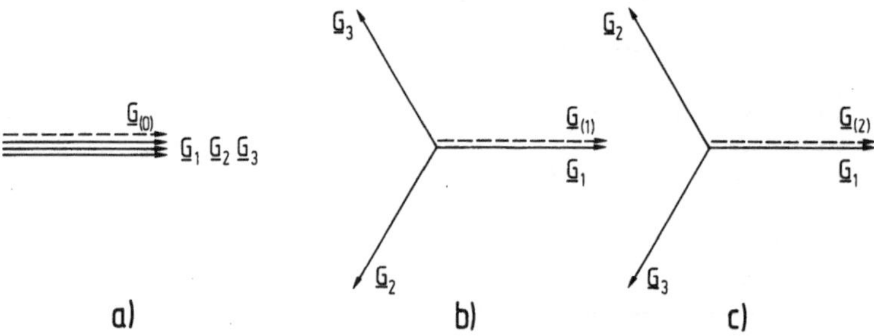

Bild 1.19. Größen $\underline{G}_1$, $\underline{G}_2$ und $\underline{G}_3$ bei ausschließlichem Vorhandensein
a) einer Nullkomponente $\underline{G}_{(0)}$
b) einer Mitkomponente $\underline{G}_{(1)}$
c) einer Gegenkomponente $\underline{G}_{(2)}$

Die Bedeutung der Komponenten (0,1,2) kann man mit Bild 1.19 leicht aus den vorstehend beschriebenen Eigenvektoren erkennen. Die Nullkomponente $\underline{G}_{(0)}$ verursacht nach (1.52) ein gleichphasiges Tripel $\underline{G}_{1,2,3}$, die Mitkomponente $\underline{G}_{(1)}$ ein Drehstromtripel $\underline{G}_{1,2,3}$ in der mitlaufenden Phasenfolge 1-2-3-1 und die Gegenkomponente $\underline{G}_{(2)}$ ein Drehstromtripel $\underline{G}_{1,2,3}$ in der gegenlaufenden Phasenfolge 1-3-2-1. Im Bild 1.19 fällt die Bezugskomponente $\underline{G}_1$ wegen (1.51) und der ersten Zeile von (1.50) immer mit der vorgegebenen, gestrichelten Komponente $\underline{G}_{(0)}$, $\underline{G}_{(1)}$ oder $\underline{G}_{(2)}$ zusammen. Bild 1.20 zeigt einen Drei-Maschinen-Satz, der die Spannungen $\underline{U}_{1,2,3}$ in dieser Weise aufbaut.

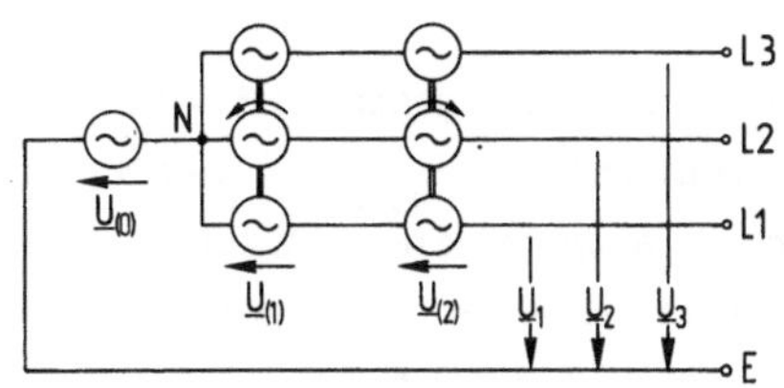

Bild 1.20. Aufbau der Spannungen $\underline{U}_1$, $\underline{U}_2$, $\underline{U}_3$ aus einer einphasigen Spannung $\underline{U}_{(0)}$ und zwei symmetrischen dreiphasigen Spannungen $\underline{U}_{(1)}$ und $\underline{U}_{(2)}$ mit entgegengesetzem Drehsinn

Die inverse Definitionsgleichung (1.53) gibt die eindeutige Anweisung, wie man drei beliebige Zeiger $\underline{G}_{1,2,3}$ in ihre symmetrischen Komponenten $\underline{G}_{(0,1,2)}$ zerlegt. Das Bild 1.21 veranschaulicht dies geometrisch.

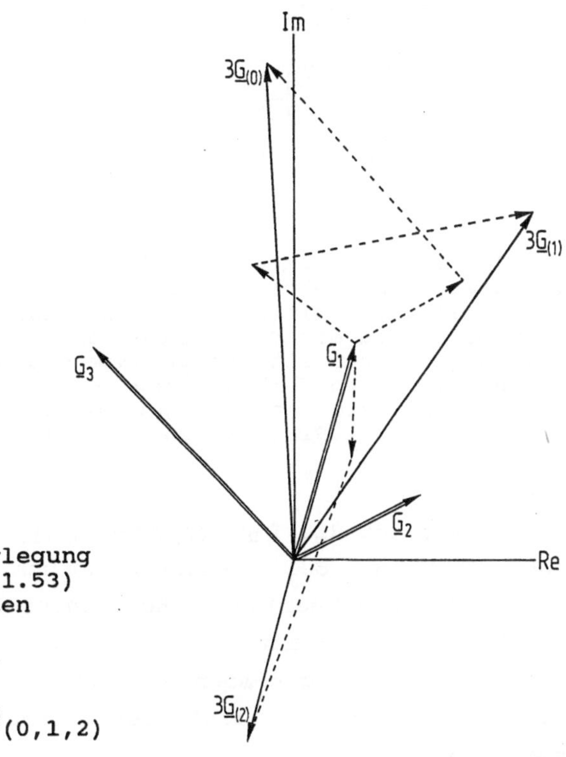

Bild 1.21. Beispiel für die Zerlegung dreiphasiger Zeigergrößen mit (1.53) in ihre symmetrischen Komponenten

═══► gegebene Zeiger $\underline{G}_{1,2,3}$

- - - -► Zeigeraddition

——► resultierende Zeiger $3\underline{G}_{(0,1,2)}$

Bei symmetrischer Belastung sind die Bezugskomponenten 1 des Tripels 1,2,3 und (1) des Tripels (0,1,2) gleich. Aus diesem Grund spricht man von der "bezugskomponenten-invarianten Form", wenn (1.52), (1.53) angewandt werden.

1.5.5 Messung der symmetrischen Komponenten

Die für die symmetrischen Komponenten wirksamen Netzgrößen sind die Eigenwerte $\underline{\lambda}_{(0,1,2)}$ nach (1.45) oder (1.57). Man kann sie nach der dort angegebenen Methode berechnen, oder man mißt sie in solchen Schaltungen nach Bild 1.22, die den im Bild 1.19 abgeleiteten Zeigertripeln entsprechen:

Im Nullsystem nach (1.47) $\underline{G}_1 = \underline{G}_2 = \underline{G}_3$;

im Mitsystem nach (1.48) $\underline{G}_1 = \underline{a}\,\underline{G}_2 = \underline{a}^2\underline{G}_3$;

im Gegensystem nach (1.49) $\underline{G}_1 = \underline{a}^2\underline{G}_2 = \underline{a}\,\underline{G}_3$.

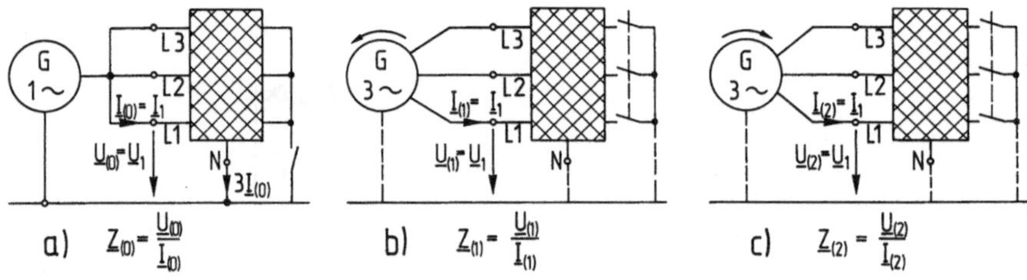

Bild 1.22. Meßschaltung zur Impedanzmessung eines dreiphasigen Zweitores in symmetrischen Komponenten
a) im Nullsystem mit geerdetem Einphasengenerator
b) im Mitsystem mit Drehstromgenerator (positiver Drehsinn)
c) im Gegensystem mit Drehstromgenerator (negativer Drehsinn)
Die gestrichelten Verbindungen ---- zur Erde sind für das Meßergebnis entbehrlich. Werden die eingetragenen Schalter geschlossen, so mißt man die Kurzschlußimpedanzen anstelle der Leerlaufimpedanzen

Bild 1.22 zeigt die <u>Impedanzmeßschaltungen</u> am Beispiel eines dreiphasigen Zweitors. Bei Vieltoren können die Übertragungseigenschaften sinngemäß durch Leerlauf-, Kurzschluß- und Übersetzungsmessungen bestimmt werden. Im Mit- und Gegensystem ist der über Erde fließende Strom wegen der angenommenen zyklischen Symmetrie Null. Im Nullsystem fließt bei der durch (1.51) getroffenen Wahl der dreifache Nullstrom über Erde.

Eine Meßschaltung für die <u>Mitspannung</u> $\underline{U}_{(1)}$ kann man nach der Definitionsgleichung (1.53) aufbauen:

$$3\underline{U}_{(1)} = \underline{U}_1 + \underline{a}\underline{U}_2 + \underline{a}^2\underline{U}_3 \;. \tag{1.58}$$

Um mit nur einem Koeffizienten $\underline{a}^n$ auszukommen, wird zur rechten Seite $\underline{a}^2\underline{U}_2$ addiert und subtrahiert:

$$3\underline{U}_{(1)} = \underline{U}_1 + (\underline{a}+\underline{a}^2)\underline{U}_2 + \underline{a}^2(\underline{U}_3-\underline{U}_2) ,$$

also

$$3\underline{U}_{(1)} = \underline{U}_{12} - \underline{a}^2\underline{U}_{23} . \qquad (1.59)$$

Zur Addition wird ein niederohmiger Strompfad nach Bild 1.23 gewählt. Nach Bild 1.10 ist $-\underline{a}^2 = e^{j\pi/3}$.

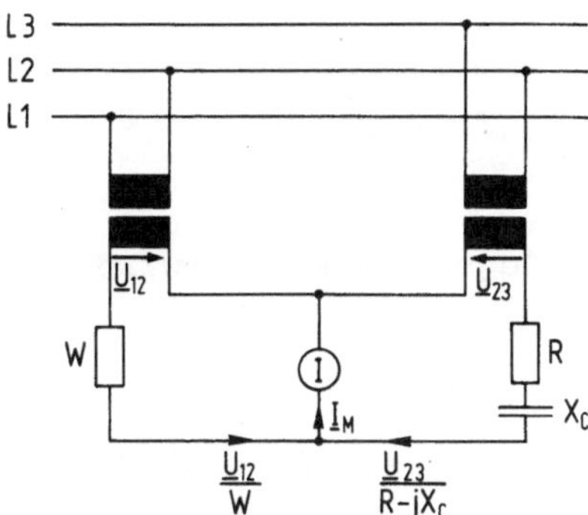

Bild 1.23. Schaltung zur Messung der Mitspannung. $\pi/3$-Phasendrehung durch R und X_C, Stromaddition im niederohmigen Meßpfad

Die Phasendrehung des Stromes um $\pi/3$ wird durch $X_C = \sqrt{3}\,R$ erreicht, die Betragsgleichheit der beiden Summanden in (1.59) durch

$$W = \sqrt{R^2 + X_C^2} = 2R .$$

Daneben gibt es zahlreiche andere Meßschaltungen, etwa mit Spannungsaddition statt Stromaddition, Phasendrehung durch eine Induktivität statt einer Kapazität.

Für manche Anwendung ist es zweckmäßig, nicht nur $\underline{G}_{(1)}$, sondern auch $\underline{a}^2\underline{G}_{(1)}$ und $\underline{a}\underline{G}_{(1)}$ zu ermitteln. Hierzu kann man die Komponentenbrücke nach Bild 1.24 mit den Eingangsklemmen 1,2,3 und den Ausgangsklemmen 4,5,6 verwenden.

Die Wirkungsweise erkennt man sofort, wenn man die Spannung $\underline{U}_4$ im Leerlauf durch Überlagerung von $\underline{U}_2$ und $\underline{U}_3$ berechnet und dabei für die Mitkomponente $\underline{a}\underline{U}_2 = \underline{U}_{(1)} = \underline{a}^2\underline{U}_3$ einsetzt, anschließend für die Gegenkomponente $\underline{a}^2\underline{U}_2 = \underline{U}_{(2)} = \underline{a}\underline{U}_3$. Aus

$$\underline{U}_4 = \frac{1}{1-\underline{a}^2}\,\underline{U}_2 + \frac{-\underline{a}^2}{1-\underline{a}^2}\,\underline{U}_3$$

wird im Mitsystem

$$\underline{U}_4 = \frac{\underline{a}^2-\underline{a}^2\underline{a}}{1-\underline{a}^2}\,\underline{U}_{(1)} = -\underline{U}_{(1)}$$

und im Gegensystem

$$\underline{U}_4 = \frac{\underline{a}-\underline{a}^2\underline{a}^2}{1-\underline{a}}\,\underline{U}_{(2)} = 0\ .$$

Die Gegenkomponente wird also herausgefiltert.

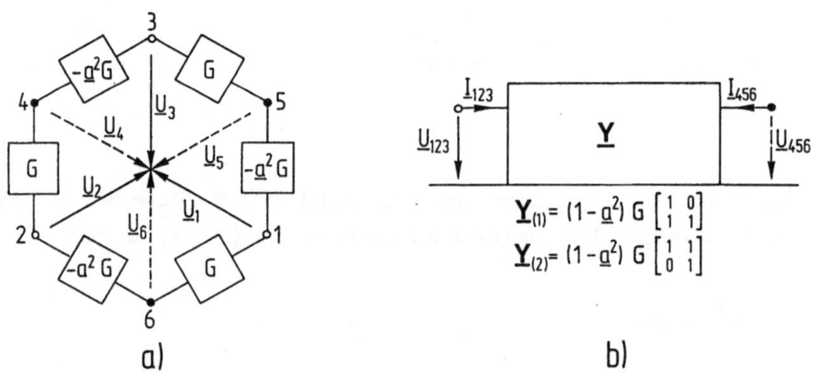

Bild 1.24. Komponentenbrücke mit Eingangsklemmen o und Ausgangsklemmen •
a) Schaltung mit Leitwerten G und $-\underline{a}^2G$
b) Leitwertmatrix für das Mit- und Gegensystem mit symmetrischen Zählpfeilen

Die unter Bild 1.24 b angegebenen Matrizen $\underline{Y}_{(1)}$ und $\underline{Y}_{(2)}$ gewinnt man mit symmetrischen Ein- und Ausgangsgrößen. Sie sind wegen der ungleichen Koppeladmittanzen $\underline{Y}_{ik} \neq \underline{Y}_{ki}$ nicht kopplungssymmetrisch.

Vertauscht man im Schaltungseingang zwei Anschlüsse, etwa 2 mit 3, so erhält man aus einer Schaltung zur Messung der Mitkomponente eine solche zur Messung der Gegenkomponente. Bei der Komponentenbrücke kann man für diesen Zweck auch Eingang und Ausgang vertauschen.

Die Meßschaltungen für die Nullspannung kommen nach (1.53) ohne Phasendrehung aus. Die einfachste Ausführung zeigt Bild 1.25 a mit einem Sternpunktbildner aus drei unter sich gleichen Impedanzen beliebiger Art.

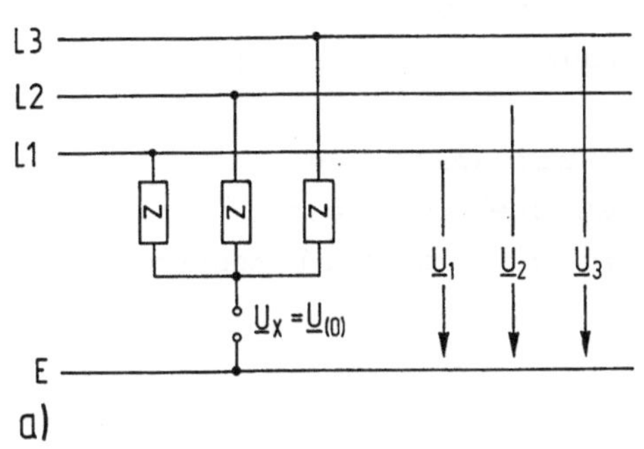

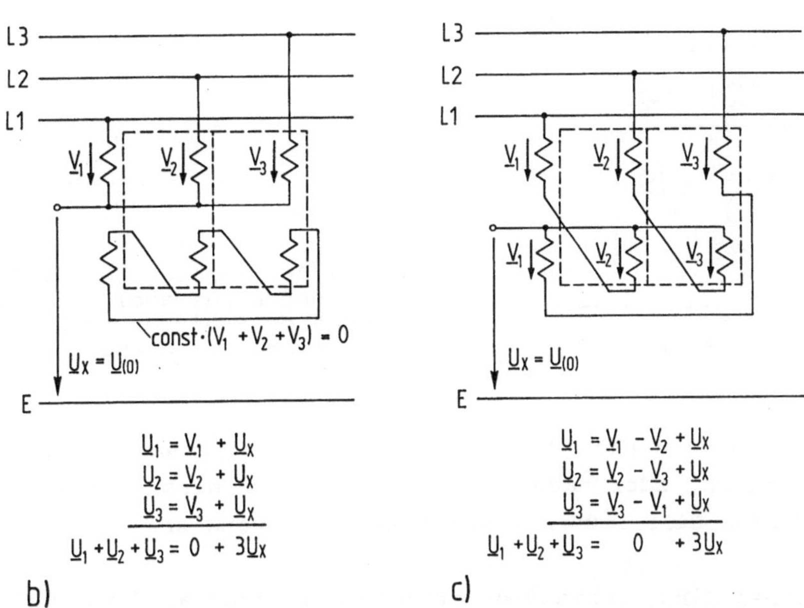

Bild 1.25. Spannung $\underline{U}_x = \underline{U}_{(0)}$ zwischen dem Sternpunkt

a) eines Sternpunktbildners und Erde

b) eines idealen Yd-Transformators und Erde

c) einer idealen Zickzack-Drosselspule und Erde

Speist man die Schaltung in Bild 1.25 a etwa mit $\underline{U}_1$ und schließt dabei $\underline{U}_2$ und $\underline{U}_3$ kurz, so erhält man durch Überlagerung schließlich

$$\underline{U}_x = \frac{\underline{Z}/2}{\underline{Z}+\underline{Z}/2}(\underline{U}_1 + \underline{U}_2 + \underline{U}_3) = \frac{1}{3}(\underline{U}_1 + \underline{U}_2 + \underline{U}_3) = \underline{U}_{(0)} \ . \tag{1.60}$$

Die Spannung zwischen dem Sternpunkt und der Bezugserde ist bei der durch (1.51) getroffenen Wahl gleich der Nullspannung. Nachteilig ist der hohe Innenwiderstand dieser Schaltung.

Auch zwischen dem (nicht geerdeten) Sternpunkt eines Yd-Transformators oder einer Zickzack-Drosselspule und Erde tritt die Nullspannung auf, wie die Bilder 1.25 b und c zeigen.

Verwendet man Wandler zur Spannungsmessung, so kann man im Sekundärkreis an einer offenen Dreieckschaltung nach Bild 1.26 die dreifache Nullspannung auf niedrigem Potential messen.

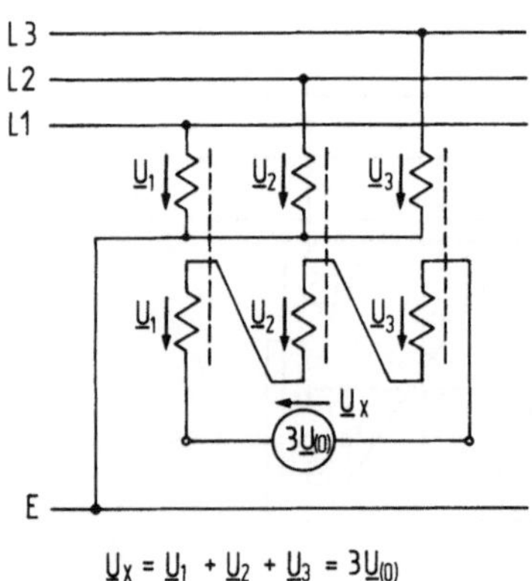

Bild 1.26. Messung der Nullspannung durch Spannungswandler mit offener sekundärer Dreieckschaltung. Angenommenes Windungsverhältnis 1:1

Der <u>Nullstrom</u> kann nach der Beziehung $\underline{I}_E = 3\underline{I}_{(0)}$ aus dem Erdstrom $\underline{I}_E$ bestimmt werden, oder nach Bild 1.27 mit drei einphasigen Stromwandlern oder nach Bild 1.28 mit einem Ringstromwandler.

Der mit einem Ringstromwandler erfaßte Nullstrom wird zu klein gemessen, wenn außer den drei Außenleitern 1,2,3 noch ein zusätzlicher Leiter, etwa ein metallischer Kabelmantel, durch den Ring gesteckt und beidseitig geerdet wird: Er wirkt wie ein Kurzschlußring und verfälscht die Messung.

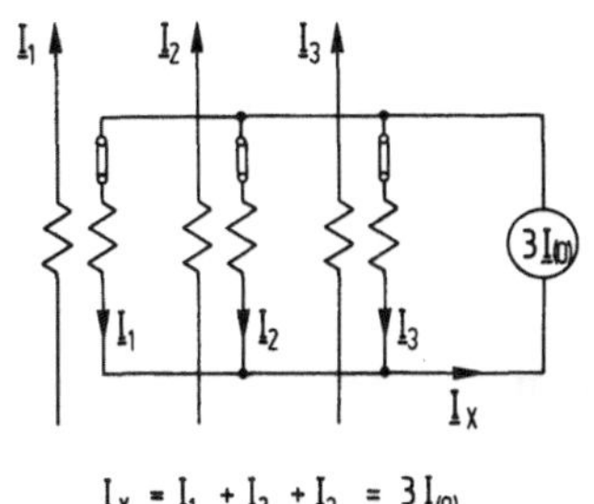

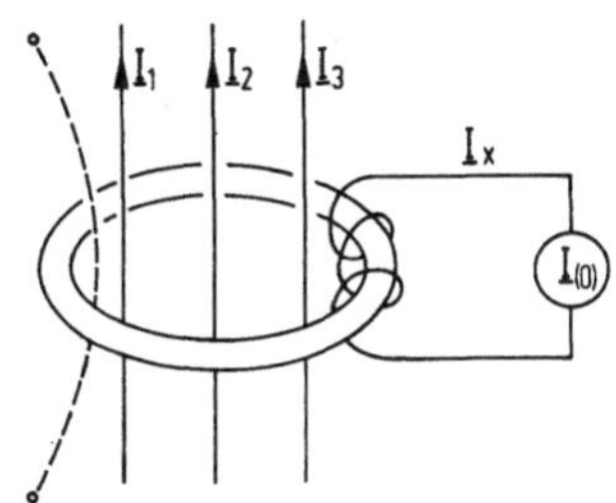

$3\underline{I}_x = \underline{I}_1 + \underline{I}_2 + \underline{I}_3 = 3\underline{I}_{(0)}$

Bild 1.27. Messung des Nullstromes durch drei einphasige Stromwandler. Angenommenes Windungsverhältnis 1:1. An den kurzgeschlossenen Klemmenpaaren o══o können die Leiterströme $\underline{I}_{1,2,3}$ gemessen werden

Bild 1.28. Messung des Nullstromes durch einen Ringstromwandler. Angenommenes Windungsverhältnis 1:3. Ein durch den Wandlerring gesteckter zusätzlicher Leiter o---o darf nicht beidseitig geerdet oder kurzgeschlossen werden

Die Möglichkeit, Spannungen und Ströme in symmetrischen Komponenten anzugeben, wird vielfach genutzt. Hierzu werden als Beispiele genannt:

- In Drehfeldmaschinen ist vor allem die Mitkomponente wirksam. Zur Steuerung und Regelung ist sie im Grundsatz am besten geeignet.

- Gegen- und Nullkomponenten sind in Drehfeldmaschinen nutzlos oder sogar schädlich. Sie werden durch Schutzeinrichtungen überwacht. So ist mit Rücksicht auf die Erwärmung vorgeschrieben:

  Bei Motoren: $I_{(2)}/I_{(1)} \leq 5\ \%$ (DIN VDE 0530 T 1 Abschnitt 12);

  bei Generatoren bis 100 MVA gilt (DIN VDE 0530 T 1 Abschnitt 22)

$$I_{(2)}/I_n \begin{cases} \leq 8\ \% & \text{(Vollpolmaschine)} \\ \leq 12\ \% & \text{(Schenkelpolmaschine)} \end{cases}$$

- Schaltungen der Leistungselektronik müssen für

  $U_{(2)}/U_{(1)},\ U_{(0)}/U_{(1)} \leq 2\ \%$

  bemessen sein (DIN VDE 0160 Teil 2 Abschnitt 3.5.1.5).

- Netze werden möglichst so ausgelegt, daß bei einem Fehler mit Erdberührung Nullströme und Nullspannungen auf das fehlerbehaftete

Netz beschränkt bleiben. Durch Messung der Nullkomponenten ist daher feststellbar, ob und in welchem Netz ein solcher Fehler vorhanden ist.

1.5.6 Ersatzschaltpläne für symmetrische Komponenten

Zyklisch symmetrische Betriebsmittel lassen sich durch drei einphasige Ersatzschaltpläne in symmetrischen Komponenten einfach und eindeutig beschreiben. Bei symmetrischer Belastung hängen diese drei Ersatzschaltpläne nicht miteinander zusammen, da die Komponenten nach (1.57) entkoppelt sind. In diesem Fall genügt es daher, lediglich den Ersatzschaltplan der Mitkomponente zu betrachten; dies sind die jeweils obersten Schaltungen der Bilder 1.29 und 1.30. Damit werden die Angaben des Abschnittes 1.5.2, insbesondere Bild 1.16, bestätigt. Die dort mit (1.39) beschriebene Impedanz $\underline{A} - \underline{B}$ ist für den Fall $\underline{B} = \underline{C}$ identisch mit der Mit- und Gegenimpedanz nach (1.45). Bild 1.30 enthält nur 9 Elemente statt der 22 Elemente in Bild 1.18.

Aktive Spannungsquellen kann nur der Ersatzschaltplan der Mitkomponente enthalten.

Nur bei rotierenden Drehfeldmaschinen sind die Mit- und Gegenimpedanzen unterschiedlich, bei Komponentenbrücken nach Bild 1.24 b lediglich die Koppelelemente.

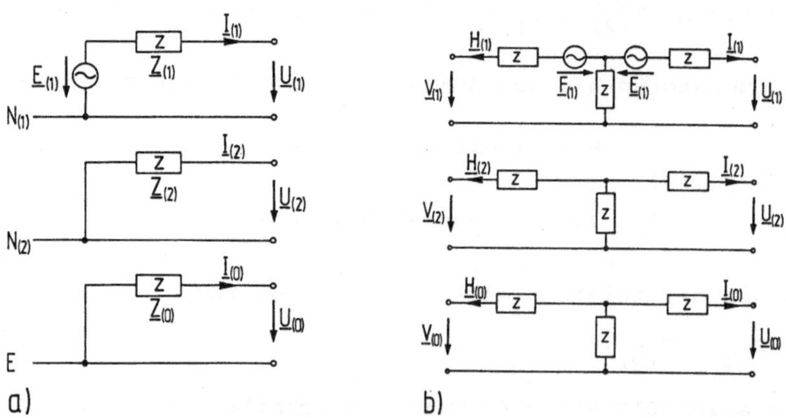

Bild 1.29. Ersatzspannungsquellen in symmetrischen Komponenten
a) Eintor mit Innenimpedanzen $\underline{Z}$
b) Zweitor mit T-Glied

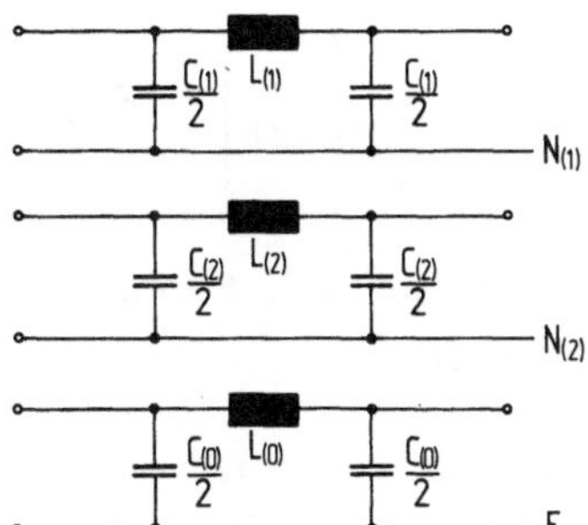

Bild 1.30. Ersatzschaltplan einer Drehstromleitung in symmetrischen Komponenten

In den Ersatzschaltplänen Bild 1.29 und 1.30 sind die Rückleitungen $N_{(1)}$ und $N_{(2)}$ wie im Bild 1.15 die gedachten Äquipotentialverbindungen der Sternpunkte. Die Rückleitung E des Nullsystems ist die Bezugserde: Darunter wird das Erdreich in großer Tiefe verstanden, wo die Feldstärke des Strömungsfeldes praktisch Null ist; sie darf folglich impedanzlos gezeichnet werden.

Tritt im Netz eine einzelne Unsymmetrie auf, etwa durch eine unsymmetrische Last, Kurzschluß oder Leiterunterbrechung, so werden an dieser Stelle die Ersatzschaltpläne des Mit-, Gegen- und Nullsystems gekoppelt. Solche Kopplungen zeigt Bild 1.39; sie benötigen keine phasendrehenden Zweitore nach (1.61), wenn man die Außenleiter L2 und L3 an der Unsymmetriestelle gleich behandelt. Liegen mehrere Unsymmetrien im Netz vor, so werden als Ersatzschaltpläne der drei Komponenten Mehrtore erforderlich, die an jeder Unsymmetriestelle gekoppelt sind, für zwei Unsymmetriestellen also Zweitore nach Bild 1.29 b. Immer wenn es mißlingt, die Außenleiter L2 und L3 gleich zu behandeln, werden zur Kopplung phasendrehende Zweitore $\underline{\mathbf{A}}$ mit Kettenmatrizen benötigt:

$$\underline{\mathbf{A}} = \begin{bmatrix} \underline{a}^{\pm 1} & 0 \\ 0 & \underline{a}^{\pm 1} \end{bmatrix} . \qquad (1.61)$$

Die Übertragungsmatrizen $\underline{\mathbf{A}}$ von idealen Drehstromtransformatoren mit der Kennzahl n und der Übersetzung ü nach Abschnitt 2.2.2 sind in symmetrischen Komponenten jederzeit leistungsinvariant, was sich mit (1.80) und (1.82) nachweisen läßt, aber wegen det $\underline{\mathbf{A}} \neq 1$ für $n \neq (0;6)$ nicht umkehrbar:

$$\underline{A}_{(1)} = \begin{bmatrix} \ddot{u}e^{jn\pi/6} & 0 \\ 0 & \frac{1}{\ddot{u}}e^{jn\pi/6} \end{bmatrix} = \underline{A}^*_{(2)} \,, \qquad (1.62\ a)$$

n = 0 ... 11 ganzzahlige Kennzahlen,
ü > 1 Übersetzung.

Eine Phasenschwenkung von $n\pi/6$ im Mitsystem bedingt nach (2.61) eine Phasenschwenkung von $-n\pi/6$ im Gegensystem.

Werden zwei Netze über mehrere Drehstromtransformatoren miteinander verbunden, so wählt man deren Kennzahlen n nach Abschnitt 3.2 gleich, um unnötige Ausgleichsströme zu vermeiden. In vielen Fällen ignoriert man deshalb bei Netzberechnungen die Kennzahlen n und setzt in die $\underline{A}$-Matrizen statt der Übersetzungen ü die Quotienten der Bemessungsspannungen $\ddot{u}_r = U_{rOS}/U_{rUS}$, wodurch sie wegen det $\mathbf{A} = 1$ umkehrbar werden:

$$\mathbf{A}_{(1)} = \begin{bmatrix} \ddot{u}_r & 0 \\ 0 & 1/\ddot{u}_r \end{bmatrix} = \mathbf{A}^*_{(2)} \qquad (1.62\ b)$$

OS: Oberspannungsseite
US: Unterspannungsseite

Sind mehrere Drehstromleitungen etwa auf gemeinsamer Trasse nebeneinander angeordnet, so darf man die Mit- und Gegenkomponenten der Leitungen auch bei engem räumlichem Abstand als entkoppelt betrachten, da ihre Feldstärkekomponenten mit wachsendem Abstand annähernd quadratisch abnehmen. Bei der Nullkomponente trifft dies meist nicht zu.

Mit diesen Erkenntnissen ist es möglich, den dreiphasige Ersatzschaltplan Bild 1.18 für Netzteile ohne rotierende Maschinen zu vereinfachen. Solche Netzteile werden kurz "generatorferne Netze" genannt. In ihnen sind die Impedanzen und Admittanzen des Mit- und Gegensystems unter sich gleich und unterscheiden sich nur von denen des Nullsystems. Sie werden Betriebsimpedanzen oder -admittanzen

$$\underline{M}_b = \underline{M}_{(1)} = \underline{M}_{(2)}$$

genannt und setzen diagonal-zyklische Symmetrie der Außenleiter voraus, also $\underline{B} = \underline{C}$ in (1.40). Aus (1.45) erhält man so die Betriebs- und Nullimpedanzen außerhalb der rotierenden Maschinen:

$$\underline{Z}_b = \underline{Z}_{(1)} = \underline{Z}_{(2)} = \underline{A} - \underline{B} \,, \qquad (1.63\ a)$$

$$\underline{Z}_{(0)} = \underline{A} + 2\underline{B} \,. \qquad (1.63\ b)$$

Bild 1.31 entspricht Bild 1.18, enthält jedoch nur 12 statt 22 Elemente. Die Außenleiter L1,2,3 sind ausschließlich durch das Nullsystem gekoppelt. Die Schaltung kommt mit der geringsten möglichen Anzahl der Elemente aus, ist also kanonisch. Sie besitzt in dieser Form keine einheitliche Bezugserde, also keine impedanzlose Rückleitung im Nullsystem. Schließt man jedoch die Impedanz $(\underline{Z}_{(0)}-\underline{Z}_b)/3$ ähnlich wie in Bild 1.27 an die parallelgeschalteten Sekundärwicklungen dreier Stromwandler in den Außenleitern L1,2,3 an, so gewinnt man den gewohnten Knotenpunkt E für die Bezugserde; die Schaltung ist dann allerdings nicht mehr kanonisch. Man kontrolliert die Richtigkeit von Bild 1.31 leicht, indem man die Längsinduktivitäten und Querkapazitäten nach Bild 1.14 mit Hilfe der in Bild 1.22 gezeigten Meßschaltungen bestimmt.

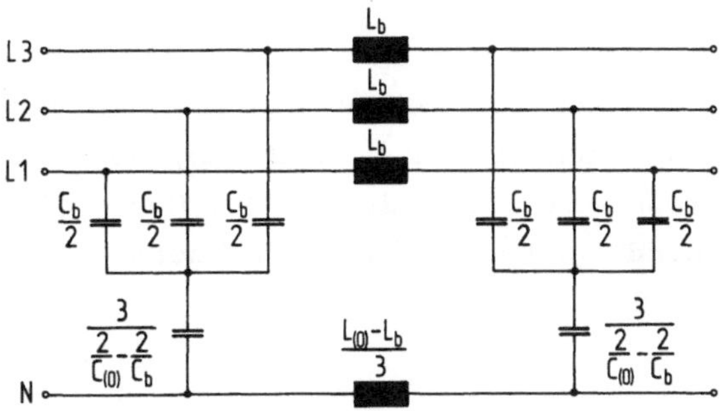

Bild 1.31. Dreiphasiger Ersatzschaltplan der symmetrischen Drehstromleitung Bild 1.18 mit Kopplung ausschließlich durch das Nullsystem

Dreiphasige Ersatzschaltpläne nach Bild 1.31 werden für mathematische oder physikalische Modelle von Netzteilen ohne rotierende Maschinen benutzt. Längsspannungen werden aus den Teilspannungen an L_b und an $(L_{(0)}-L_b)/3$ zusammengesetzt.

1.5.7 Unsymmetrische Netzfehler in symmetrischen Komponenten

Angelehnt an andere Funktionaltransformationen werden mit "Originalraum" die Gesamtheit der 1,2,3-Komponenten und mit "Bildraum" die Gesamtheit der (0,1,2)-Komponenten nach (1.53) bezeichnet. Die Rechenmethode ist stets die gleiche und kann in folgende sechs Schritte unterteilt werden, deren Teilergebnisse sich gut nachprüfen lassen:

Schritt (1):	Dreiphasigen Schaltplan für den Fehlerort aufstellen	Originalraum
Schritt (2):	Fehlerbedingungen angeben	
Schritt (3):	Fehlerbedingungen mit (1.52) und (1.53) transformieren	Bildraum
Schritt (4):	Schaltplan für den Fehlerort in sym. Komponenten aufstellen	
Schritt (5):	Ströme und Spannungen in sym. Komponenten ausrechnen	
Schritt (6):	Ströme und Spannungen mit (1.52) transformieren	Originalraum

Im ersten Schritt wird die Fehlerstelle nach Bild 1.32 oder 1.33 aus dem Vieltor des Netzes als Klemmentripel herausgezogen und mit Strom- und Spannungspfeilen versehen, deren Bezugssinn sowohl für den Originalraum als auch für den Bildraum gilt. Die gedachten, impedanzlosen Verbindungen sind in den Bildern 1.32 und 1.33 stark ausgezogen.

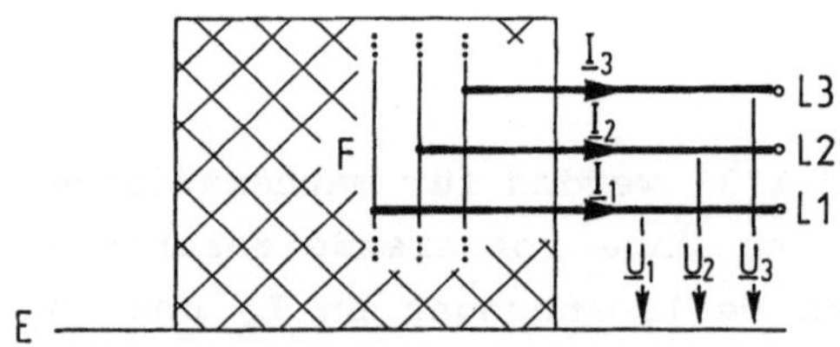

Bild 1.32. Kurzschlußort F in einem beliebigen symmetrischen Drehstromnetz, dargestellt durch ein vor dem Kurzschluß offenes Klemmentripel 1,2,3

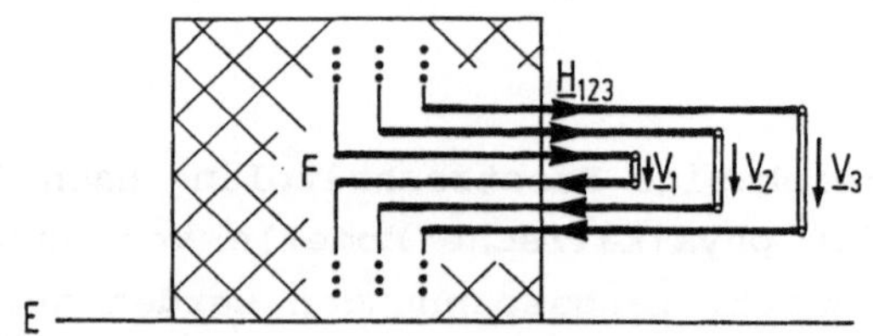

Bild 1.33. Unterbrechungsort F in einem beliebigen symmetrischen Drehstromnetz, dargestellt durch zwei vor der Unterbrechnung verbundene Klemmentripel 1,2,3

Im zweiten Schritt wird jeder unsymmetrische Fehler durch drei Gleichungen beschrieben, die im dritten Schritt vorzugsweise mit (1.53) in den Bildraum transformiert und möglichst in die Form der Kirchhoffschen Knoten- oder Maschenregel überführt werden. Dies gelingt bei einfachen Fehlern nach Tabelle 1.7 immer dann, wenn die Unsymmetrie symmetrisch zum Außenleiter L1 liegt. Im vierten Schritt werden die Klemmen der Komponententore in Bild 1.34 oder Bild 1.35 entsprechend diesen Gleichungen miteinander verbunden. Diese Verknüpfungen sind fehlerspezifisch nach Tabelle 1.7; bei den Leiterunterbrechungen bleiben die Knotenpunkte $N_{(1)}$, $N_{(2)}$ und E unverbunden.

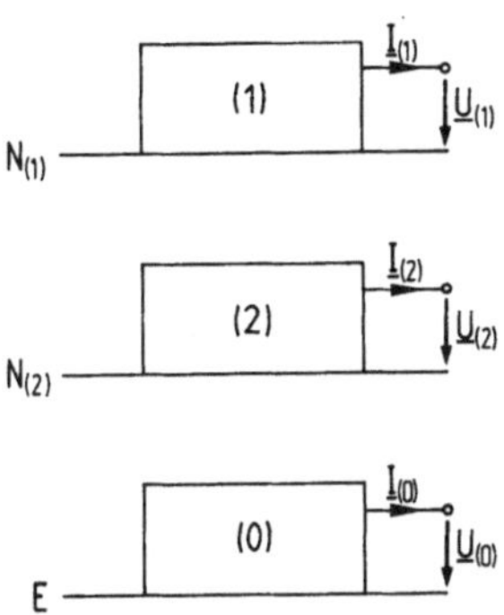

Bild 1.34. Komponenten-Eintore zu Bild 1.32

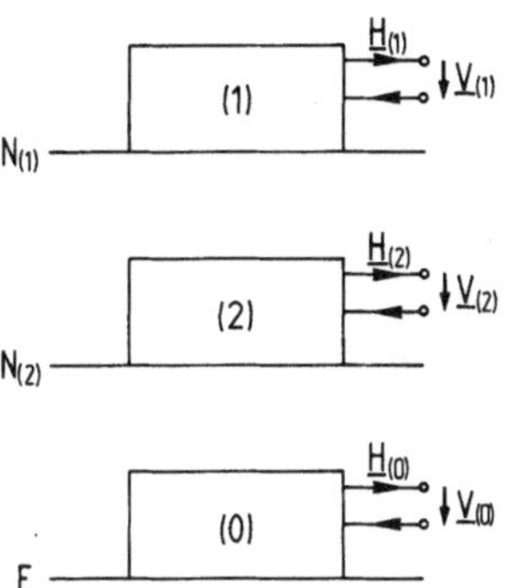

Bild 1.35. Komponenten-Zweitore zu Bild 1.33 nach Öffnen der Klemmenverbindung

Tabelle 1.7. Verknüpfung der in Bild 1.34, 1.35 aufgeführten Komponententore bei unterschiedlichen, unsymmetrischen Fehlern, vgl. auch Bild 1.39

Fehlerlage	Verbindung der Komponententore bei Kurzschluß (Bild 1.34)	Verbindung der Komponententore bei Leiterunterbrechung (Bild 1.35)
Zweipolig L2,L3	Parallelschaltung $\underline{I}_{(1)}+\underline{I}_{(2)}+\underline{I}_{(0)}=0$	Reihenschaltung $\underline{V}_{(1)}+\underline{V}_{(2)}+\underline{V}_{(0)}=0$
Einpolig L1	Reihenschaltung $\underline{U}_{(1)}+\underline{U}_{(2)}+\underline{U}_{(0)}=0$	Parallelschaltung $\underline{H}_{(1)}+\underline{H}_{(2)}+\underline{H}_{(0)}=0$

Die ersten vier Schritte hängen also nur von der Fehlerart ab, erst der fünfte vom vorgegebenen Netz. Beschreibt man die Komponententore nach Bild 1.34 und 1.35 durch ihre Innenimpedanzen und Quellen, so führen auch die letzten beiden Schritte noch zu allgemeinen Lösungen. Hat man die Klemmenspannungen und -ströme oder auch andere Größen an beliebigen Stellen des Netzes im fünften Schritt berechnet, so kann man sie im sechsten Schritt mit (1.52) in den Originalraum transformieren.

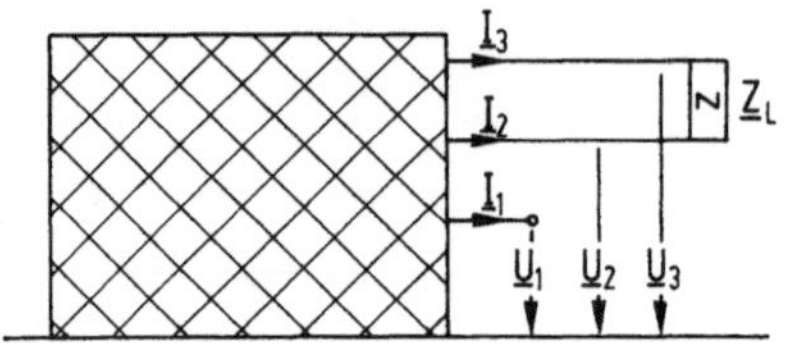

Bild 1.36. Zweipoliger Kurzschluß ohne Erdberührung mit Lichtbogenimpedanz $\underline{Z}_L$

Als Beispiel wird ein zweipoliger Kurzschluß ohne Erdberührung mit Lichtbogenimpedanz nach Bild 1.36 untersucht und sein Strombetrag I_{k2} mit dem dreipoligen Kurzschlußstrombetrag I_{k3} verglichen.

(1) Siehe Bild 1.36

(2)
$$\underline{I}_1 = 0$$
$$\underline{I}_2 + \underline{I}_3 = 0$$
$$\underline{U}_2 - \underline{U}_3 = \underline{Z}_L \underline{I}_2$$

(3)
$$3\underline{I}_{(0)} = \underline{I}_1 + \underline{I}_2 + \underline{I}_3 = 0 \qquad \boxed{\underline{I}_{(0)} = 0}$$
$$\left.\begin{aligned} 3\underline{I}_{(1)} &= \underline{I}_1 + \underline{a}\underline{I}_2 + \underline{a}^2\underline{I}_3 = (\underline{a}-\underline{a}^2)\underline{I}_2 \\ 3\underline{I}_{(2)} &= \underline{I}_1 + \underline{a}^2\underline{I}_2 + \underline{a}\underline{I}_3 = (\underline{a}^2-\underline{a})\underline{I}_2 \end{aligned}\right\} \qquad \boxed{\underline{I}_{(1)} + \underline{I}_{(2)} = 0}$$

$$\underline{U}_2 - \underline{U}_3 = (\underline{a}^2-\underline{a})(\underline{U}_{(1)} - \underline{U}_{(2)}) = \underline{Z}_L(\underline{I}_{(0)} + \underline{a}^2\underline{I}_{(1)} + \underline{a}\underline{I}_{(2)}) \ .$$

Mit den eingerahmten Stromgleichungen wird daraus

$$(\underline{a}^2-\underline{a})(\underline{U}_{(1)} - \underline{U}_{(2)}) = \underline{Z}_L(\underline{a}^2-\underline{a})\underline{I}_{(1)} \ ,$$

also $\boxed{\underline{U}_{(1)} - \underline{U}_{(2)} = \underline{Z}_L\underline{I}_{(1)}}$.

Die drei eingerahmten Gleichungen ersetzen die drei Gleichungen unter (2). Die beiden eingerahmten Stromgleichungen lassen sich mit dem Zeigerdiagramm Bild 1.37 nachprüfen.

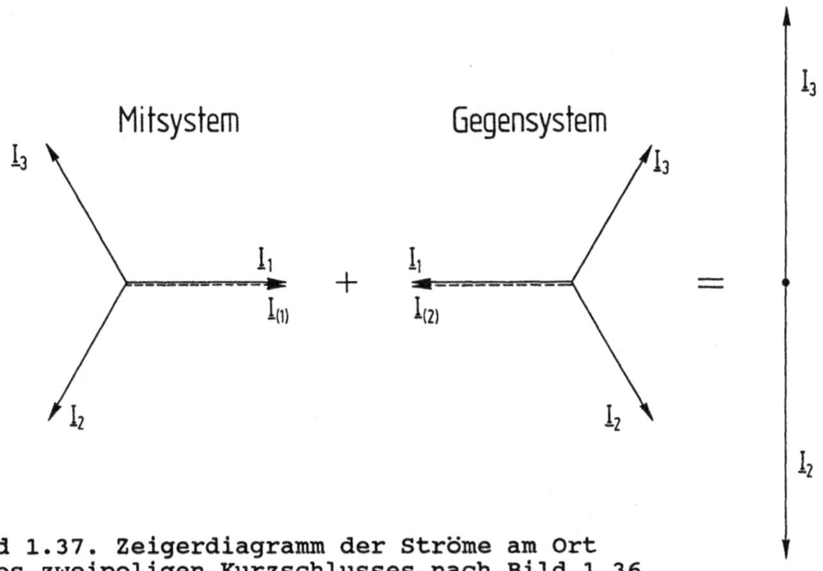

Bild 1.37. Zeigerdiagramm der Ströme am Ort eines zweipoligen Kurzschlusses nach Bild 1.36

(4) Klemme (0) im Leerlauf;
Klemme (1) und (2) über Impedanz $\underline{Z}_L$ miteinander verbunden, siehe Bild 1.38.

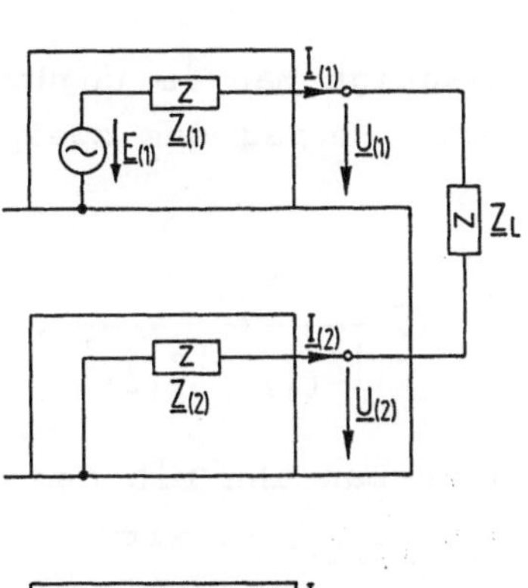

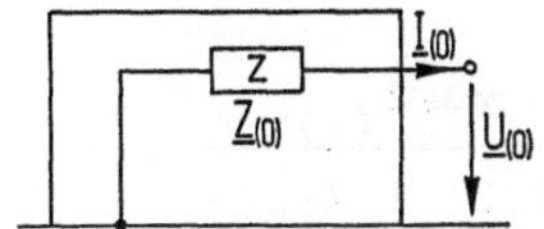

Bild 1.38. Komponenten-Eintore bei zweipoligem Kurzschluß über eine Lichtbogenimpedanz $\underline{Z}_L$ ohne Erdberührung

(5) $\underline{I}_{(1)} = \dfrac{\underline{E}_{(1)}}{\underline{Z}_{(1)}+\underline{Z}_{(2)}+\underline{Z}_L}$, $\quad \underline{U}_{(1)} = \underline{E}_{(1)} \dfrac{\underline{Z}_{(2)}+\underline{Z}_L}{\underline{Z}_{(1)}+\underline{Z}_{(2)}+\underline{Z}_L}$,

$\underline{I}_{(2)} = -\underline{I}_{(1)}$, $\quad \underline{U}_{(2)} = \underline{E}_{(1)} \dfrac{\underline{Z}_{(2)}}{\underline{Z}_{(1)}+\underline{Z}_{(2)}+\underline{Z}_L}$,

$\underline{I}_{(0)} = 0$, $\quad \underline{U}_{(0)} = 0$,

(6) $\underline{I}_1 = 0$,

$$\underline{I}_2 = -\underline{I}_3 = \underbrace{(\underline{a}^2-\underline{a})}_{-j\sqrt{3}} \frac{\underline{E}_{(1)}}{\underline{Z}_{(1)}+\underline{Z}_{(2)}+\underline{Z}_L} ,$$

$$\underline{U}_1 = \underline{E}_{(1)} \frac{2\underline{Z}_{(2)}+\underline{Z}_L}{\underline{Z}_{(1)}+\underline{Z}_{(2)}+\underline{Z}_L} ,$$

$$\underline{U}_2 = \underline{E}_{(1)} \frac{-\underline{Z}_{(2)}+\underline{a}^2\underline{Z}_L}{\underline{Z}_{(1)}+\underline{Z}_{(2)}+\underline{Z}_L} ,$$

$$\underline{U}_3 = \underline{E}_{(1)} \frac{-\underline{Z}_{(2)}+\underline{a}\underline{Z}_L}{\underline{Z}_{(1)}+\underline{Z}_{(2)}+\underline{Z}_L} .$$

Damit sind alle Größen am Fehlerort bestimmt.

Kontrolle: Die Gleichungen (2) sind erfüllt.

Vernachlässigt man im ungünstigsten Fall die Lichtbogenimpedanz $\underline{Z}_L$, so ist der Betrag des zweipoligen Kurzschlußstromes $I_{k2} = |\underline{I}_2|$ nach (6)

$$I_{k2} = \sqrt{3}\, \frac{E_{(1)}}{|\underline{Z}_{(1)} + \underline{Z}_{(2)}|} . \tag{1.64}$$

Vergleicht man ihn mit dem Betrag des dreipoligen Kurzschlußstromes $I_{k3} = E_{(1)}/Z_{(1)}$, so wird

$$\frac{I_{k2}}{I_{k3}} = \frac{\sqrt{3}\; Z_{(1)}}{|\underline{Z}_{(1)} + Z_{(2)}|} . \tag{1.65}$$

Fehlerart	ORIGINALRAUM Schaltbild	ORIGINALRAUM Gleichungen der Fehlerstelle	BILDRAUM Gleichungen der Fehlerstelle	BILDRAUM Schaltbild
k3p (k3pE)	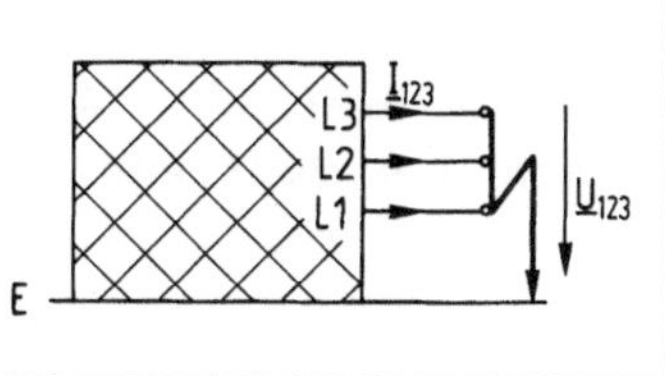	$\underline{U}_1 = 0$ $\underline{U}_2 = 0$ $\underline{U}_3 = 0$	$\underline{U}_{(1)} = 0$ $\underline{U}_{(2)} = 0$ $\underline{U}_{(0)} = 0$	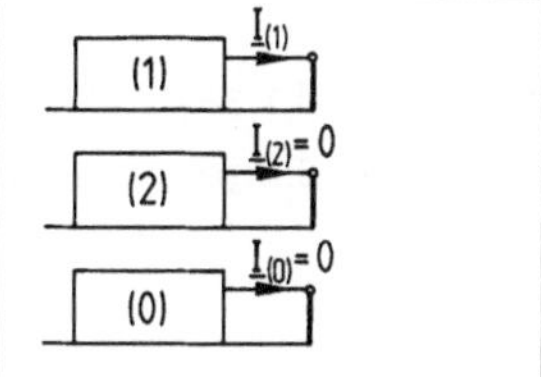
k2pE	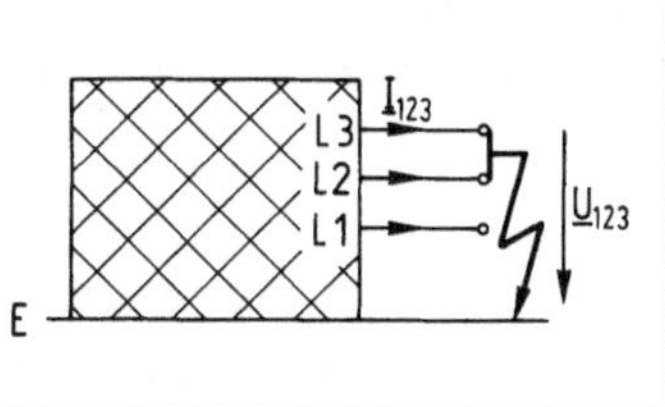	$\underline{I}_1 = 0$ $\underline{U}_2 = 0$ $\underline{U}_3 = 0$	$\underline{I}_{(1)} + \underline{I}_{(2)} + \underline{I}_{(0)} = 0$ $\underline{U}_{(1)} = \underline{U}_{(2)}$ $\underline{U}_{(2)} = \underline{U}_{(0)}$	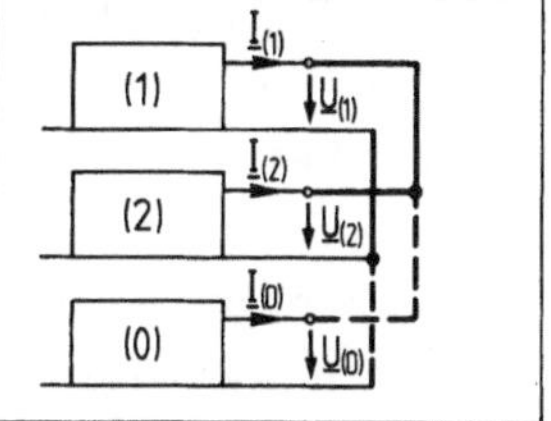
k2p	wie k2pE jedoch ohne Kurzschlußstrompfad zur Erde; die Verbindung – – – entfällt, $\underline{I}_{(0)} = 0 = \underline{U}_{(0)}$			
k1pE	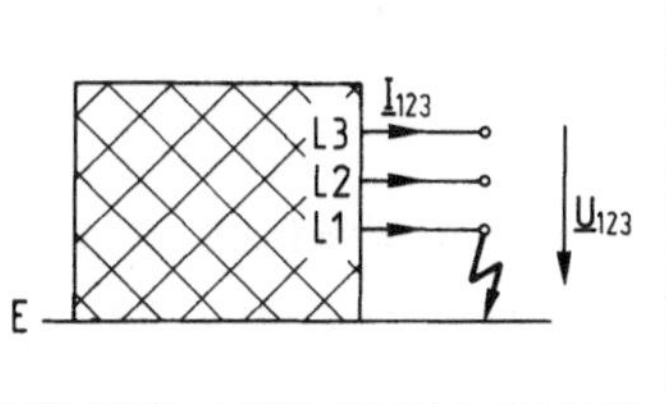	$\underline{U}_1 = 0$ $\underline{I}_2 = 0$ $\underline{I}_3 = 0$	$\underline{U}_{(1)} + \underline{U}_{(2)} + \underline{U}_{(0)} = 0$ $\underline{I}_{(1)} = \underline{I}_{(2)}$ $\underline{I}_{(2)} = \underline{I}_{(0)}$	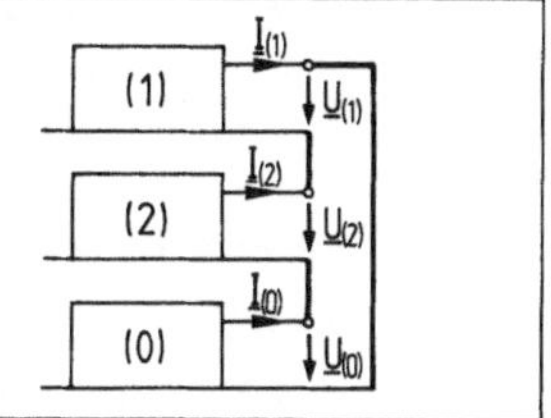
l3p	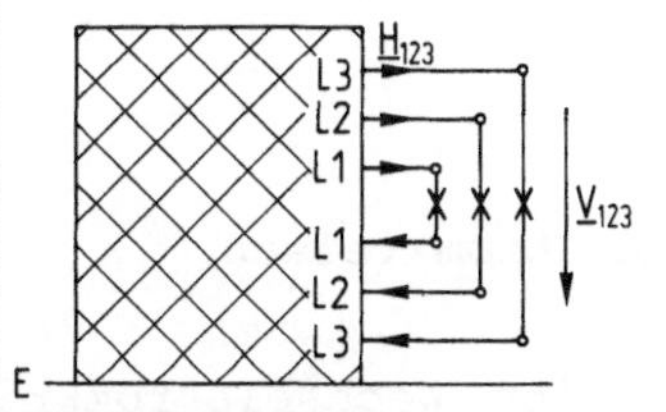	$\underline{H}_1 = 0$ $\underline{H}_2 = 0$ $\underline{H}_3 = 0$	$\underline{H}_{(1)} = 0$ $\underline{H}_{(2)} = 0$ $\underline{H}_{(0)} = 0$	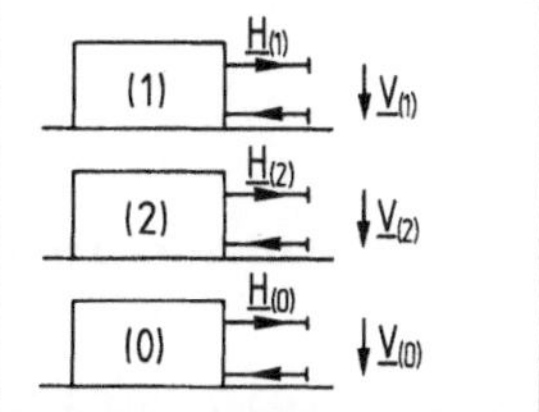
l2p	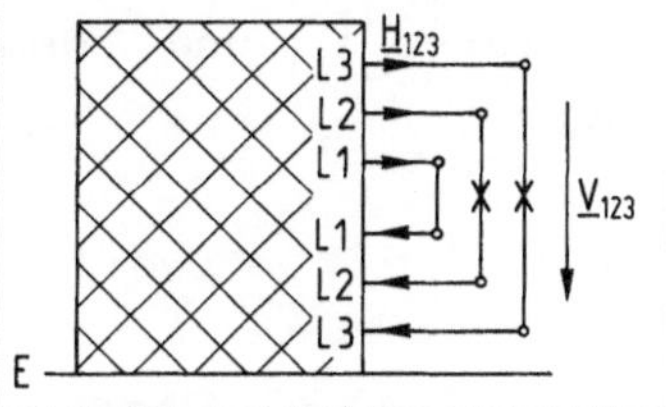	$\underline{V}_1 = 0$ $\underline{H}_2 = 0$ $\underline{H}_3 = 0$	$\underline{V}_{(1)} + \underline{V}_{(2)} + \underline{V}_{(0)} = 0$ $\underline{H}_{(1)} = \underline{H}_{(2)}$ $\underline{H}_{(2)} = \underline{H}_{(0)}$	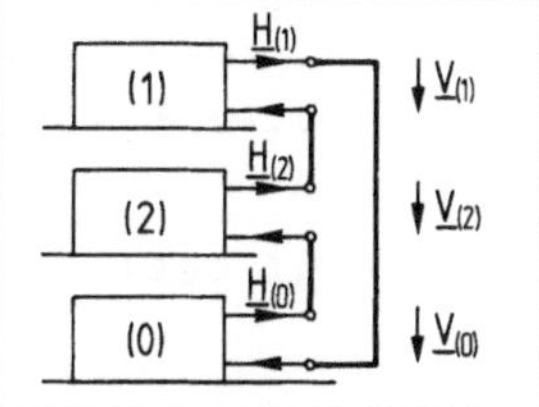
l1p	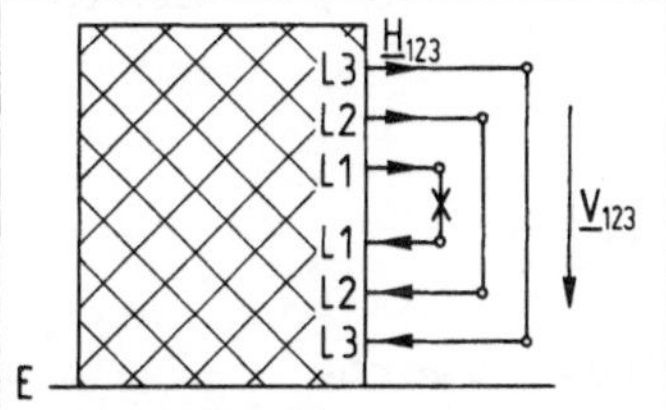	$\underline{H}_1 = 0$ $\underline{V}_2 = 0$ $\underline{V}_3 = 0$	$\underline{H}_{(1)} + \underline{H}_{(2)} + \underline{H}_{(0)} = 0$ $\underline{V}_{(1)} = \underline{V}_{(2)}$ $\underline{V}_{(2)} = \underline{V}_{(0)}$	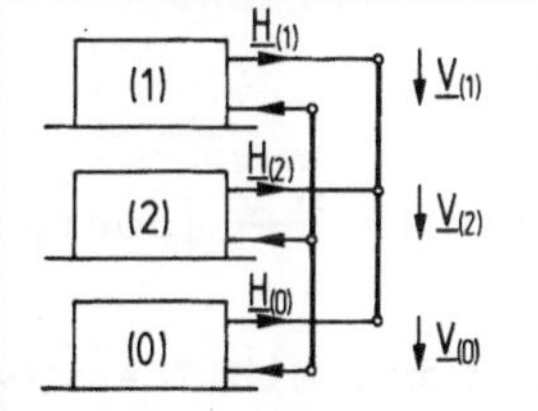

Bild 1.39. Verknüpfung der Komponententore bei Kurzschlüssen und Leiterunterbrechungen. Die Unsymmetrien sind so gelegt, daß sie die Außenleiter L2 und L3 gleich betreffen, vergl. auch Tabelle 1.7

Daraus folgt bei generatorfernem Kurzschluß und gleichen Impedanzwinkeln

$$I_{k2} = 0{,}87\ I_{k3} \ . \qquad (1.66)$$

Der dreipolige, lichtbogenfreie Kurzschluß ist also stromstärker als der zweipolige, nach ihm sind im allgemeinen die Betriebsmittel auszulegen.

Für $\underline{Z}_{(1)} = \underline{Z}_{(2)}$ und beliebige $\underline{Z}_L$ gilt $\underline{U}_1 = \underline{E}_{(1)}$: Die Spannung des fehlerfreien Außenleiters L1 gegen Erde wird durch den zweipoligen generatorfernen Kurzschluß nicht verändert.

Bild 1.39 gibt eine zu Tabelle 1.7 passende Übersicht über symmetrische und unsymmetrische Netzfehler in symmetrischen Komponenten. Der Schaltplan des zweipoligen Kurzschlusses mit Erdberührung k2E für $\underline{Z}_{(0)}$ in Bild 1.39 entspricht Bild 1.38 mit $\underline{Z}_L = 0$.

Weiterführende Literatur zu den Abschnitten 1.5.4 bis 1.5.7:
[22, 29, 36, 39 - 41, 48 - 50, 57, 63, 64, 73, 78, 80, 84, 107, 113, 120, 121, 123, 129, 134, 160].

1.5.8 Leistungen in oberschwingungsfreien Stromkreisen

In einem (einphasigen) oberschwingungsfreien Wechselstromkreis nach Bild 1.40 mit der Spannung $u = \hat{u}\cos(\omega t+\varphi_u)$ und dem Strom $i = \hat{i}\cos(\omega t+\varphi_i)$ ist die momentane Leistung

$$p(t) = \hat{u}\hat{i}\cos(\omega t+\varphi_u)\cos(\omega t+\varphi_i) \ . \qquad (1.67)$$

Mit der Beziehung $2\cos\alpha\cos\beta = \cos(\alpha-\beta) + \cos(\alpha+\beta)$ erhält man daraus

$$p(t) = \frac{\hat{u}\ \hat{i}}{2}\left[\cos(\varphi_u-\varphi_i) + \cos(2\omega t+\varphi_u+\varphi_i)\right] \ . \qquad (1.68)$$

Führt man mit $G = \hat{g}/\sqrt{2}$ die komplexen Effektivwerte

$$\underline{U} = U\,e^{j\varphi_u} \ , \qquad \underline{I} = I\,e^{j\varphi_i}$$

nach DIN 5475 ein, so ist

$$p(t) = \frac{1}{2}\left[\underline{U}\ \underline{I}^* + \underline{U}^*\underline{I}\right] + \frac{1}{2}\left[\underline{U}\ \underline{I}\ e^{j2\omega t} + \underline{U}^*\underline{I}^*e^{-j2\omega t}\right] \tag{1.69}$$

oder

$$p(t) = \mathrm{Re}\left\{\underline{U}\ \underline{I}^*\right\} + \mathrm{Re}\left\{\underline{U}\ \underline{I}\ e^{j2\omega t}\right\}. \tag{1.70}$$

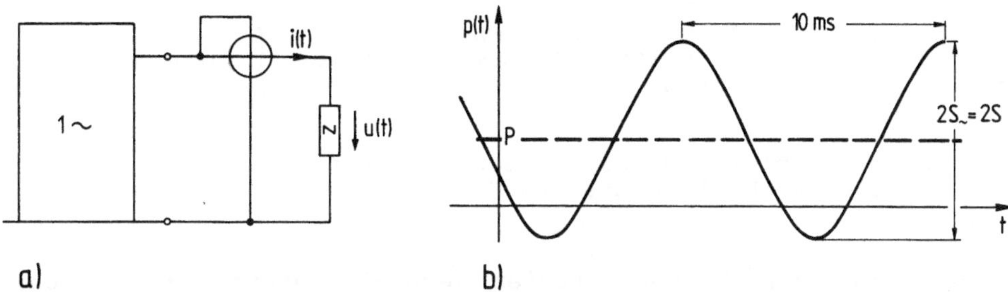

Bild 1.40. a) Leistungsmessung in einem Wechselstromkreis
b) Leistungsoszillogramm

Mit den Beziehungen nach DIN 40 110 und der Abkürzung $\varphi = \varphi_u - \varphi_i$

komplexe Leistung	$\underline{S} = \underline{U}\ \underline{I}^*$	(1.71)
Scheinleistung	$S = \lvert\underline{U}\rvert\,\lvert\underline{I}\rvert \quad = \lvert\underline{S}\rvert$	(1.72)
Wirkleistung } Bild 1.41	$P = \mathrm{Re}\{\underline{U}\ \underline{I}^*\} = S\cos\varphi$	(1.73)
Blindleistung } Bild 1.41	$Q = \mathrm{Im}\{\underline{U}\ \underline{I}^*\} = S\sin\varphi$	(1.74)
komplexe Wechselleistung	$\underline{S}_\sim = \underline{U}\ \underline{I}$	(1.75)
Leistungsfaktor	$\cos\varphi = P/S$	(1.76)

wird (1.68) zu

$$p(t) = \mathrm{Re}\left\{\underline{S}\right\} + \mathrm{Re}\left\{\underline{S}_\sim\ e^{j2\omega t}\right\}. \tag{1.77}$$

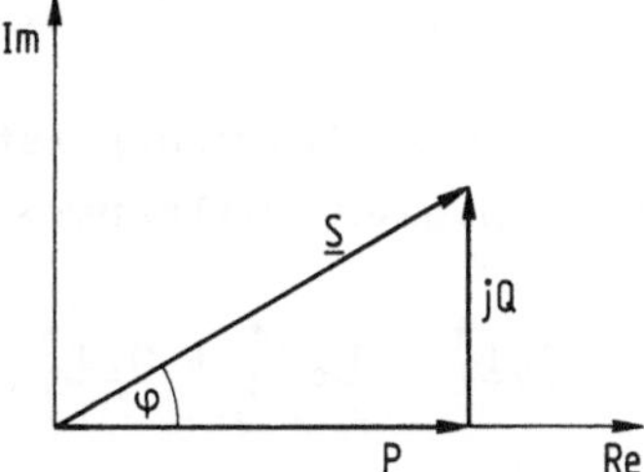

Bild 1.41. Komplexe Leistung $\underline{S}$ in oberschwingungsfreien Stromkreisen

Die Blindleistung $Q = \pm\sqrt{S^2 - P^2}$ wird mittelbar aus den leicht meßbaren Größen S und P definiert. Sie kennzeichnet die "blinde" orthogonale Komponente von $\underline{S}$, die nichts zur Wirkleistung P beiträgt. Durch (1.71) wird festgelegt, daß die induktive Blindleistung mit nacheilendem Strom $\underline{I} = I_w - jI_b$ das positive Vorzeichen erhält. Es sind maßgebend

- die komplexe Leistung $\underline{S}$ für die Wirkung
- die Scheinleistung S für die thermische Auslegung und damit nach Abschnitt 2.1 näherungsweise für die Herstellungskosten
- der Betrag der komplexen Wechselleistung $|\underline{S}_\sim|$ für die mechanischen Wechselmomente 100 Hz

} der Betriebsmittel

In (einphasigen) oberschwingungsfreien Wechselstromkreisen sind der Betrag der komplexen Leistung $|\underline{S}|$ und der komplexen Wechselleistung $|\underline{S}_\sim|$, sowie das Produkt der Effektivwerte UI gleich.

Die Leistungen in Wechselstromkreisen mit Oberschwingungen werden in Abschnitt 1.5.9 behandelt.

Die Wirkleistung ist bei periodischen Vorgängen nach Bild 1.40 b als Mittelwert während einer Periode T festgelegt:

$$P = \frac{1}{T} \int_{t-T}^{t} u\, i\, dt \,. \tag{1.78}$$

Einen Augenblickswert der Wirk- oder Blindleistung gibt es in diesem Sinne nicht.

In einem (dreiphasigen) oberschwingungsfreien Drehstromkreis setzt sich die Gesamtleistung aus den Leistungen der drei Außenleiter nach Bild 1.42 zusammen.

Die komplexe Gesamtleistung ist mit dem Zeilenvektor $\underline{U}^T_{1,2,3}$ und dem konjugiert-komplexen Spaltenvektor $\underline{I}_{1,2,3}$:

$$\underline{S}_{1,2,3} = \underline{U}_1\underline{I}_1^* + \underline{U}_2\underline{I}_2^* + \underline{U}_3\underline{I}_3^* = \underline{U}^T_{1,2,3}\, \underline{I}^*_{1,2,3} \,. \tag{1.79}$$

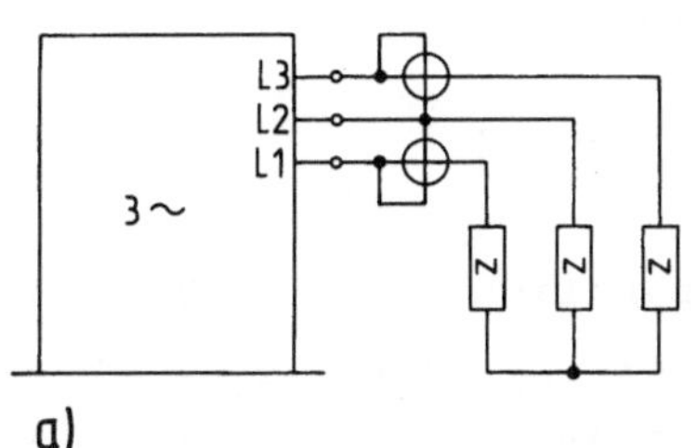

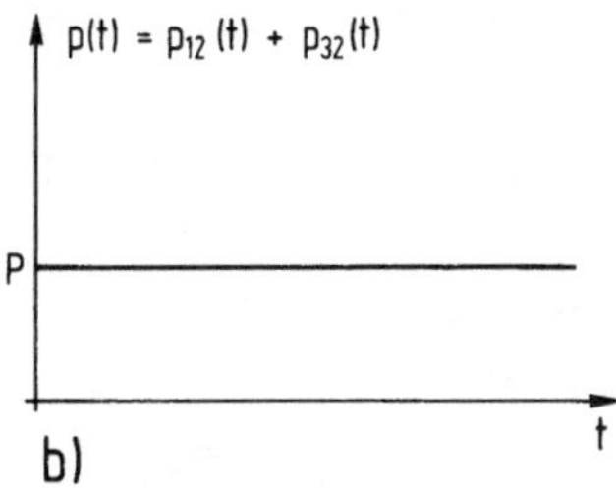

Bild 1.42. a) Leistungsmessung in einem Drehstromkreis ohne N-Leiter mit $i_1 + i_2 + i_3 = 0$

b) Leistungsoszillogramm bei symmetrischer Belastung

Setzt man mit (1.54)

$$\underline{\mathbf{U}}^T_{1,2,3} = \left[\underline{\mathbf{T}}\ \underline{\mathbf{U}}_{(0,1,2)}\right]^T = \underline{\mathbf{U}}^T_{(0,1,2)}\ \underline{\mathbf{T}}^T ,$$

so wird

$$\underline{S}_{1,2,3} = \underline{\mathbf{U}}^T_{(0,1,2)}\ \underline{\mathbf{T}}^T\ \underline{\mathbf{T}}^*\ \underline{\mathbf{I}}^*_{(0,1,2)} ;$$

ausmultipliziert

$$\underline{S}_{1,2,3} = 3\left[\underline{U}_{(0)}\underline{I}^*_{(0)} + \underline{U}_{(1)}\underline{I}^*_{(1)} + \underline{U}_{(2)}\underline{I}^*_{(2)}\right] = 3\ \underline{S}_{(0,1,2)} . \quad (1.80)$$

Der Faktor 3 ist für die bezugskomponenten-invariante Form der Transformation $\underline{\mathbf{T}}$ charakteristisch und folgt aus der mit (1.51) vorgenommenen Wahl $\underline{K}_{(0)} = \underline{K}_{(1)} = \underline{K}_{(2)} = 1$. Im symmetrischen Betrieb sind $\underline{I}_{(2)} = 0 = \underline{I}_{(0)}$, also $\underline{S}_{1,2,3} = 3\underline{U}_{(1)}\underline{I}^*_{(1)}$. Da die Bezugskomponenten 1 des Originalraumes und (1) des Bildraumes in Betrag und Phase gleich sind, bedeutet der Faktor 3 die Phasenzahl.

Die komplexe Gesamtwechselleistung ist sinngemäß

$$\underline{S}_{\sim 1,2,3} = \underline{U}_1\underline{I}_1 + \underline{U}_2\underline{I}_2 + \underline{U}_3\underline{I}_3 = \underline{\mathbf{U}}^T_{1,2,3}\ \underline{\mathbf{I}}_{1,2,3} . \quad (1.81)$$

Geht man wieder in den Bildraum über, so ist eingesetzt

$$\underline{S}_{\sim 1,2,3} = \underline{\mathbf{U}}^T_{(0,1,2)}\ \underline{\mathbf{T}}^T\ \underline{\mathbf{T}}\ \underline{\mathbf{I}}_{(0,1,2)} ,$$

ausmultipliziert nach Zwischenrechnungen

$$\underline{S}_{\sim 1,2,3} = 3\left[\underline{U}_{(0)}\underline{I}_{(0)} + \underline{U}_{(2)}\underline{I}_{(1)} + \underline{U}_{(1)}\underline{I}_{(2)}\right] \ . \qquad (1.82)$$

Dieses Ergebnis unterscheidet sich wesentlich von (1.80). Im symmetrischen Betrieb gilt für die Spannungen $\underline{U}_{(2)} = 0 = \underline{U}_{(0)}$ und für die Ströme $\underline{I}_{(2)} = 0 = \underline{I}_{(0)}$. Damit ist im symmetrischen Drehstrombetrieb $\underline{S}_{\sim 1,2,3} = 0$: Die drei 100-Hz-Komponenten der durch die Außenleiter L1,L2,L3 übertragenen Leistung heben sich dabei auf! Rotierende Drehfeldmaschinen haben folglich im ungestörten Betrieb ein konstantes Drehmoment $M = P/\omega$, was die Bemessung der Wellen und Fundamente erleichtert und den Geräuschpegel mindert.

Bei symmetrischer, oberschwingungsfreier Belastung sind nur der Betrag der komplexen Leistung $|\underline{S}|$ und das Produkt der Effektivwerte UI gleich; die komplexe Wechselleistung $\underline{S}_{\sim}$ ist Null.

Der Umkehrschluß "Wenn $\underline{S}_{\sim} = 0$, dann liegt symmetrischer Betrieb vor", kann für die Synthese symmetrierender Schaltungen angewandt werden.

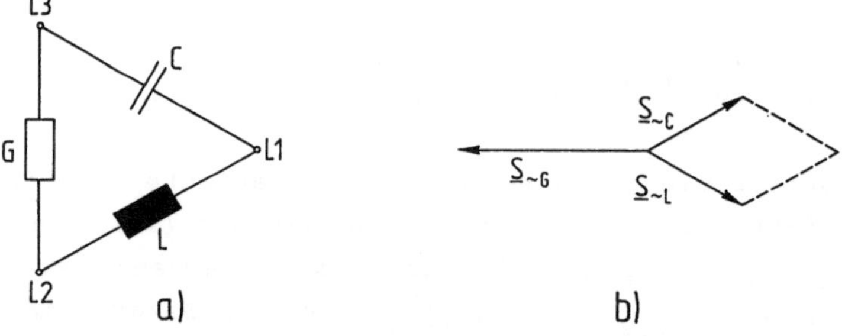

Bild 1.43. Symmetrierung einer zweiphasigen Belastung G durch zwei Blindleitwerte
a) Schaltung nach Steinmetz b) Wechselleistungsdiagramm

In Bild 1.43 wird ein Leitwert G zweiphasig an die mit symmetrischen Spannungen vom Betrag $U_n/\sqrt{3}$ versorgten Leiter L2 und L3 angeschlossen. Diese zweiphasige Belastung soll durch Reaktanzen verlustfrei symmetriert werden. Die komplexen Wechselleistungen betragen nach Zwischenrechnungen

$$\underline{S}_{\sim G} = G(\pm\underline{U}_{23})^2 = -GU_n^2 , \tag{1.83 a}$$

$$\underline{S}_{\sim C} = j\omega C(\pm\underline{U}_{31})^2 = \frac{1-\underline{a}^2}{\sqrt{3}} \omega CU_n^2 , \tag{1.83 b}$$

$$\underline{S}_{\sim L} = \frac{1}{j\omega L}(\pm\underline{U}_{12})^2 = \frac{1-\underline{a}}{\sqrt{3}} \frac{1}{\omega L} U_n^2 . \tag{1.83 c}$$

Offensichtlich ist $\sum\underline{S}_{\sim} = 0$ nach Real- und Imaginärteil erfüllt, wenn

$$\omega C = \frac{1}{\omega L} = G/\sqrt{3} . \tag{1.84}$$

Zur Symmetrierung eines zweiphasigen Verbrauchers 100 kW, $\cos\varphi = 1$ werden also ein Kondensator 58 kvar und eine Drosselspule 58 kvar benötigt. Eigentümlich ist an dieser Schaltung, daß die Elemente L und C bei einer Unterbrechung des Hauptleiters L1 einen Reihenschwingkreis mit unzulässig hoher Kondensatorspannung bilden. Diesen Nachteil vermeidet die Schaltung nach Bild 1.44, die überdies den geringsten Aufwand erfordert, und leichter nachzustellen und zu regeln ist.

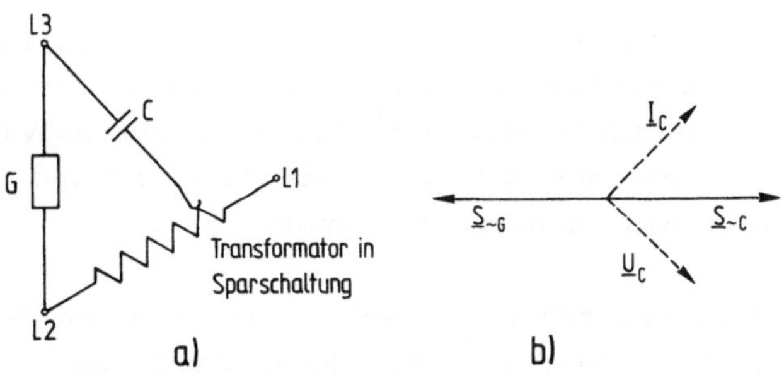

Bild 1.44. Symmetrierung einer zweiphasigen Belastung G durch einen Blindleitwert
a) Schaltung nach Bader b) Wechselleistungsdiagramm

Schließlich zeigt Bild 1.45 noch eine Schaltung für zwei Wirkleitwerte G_A und G_B, deren Wirkleistungen für $\sum S_{\sim} = 0$ gleich groß sein müssen.

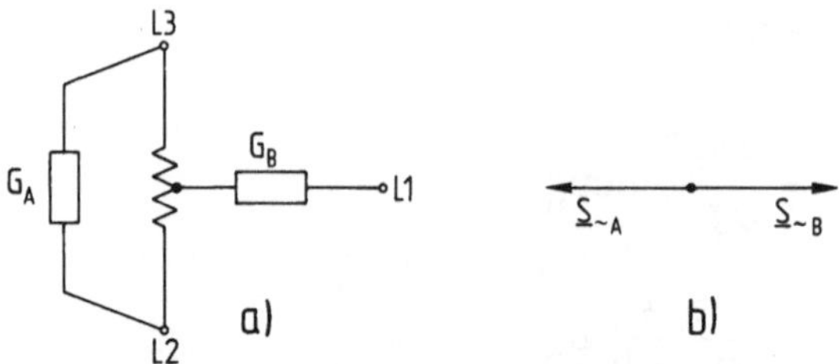

Bild 1.45. Symmetrierung zweier zweiphasiger Belastungen G_A, G_B durch einen Spartransformator
a) Schaltung nach Scott b) Wechselleistungsdiagramm

Weiterführende Literatur zu Abschnitt 1.5.8:
[22, 27, 48 - 50, 52, 64, 123, 128, 160, 161].

1.5.9 Oberschwingungen

(Zur Vertiefung)

Oberschwingungen sind fast immer unerwünscht, da sie die Betriebsmittel nutzlos, unter Umständen sogar resonanzartig belasten und die Verluste erhöhen. Die Frequenz von Rundsteueranlagen, z. B. für Mehrtarifzähler, Straßenbeleuchtung und andere kommunale Aufgaben, muß so gewählt werden, daß sie nicht mit den störenden Oberschwingungen im Netz zusammenfällt. In manchen Fällen können Oberschwingungen ein Signal für gewisse Störungen an Betriebsmitteln sein.

Im ungestörten Betrieb entstehen Oberschwingungen durch Betriebsmittel mit nichtlinearen Kennlinien. Zur Berechnung der elektrischen Größen dieser Betriebsmittel darf die lineare Algebra nicht mehr oder nur als Näherung, deren Gültigkeit nachgeprüft werden muß, angewandt werden. Aus der unbegrenzten Vielfalt der Möglichkeiten zeichnen sich jeweils zwei Grenzfälle aus:

- Betrieb mit oberschwingungsfreier Spannung: Durch die nichtlineare Kennlinie entsteht ein oberschwingungshaltiger Strom, der als Quellenstrom mit unbegrenzt großer Innenimpedanz betrachtet wird;

- Betrieb mit oberschwingungsfreiem Strom: Durch die nichtlineare Kennlinie entsteht eine oberschwingungshaltige Spannung, die als

Quellenspannung mit verschwindend kleiner Innenimpedanz betrachtet wird.

Bei Drehstrom kommen auch Kombinationen dieser Grenzfälle vor, wenn einerseits die Mit- und Gegenspannung, andererseits die Nullströme oberschwingungsfrei sind: Energieversorgungsnetze werden nämlich im Mit- und Gegensystem mit möglichst kleinen Längsimpedanzen ausgeführt, wogegen das Nullsystem sehr hochohmig sein kann, z. B. in Netzen mit isoliertem Sternpunkt. In magnetischen Kreisen unterscheidet man auch bei der Entstehung von Oberschwingungen zwischen freier und erzwungener Magnetisierung nach Abschnitt 2.2.2.

Im folgenden werden vorwiegend oberschwingungshaltige Ströme behandelt und die Spannungen zwischen den Hauptleitern als oberschwingungsfrei angenommen. Solche Oberschwingungsquellen sind unter anderem

- Transformatoren mit Eisenkern,

- ungesteuerte und gesteuerte Stromrichter (Thyristoren, vergl. Bild 1.55 a), Transistoren,

- ungesteuerte und gesteuerte Spulen mit Eisenkern (Transduktoren),

- verzerrte Induktions-Feldkurven in rotierenden Maschinen.

Entsprechend Abschnitt 1.2 Nr. 12 wird der Oberschwingungsindex hoch vor das Formelzeichen gestellt.

Als erstes Beispiel wird die nichtlineare H(B)-Kennlinie eines Transformators mit Eisenkern nach Bild 1.46 betrachtet. Die Kennlinie ist bei vernachlässigbarer Hysterese zentralsymmetrisch und wird durch eine ungerade Funktion beschrieben.

Bei oberschwingungsfreier Netzspannung

$$u = \hat{u} \cos(\omega t + \varphi_u) \tag{1.85}$$

erhält man über den Spulenfluß $\Psi = \int u \, dt$ im stationären Zustand die Induktion

$$B = \hat{B} \sin(\omega t + \varphi_u) \; . \tag{1.86}$$

Folgt die H(B)-Kennlinie einem Polynom n-ten Grades, wobei n wegen der Zentralsymmetrie ungerade ist, so sind die Feldstärke H und der vom Netz aufgenommene Strom i

$$H = \sum_{\nu} {}^{\nu}\hat{H} \sin[\nu(\omega t + {}^{\nu}\varphi_u)] \; ,$$

$$\nu = 1, 3, 5, \ldots, n \quad \text{ungerade} \qquad (1.87\ a)$$

$$i = \sum_{\nu} {}^{\nu}\hat{i} \sin[\nu(\omega t + {}^{\nu}\varphi_u)] \; .$$

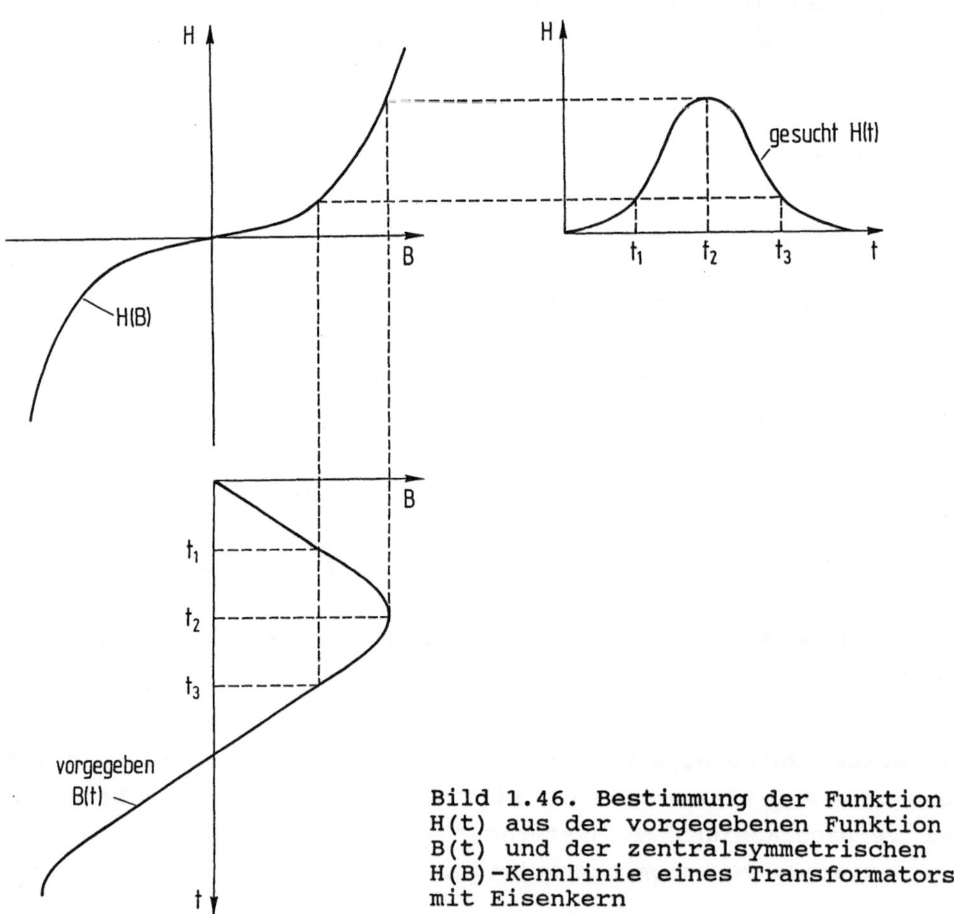

Bild 1.46. Bestimmung der Funktion H(t) aus der vorgegebenen Funktion B(t) und der zentralsymmetrischen H(B)-Kennlinie eines Transformators mit Eisenkern

Für $i = \hat{i} \sin^n \omega t$ sinken die auf den Maximalwert i_m des Stromes bezogenen Amplituden ${}^{\nu}\hat{i}$ der Oberschwingungs-Quellenströme wegen der für ungerade Potenzen n aus den Additionstheoremen der Kreisfunktionen abzuleitenden Beziehung

$$\left|\frac{{}^{\nu}\hat{i}}{i_m}\right| = \frac{1}{2^{n-1}}\begin{bmatrix} n \\ \frac{n-\nu}{2} \end{bmatrix} \tag{1.87 b}$$

monoton mit der Oberschwingungszahl $1 \leq \nu \leq n$. Im stationären, fehlerfreien Betrieb des Transformators sind nur ungeradzahlige Stromoberschwingungen möglich. Dasselbe gilt auch für den netzseitigen Eingangsstrom von Stromrichtern in Brückenschaltung nach Bild 1.47.

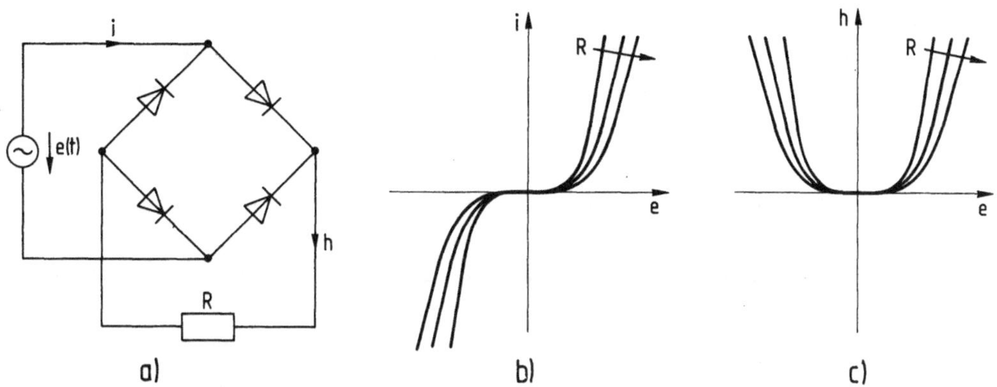

Bild 1.47. Einphasige Dioden-Brückenschaltung mit Widerstandsbelastung
a) Schaltung
b) zentralsymmetrische Kennlinie des Eingangsstromes i
c) klappsymmetrische Kennlinie des Ausgangsstromes h

Dagegen folgt der Ausgangsstrom wegen $h \approx |i|$ einer klappsymmetrischen Kennlinie, so daß bei dieser Stromrichterschaltung die ungeraden Stromoberschwingungen auf der Netzseite, die geraden auf der Verbraucherseite fließen.

Nimmt man für Drehstromnetze einen zyklisch-symmetrischen Verlauf des oberschwingungshaltigen Stromes an

$$i_2(t) = i_1(t-T/3) \qquad \text{und} \qquad i_3(t) = i_1(t+T/3) \tag{1.88}$$

und zerlegt den Strom $i_1(t)$ in eine Fourierreihe ähnlich (1.87 a)

$$i_1(t) = \sum_{\nu} {}^{\nu}\hat{i}_1 \sin(\nu\omega t + {}^{\nu}\varphi_{i1}) \; , \tag{1.89 a}$$

so erhält man $i_{2,3}(t)$, indem man die Funktionsargumente von (1.88) in (1.89 a) einsetzt:

$$i_2(t) = \sum_{\nu} {}^{\nu}\hat{i}_1 \sin[\nu 2\pi f(t-T/3) + {}^{\nu}\varphi_{i1}]$$
$$= \sum_{\nu} {}^{\nu}\hat{i}_1 \sin(\nu\omega t - \nu 2\pi/3 + {}^{\nu}\varphi_{i1}) , \qquad (1.89\ b)$$

$$i_3(t) = \sum_{\nu} {}^{\nu}\hat{i}_1 \sin[\nu 2\pi f(t+T/3) + {}^{\nu}\varphi_{i1}]$$
$$= \sum_{\nu} {}^{\nu}\hat{i}_1 \sin(\nu\omega t + \nu 2\pi/3 + {}^{\nu}\varphi_{i1}) . \qquad (1.89\ c)$$

Der Phasenwinkel zwischen den Stromoberschwingungen in den Außenleitern L1, L2 und L3 ist nach (1.89) also $\pm\nu 2\pi/3$. Zyklisch-symmetrische Oberschwingungen bilden daher eine

- mitlaufende Stromkomponente für ν = 1 [4] 7 [10] 13 ...
- gegenlaufende Stromkomponente für ν = [2] 5 [8] 11 [14] ... (1.90)
- Nullkomponente des Stromes für ν = 3 [6] 9 [12] 15 ...

Die bei zentralsymmetrischen Kennlinien ausgeschlossenen geraden Werte für ν sind in Klammern gesetzt. Im symmetrisch gebauten Drehstromnetz fließen nach Abschnitt 1.5.4 die Mit- und Gegenströme ausschließlich in den Außenleitern L1,2,3 und nur die dreifachen Nullströme über Erde. Ist etwa wegen fehlender Verbindung der Sternpunkte zur Erde $\underline{Z}_0 \to \infty$, so kann auch kein Nullstrom der 3,9,15,...-fachen Frequenz fließen, so daß sich für diese Frequenzen eine Oberschwingungs-Nullkomponente der Spannung ausbildet.

Je größer die Oberschwingungsziffer ν ist, desto stärker fallen Netzunsymmetrien ins Gewicht: An den Unsymmetriestellen werden die Ersatzschaltungen der symmetrischen Komponenten ähnlich wie in Bild 1.38, jedoch frequenzabhängig gekoppelt. Oberschwingungen im Rotorgleichstrom von Synchronmaschinen nach Bild 3.5 a erzeugen im Netz zyklisch unsymmetrische Stromoberschwingungen. In beiden Fällen gilt daher (1.90) nicht mehr. Oberschwingungen $\nu > 30$ sind in Energieversorgungsnetzen praktisch bedeutungslos.

Als Beispiel werden die von einer Gleichrichteranlage dem Netz entnommenen Amplituden ${}^{\nu}\hat{i}$ der Stromoberschwingungen betrachtet. Dabei wird eine Drehstrombrückenschaltung mit idealer Glättung zugrunde gelegt, deren Ventile ungesteuert sind oder wie im Bild 1.55 c in den natürlichen Zündzeitpunkten zünden. In den Außenleitern L1,2,3 fließen dabei während T/3 konstante Ströme $\pm I_=$, die die sechs Ventile in zyklischer Folge dem Widerstand R auf der Gleichstromseite zuleiten. Der Effektivwert ist also $I_{eff}/I_= = \sqrt{2}/3$. Eine harmonische Analyse des Stromverlaufs läßt erkennen, daß die auf den Gleichstrom $I_=$ bezogenen Amplituden ${}^{\nu}\hat{i}$ der Stromoberschwingungen im Netz monoton nach einer unendlichen Reihe fallen:

$$\frac{{}^{\nu}\hat{i}}{I_=} = \begin{cases} \dfrac{2\sqrt{3}}{\pi}\dfrac{1}{\nu} & \text{für } \nu = kp \pm 1 \,, \\ 0 & \text{für } \nu \neq kp \pm 1 \,. \end{cases} \tag{1.91}$$

Dabei ist k = 1,2,3,... ganzzahlig positiv. Der Faktor p = 6 gibt die Pulszahl der Schaltung an, die erkennen läßt, aus wieviel gleichen Abschnitten sich der Stromverlauf auf der Gleichstromseite während einer Drehstromperiode T = 20 ms zusammensetzt. Große Pulszahlen p sind nach (1.91) wegen des geringen Strom-Oberschwingungsgehaltes vorteilhaft.

Bild 1.48 zeigt ein Beispiele für große 150-Hz-Ströme, die bei niederohmigem, nach Abschnitt 2.2.2 frei magnetisiertem Nullsystem über den Neutralleiter eines von einem NS-Generator gespeisten Netzes fließen. Sie werden durch die nichtlinearen Induktions-Feldkurven im Luftspalt des Generators verursacht, die sich durch eine 150-Hz-Nullspannung ${}^{3}\underline{E}$ zwischen Sternpunkt und Erde beschreiben lassen. Wird idealisierend ein Drehstromtransformator Dy ohne Magnetisierung und Streuung betrachtet, so bietet er den Nullströmen nach Abschnitt 2.2.2 keinen Widerstand, auch wenn der MS-Schalter geöffnet ist.

Dies kann man in Bild 1.48 daraus ersehen, daß auf jedem der drei gestrichelt skizzierten Eisenschenkel des Transformators die geometrische Summe der Ströme zu Null wird, wobei in der MS-Wicklung die eingetragenen Ströme sogar bei geöffnetem MS-Schalter fließen. Die Nullspannungen des Transformators sind damit kurzgeschlossen, nicht aber die Mit- und Gegenspannungen. In der Praxis wird man daher

- bei NS-Generatoren, deren Sternpunkt zur Erfüllung einer Berührungsschutzmaßnahme nach Abschnitt 5.6 mit dem Neutralleiter oder Erde verbunden werden muß, eine geeignet bemessene Drosselspule X_D vorsehen, wie dies in Bild 1.48 b angedeutet ist;

- bei Generatoren in MS-Netzen nach Tabelle 1.2 den Sternpunkt nicht oder nur hochohmig mit Erde verbinden.

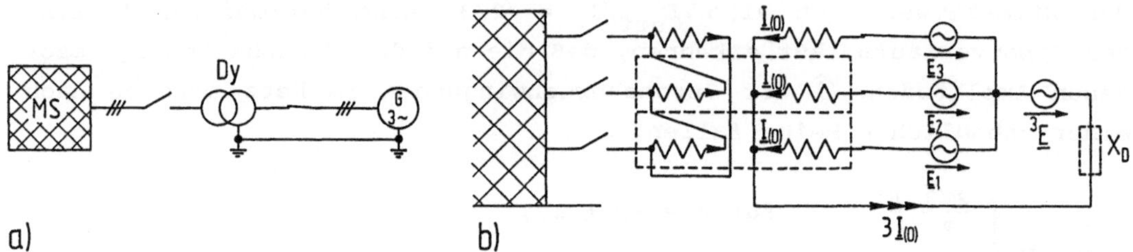

Bild 1.48. Anschluß eines NS-Generators, dessen Sternpunkt mit dem Neutralleiter verbunden ist, an das MS-Netz
a) Übersichtsschaltplan
b) Schaltplan mit eingetragenen Nullströmen $\underline{I}_{(0)}$ und Transformatorschenkeln (----)

Die im Abschnitt 1.5.8 entwickelten Leistungsbegriffe müssen für einphasige Stromkreise um Oberschwingungen erweitert werden. Bei periodischen Wechselgrößen

$$g(t) = \sum_{\nu} {}^{\nu}\hat{g} \cos(\nu\omega t + {}^{\nu}\varphi)$$

mit Oberschwingungen $\nu = 1, 2, 3, \ldots$ ist das Quadrat des Effektivwertes

$$G_{eff}^2 = \frac{1}{T} \int_{t-T}^{t} g^2(t)\, dt = \frac{1}{2} \sum_{\nu} ({}^{\nu}\hat{g}^2) \quad . \tag{1.92 a}$$

Die Scheinleistung S wird wie in (1.72) aus dem Produkt $U_{eff}I_{eff}$ gebildet. Die Wirkleistung

$$P = \frac{1}{T} \int_{t-T}^{t} u(t)\, i(t)\, dt = \frac{1}{2} \sum_{\nu} {}^{\nu}\hat{u}\; {}^{\nu}\hat{i} \cos({}^{\nu}\varphi) \tag{1.92 b}$$

enthält nur Größen gleicher Kreisfrequenz $\nu\omega$. Bestimmt man dagegen die Blindleistung $Q = \pm\sqrt{S^2 - P^2}$ mit Bild 1.41, so enthält Q auch Mischprodukte aus Größen ungleicher Kreisfrequenz, die nur zur Erwärmung und zur Bildung von Wechselleistungen ohne Gleichanteil P beitragen.

In Energieversorgungsnetzen darf die Spannung u(t) näherungsweise als oberschwingungsfrei betrachtet werden. In diesem Fall kann man (1.72) mit (1.92 a) erweitern zu

$$S^2 = U^2\left[({}^1I_w)^2 + ({}^1I_b)^2 + \sum_{\nu>1} ({}^{\nu}I)^2\right] . \tag{1.93 a}$$

Die Scheinleistung S einphasiger Stromkreise enthält nunmehr

- den Wirkanteil $P = U\,{}^1I\cos({}^1\varphi)$ der Strom-Grundschwingung nach (1.73), der dem Verbraucher zur Umwandlung in mechanische, thermische oder andere Leistung zugeführt werden soll;
- den Blindanteil ${}^1Q = U\,{}^1I\sin({}^1\varphi)$ der Strom-Grundschwingung nach (1.74), der im Netz oder beim Verbraucher periodisch in elektrischen und magnetischen Feldern gespeichert wird;
- den Verzerrungsanteil D der Strom-Oberschwingungen, der letztlich irgendwo im Netz gewandelt oder periodisch gespeichert wird.

Die Anteile setzen sich nach (1.93 a) orthogonal zusammen:

$$S^2 = P^2 + ({}^1Q)^2 + D^2 . \tag{1.93 b}$$

Der Quotient

$$\lambda = \frac{P}{S} = \frac{P}{\sqrt{P^2 + ({}^1Q)^2 + D^2}}$$

wird nach DIN 40 110 Leistungsfaktor genannt. Mit

$$\lambda = g\cos({}^1\varphi) \tag{1.94 a}$$

läßt er sich aufspalten in

- den Grundschwingungsgehalt $g = \sqrt{1 - \frac{D^2}{P^2+({}^1Q)^2+D^2}} = \frac{{}^1I}{I_{eff}}$ (1.94 b)
- den Verschiebungsfaktor $\cos({}^1\varphi) = \frac{P}{\sqrt{P^2+({}^1Q)^2}} = \frac{{}^1I_w}{{}^1I}$. (1.94 c)

(1.93) und (1.94) werden in gleicher Weise auch auf dreiphasige, symmetrisch belastete Stromkreise angewandt.

Bei oberschwingungsfreien Strömen sind $g = 1$ und $P = S \cos({}^1\varphi)$. Für das mit (1.91) berechnete Beispiel ist $g = {}^1I/I_{eff} = 3/\pi$ und $\cos({}^1\varphi) = 1$. Während zu jedem Verschiebungsfaktor $\cos({}^1\varphi)$ nur je eine periodische Stromfunktion für induktive und kapazitive Belastung gehört, lassen sich jedem Wert des Grundschwingungsgehaltes g unbegrenzt viele periodische Stromfunktionen zuordnen.

Bei nichtperiodischen Vorgängen sind in (1.92) die Integrationszeit T und damit die Effektivwertbildung unbestimmt.

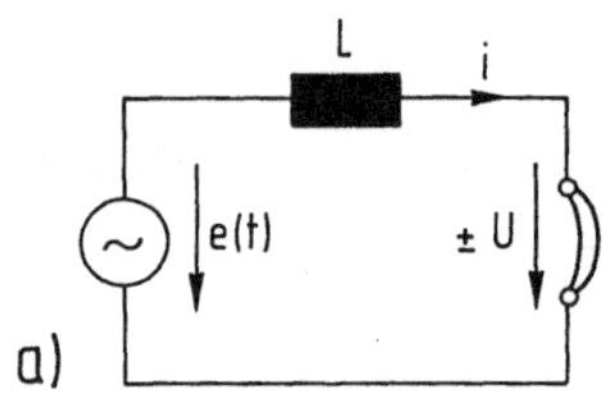

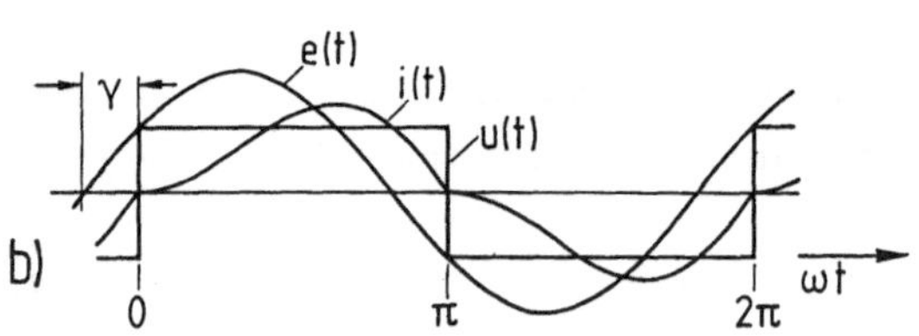

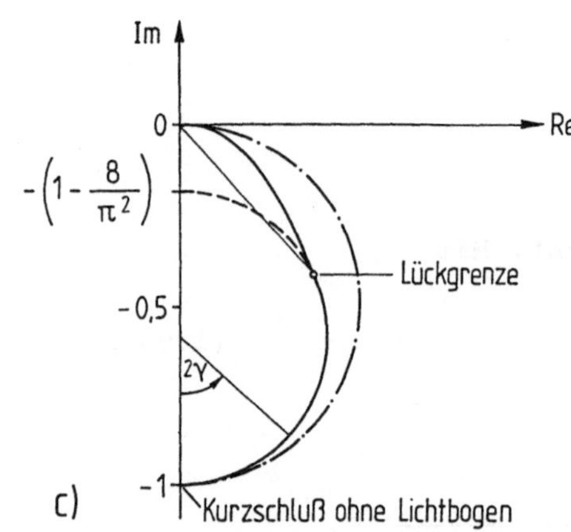

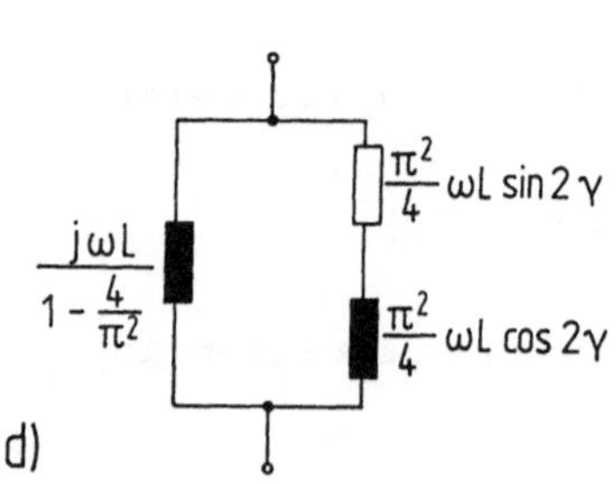

Bild 1.49. Über eine verlustlose Induktivität gespeister Lichtbogen
a) Schaltung mit $e = \hat{e}\cos(\omega t-\gamma)$
b) Stromverlauf an der Lückgrenze, idealisierter Verlauf der Lichtbogenspannung $u(t) = \pm U$
c) Ortskurve $\omega L\underline{I}/\underline{E}$ der Grundschwingung;
zum Vergleich: ---- Ersatz des Lichtbogens durch einen Widerstand
d) Ersatzschaltplan zu a) für $0 < \gamma < \gamma_g \approx 57{,}7^\circ$

Als weiteres Beispiel soll die in einem Lichtbogen umgesetzte Leistung ermittelt werden, den ein Netz mit induktivem Innenwiderstand nach Bild 1.49 a speist. Dabei wird nach Bild 1.49 b idealisierend eine konstante Lichtbogenspannung $\pm U$ mit dem Vorzeichen des momentan fließenden Stromes angenommen. Die Differentialgleichung

$$\omega L \frac{di}{d(\omega t)} = \hat{e} \cos(\omega t-\gamma) - U \tag{1.95 a}$$

führt mit der Anfangsbedingung $i(0) = 0$ auf die im Intervall $0 \leq \omega t \leq \pi$ gültige Lösung

$$i = \frac{\hat{e}}{\omega L}\left[\sin(\omega t-\gamma) + \sin\gamma\right] - \frac{U}{\omega L}\,\omega t \,. \tag{1.95 b}$$

Stationär muß $i(0) = -i(\pi)$ sein. Damit läßt sich der Phasenwinkel γ aus dem Quotienten der arithmetischen Spannungsmittelwerte im betrachteten Intervall bestimmen:

$$\sin\gamma = \frac{\pi}{2}\frac{U}{\hat{e}} \,. \tag{1.95 c}$$

Der Lichtbogen brennt nach dem Stromnulldurchgang nur dann weiter, wenn im Intervallbeginn $\omega t = 0$ die Stromänderung $di/dt > 0$. Den in Bild 1.49 b gezeichneten Grenzfall $di/dt = 0$ nennt man Lückgrenze. Kennzeichnet man sie mit dem Index g, so folgt aus (1.95 a)

$$0 \overset{!}{=} \hat{e} \cos\gamma_g - U \,.$$

Zugleich gilt (1.95 c), so daß $\tan\gamma_g = \pi/2$, mithin $\sin\gamma_g \approx 0{,}85$. Bei

$$\frac{\hat{e}}{U} < \frac{\pi}{2 \sin\gamma_g} \approx 1{,}85 \tag{1.95 d}$$

brennt der Lichtbogen unruhig und erlischt ganz.

Der erste Summand in (1.95 b) enthält offensichtlich nur Blindstrom, die beiden letzten Summanden auch Wirkstrom. Setzt man sie periodisch fort, erkennt man einen sägezahnförmigen Verlauf dieses Teilstromes, der sich leicht in eine Fourierreihe zerlegen läßt. Für die Grundschwingung erhält man damit die Ortskurve Bild 1.49 c. Sie ist im Intervall $0 < \gamma < \gamma_g$ ein Kreisabschnitt, für den sich der Ersatzschaltplan 1.49 d aufstellen läßt. Der Abschnitt $\gamma > \gamma_g$ mit lückendem Lichtbogen muß punktweise berechnet werden. Die maximale, vom Netz dem Lichtbogen zugeführte Wirkleistung läßt sich mit (1.95 c) aus dem Bild 1.49 c bestimmen:

$$(EI_w)_{max} = \frac{4}{\pi^2}\,\frac{E^2}{\omega L} \approx 0{,}4\,\frac{E^2}{\omega L} .$$

Sie kann 40 % der Kurzschlußleistung $E^2/(\omega L)$ am betrachteten Ort betragen. Dies nutzt man in Lichtbogenöfen zum Schmelzen von Metallen. Könnte man den Lichtbogen durch einen veränderlichen Wirkwiderstand ersetzen, so ginge die Ortskurve in Bild 1.49 c in den gestrichelt eingetragenen Ursprungskreis über. Die maximale Leistung beträgt dabei 50 % der Kurzschlußleistung.

Beim Ausschalten technischer Wechselströme entstehen zwischen den Schalterkontakten Lichtbögen. Sie lassen sich nach dem Stromnulldurchgang ähnlich wie in Bild 1.49 b unterbrechen, indem man die Lichtbogenspannung U vor allem durch die Kontaktdistanz, Lichtbogenkühlung und Entionisierung vergrößert.

Weiterführende Literatur zum Abschnitt 1.5.9: [22, 26, 50, 53 - 55, 63, 64, 66, 74, 79, 90, 91, 102, 103, 110, 121, 123, 157, 160].

1.5.10 Leistungswandlung in Drehfeldmaschinen

Drehfelder nach (1.32) üben auf stromführende, ortsfeste oder bewegliche Leiter Kräfte aus: Auf einen vom Strom i durchflossenen Linienleiter der Länge ds wirkt in einem Magnetfeld mit der Induktion B das Kraftelement

$$d\vec{F} = i(d\vec{s} \times \vec{B}) . \qquad (1.96\ a)$$

Steht ein homogenes Magnetfeld nach Bild 1.50 senkrecht zu einem Linienleiter der Länge l, so ist der Betrag der Kraft

$$F = l\ i\ B . \qquad (1.96\ b)$$

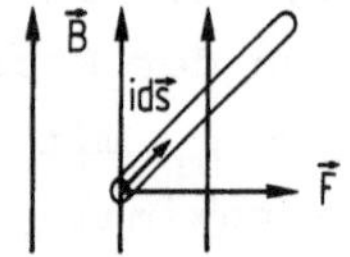

Bild 1.50. Kraftvektor $\vec{F}$ an einem stromdurchflossenen Linienleiter im Induktionsfeld

Dabei ist es gleichgültig, ob die Induktion B durch benachbarte, vom gleichen Strom durchflossene Leiter, durch fremde Spulenströme oder etwa durch Permanentmagneten erzeugt wird. Denkt man sich beispielsweise den Läuferstrom oberwellenfrei als Belag a auf dem Läuferumfang $2\pi R$ verteilt, so daß $di = Ra\, d\xi$, und bezeichnet man mit ξ den Abrollwinkel nach Bild 1.11 und mit α den Nullphasenwinkel, so ist stationär

$$a(\xi,t) = \hat{A}\cos(\omega t - p\xi + \alpha) \; . \tag{1.97}$$

Der Läuferstrombelag bildet, wie die Induktion $b(\xi,t) = \hat{B}\cos(\omega t - p\xi)$ nach (1.32), eine gegenüber dem Ständer mit $d\xi/dt = \omega/p$ umlaufende Welle. Nach der Dimension und der Lage der Vektoren $d\vec{s}$ und $\vec{B}$ in Bild 1.50 ist das Kreuzprodukt

$$\vec{\tau}(\xi,t) = \vec{a} \times \vec{b} = \vec{e}_t \, \frac{\hat{A}\,\hat{B}}{2} \left[\cos\alpha + \cos(2\omega t - 2p\xi + \alpha)\right] \tag{1.98}$$

ein tangential zur Läuferoberfläche gerichteter, flächenbezogener Kraftvektor, also eine Schubspannung, mit dem Mittelwert

$$\bar{\tau} = \frac{\hat{A}\,\hat{B}}{2} \cos\alpha \; .$$

Multipliziert man $\bar{\tau}$ mit der Läuferoberfläche $2\pi Rl$ und dem Hebelarm R, so erhält man das stationäre mechanische Moment

$$M = \frac{\hat{A}\,\hat{B}}{2} \cos\alpha \; 2\pi Rl \; R \; . \tag{1.99}$$

Das größte Moment ist beim Nullphasenwinkel $\alpha = 0$ zu erwarten und ist dem Läufervolumen $V = \pi R^2 l$ proportional:

$$M_m = \hat{A}\,\hat{B}\,V \; . \tag{1.100}$$

Es tritt nach (1.98) auf, wenn die Grundwellen des Strombelags und der Induktion in Phase sind. Im Zeigerdiagramm sind dann die Fluß- und Stromzeiger $\underline{\psi}$ und $\underline{I}$ orthogonal, wenn $\underline{I}$ wie üblich in die Spulenachse gelegt wird. Der für $\hat{B}$ zulässige Wert ist praktisch unabhängig von V. Träfe dies auch für $\hat{A}$ zu, so würde das Nennmoment M_n und die Nennscheinleistung S_n einer Drehfeldmaschine proportional zum Volumen und damit auch etwa zum Preis sein. Tatsächlich steigt S_n nach Abschnitt 2.1.2 aber wegen besserer Kühlmöglichkeiten überproportional zum Volumen.

Das Moment M läßt sich anstelle von (1.99) auch aus den Klemmengrößen des verlustlosen Ständers mit Bild 1.51 ableiten. Die Wirkleistung ist nach (1.73)

$$P = \mathrm{Re}\{UI^*\} = UI\,\cos(\varphi_U - \varphi_I)\ .$$

Bezeichnet man mit ψ den Spulenfluß, der auch "verketteter Fluß" genannt wird, so erhält man aus dem Induktionsgesetz für den Motor mit Verbraucherzählpfeilen $U_m = j\omega\psi$. Damit wird

$$P_M = \mathrm{Re}\{j\omega\psi I_M^*\} = \omega\psi I_M\,\cos(\pi/2 + \varphi_\psi - \varphi_I) = \omega\psi I_M\,\sin(\varphi_I - \varphi_\psi)\ .$$

Setzt man für den Generator mit Erzeugerzählpfeilen $U_G = -j\omega\psi$, so wird

$$P_G = \mathrm{Re}\{-j\omega\psi I_G^*\} = \omega\psi I_G\,\cos(-\pi/2 + \varphi_\psi - \varphi_I) = \omega\psi I_G\,\sin(\varphi_\psi - \varphi_I)\ .$$

In beiden Fällen ist also nach Bild 1.51

$$P = \frac{\omega}{p}\,p\psi\,I\,\sin\mu \geq 0\ . \qquad (1.101)$$

Dabei ist p die Polpaarzahl nach Bild 1.11.

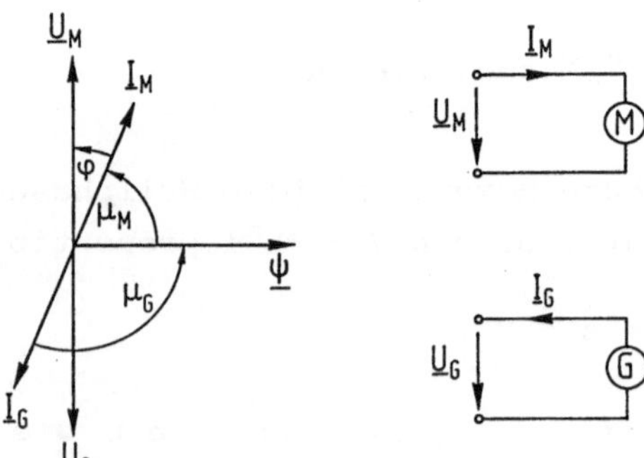

Bild 1.51. Zeigerdiagramm für Drehfeldmaschinen
M Motorbetrieb
G Generatorbetrieb

Der Quotient aus der Leistung P und der Winkelgeschwindigkeit ω/p des Drehfeldes ist das stationäre mechanische Moment

$$M = p\psi I\,\sin\mu\ . \qquad (1.102)$$

Es entspricht in Bild 1.51 der doppelten Fläche der Dreiecke mit den Schenkeln $\underline{\psi}$ und $\underline{I}$.

In (1.102) sind, $\underline{\psi}$, $\underline{I}$ und μ Ständergrößen. Solange das Zweitor $\underline{\psi} = \underline{\underline{L}}\,\underline{I}$ zwischen Ständer und Läufer verlustlos ist, dürfen in (1.102) aber auch die Läufergrößen $\underline{\psi}$ und $\underline{I}$ mit zugehörigem Winkel μ eingesetzt werden. Das Vorzeichen von $\mu = \pm\mathrm{Arc}(\underline{\psi}/\underline{I})$ richtet sich nach Bild 1.51.

Der magnetische Kreis enthält fast immer ferromagnetische Werkstoffe, an deren Grenzflächen ein großer Teil der flächenbezogenen Kräfte nach (1.99) angreift und dadurch die im Magnetikum eingebetteten Leiter mechanisch entlastet.

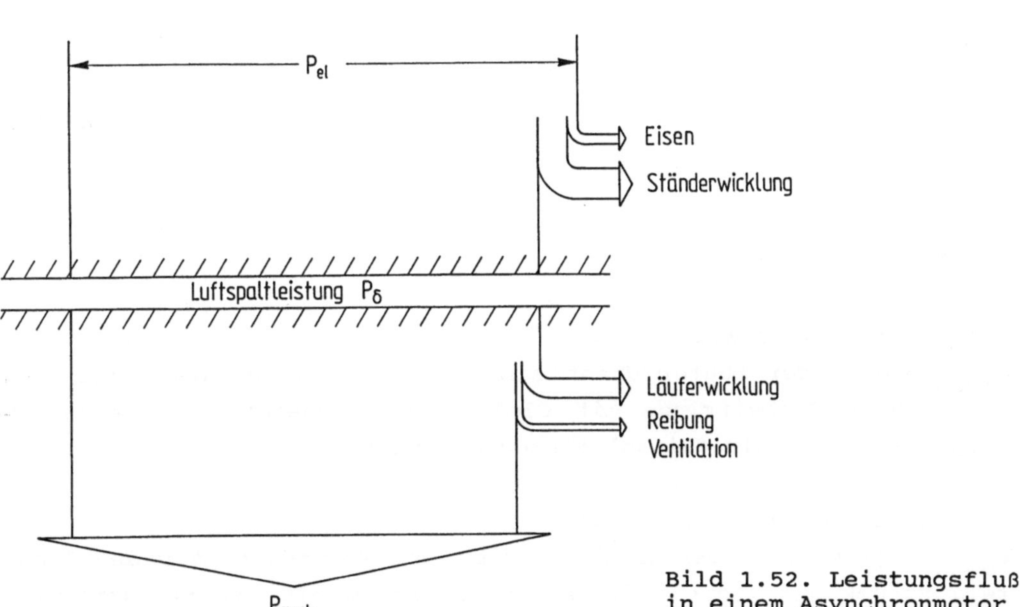

Bild 1.52. Leistungsfluß in einem Asynchronmotor

Betrachtet man den Leistungsfluß eines Motors vom Ständer (Index S) zum Läufer (Index R, wie Rotor) nach Bild 1.52, so gilt für das Momentenpaar am Luftspalt stets

$$M_S = M_R \; . \tag{1.103}$$

Die Differenz der Momente am Luftspalt und an der Antriebswelle beschleunigt oder verzögert den Läufer.

Das Maximum der Strombelags- und Induktionswellen bewegt sich mit der Relativgeschwindigkeit ω_S/p gegenüber dem Ständer, also gegenüber dem Läufer mit $\omega_S/p - \omega_{mech}$, wobei ω_{mech} die mechanische Winkelgeschwindigkeit des Läufers bedeutet. Die im Ständer und Läufer auftretenden Kreisfrequenzen sind folglich verbunden durch die Beziehung

$$\omega_S = p\omega_{mech} + \omega_R \; . \qquad (1.104\ a)$$

Der mechanische Schlupf s des Läufers gegenüber der Winkelgeschwindigkeit der Drehfelder wird definiert durch

$$s = \frac{\omega_S - p\omega_{mech}}{\omega_S} \; . \qquad (1.105)$$

Damit sind

$$\omega_{mech} = (1-s)\frac{\omega_S}{p} \; , \qquad (1.104\ b)$$

$$\omega_R = s\omega_S \; . \qquad (1.104\ c)$$

Man unterscheidet

- Synchronmaschinen mit $s = 0$:
  $\omega_{mech} = \omega/p$; der Läufer dreht sich synchron zum Drehfeld und wird z. B. über Schleifringe mit Gleichstrom gespeist. Die Belastung vergrößert den Polradwinkel ϑ nach Abschnitt 2.2.5.

- Asynchronmaschinen mit $s \neq 0$:
  $\omega_{mech} = (1-s)\omega_S/p$; der Läufer bleibt bei Motoren hinter dem Drehfeld zurück und führt induzierten Drehstrom mit der Kreisfrequenz $\omega_R = s\omega_S$. Die Belastung vergrößert den Schlupf s nach Abschnitt 2.2.4.

Multipliziert man beide Seiten von (1.104 a) mit $M_S = M_R$, so erhält man die Leistungsgleichung

$$\underbrace{\omega_S M_S}_{\text{Leistung im Luftspalt}} = \underbrace{p\omega_{mech} M_R}_{\text{mechanische Leistung in der Läuferwelle}} + \underbrace{\omega_R M_R}_{\text{Schlupfleistung}} \; . \qquad (1.106\ a)$$

Eine entsprechende Gleichung gilt auch für mechanische oder hydraulische Schlupfkupplungen.

Mit (1.104 c) wird der Quotient

$$\frac{\text{Schlupfleistung}}{\text{Leistung im Luftspalt}} = s \, . \qquad (1.106\ b)$$

Ist der Läufer im einfachsten Fall nach Bild 1.12 kurzgeschlossen, so wird die Schlupfleistung in Stromwärme umgesetzt. Der Wirkungsgrad η eines solchen idealisierten Motors mit Kurzschlußläufer ist unabhängig vom Ersatzschaltplan

$$\eta = \frac{\text{Leistung in der Welle}}{\text{Leistung im Luftspalt}} = 1 - s \, . \qquad (1.106\ c)$$

Um bei drehzahlgeregelten Drehstromantrieben die Verluste klein zu halten, müssen sie daher z. B. aus Stromrichterschaltungen mit variabler Frequenz im Ständer oder über Schleifringe im Läufer gespeist werden.

Weitere Verluste entstehen nach Bild 1.52 im Eisen, in der Ständerwicklung und durch die Reibung.

Alle induktiven elektromechanischen Leistungswandler nutzen die Stromkräfte im Magnetfeld (1.96 a) aus. Bei Großgeneratoren erreicht man Flächenleistungsdichten bis etwa 1 kW/cm^2. Kapazitive Leistungswandler, die auf den Kräften zwischen den Ladungen im elektrischen Feld aufbauen, lassen nur Leistungsdichten bis etwa 1 W/cm^2 zu. Der Grund liegt vor allem in der beschränkten elektrischen Festigkeit gasförmiger Isolierstoffe nach Abschnitt 4.5.2. Daher bleibt die zur elektromechanischen Leistungswandlung nutzbare Energiedichte $\epsilon E^2/2$ elektrischer Felder grundsätzlich klein gegenüber der Energiedichte $\mu H^2/2$ magnetischer Felder, in denen sich eine Induktion nach Tabelle 2.1 erreichen läßt.

Weiterführende Literatur zum Abschnitt 1.5.10:
[2, 12, 14, 28, 50, 63, 67, 80, 82, 93, 97, 102, 131, 132].

1.5.11 Leistungswandlung in Gleichstrommaschinen
(Zur Vertiefung)

Für drehzahlgeregelte Antriebe werden vielfach Gleichstrommaschinen eingesetzt. Sie lassen nach Abschnitt 3.1.4 motorischen wie generatorischen Betrieb zu, der auch zur Nutzbremsung verwendet wird.

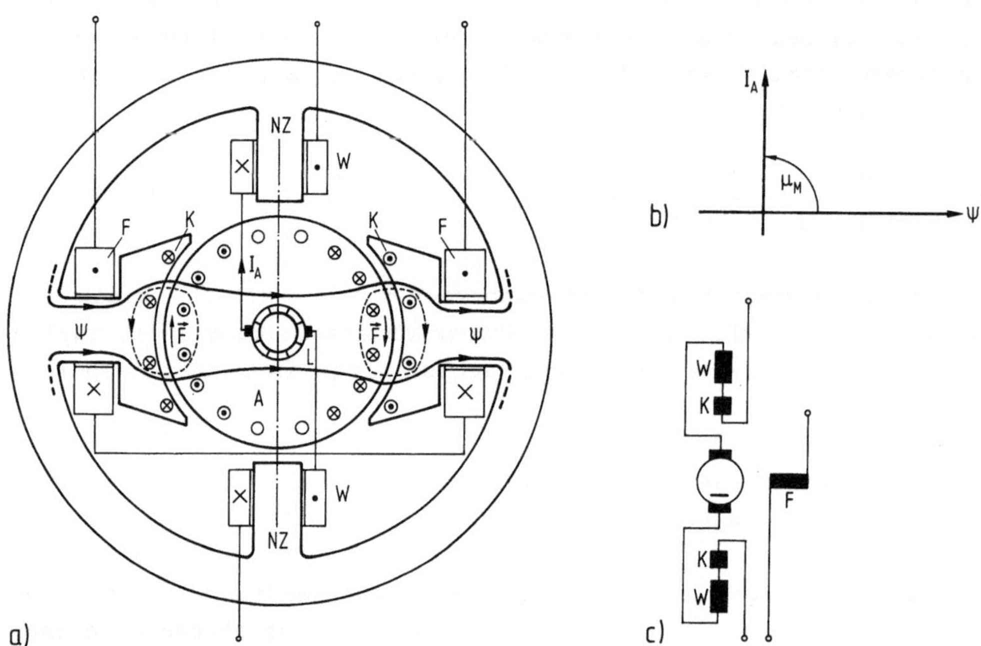

Bild 1.53. Gleichstrommaschine
a) Wicklungsanordnung
A Anker, F Feld, K Kompensation, W Wendepol, L Kommutator, NZ Neutrale Zone (Spulenachse)
——►—— Feldlinien des Längsfeldes
- - ►- - Feldlinien des Querfeldes
b) Richtung des Spulenflusses ψ und des Ankerstromes I_A
c) Schaltzeichen nach DIN 40 715

Die Wirkungsweise geht aus Bild 1.53 a hervor. Die ruhende Ständerwicklung F wird als Feldwicklung, die rotierende Läuferwicklung A als Ankerwicklung bezeichnet. Ihre Spulenachse ist die sogenannte neutrale Zone NZ. Die Feldwicklung F erzeugt einen Gleichfluß ψ, der im Anker A Wechselspannungen induziert, die am Kommutator L gleichgerichtet werden. Der von den Kommutatorlamellen über Kohlebürsten abgenommene Ankergleichstrom ergibt sich aus der Differenz von Klemmen-

Gleichspannung und gleichgerichteter Anker-Leerlaufspannung U_A nach Division durch den Wicklungswiderstand.

Das Drehmoment wird aus I_A und ψ durch (1.102) bestimmt. Dabei sind I_A der in der Spulenachse des Läufers nach Bild 1.53 b eingetragene Ankerstrom und ψ der Spulenfluß des Feldes. Beide Größen schließen hier den konstanten, räumlichen Winkel $\mu_M = +\pi/2$ ein. Das Drehmoment legt die Richtung der am Läufer angreifenden Kräfte F fest, die im Bild 1.53 a eingetragen sind. Im motorischen Betrieb entspricht sie der Drehrichtung, im generatorischen Betrieb ist sie ihr entgegengesetzt.

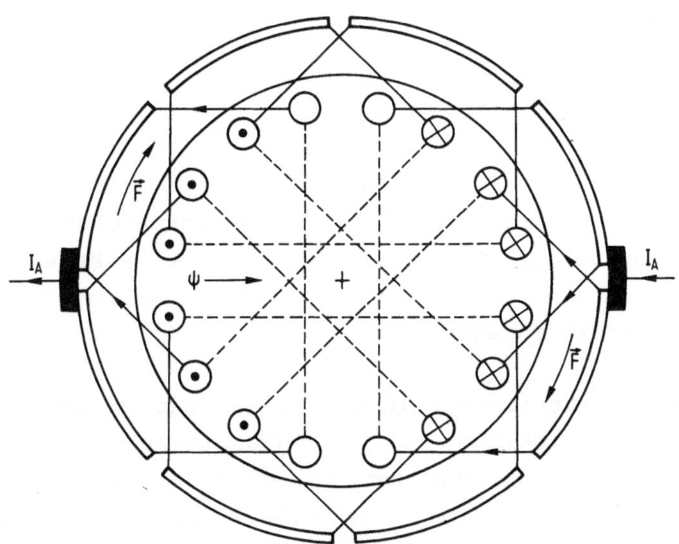

Bild 1.54. Gleichstrommaschine nach Bild 1.53
Anordnung der in sich geschlossenen Ankerwicklung auf dem Läufer (schematisch)

(Lamelle mit Bürste)	Kommutatorlamelle mit Bürste
⊗ ⊙	Leiter mit eingetragener Stromrichtung
○ ○	Durch die Bürsten vorübergehend kurzgeschlossener Leiter
———————	Stirnverbindung auf der Kommutatorseite
– – – – – –	Stirnverbindung auf der Gegenseite
$\vec{F}$	Am Läufer angreifende Drehkräfte

Die in sich geschlossene Ankerwicklung wird nach Bild 1.54 über die Lamellen des Kommutators fortwährend umgeschaltet. Die eingetragene Ankerstromrichtung entspricht dem Bild 1.53 a. Sie läßt sich für den motorischen Betrieb im gezeichneten Beispiel dadurch erreichen, daß man eine ausreichend große positive Netz-Gleichspannung zwischen rechter und linker Bürste anlegt. Sie muß in jedem Fall größer sein als die im Anker induzierte und durch den Kommutator gleichgerichtete Leerlaufspannung

$$U_A = \int_l \vec{E}_{el}\, d\vec{l} \;. \qquad (1.107\ a)$$

$\vec{E}_{el}$ ist hierbei die elektrische Feldstärke in den mit der Geschwindigkeit $\vec{v}$ im Magnetfeld bewegten Leitern. $\vec{E}_{el}$ bildet in den Leitern ein Gegenfeld zur elektrodynamisch induzierten Feldstärke so, daß die Leiter im Leerlauf praktisch feldfrei sind:

$$\vec{E}_{el} + \vec{v}\times\vec{B} = 0 \;. \qquad (1.107\ b)$$

Ist die Klemmen-Gleichspannung bei gleichem Vorzeichen kleiner als U_A, kehrt sich die Stromrichtung um. Wegen (1.102) ändert sich dadurch das Vorzeichen des Drehmomentes, was bei gleicher Drehrichtung generatorischen Betrieb bedeutet.

Das vom Ankerstrom verursachte Feld beeinflußt das im Leerlauf allein wirksame Feld der Feldwicklung. Diese sogenannte Ankerrückwirkung erschwert die Kommutierung und verformt überdies das ursprünglich nahezu homogene Feld unter den Polen der Feldwicklung F. Das Bild 1.54 hält den Augenblick fest, wo die Bürsten gerade je zwei Lamellen vorübergehend kurzschließen. Dadurch werden zugleich auch die der neutralen Zone NZ nächstgelegenen Leiter kurzgeschlossen. Das Ankerfeld induziert in ihnen wegen (1.107 b) einen Kreisstrom, der beim Überwechseln der Bürste auf die nächste Lamelle unterbrochen werden muß. Dies löst Abreißfunken aus, die bei Spannungen über 20 V in zerstörende Lichtbögen übergehen können. Bei großen Motorleistungen werden daher die Spulenflüsse auf mehrere parallele Polpaare aufgeteilt. Die im Bild 1.53 a eingetragene Wendepolwicklung W soll das Ankerfeld in der Nähe der neutralen Zone NZ möglichst tilgen. Sie wird hierzu vom Ankerstrom durchflossen. Dies drückt auch das Schaltzeichen in Bild 1.53 c aus.

Die Verformung des Feldes unter den Polen der Feldwicklung läßt sich gleichfalls mit dem Bild 1.53 a erklären. Man erkennt die Bereiche, wo das Ankerfeld das entgegengerichtete Leerlauffeld mindert. Dort wo es das Leerlauffeld verstärkt, ist mit einer Sättigung des flußführenden Eisens zu rechnen, wodurch der resultierende Spulenfluß geschwächt wird. Dies führt zu nichtlinearen Kennlinien aller von ψ abhängigen Größen. Größere Gleichstrommaschinen versieht man daher mit einer Kompensationswicklung K, um das Ankerfeld unter den Polen der Feldwicklung zu vergleichmäßigen. Sie wird nach Bild 1.53 a in den Polschuhen untergebracht und vom Ankerstrom durchflossen.

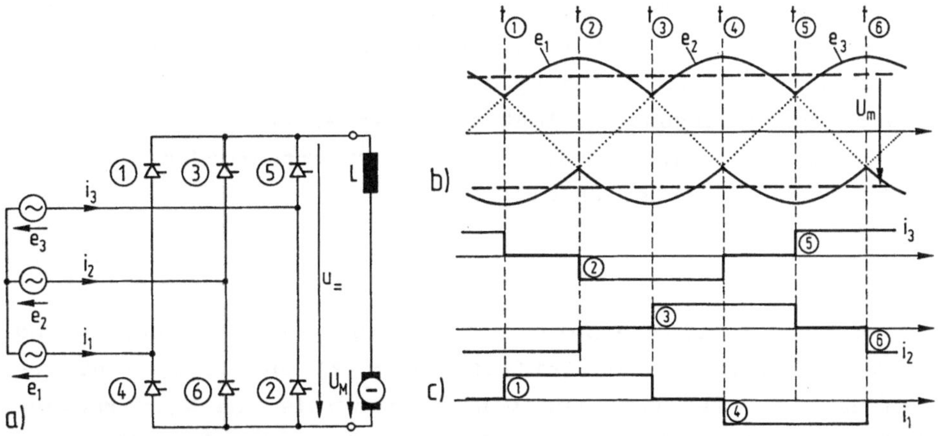

Bild 1.55. Drehstrombrückenschaltung zur Speisung eines Gleichstrommotors
a) Schaltplan mit steuerbaren Ventilen ① ... ⑥
b) Spannungsverlauf mit natürlichen Zündzeitpunkten $t_{①}$ ... $t_{⑥}$
c) Stromverlauf dabei, mit idealer Glättung im Gleichstromkreis

Die für Gleichstrommotoren benötigte Klemmen-Gleichspannung wird vorwiegend durch netzgeführte Stromrichter in Drehstrom-Brückenschaltung nach Bild 1.55 a erzeugt. Das speisende Drehstromnetz bestimmt die Stromübernahme der einzelnen Ventile. Es wird bei vernachlässigter Innenimpedanz durch die Leerlaufspannungen $e_{1,2,3}(t)$ dargestellt. Der zeitliche Verlauf dieser Spannungen ist in Bild 1.55 b aufgetragen. Als natürliche Zündzeitpunkte bezeichnet man jene Augenblicke, wo die über den Ventilen liegenden Spannungen positiv werden. Kurz nach dem Zeitpunkt $t_{①}$ wird beispielsweise $e_1 > e_3$, so daß das Ventil ① nach Zündung den Strom vom Ventil ⑤ übernehmen kann. Entsprechendes gilt für die Ventile ②...⑥ in den zugeordneten Zeitpunkten $t_{②}$

bis $t_{⑥}$. Wird der Gleichstrom durch eine große Induktivität L ideal geglättet, und werden die sechs Ventile in ihren natürlichen Zündzeitpunkten gezündet, folgt daraus der Stromverlauf $i_{1,2,3}$ nach Bild 1.55 c. Die erzeugte Gleichspannung ist dabei maximal. Man berechnet sie aus dem arithmetischen Mittelwert des Abstandes zwischen der oberen und unteren Drehspannungs-Umhüllenden in Bild 1.55 b

$$U_m = \frac{\sqrt{3}}{2} \frac{2\,\hat{e}}{\pi/3} \; . \tag{1.108}$$

Kleinere Gleichspannungen als U_m erhält man, indem man die Ventile nicht in ihren natürlichen Zündzeitpunkten, sondern um den Zündwinkel α verzögert zündet. Ein Beispiel mit $\alpha = 30^\circ$ zeigt das Bild 1.56 a. Darin eilt der Strom i_1 gegenüber dem Bild 1.55 c gleichfalls um 30° nach, seine Blindkomponente ist folglich induktiv. Für den Phasenverschiebungswinkel der Grundschwingung gilt $\cos(^1\varphi) = \cos\alpha$. Die den Motor speisende Gleichspannung U_M läßt sich wieder aus dem arithmetischen Mittelwert der zwischen den jeweils stromführenden Ventilen liegenden Spannung berechnen. Es gilt

$$U_M = U_m \cos\alpha \; . \tag{1.109}$$

Das Bild 1.56 b zeigt ein Beispiel mit $\alpha = 150^\circ$. Die Gleichspannung ist wegen (1.109) negativ. Der Verlauf von $e_1(t)$ und $i_1(t)$ läßt erkennen, daß nur noch Leistung vom Gleichstromkreis ins Netz rückgespeist wird. Das Netz muß dabei wieder induktive Blindleistung zur Verfügung stellen.

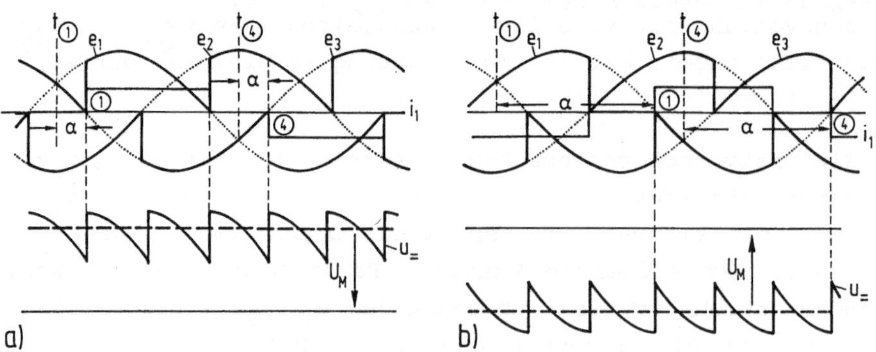

Bild 1.56. Spannungssteuerung und -umkehr bei einer Drehstrombrückenschaltung nach Bild 1.54 a

a) Steuerwinkel $\alpha = 30^\circ$ mit positiver Ausgangsspannung $u_=$

b) Steuerwinkel $\alpha = 150^\circ$ mit negativer Ausgangsspannung $u_=$

Die Stromübernahme vom Ventil ⑤ auf das Ventil ① ist nur möglich, solange $e_1 > e_3$. Dies trifft nach dem natürlichen Zündzeitpunkt $t_{①}$ während einer halben Periode zu. Der Steuerwinkel α ist daher auf das Intervall $0 \leq 180 - \gamma$ beschränkt. Der vorsorglich gewählte Löschwinkel $\gamma = 20^o$ soll eine zuverlässige Stromübernahme durch das jeweils nächste Ventil sicherstellen. Entsprechend ist die Stromüberbahme vom Ventil ② auf auf Ventil ④ nur möglich, wenn $e_1 < e_3$. Alle Ventilströme löschen unverzögert in ihrem natürlichen Nulldurchgang.

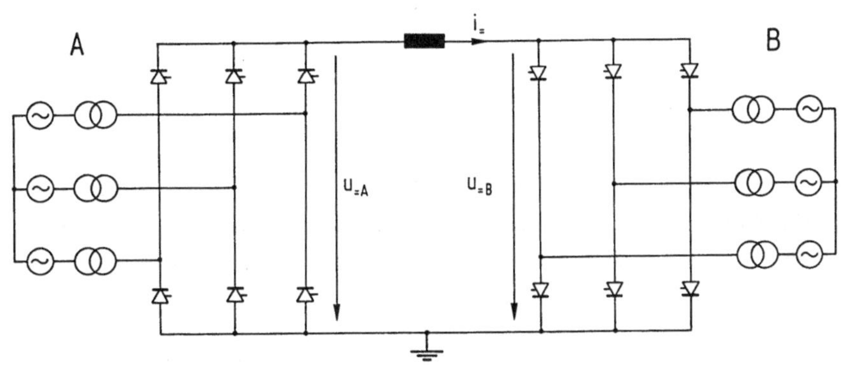

Bild 1.57. Schaltplan einer Hochspannungs-Gleichstrom-Übertragung HGÜ

Schaltet man zwei Drehstrombrücken aus Bild 1.55 über eine Gleichstromdrosselspule zusammen, wie dies das Bild 1.57 zeigt, läßt sich Wirkleistung über die Leitung von A nach B oder von B nach A übertragen. Oberschwingungshaltiger Gleichstrom $i_=$ kann nur in der eingetragenen Richtung fließen. Somit bestimmt die Polarität der Spannungen $u_{=A}$ und $u_{=B}$ nach Bild 1.56 a oder b das Vorzeichen der Leistung p(t). In A und B müssen die zum Betrieb der Drehstrombrücken erforderlichen Blindleistungen durch die Drehstromnetze bereitgestellt werden. Hierzu sieht man Kondensatorbatterien vor, die durch reihengeschaltete Drosselspulen derart abgestimmt werden, daß sie auch die wichtigsten ungradzahligen Oberschwingungsströme von den Drehstromnetzen fernhalten. Ist die Leitungslänge zwischen A und B kurz, spricht man von einer Kurzkupplung der meist asynchronen Netze A und B, wie im Falle der west- und osteuropäischen Verbundnetze.

Weiterführende Literatur zum Abschnitt 1.5.11:
[2, 9, 12, 28, 53 - 55, 62, 63, 66, 74, 79, 90, 91, 102, 103, 131, 132].

2 Elektrische Betriebsmittel

2.1 Modelle

2.1.1 Basisgrößen und Modellmaßstäbe

Bezeichnet man in einem Gebiet der Technik mit n die Zahl der unterschiedlichen Größen und mit m die Zahl der voneinander unabhängigen Größengleichungen, so wird

$$g = n - m \geq 1 \tag{2.1}$$

der Grad des Größensystems nach DIN 5494 genannt. Die Erfahrung lehrt, daß für die Mechanik g = 3 und für die Elektrotechnik g = 4 gilt.

Der Grad g des Größensystems ist zugleich die Zahl seiner Basiseinheiten im Internationalen Einheitensystem (SI) nach DIN 1301. Die derzeit gültigen SI-Basiseinheiten sind:

Mechanik	das Meter	m,	Elektrotechnik
Mechanik	das Kilogramm	kg,	Elektrotechnik
Mechanik	die Sekunde	s,	Elektrotechnik
	das Ampere	A,	Elektrotechnik
	das Kelvin	K,	
	das Mol	mol,	
	die Candela	cd.	

Durch multiplikative Verknüpfung der SI-Basiseinheiten werden die SI-Einheiten gebildet, wobei jeder weitere Zahlenfaktor außer 1 ausgeschlossen wird. So ist die nach Newton benannte Einheit der Kraft

$$1\ \mathrm{N} = 1\ \mathrm{kg} \cdot 1\ \mathrm{m} \cdot (1\ \mathrm{s})^{-2} = 1\ \mathrm{Ws/m} \tag{2.2}$$

und die nach Joule benannte Einheit der Arbeit und Energie

$$1\ \mathrm{J} = 1\ \mathrm{kg} \cdot 1\ \mathrm{m}^2 \cdot (1\ \mathrm{s})^{-2} = 1\ \mathrm{Ws}\ . \tag{2.3}$$

Der Grad g des Größensystems legt aber auch fest, wie viele voneinander unabhängige Größenverhältnisse (Maßstäbe) anzugeben sind, wenn zwei Betriebsmittel oder Vorgänge sich "ähnlich" sind, d. h. bis auf einen konstanten, angebbaren Faktor übereinstimmen. Solche Modellbetrachtungen sind vorteilhaft

- zum Aufstellen von Baureihen;

- zum Optimieren;

- zur Inter- und Extrapolation physikalischer oder technischer Eigenschaften, Maße und Gewichte;

- zur Untersuchung verwickelter Vorgänge und Anordnungen auch an unzugänglichen Stellen.

Zum Beispiel werden für hydraulische Turbinen Modelle für die Modellfallhöhe $h_M = 1$ m und den Modelldurchfluß $\dot{V}_M = 1\ \mathrm{m^3/s}$ angefertigt und mit Wasser der Dichte $\rho = 1000\ \mathrm{kg/m^3}$ betrieben. Von den g = 3 verfügbaren Modellmaßstäben der Mechanik sind m_h und $m_{\dot{V}}$ frei wählbar, während $m_\rho = 1$ festliegt.

Dabei ist der Maßstabsfaktor der Größe x definiert durch

$$\text{Maßstabsfaktor } m_x = \frac{\text{Größe x im Modell M}}{\text{Größe x in der Ausführung A}}\ . \tag{2.4}$$

Die Maßstabsfaktoren für Abmessungen, Geschwindigkeiten, Beschleunigungen, Kräfte, Drücke, Leistungen, Zeiten u. a. können als Produkte vom Typ $m_x = m_h^\alpha\, m_{\dot{V}}^\beta\, m_\rho^\nu$ berechnet werden. Die Modellgenauigkeit reicht im allgemeinen sogar für den Nachweis garantierter Eigenschaften aus.

2.1.2 Modell für Transformatoren und rotierende Maschinen

Zur energietechnischen Leistungswandlung eignen sich nach Abschnitt 1.5.10 wegen der erreichbaren Energiedichte praktisch nur magnetische Felder. Die Auslegung großer, induktiv wirksamer Betriebsmittel, im folgenden "induktive Betriebsmittel" genannt, richtet sich vor allem nach der Erwärmung des verwendeten Kupfers und Eisens. In erster Linie sind hierfür die Stromdichte J und Induktion B nach den folgenden Überlegungen maßgebend: Die Verlustleistung des in Bild 2.1 gezeigten Quaders der Länge s mit dem Querschnitt A im homogenen Strömungsfeld mit der Feldstärke $\vec{E}$ und der Stromdiche $\vec{J} = \kappa\vec{E}$ ist

$$U\,I = \int \vec{E}\,d\vec{s} \cdot \int \vec{J}\,d\vec{A} = EJ \int dV = \frac{J^2}{\kappa} \int dV \,. \tag{2.5}$$

Die volumenbezogenen Kupferverluste sind somit vom Quadrat der Stromdichte abhängig:

$$p_{Cu} = \frac{U\,I}{V_{Cu}} = EJ = \frac{J^2}{\kappa_{Cu}} \,. \tag{2.6}$$

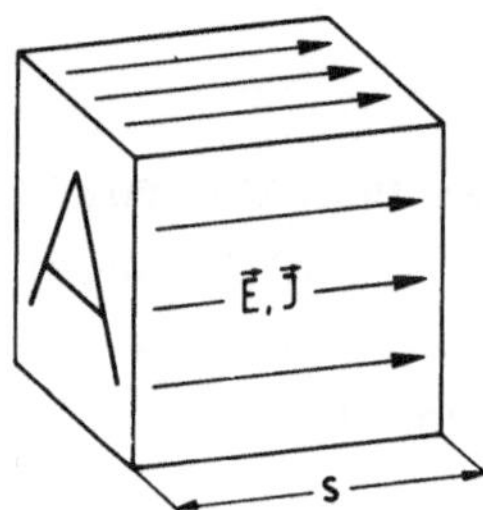

Bild 2.1. Volumenbezogene Verlustleistung im Strömungsfeld

Im Eisen entstehen Verluste durch Wirbelströme und Hysterese. Ist die Wirbelstromdichte J_{Wi} im Eisen näherungsweise zur Induktion B proportional, so folgt aus (2.5) für die volumenbezogenen Eisenverluste der Wirbelströme

$$p_{Wi} \sim B^2 \,. \tag{2.7}$$

Ähnliches gilt in grober Näherung für die Hystereseverluste, so daß allgemein gesetzt werden kann

$$p_{Fe} \sim B^2 \,. \tag{2.8}$$

Tabelle 2.1 läßt erkennen, daß induktive Betriebsmittel unterschiedlicher Typengröße für etwa gleiche Werte der Leiterstromdichte J und der Induktion B ausgelegt werden. Dies führt auf einen annähernd konstanten Wert der volumenbezogenen Verluste, die für die Temperatur maßgebend sind, welche schließlich die Lebensdauer des Betriebsmittels bestimmt. In der Praxis wird die Höhe der Induktion auch durch die Oberschwingungen nach Abschnitt 1.5.9 begrenzt.

Tabelle 2.1. Beispiel für die Auslegung induktiver Betriebsmittel [2] (1 Tesla = 1 T = 1 Vs/m^2 = 10^4 Gauß)

Betriebsmittel	Stromdichte J_{eff} in A/mm^2	Induktion $\hat{B}$ in T
Transformator	3 ... 4	1,35 ... 1,65 ohne Luftspalt
Asynchronmotor Synchrongenerator	3 ... 5	0,6 ... 1,0

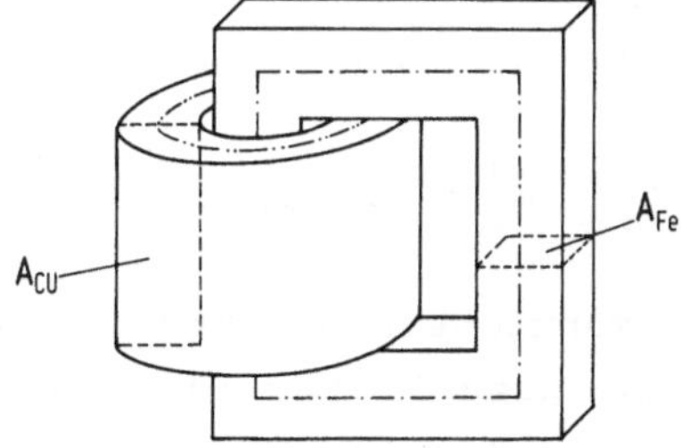

Bild 2.2. Modell eines einphasigen induktiven Betriebsmittels (schematisch)

-·-·-·- Eisenweglänge l_{Fe}

-··-··- Kupferweglänge l_{Cu}

Betrachtet man das äußerst vereinfachte Modell eines einphasigen induktiven Betriebsmittels nach Bild 2.2, so sind dessen Nennstrom und Nennspannung

$$I_n = q\, J_n \approx A_{Cu}\, J_n/w\ , \qquad (2.9)$$

$$U_n = \omega_n\, w\, A_{Fe} B_n\ , \qquad (2.10)$$

mit w Windungszahl, q Leiterquerschnitt, A_{Cu} Kupferquerschnitt, A_{Fe} Eisenquerschnitt und ω Kreisfrequenz.

Daraus folgt die Nennscheinleistung nach (1.72)

$$S_n = \omega_n \, A_{Cu} \, A_{Fe} \, J_n \, B_n \, . \tag{2.11}$$

Sie kennzeichnet die von J_n und B_n abhängige thermische Belastbarkeit des Betriebsmittels und ist nach (2.11) von w unabhängig, also auch von U_n, solange der Aufwand für die Spannungsfestigkeit der Isolation hinter dem für die thermische Festigkeit zurücktritt. Bei gegebenen Abmessungen A_{Cu}, A_{Fe} und thermischen Grenzwerten J_n, B_n steigt die Belastbarkeit mit der Frequenz; dies nutzt man in Sondernetzen aus und legt z. B. die Frequenz für Bordnetze in Zivilflugzeugen auf 400 Hz fest.

Von den g = 4 in der Elektrotechnik verfügbaren Modellmaßstäben sind mit Rücksicht auf die Kühlmöglichkeiten nach Tabelle 2.1 $m_J = 1$ und $m_B = 1$ festgelegt. Hieraus folgt der Maßstabsfaktor $m_F/m_V = m_J m_B = 1$ aller volumenbezogenen Kräfte, also auch der Wichte γ. Wegen $m_\gamma = 1$ ist kein eigener Maßstabsfaktor für die Dichte $\rho = \gamma/g_n$ erforderlich. Unter Beibehaltung der Ähnlichkeit können folglich noch zwei von m_J und m_B unabhängige Maßstabsfaktoren, zum Beispiel m_l für die Abmessungen und m_ω für die Kreisfrequenz gewählt werden. Der Maßstabsfaktor der Nennscheinleistung wird nach (2.11)

$$m_S = m_l^4 \, m_\omega \, m_J \, m_B \, . \tag{2.12}$$

Die Nennscheinleistung S wächst demnach mit der vierten Potenz der Abmessungen l. Für die Volumina V zweier Maschinen 1 und 2 wird mit (2.12) und $m_J = m_B = 1$

$$m_V = \frac{V_1}{V_2} = m_l^3 = \left[\frac{m_S}{m_\omega}\right]^{3/4} = m_M^{3/4} \, . \tag{2.13}$$

Dabei ist m_M der Maßstabsfaktor für das Drehmoment M. Nimmt man grob vereinfacht an, daß der Maschinenpreis sich nur nach dem Maschinenvolumen V richtet, so steigt er nach (2.13) unterproportional zum Nenndrehmoment M_n. Bezieht man den Preis auf die Nennscheinleistung und setzt wieder $m_J = m_B = 1$, so wird $m_V/m_S = m_S^{-1/4} \, m_\omega^{-3/4}$: Der Maschinenpreis dividiert durch die Nennscheinleistung ändert sich bei gegebener Nennfrequenz vergleichsweise wenig. Aus Bild 2.3 ersieht man dies am Beispiel von Drehstromtransformatoren.

Eine wichtige Bezugsgröße ist die Nennimpedanz

$$Z_n = \frac{U_n}{I_n} = \omega_n\, w^2\, \frac{A_{Fe}}{A_{Cu}}\, \frac{B_n}{J_n}\,. \tag{2.14}$$

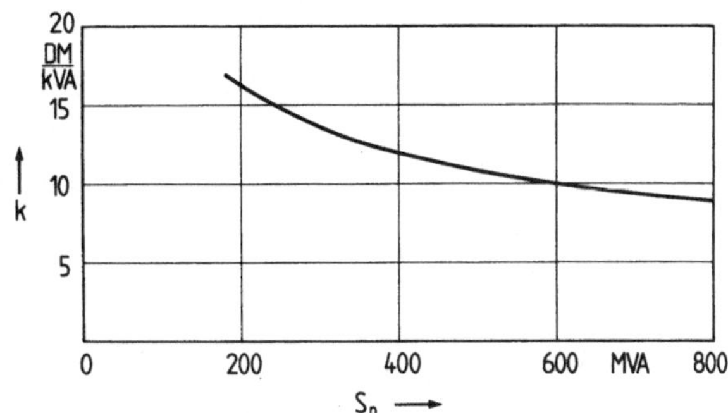

Bild 2.3. Nennleistungsbezogene Beschaffungskosten großer Drehstromtransformatoren 1977, vergl. [143]

Dividiert man die Induktanzen $\omega L \approx \omega_n w^2 \mu A_{Fe}/l_{Fe}$ des Ersatzschaltplanes eines magnetischen Kreises nach Bild 2.9 durch Z_n, so wird das Ergebnis unabhängig von $\omega_n w^2$. Solche nennwertbezogenen Reaktanzen $z_* = Z/Z_n$, die nach Abschnitt 1.2 Nr. 16 durch einen tiefgestellten Stern gekennzeichnet werden, sind folglich für ähnliche Maschinen unterschiedlicher Nennfrequenz und Nennspannung etwa gleich. So kann man erreichen, daß annähernd ähnliche Transformatoren unterschiedlicher Frequenz und Spannung die gleiche nennwertbezogene Kurzschlußimpedanz Z_k/Z_n nach Abschnitt 2.2.1 aufweisen.

Sieht man das Modell in Bild 2.2 als Drosselspule an, so ist ihre Zeitkonstante

$$\frac{L}{R} = \frac{w^2 \mu\, \dfrac{A_{Fe}}{l_{Fe}}}{\dfrac{w}{\kappa}\, \dfrac{l_{Cu}}{q_{Cu}}} = \mu\kappa\, \frac{A_{Fe}}{l_{Fe}}\, \frac{A_{Cu}}{l_{Cu}}\,. \tag{2.15}$$

Daraus folgt der Maßstab für die Zeitkonstanten L/R ähnlicher Drosselspulen

$$m_{L/R} = m_l^2 = \left[\frac{m_S}{m_\omega}\right]^{1/2}\,. \tag{2.16}$$

Die Zeitkonstanten induktiver, ähnlicher Betriebsmittel wachsen mit steigender Nennscheinleistung. Kleine Modelle haben nur kleine Zeitkonstanten.

2.1.3 Wirtschaftliches Modell für Freileitungen

Freileitungsmasten nach Bild 2.4 werden durch die mechanischen Momente beansprucht. Sie müssen umso stärker ausgeführt werden, je größer die angreifenden Gewichts-, Zug- und Windkräfte der Leitungsseile und je größer die als Hebelarm wirkenden Seilabstände sind. Diese Abstände werden durch die Nennspannung festgelegt. Überwiegend werden Aluminium-Stahlseile verwendet, die in ihrer Mitte ein Stahlseil enthalten, um das herum die stromführenden Aluminium-Runddrähte geschlagen sind. Die größte mechanische Zugspannung der Leiterseile ist im Winter zu erwarten und muß wegen der Möglichkeit winderregter Seilschwingungen deutlich unter einem Grenzwert von etwa 110 N/mm² bleiben. Die Seilerwärmung ist meist belanglos, doch müssen die Stromwärmeverluste der Leiter nach 1.4.6 bewertet werden.

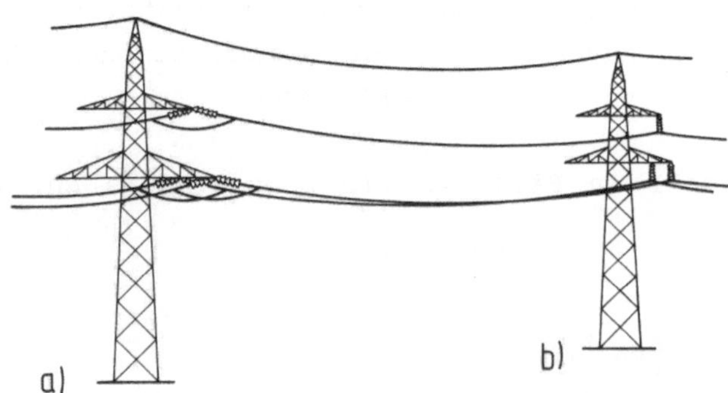

Bild 2.4. Masten einer 110-kV-Doppelleitung (schematisch)
a) Abspannmast b) Tragmast

Modellähnlichkeiten wie im Abschnitt 2.1.2 lassen sich bei Freileitungen kaum erreichen: Für die elastischen Kräfte aus dem Hookeschen Gesetz ist

$$m_{Fe} = \frac{\epsilon_1 E_1 A_1}{\epsilon_2 E_2 A_2} = m_E \; m_1^2$$

und für die Schwerkräfte

$$m_{Fg} = \frac{\rho_1 g_n V_1}{\rho_2 g_n V_2} = m_\rho \; m_1^3 \; .$$

Bei gleichen Werkstoffen müssen $m_E = 1$ und $m_\rho = 1$ für Modell und Ausführung eingehalten werden. Da die Maßstabsfaktoren für Dehnungs- und Schwerkräfte nicht differieren dürfen, kann somit aus $m_{Fe} = m_{Fg}$ nur $m_1 = 1$ folgen: Für Freileitungen läßt sich kein Modellgesetz aufstellen, das mit gleichen Werkstoffen gleiche Verhältnisse zwischen elastischen Kräften und Schwerkräften erreicht. Statt maßstäblicher Modelle werden die folgenden empirisch ermittelten und auf die Länge der Leitungstrassen bezogenen Kosten K' (Kostenbelag) betrachtet [143]:

$$K' = A + BU_n + Cq + DI^2/q \; . \tag{2.17}$$

Die ersten drei Summanden entsprechen den Errichtungskosten, der vierte den Verlustkosten nach (1.22). Zahlenwerte gibt Tabelle 2.2 an. Wird die je Stromkreis zu übertragende Scheinleistung $S = \sqrt{3}U_n I$ vorgeschrieben, so enthält die rechte Seite von (2.17) noch die zwei Unbekannten U_n und q. Diese sind mit zwei zusätzlich aufzustellenden, ökonomischen Optimierungsbedingungen (Index: oek) zu bestimmen.

Die erste Optimierung $\partial K'/\partial q = 0$ verlangt $Cq = DI^2/q$, also

$$J_{oek} = I/q_{oek} = \sqrt{C/D} \; . \tag{2.18}$$

Betreibt man die Freileitung mit der wirtschaftlichen Stromdichte J_{oek}, so sind die querschnittsabhängigen Kostenanteile für die Errichtung und die Verluste gleich groß. Aus (2.17) wird in diesem Fall

$$K' = A + BU_n + 2\sqrt{CD}\,\frac{S}{\sqrt{3}\;U_n} \qquad \text{für } J_{oek} \; . \tag{2.19}$$

Die zweite Optimierung $\partial K'/\partial U_n = 0$ verlangt, daß in (2.19) die beiden letzten Summanden gleich sind, also

$$Z_{oek} = \frac{U_n^2}{S} = \frac{2}{B}\sqrt{\frac{CD}{3}} \, . \tag{2.20}$$

Z_{oek} nennt man "wirtschaftliche Bürde". Sie ist nur von den Kostenbeiwerten B, C, D abhängig. Bei Z_{oek} sind die spannungsabhängigen Kostenanteile gleich groß wie die optimierten querschnittsabhängigen Kostenanteile. In diesem Fall wird

$$\left.\begin{array}{l} K' = A + 2BU_n \\ \text{oder mit } U_n \text{ aus (2.20)} \\ K' = A + \sqrt{8B\sqrt{CD/3}}\,\sqrt{S} \end{array}\right\} \quad \text{für } J_{oek} \text{ und } Z_{oek} \, . \tag{2.21}$$

Die Kosten der wirtschaftlich betriebenen Freileitung wachsen unterproportional etwa mit der Quadratwurzel der Scheinleistung.

Die mit der Tabelle 2.2 aus (2.18), (2.20) berechneten Werte betragen für J_{oek} etwa 0,6 A/mm² und für Z_{oek} etwa 850 Ω. Sie werden allenfalls bei großen Übertragungsentfernungen und Nennspannungen eingehalten, wo die Leitungskosten die Kosten aller anderen Betriebsmittel überragen. Zum Vergleich beträgt die thermisch zulässige Stromdichte J_{th} etwa 2 A/mm² bis 3 A/mm² und ist somit ähnlich groß wie bei den induktiven Betriebsmitteln nach Tabelle 2.1. Freileitungen haben wegen $J_{oek} < J_{th}$ im allgemeinen thermische Reserven und können daher notfalls überlastet werden.

Tabelle 2.2. Zahlenwerte für (2.17) von Doppelleitungen $U_n \geq 110$ kV [143]. Bei Bündelseilen ist n die Zahl der Teilleiter, bei Einzelseilen ist n = 1

Koeffizient 1977	Kostenanteil
A = 52 200 DM/km	fest
B = 366 DM/(kV km)	spannungsabhängig
C = 174 $\sqrt[4]{n}$ DM/(mm² km)	querschnittsabhängig
D = 474 DM mm²/(A² km) für 110 kV D = 400 DM mm²/(A² km) für 380 kV	verlustabhängig

Die Nennspannung richtet sich in der Praxis nach den wenigen in der Tabelle 1.2 angegebenen genormten Größen. Der mit (2.20) berechnete Wert stellt eine obere Grenze dar, die zu überschreiten unwirtschaftlich ist.

2.1.4 Modell für Mittel- und Hochspannungskabel bei natürlicher Kühlung

Unter Kabeln werden im deutschen Sprachgebrauch im allgemeinen biegsame Leitungen verstanden, die zur Verlegung im Erdreich geeignet sind. Die Isolation von Hochspannungskabeln wird am Leiter elektrisch am stärksten beansprucht, wo überdies die Temperatur am größten ist. In einem konzentrischen Kabel, dessen Dielektrikum durch die Radien r_1 und r_2 begrenzt ist, bleibt die Feldstärke E_1 am Leiterrand bei vorgebener Spannung nach (4.28) minimal, wenn $r_1/r_2 = e \approx 2{,}72$ ist, was im folgenden vorausgesetzt wird. E_1 darf nach Abschnitt 4.5.2.5 bei beschränkter Temperatur von etwa 60 °C bis 90 °C einen vom Werkstoff abhängigen Wert von etwa 50 kV/cm bis 100 kV/cm nicht überschreiten. Daraus folgt einerseits der Maßstabsfaktor $m_E = 1$ der elektrischen Feldstärke. Andererseits muß bei konstanter Umgebungstemperatur die Temperaturdifferenz zwischen den Rändern des Dielektrikums beschränkt bleiben, die nach der Wärmeleitungsgleichung proportional zu $(I/r_1)^2 \ln(r_2/r_1)$ ist. Dadurch wird wegen $H_1 = I/(2\pi r_1)$ auch die magnetische Feldstärke H_1 am Leiterrand begrenzt, woraus der Maßstabsfaktor $m_H = 1$ der magnetischen Feldstärke folgt. Somit liegen auch die Maßstabsfaktoren der elektromagnetischen Flächenleistungsdichte $\vec{S}_A = \vec{E} \times \vec{H}$ mit $m_{SA} = m_E\, m_H = 1$, sowie der Impedanz mit $m_Z = m_E/m_H = 1$ fest.

Für das Größensystem des Dielektrikums vom Grad g = 4 können demnach wie im Abschnitt 2.1.2 noch zwei Modellmaßstäbe gewählt werden, etwa m_l für die Abmessungen und m_ω für die Kreisfrequenz. Damit wird der Spannungsmaßstab $m_U = m_E\, m_l$ und der Strommaßstab $m_I = m_H\, m_l$, woraus der Maßstabsfaktor der Scheinleistung folgt

$$m_S = m_l\, m_E\, m_H = m_l^2 \,. \tag{2.22}$$

Der Kostenbelag geometrisch ähnlicher Kabel ist angenähert proportional zum Querschnitt, wächst also mit m_l^2. Daher sind unter den getroffenen Voraussetzungen die Kostenbeläge von natürlich gekühlten Hochspannungskabeln etwa proportional zu ihrer Nennscheinleistung S_n.

Bild 2.5. Querschnitt durch ein Mittelspannungskabel (Typ 2YCEY 17,3/30 kV)

Sowohl bei Freileitungen mit (2.20) als auch bei Kabeln gilt bei wirtschaftlicher Auslegung $S \sim U_n^2$. Die Kosten wachsen jedoch bei Freileitungen nach (2.21) mit der Spannung, bei Kabeln mit der Leistung. Der Quotient Kabelkosten/Freileitungskosten steigt daher nach Bild 2.6 monoton mit U_n.

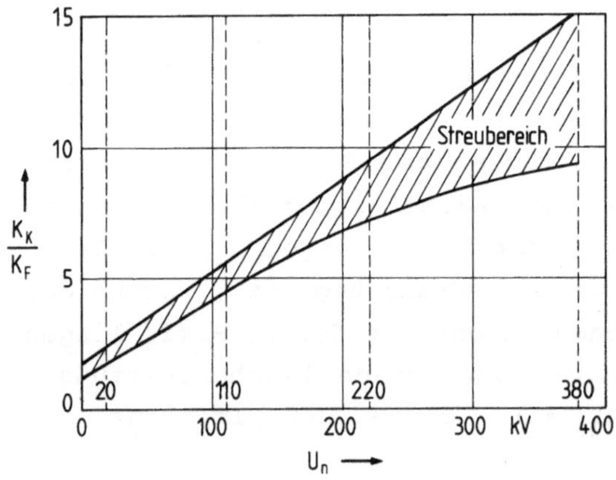

Bild 2.6. Anhaltswerte für den Quotienten aus Kabelkosten K_K und Freileitungskosten K_F für Beschaffung und Verlegung bei gleicher Übertragungsleistung

Die thermisch zulässige Leiterstromdichte J_{th} sinkt wegen $m_J = m_H\, m_l^{-1}$ mit zunehmenden Abmessungen und beträgt etwa 1 A/mm² bis 2 A/mm². Sie unterscheidet sich nicht wesentlich von der sinngemäß nach (2.18) zu berechnenden wirtschaftlichen Stromdichte J_{oek}: Kabel haben im allgemeinen keine thermischen Reserven und vertragen keine Überlastung.

Weiterführende Literatur zum Abschnitt 2.1:
[2, 12, 16, 34, 41, 50, 64, 65, 84, 130].

2.2 Ersatzschaltpläne

Da die Knotenpunktgleichungen der elektrischen und magnetischen Netzwerke leichter aufzustellen sind als die Maschengleichungen, lassen sich Ersatzschaltpläne vorzugsweise aus **Y**-Matrizen gewinnen. Dies zeigen die einfachen π-Glieder der Tabelle 2.10 für eine elektrische und Bild 2.8 b für eine magnetische Schaltung.

2.2.1 Einphasentransformatoren

Magnetische Felder in induktiven Betriebsmitteln können nach ähnlichen Gesetzen wie Strömungsfelder berechnet werden: Sie sind quellenfrei und außerhalb der stromdurchflossenen Leiter wirbelfrei. Hieraus folgen die Knotenpunktregel und die Maschenregel beider Felder:

$$\sum \Phi = 0 \,, \quad (2.23\ a) \qquad \sum i = 0 \,, \quad (2.23\ b)$$

$$\oint\!\!\!\!\sum (V-\Theta) = 0 \,, \quad (2.23\ c) \qquad \oint\!\!\!\!\sum (u-e) = 0 \,, \quad (2.23\ d)$$

wobei das ohmsche Gesetz gilt

$$\Phi = \Lambda V \,, \quad (2.24\ a) \qquad i = G\,u \,. \quad (2.24\ b)$$

Das Induktionsgesetz im Verbraucherzählpfeilsystem $d\Phi/dt = u/w$ verknüpft den Fluß Φ, der im magnetischen Kreis der Knotenpunktregel gehorcht, mit der Spannung u, für die im elektrischen Ersatzschaltplan die Maschenregel gilt; das Durchflutungsgesetz $\Theta = wi$ verbindet die Durchflutung Θ, die im magnetischen Kreis der Maschenregel unterliegt, mit dem Strom i, der im elektrischen Ersatzschaltplan der Knotenpunktregel folgt. Stellt man also nach den in der ersten Spalte der Tabelle 2.3 enthaltenen Beziehungen den Schaltplan des magnetischen Kreises auf, so ist der dazugehörige elektrische Ersatzschaltplan hierzu dual, d. h. er gehorcht den in Tabelle 2.4 aufgeführten Entsprechungen.

Tabelle 2.3. Analoge Größen im magnetischen Feld und im Strömungsfeld mit ihren SI-Basiseinheiten nach DIN 1301

Magnetisches Feld DIN 1325		Strömungsfeld DIN 1324	
mag. Leitwert $\Lambda = \mu A/l$	Ωs	el. Leitwert $G = \kappa A/l$	S
Fluß $\Phi = \Lambda V$	Vs	Strom $i = Gu$	A
(passive) magnetische Spannung V	A	(passive) elektrische Spannung u	V
Durchflutung $\Theta = wi$	A	Quellenspannung e	V
Induktion $B = \mu H$	$\frac{Vs}{m^2}$	Stromdichte $J = \kappa E$	$\frac{A}{m^2}$
magn. Feldstärke H	$\frac{A}{m}$	el. Feldstärke E	$\frac{V}{m}$

Tabelle 2.4. Entsprechungen zwischen den Schaltungen dualer Netzwerke

Spannungsquelle	Leitwert	Masche	T-Glied	Reihenschaltung
Stromquelle	Widerstand	Knotenpunkt	π-Glied	Parallelschaltung

Kommt der Schaltplan des magnetischen Kreises ohne sich überschneidende Zweige aus, so liegt ein "ebener Streckenkomplex" vor. Die dazu duale Schaltung erhält man ohne Baumsuche nach der folgenden Methode für das in Bild 2.8 dargestelle Beispiel in den Schritten:

1. In jede Masche im Schaltplan des magnetischen Kreises trage man einen Knoten ν des zukünftigen elektrischen Ersatzschaltplanes ein und vergesse dabei auch die Außenmasche nicht.

2. Man kreuze jeden Leitwert im Schaltplan des magnetischen Kreises durch die entsprechende Induktivität des elektrischen Ersatzschaltplanes und jede magnetische Spannungsquelle durch die entsprechende elektrische Stromquelle, wobei man zunächst die Windungszahl $w = 1$ für alle Wicklungen annimmt.

3. Man verbinde die in 2. gewonnenen Elemente mit den nach 1. ermittelten Knoten.

4. Man schalte vor jede nach 2. gewonnene Stromquelle des elektrischen Ersatzschaltplans einen idealen Transformator mit der Übersetzung w:1 nach Bild 2.7.

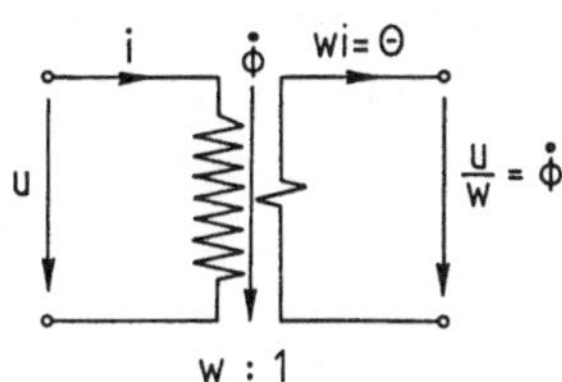

Bild 2.7. Idealer Transformator nach Abschnitt 1.2 Nr. 19. Die Übersetzung w:1 ist frequenzunabhängig. Die Ausgangsgrößen Θ, $\dot{\Phi}$ sind Eingangsgrößen des dual umgewandelten magnetischen Kreises Bild 2.8 c

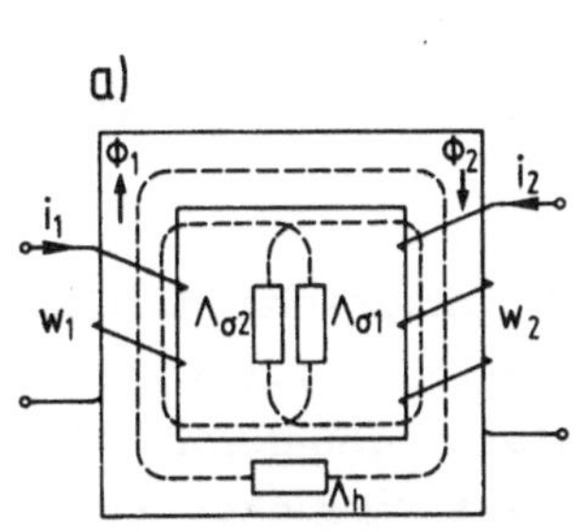

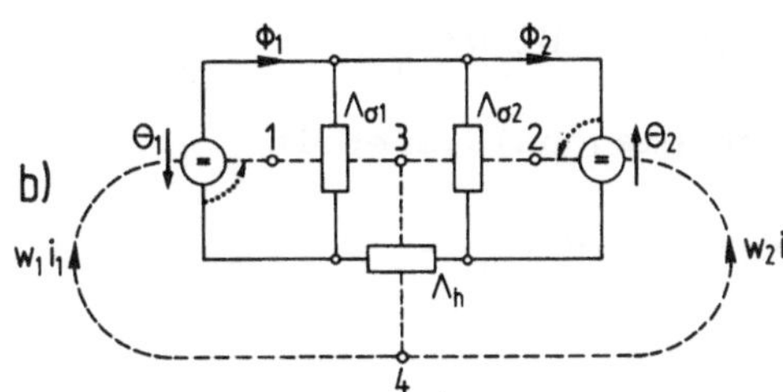

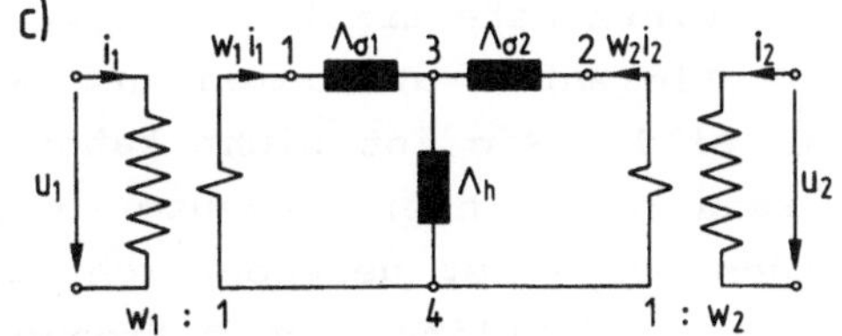

Bild 2.8. Beispiel für die Überführung des Schaltplanes eines magnetischen Kreises in einen elektrischen Ersatzschaltplan

a) Anordnung. Φ und i sind mit Rechts-Schraubensinn orientiert, Φ_1 und Φ_2 im magnetischen Kreis mit gleichem Bezugssinn versehen
b) Schaltplan des magnetischen Kreises mit eingetragenen Maschenbezeichnungen 1 bis 4. Die Zählpfeile wi sind um $\pi/2$ gegenüber den Zählpfeilen Θ vorgedreht
c) Elektrischer Ersatzschaltplan mit eingetragenen Knotenpunktbezeichnungen 1 bis 4 und idealen Transformatoren nach Bild 2.7

Das Beispiel in Bild 2.8 a,b zeigt den magnetischen Kreis eines Einphasentransformators. Seine Elemente sollen aus den Flüssen im Leerlauf bestimmt werden. Führt nur das Tor 1 Strom, so lassen sich aus dem Magnetfeld die Leitwerte Λ_h und $\Lambda_{\sigma 1}$ berechnen, wobei in Bild

2.8 b die magnetische Quellenspannung $\Theta_2 = w_2 i_2 = 0$ kurzzuschließen ist. $\Lambda_{\sigma 2}$ gewinnt man neben Λ_h, wenn man das vom Tor 2 magnetisierte Feld berechnet und $\Theta_1 = 0$ in Bild 2.8 b kurzschließt. Den Übergang von Bild 2.8 b nach Bild 2.8 c kann man leicht in den beschriebenen Schritten 1 bis 4 nachvollziehen.

Allgemein läßt sich ein induktives n-Tor durch die Gleichung $\boldsymbol{\Phi} = \boldsymbol{\Lambda}\boldsymbol{\Theta}$ beschreiben. Die quadratische Matrix $\boldsymbol{\Lambda}$ hat n Zeilen und Spalten, ihre Elemente sind reell. Betrachtet man sinusförmige Vorgänge, so lautet das Induktionsgesetz mit Verbraucherzählpfeilen $\mathbf{U} = j\omega\, \mathrm{Diag}(w_i)\, \boldsymbol{\Phi}$, das Durchflutungsgesetz $\boldsymbol{\Theta} = \mathrm{Diag}(w_i)\, \mathbf{I}$. Daraus folgt für das n-Tor

$$\mathbf{U} = j\omega\, \mathrm{Diag}(w_i)\, \boldsymbol{\Lambda}\, \mathrm{Diag}(w_i)\, \mathbf{I} = j\omega\, \mathbf{L}\, \mathbf{I} \; . \tag{2.25}$$

Für die Elemente der Induktivitätsmatrix

$$\mathbf{L} = \mathrm{Diag}(w_i)\, \boldsymbol{\Lambda}\, \mathrm{Diag}(w_i)$$

besteht also Diagonalsymmetrie

$$L_{\mu\nu} = w_\mu w_\nu \Lambda_{\mu\nu} = L_{\nu\mu} \; . \tag{2.26}$$

Die Z-Matrix eines Zweitores enthält somit nur 3 unterschiedliche Elemente; der einfachste Ersatzschaltplan (siehe Abschnitt 1.5.6) muß daher mit 3 Elementen auskommen und wird kanonisch genannt. Die Schaltung in Bild 2.8 c ist nicht kanonisch, da sie 5 Elemente enthält. Doch kann jedes ihrer Elemente im Betriebsmittel räumlich lokalisiert werden. Dies ist gelegentlich von Vorteil: Ist zum Beispiel Λ_h in Bild 2.8 a nichtlinear oder frequenzabhängig, so weist in Bild 2.8 c ausschließlich das entsprechende Element Λ_h diese Eigenschaften auf. Sind hingegen alle magnetischen Leitwerte konstant und frequenzunabhängig, so läßt sich der Ersatzschaltplan des Bildes 2.8 c weiter vereinfachen. Bild 2.9 zeigt einige Beispiele aus der unbeschränkten Mannigfaltigkeit der Schaltungen, die alle die Zweitorbedingung mit symmetrischen Zählpfeilen erfüllen:

$$\begin{bmatrix} \underline{U}_1 \\ \underline{U}_2 \end{bmatrix} = j\omega \begin{bmatrix} L_1 & M \\ M & L_2 \end{bmatrix} \begin{bmatrix} \underline{I}_1 \\ \underline{I}_2 \end{bmatrix} . \tag{2.27 a}$$

Invertiert wird mit (2.28) daraus

$$\begin{bmatrix} \underline{I}_1 \\ \underline{I}_2 \end{bmatrix} = \frac{1}{j\omega\sigma} \begin{bmatrix} \frac{1}{L_1} & -\frac{1-\sigma}{M} \\ -\frac{1-\sigma}{M} & \frac{1}{L_2} \end{bmatrix} \begin{bmatrix} \underline{U}_1 \\ \underline{U}_2 \end{bmatrix} . \tag{2.27 b}$$

L_1 und L_2 sind die Selbstinduktivitäten, M die Koppelinduktivität. Als Abkürzung wird mit (2.28) der von den Windungszahlen $w_{1,2}$ unabhängige Streugrad σ eingeführt. Er ist der Quotient aus der Kurzschlußinduktivität nach (2.27 b) und der Leerlaufinduktivität nach (2.27 a) desselben Tores; nach (2.34) ist $0 \lesssim \sigma \lesssim 1$:

$$\sigma = 1 - \frac{M^2}{L_1 L_2} . \tag{2.28}$$

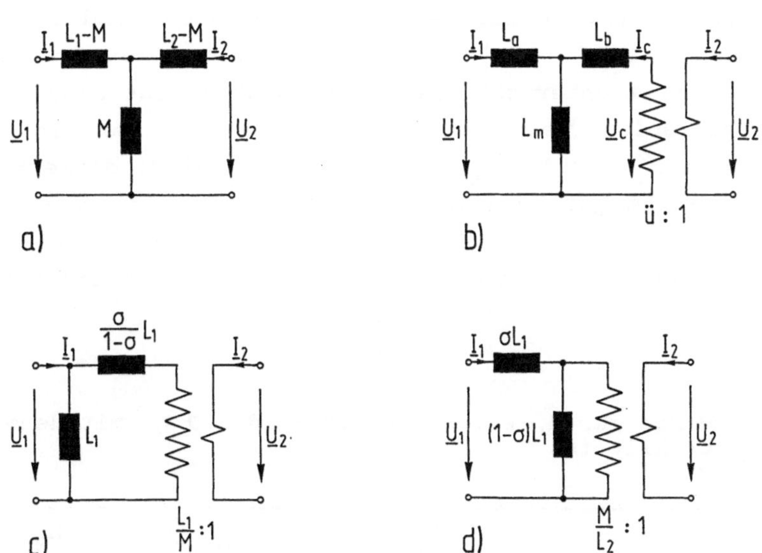

Bild 2.9. Beispiele für Ersatzschaltpläne, die (2.27) erfüllen

a) T-Glied
b) T-Glied mit idealem Transformator; Werte für ü, L_a, L_b, L_m siehe Tabelle 2.5
c) Aus b) mit L_a = 0 abgeleiteter kanonischer Ersatzschaltplan, günstig für $\underline{U}_1$ = const, Beispiel Tabelle 2.7 a
d) Aus b) mit L_b = 0 abgeleiteter kanonischer Ersatzschaltplan, günstig für $\underline{I}_1$ = const, Beispiel Tabelle 2.7 b

In Bild 2.9 a ist entweder $L_1 - M$ oder $L_2 - M$ negativ: Ersetzt man nämlich M nach (2.28) durch $\sqrt{1-\sigma}\,\sqrt{L_1L_2}$, so werden

$$L_1 - M = L_1\left[1 - \sqrt{1-\sigma}\,\sqrt{L_2/L_1}\right]$$

und

$$L_2 - M = L_2\left[1 - \sqrt{1-\sigma}\,\sqrt{L_1/L_2}\right] .$$

Die Bedingung für positives $L_1 - M$ lautet dann $L_1/L_2 > 1-\sigma$, und kann nicht für alle L_1/L_2 zugleich mit der Bedingung für positives $L_2 - M$ erfüllt werden, die $L_2/L_1 > 1-\sigma$ verlangt.

Günstig sind Ersatzschaltungen mit idealen Transformatoren, mit denen sich überdies negative Induktivitäten vermeiden lassen. Man erhält sie, wenn man in (2.27) die Beziehungen $\underline{U}_c = \ddot{u}\underline{U}_2$ und $\underline{I}_2 = \ddot{u}\underline{I}_c$ einsetzt. $\underline{U}_c$ und $\underline{I}_c$ sind in Bild 2.9 b eingetragen. Diese Ersatzschaltung besteht aus 4 unterschiedlichen Elementen, ist also nicht kanonisch. Die beliebige Übersetzung ü kann aber nach Tabelle 2.5 so gewählt werden, daß entweder $L_a = 0$ oder $L_b = 0$ wird; diese Formen sind dann kanonisch. Am gebräuchlichsten ist für Transformatoren die Ersatzschaltung nach Bild 2.9 d, für Asynchronmotoren Bild 2.9 c, was man aus einem Vergleich mit den Bildern 2.10 und 3.9 erkennt.

Tabelle 2.5. Werte für ü, L_a, L_b, L_m in Bild 2.9 b, mit denen (2.27) erfüllt ist

Bedingung	ü	L_a	L_b	L_m	Bild
keine	beliebig	$L_1 - \ddot{u}M$	$\ddot{u}^2 L_2 - \ddot{u}M$	$\ddot{u}M$	2.9b
$L_a = 0$	$\frac{L_1}{M} = \frac{1}{\sqrt{1-\sigma}}\sqrt{\frac{L_1}{L_2}}$	0	$\frac{\sigma}{1-\sigma} L_1$	L_1	2.9c
$L_b = 0$	$\frac{M}{L_2} = \sqrt{1-\sigma}\sqrt{\frac{L_1}{L_2}}$	σL_1	0	$(1-\sigma) L_1$	2.9d
$L_a = L_b$	$\sqrt{\frac{L_1}{L_2}}$	$(1-\sqrt{1-\sigma}) L_1$	$(1-\sqrt{1-\sigma}) L_1$	$\sqrt{1-\sigma}\, L_1$	-

Bei den üblichen Transformatoren ist $\Lambda_{\sigma 1,2} \ll \Lambda_h$. Nach (2.34) wird dann $\sigma \ll 1$ und beträgt nach Tabelle 2.6 höchstens einige Promille. Damit gilt nach der zweiten Spalte der Tabelle 2.5 und mit Bild 2.8 b

$$\frac{L_1}{M} \approx \frac{M}{L_2} \approx \sqrt{\frac{L_1}{L_2}} = \frac{w_1}{w_2} \sqrt{\frac{\Lambda_h+\Lambda_{\sigma 1}}{\Lambda_h+\Lambda_{\sigma 2}}} \approx \frac{w_1}{w_2} \ . \qquad (2.29)$$

Folglich darf für $\sigma \ll 1$ mit guter Genauigkeit gesetzt werden

$$ü = \frac{w_1}{w_2} \ , \qquad (2.30)$$

$$L_1 = \left[\frac{w_1}{w_2}\right]^2 L_2 \ . \qquad (2.31)$$

Schließt man das rechte Tor in Bild 2.9 kurz, so folgt mit $\underline{U}_2 = 0$ aus (2.27 b)

$$\underline{U}_1 = j\omega\sigma L_1 \underline{I}_1 \ . \qquad (2.32)$$

Schließt man das linke Tor in Bild 2.9 kurz, so wird

$$\underline{U}_2 = j\omega\sigma L_2 \underline{I}_2 \ .$$

σL_1 und σL_2 sind die Kurzschlußinduktivitäten. Sie können im Beispiel des Bildes 2.8 b leicht lokalisiert werden: Dem Kurzschluß in 2 entspricht $\dot{\Phi}_2 = 0$, also konstanter Fluß Φ_2 im Schaltplan des magnetischen Kreises. Der Wechselfluß wird also im Kurzschlußfall in die Streupfade gedrängt; die kurzgeschlossene Wicklung führt wegen $\dot{\Phi}_2 = 0$ den im Kurzschlußaugenblick vorhandenen Fluß als Gleichfluß weiter. Der magnetische Leitwert im Tor 1 bei Kurzschluß am Klemmenpaar 2 ist damit

$$\Lambda_{k1} = \Lambda_{\sigma 1} + \frac{\Lambda_h \ \Lambda_{\sigma 2}}{\Lambda_h+\Lambda_{\sigma 2}} \approx \Lambda_{\sigma 1} + \Lambda_{\sigma 2} \ . \qquad (2.33)$$

Diese Beziehung ist auch Bild 2.8 c für $\underline{U}_2 = 0$ zu entnehmen. Der Streugrad σ wird im Beispiel des Bildes 2.8 unter Verwendung von (2.28)

$$\sigma = 1 - \frac{M^2}{L_1 L_2} = 1 - \frac{\Lambda_h^2}{(\Lambda_h+\Lambda_{\sigma 1})(\Lambda_h+\Lambda_{\sigma 2})} \ ; \qquad 0 \leq \sigma \leq 1 \ . \qquad (2.34)$$

Die Wirkwiderstände $R_{1,2}$ der Wicklungen 1,2 liegen in Reihe vor und hinter dem Zweitor des Bildes 2.9. Man kann beide mit (2.30) wegen $\sigma \ll 1$ auf der Seite des Tores 1 zusammenfassen in

$$R_k = R_1 + ü^2 R_2 \ . \tag{2.35}$$

Im Transformatoreisen entstehen Wirbelstrom- und Hystereseverluste, die nach Abschnitt 2.1.2 etwa proportional zum Quadrat der Spannung sind. Man kann sie daher in einem Wirkleitwert lokalisieren, der in Bild 2.8 c parallel zum Querzweig Λ_h liegt. Damit erhält man aus Bild 2.9 d den Ersatzschaltplan des Einphasentransformators nach Bild 2.10.

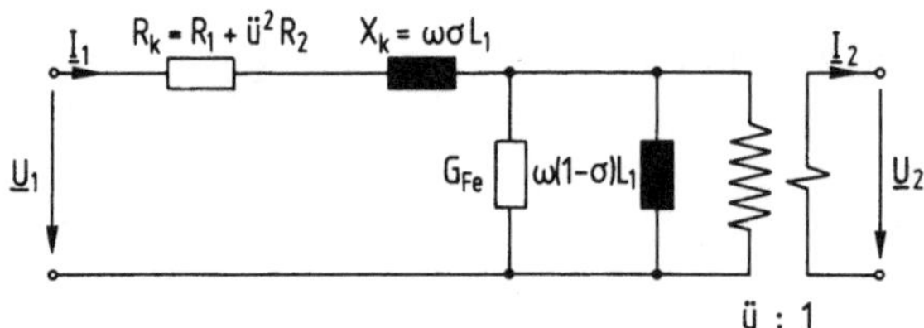

Bild 2.10. Ersatzschaltplan des Einphasentransformators in kanonischer Form mit Kettenzählpfeilen; $ü = w_1/w_2$

Da der Ersatzschaltplan Bild 2.10 kanonisch ist, lassen sich seine Elemente durch Messung an den Toren 1, 2 feststellen. Man benutzt hierzu die Meßschaltung Bild 2.11 und betreibt den Transformator einmal im Leerlauf, einmal im Kurzschluß.

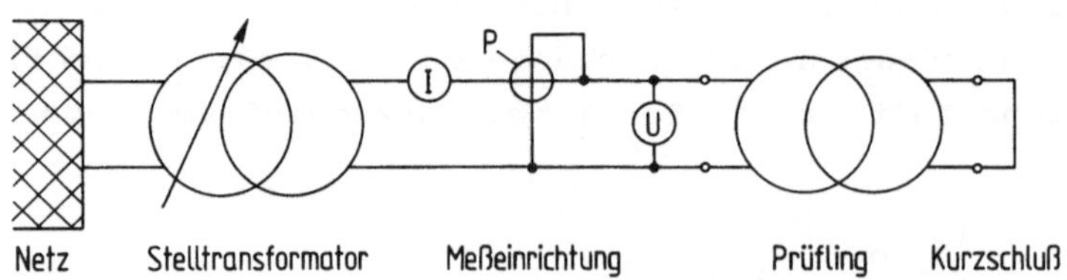

Bild 2.11. Meßschaltung zur Bestimmung der Elemente des Ersatzschaltplans Bild 2.10

Im Leerlauf sind praktisch nur die Querzweige wirksam. Der Leerlaufstrom wird Magnetisierungsstrom genannt. Mit $\sigma \ll 1$ ist dabei

$$Y_1^2 \approx G_{Fe}^2 + \left[\frac{1}{\omega L_1}\right]^2 = \left[\frac{I}{U}\right]_1^2 \ , \tag{2.36}$$

$$G_{Fe} \approx \frac{P}{U^2} \, . \tag{2.37}$$

Führt man die Nennadmittanz ein

$$Y_n = \begin{cases} \dfrac{I_n}{U_n} = \dfrac{S_n}{U_n^2} = \dfrac{I_n^2}{S_n} & \text{bei Wechselstrom} \\[2ex] \sqrt{3}\,\dfrac{I_n}{U_n} = \dfrac{S_n}{U_n^2} = 3\,\dfrac{I_n^2}{S_n} & \text{bei Drehstrom} \end{cases}$$

und bezeichnet mit I_μ den Magnetisierungsstrom <u>bei Nennspannung</u> U_n sowie mit P_μ die dazugehörige Wirkleistung des Transformators, so ist mit guter Näherung

$$\frac{Y_1}{Y_n} = \frac{I_\mu}{I_n} \qquad \text{bei Wechsel- und Drehstrom,} \tag{2.38}$$

$$\frac{G_{Fe}}{Y_n} = \frac{P_\mu}{S_n} \qquad \text{bei Wechsel- und Drehstrom.} \tag{2.39}$$

Im Kurzschluß ist praktisch nur der Längszweig wirksam. Mit $\sigma << 1$ ist dabei mit Bild 2.10

$$Z_k^2 = R_k^2 + X_k^2 = \left(\frac{U}{I}\right)_k^2 \, , \tag{2.40}$$

$$R_k \approx \frac{P}{I^2} \, . \tag{2.41}$$

Bezeichnet man mit U_k die Kurzschlußspannung <u>bei Nennstrom</u> I_n und mit P_k die dazugehörige Wirkleistung des Transformators, so ist mit der Nennimpedanz $Z_n = 1/Y_n$

$$\frac{Z_k}{Z_n} = \begin{cases} \dfrac{U_k}{U_n} & \text{bei Wechselstrom,} \\[2ex] \dfrac{U_k}{U_n/\sqrt{3}} & \text{bei Drehstrom,} \end{cases} \tag{2.42}$$

$$\frac{R_k}{Z_n} = \frac{P_k}{S_n} \qquad \text{bei Wechsel- und Drehstrom.} \tag{2.43}$$

Der Quotient

$$u_{k*} = \frac{U_k}{U_n/\sqrt{3}}$$

wird nennwertbezogene Kurzschlußspannung genannt.

Zahlenwertgleich sind also die nennwertbezogenen Größen

im Querzweig:

Leerlaufadmittanz	und Magnetisierungsstrom	nach	(2.38),
Wirkleitwert	und Leerlaufverluste	nach	(2.39),

im Längszweig:

Kurzschlußimpedanz	und Kurzschlußspannung	nach	(2.42),
Wirkwiderstand	und Kurzschlußverluste	nach	(2.43).

Die nennwertbezogenen Impedanzen ähnlicher Transformatoren differieren nach Abschnitt 2.1.2 nur wenig.

Die Nennspannungen von Transformatoren sind nach DIN VDE 0532 im Leerlauf definiert. Aus (2.27) und (2.29) folgt

$$\frac{U_{n1}}{U_{n2}} = \frac{L_1}{M} \approx \frac{w_1}{w_2} = ü \ . \tag{2.44}$$

Dabei sind die Indizes nach (2.58) derart zu wählen, daß $ü \geq 1$.

Stelltransformatoren haben nach Bild 2.12 eine veränderliche Übersetzung, um Spannungsdifferenzen nach Abschnitt 3.3 ausgleichen zu können. Im allgemeinen ändert sich dabei der in Bild 2.8 beschriebene magnetische Kreis kaum, wohl aber die Windungszahl der Stellwicklung. Die Transformatorimpedanzen sind in diesem Fall nach Bild 2.12 auf der Seite mit fester Windungszahl einzutragen und werden dort als unabhängig von ü angenommen.

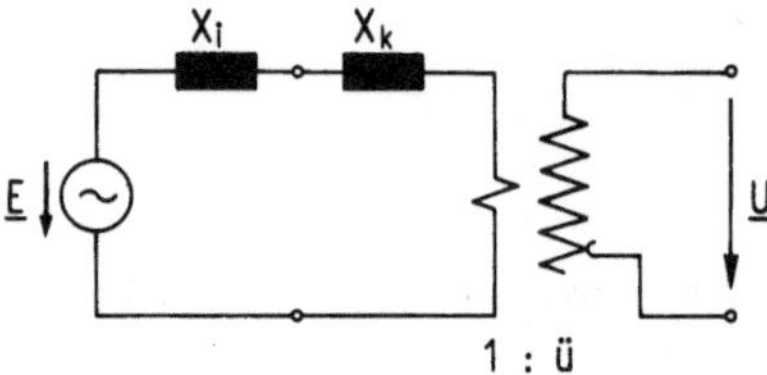

Bild 2.12. Vereinfachter Ersatzschaltplan für einen Transformator mit veränderlicher Übersetzung (Stelltransformator) und davon unabhängiger Kurzschlußreaktanz X_k

Bild 2.13. Spartransformator mit Kettenzählpfeilen
a) Schaltungsprinzip:
$\underline{U}_4 = \underline{U}_1 + \underline{U}_2$
$\underline{I}_4 = \underline{I}_1 + \underline{I}_2$
b) Ersatzschaltplan

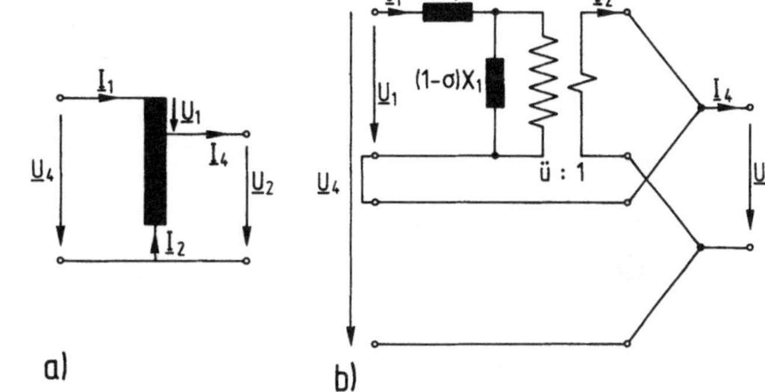

Bei Spartransformatoren ist nach Bild 2.13 a die Primärwicklung auf die Sekundärwicklung aufgestockt. Mit getrennten Wicklungen, also ohne Sparschaltung, beträgt die Nennleistung $U_{n1}I_{n1}$; sie wird Eigenleistung genannt und bestimmt nach Abschnitt 2.1.2 die Kosten der zu wählenden Transformatortype. Mit Sparschaltung kann dieselbe Type nach Bild 2.13 die Leistung $U_{n4}I_{n1}$ übertragen. Sie wird Durchgangsleistung genannt und ist für $U_{n2} >> U_{n1}$ beträchtlich größer als die Eigenleistung. Dadurch wird Typenleistung gespart.

Addiert man die Reihenparallelmatrizen **H** eines Transformators und einer impedanzlosen Verbindung nach Bild 2.13 b, so erhält man die H-Matrix des entsprechenden Spartransformators:

$$\begin{bmatrix} \underline{U}_4 \\ \underline{I}_4 \end{bmatrix} = \underline{\mathbf{H}} \begin{bmatrix} \underline{I}_1 \\ \underline{U}_2 \end{bmatrix} \tag{2.45}$$

mit

$$\underline{\mathbf{H}} = \begin{bmatrix} j\sigma X_1 & ü \\ ü & -\dfrac{ü^2}{j(1-\sigma)X_1} \end{bmatrix} + \begin{bmatrix} 0 & 1 \\ 1 & 0 \end{bmatrix} . \tag{2.46}$$

In Bild 2.13 b ist die für die Zusammenschaltung notwendige Voraussetzung erfüllt, daß die über die Klemmen jedes Tores fließenden Ströme paarweise entgegengesetzt gleich sind: Die Rückleitung ist wie gewohnt impedanzlos.

2.2.2 Drehstromtransformatoren und deren Schaltungen

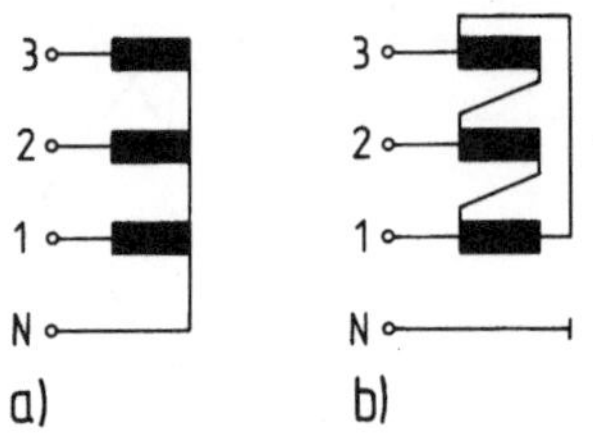

Bild 2.14. Beispiele für Wicklungen von Drehstromtransformatoren
a) Sternwicklung
b) Dreieckwicklung

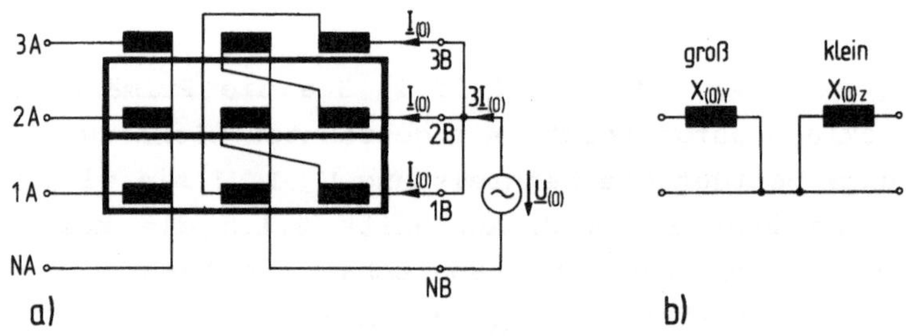

Bild 2.15. Ortsnetztransformator Yz mit entkoppelten Nullsystemen

a) Messung der Nullimpedanz auf US: $\underline{Z}_{(0)} = \underline{U}_{(0)}/\underline{I}_{(0)}$. Zur Verdeutlichung sind die Wicklungen neben die Eisenschenkel gezeichnet. Im Nullsystem wird der Eisenkern von der z-Wicklung garnicht, von der Y-Wicklung wie eine Drossel magnetisiert
b) Ersatzschaltplan dazu. $X_{(0)Y} >> X_{(0)z}$

Die <u>Ober- und Unterspannungswicklung</u> von Drehstromtransformatoren kann in Stern-, Dreieck- oder Zickzackschaltung ausgeführt werden. Die Sternschaltung nach Bild 2.14 a wird für große Spannungen bevorzugt, wobei die Isolation an den Wicklungseingängen 1,2,3 nur für die Leitererdspannung ausgelegt werden muß, am Sternpunkt N nur für die Nullspannung. Die in einer Dreieckwicklung nach Bild 2.14 b fließenden Ströme sind im ungestörten Betrieb um den Faktor $\sqrt{3}$ kleiner als die Ströme in den Leitern L1,2,3, was bei großen Strömen wicklungstechnisch vorteilhaft gegenüber der Sternwicklung ist. Die Zickzackschaltung wird nach Bild 2.15 für die Niederspannungsseite von Ortsnetztransformatoren kleiner Leistung gewählt, deren Mittelspannungsseite dabei die günstige Sternwicklung erhalten kann. Die kleine Nullreaktanz der Zickzackschaltung bewirkt, daß der einpolige Erdkurzschlußstrom $I_{k1} = 3E_{(1)}/|\underline{Z}_{(1)}+\underline{Z}_{(2)}+\underline{Z}_{(0)}|$ so groß wird, daß die für den Schutz bei indirektem Berühren durch Abschaltung erforderlichen Schmelzsicherungen oder anderen Schutzgeräte zuverlässig und rasch auslösen. Mißt man nämlich die Nullimpedanz nach Bild 2.15 mit Hilfe der angegebenen Schaltung, so ist die Durchflutungssumme auf jedem Schenkel des Transformators Null wie bei einem kurzgeschlossenen Einphasentransformator; auch ist der magnetische Streuleitwert zwischen den beiden Hälften der z-Wicklung wegen der bei Niederspannung kleinen Isolationsabstände besonders klein.

Sternwicklungen werden mit Y und y, Dreieckwicklungen mit D und d, Zickzackwicklungen mit Z und z gekennzeichnet; die großen Buchstaben gelten dabei für die Oberspannungsseite (OS), die kleinen für die Unterspannungsseite (US).

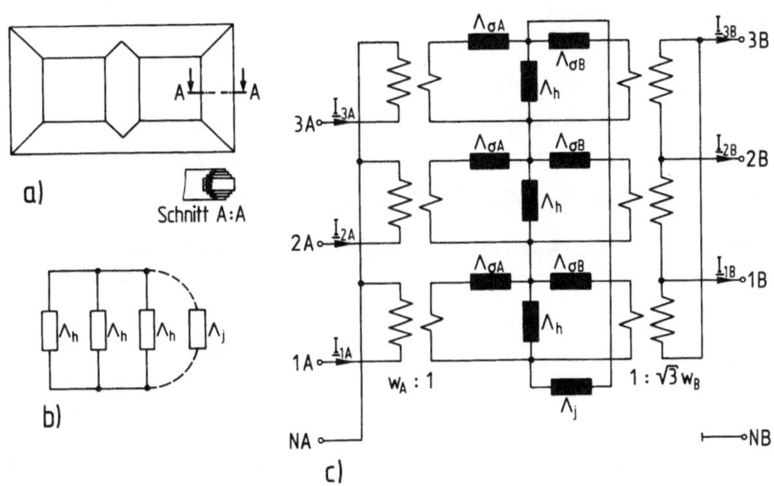

Bild 2.16. Drehstromtransformator Yd5 mit Dreischenkelkern, Windungszahlen primär w_A, sekundär $\sqrt{3}w_B$, damit $U_{nA}/U_{nB} = w_A/w_B$

a) Kern mit 3 Schenkeln für die Wicklungen und 2 Jochen

b) Magnetischer Ersatzschaltplan, Streuflüsse zwischen den Wicklungen vernachlässigt

——— Zweige der Hauptflüsse des Dreischenkel-Transformators. Vereinfachend wird angenommen, daß die drei magnetischen Leitwerte Λ_h gleich groß sind

- - - Zweig des Flusses zwischen den Transformatorjochen

c) Elektrischer Ersatzschaltplan mit eingezeichneten Streuimpedanzen nach Bild 2.8 c

Bei einem Drehstromtransformator sind die Schenkel mit zylinder- oder scheibenförmigen Wicklungen versehen und werden durch ein oberes und unteres Joch miteinander verbunden, wie Bild 2.16 a zeigt. Dort ist außerdem der magnetische Leiterwert Λ_j für den zwischen den beiden Jochen großenteils im Transformatoröl und über den Transformatorkessel verlaufenden Fluß eingetragen, der sich nach den folgenden Überlegungen nur im Nullsystem ausbildet. Der Parallelschaltung der drei Leitwerte Λ_h mit dem Leitert Λ_j im magnetischen Ersatzschaltplan 2.16 b entspricht die Reihenschaltung der entsprechenden Induktivitäten im elektrischen Ersatzschaltplan. Dies zeigt Bild 2.16 c, wo auch die Streuinduktivitäten eingetragen sind, wie sie für den Einphasentransformator mit Bild 2.8 c abgeleitet wurden. Die idealen Transformatoren mit den Windungszahlen w_A und $\sqrt{3}w_B$ sind in Bild 2.16 c links in Y, rechts in d geschaltet.

Man spricht von <u>freier Magnetisierung</u> eines Transformators, wenn seine ferromagnetischen Λ_h-Zweige im elektrischen Ersatzschaltplan der Bilder 2.8 c oder 2.16 c durch das Netz niederohmig abgeschlossen sind; <u>erzwungene Magnetisierung</u> liegt dagegen bei hochohmigem Abschluß der Λ_h-Zweige vor. Um zu erkennen, ob eine Magnetisierung frei oder erzwungen ist, idealisiert man die Schaltung, indem man im Ersatzschaltplan alle Längsimpedanzen und Queradmittanzen des Transformators und des Netzes außer Λ_h zu Null setzt. Zum Beispiel sind die magnetischen Leitwerte Λ_h des Einphasentransformators in Bild 2.8 c

- frei magnetisiert bei Speisung durch mindestens eine Spannungsquelle,

- erzwungen magnetisiert bei Speisung ausschließlich durch Stromquellen.

Die magnetischen Leitwerte Λ_h eines nur von einer Seite durch drei Spannungsquellen gespeisten Dreischenkeltransformators Yy sind

- frei magnetisiert bei Speisung durch ein 4-Leiter-Netz 1,2,3,N;

- erzwungen magnetisiert bei Speisung durch ein 3-Leiter-Netz 1,2,3; sieht man die Ströme durch Λ_h als bekannt an, so ist das Gleichungssystem wegen der Knotenbedingung $\underline{I}_1 + \underline{I}_2 + \underline{I}_3 = 0$ überbestimmt.

Die Magnetisierungart beeinflußt nach Abschnitt 1.5.9 die Entstehung der Oberschwingungsströme und -spannungen in magnetischen Kreisen mit nichtlinearer H,B-Kennlinie. Auch ist bei einem Isolationsdurchschlag zwischen den Windungen einer Wicklung der Fehlerstrom bei freier Magnetisierung stromstark, bei erzwungener dagegen stromschwach.

Die Eigenschaften des Drehstromtransformators dürfen mit symmetrischen Komponenten untersucht werden, da die Schaltung Bild 2.16 c bei gleicher Größe der Leitwerte Λ_h zyklisch-symmetrisch ist.

Im Mit- und Gegensystem ist Λ_j flußlos, weil die Summe der komplexen Spannungen an den 3 magnetischen Hauptleitwerten Λ_h Null wird. Daher darf Λ_j im Mit- und Gegensystem durch eine impedanzlose Verbindung ersetzt werden. Im folgenden wird bis (2.58) zur Vereinfachung $w_A = w_B$ gesetzt. Betrachtet man in Bild 2.16 c die Maschen und Knoten auf der d-Seite, so ist

bei vernachlässigten Streuleitwerten $\Lambda_{\sigma A}$ und $\Lambda_{\sigma B}$

$$\begin{bmatrix}\underline{U}_1\\ \underline{U}_2\\ \underline{U}_3\end{bmatrix}_Y = \frac{1}{\sqrt{3}}\begin{bmatrix}-1 & 0 & 1\\ 1 & -1 & 0\\ 0 & 1 & -1\end{bmatrix}\begin{bmatrix}\underline{U}_1\\ \underline{U}_2\\ \underline{U}_3\end{bmatrix}_d, \quad \text{abgekürzt } \underline{\mathbf{U}}_{1,2,3Y} = \mathbf{k}\,\underline{\mathbf{U}}_{1,2,3d}\,; \tag{2.47}$$

bei vernachlässigten Hauptleitwerten Λ_h

$$\begin{bmatrix}\underline{I}_1\\ \underline{I}_2\\ \underline{I}_3\end{bmatrix}_d = \frac{1}{\sqrt{3}}\begin{bmatrix}-1 & 1 & 0\\ 0 & -1 & 1\\ 1 & 0 & -1\end{bmatrix}\begin{bmatrix}\underline{I}_1\\ \underline{I}_2\\ \underline{I}_3\end{bmatrix}_Y, \quad \text{abgekürzt } \underline{\mathbf{I}}_{1,2,3d} = \mathbf{k}^T\,\underline{\mathbf{I}}_{1,2,3Y}\,. \tag{2.48}$$

$\mathbf{k}$ ist die zyklisch-symmetrische Verknüpfungsmatrix für die Wicklungen des Drehstromtransformators, $\mathbf{k}^T$ ihre Transponierte. Dabei gilt

$$\mathbf{k}\,\mathbf{k}^T = \frac{1}{3}\begin{bmatrix}2 & -1 & -1\\ -1 & 2 & -1\\ -1 & -1 & 2\end{bmatrix} = \mathbf{k}^T\,\mathbf{k}\,. \tag{2.49}$$

Wegen det $\mathbf{k} = 0$ läßt sich $\mathbf{k}$ nicht invertieren, seine Größen sind nicht voneinander unabhängig: Die Spaltensumme von (2.47) führt auf $\underline{U}_{(0)Y} = 0$, die Spaltensumme von (2.48) auf $\underline{I}_{(0)d} = 0$. Bildet man weiterhin $\underline{\mathbf{U}}_{1,2,3d} = \mathbf{k}^T\,\underline{\mathbf{U}}_{1,2,3Y}$ und setzt (2.47) ein, so wird $\mathbf{k}^T\,\mathbf{k} = 1$ wenn $\underline{U}_{(0)d} = 0$. Entprechend wird $\mathbf{k}\,\mathbf{k}^T = \mathbf{1}$ wenn $\underline{I}_{(0)Y} = 0$. Wenn also alle Nullgrößen verschwinden, gilt

$$\underline{U}_{1,2,3d} = \mathbf{k}^T \, \underline{U}_{1,2,3Y} \qquad (2.50)$$

$$\underline{I}_{1,2,3Y} = \mathbf{k} \, \underline{I}_{1,2,3d} \qquad (2.51)$$

wenn alle $\underline{G}_{(0)Y} = 0 = \underline{G}_{(0)d}$.

Stets gilt für die symmetrischen Komponenten mit (1.53) und (1.54)

$$\underline{U}_{(0,1,2)Y} = \mathbf{T}^{-1} \, \mathbf{k} \, \mathbf{T} \, \underline{U}_{(0,1,2)d} \, . \qquad (2.52)$$

Multipliziert man die drei Matrizen aus, so erhält man für Bild 2.16 c unabhängig von der Frequenz

$$\begin{bmatrix} \underline{U}_{(0)} \\ \underline{U}_{(1)} \\ \underline{U}_{(2)} \end{bmatrix}_Y = \frac{1}{\sqrt{3}} \begin{bmatrix} 0 & 0 & 0 \\ 0 & \underline{a}-1 & 0 \\ 0 & 0 & \underline{a}^2-1 \end{bmatrix} \begin{bmatrix} \underline{U}_{(0)} \\ \underline{U}_{(1)} \\ \underline{U}_{(2)} \end{bmatrix}_d , \qquad (2.53)$$

wobei $\underline{a}-1 = \sqrt{3}e^{j5\pi/6}$,

$\underline{a}^2-1 = \sqrt{3}e^{-j5\pi/6}$.

Sind die Nennspannungen auf beiden Seiten eines Yd-Transformators gleichgroß, so gilt demnach für die symmetrischen Komponenten der Spannung

$$\underline{U}_{(0,1,2)Y} = \underline{\mathbf{k}}_{(0,1,2)Yd} \, \underline{U}_{(0,1,2)d} \, . \qquad (2.54)$$

Für die Ströme erhält man nach entsprechender Rechnung

$$\underline{I}_{(0,1,2)d} = \underline{\mathbf{k}}_{(0,1,2)dY} \, \underline{I}_{(0,1,2)Y} \qquad (2.55)$$

mit

$$\underline{\mathbf{k}}_{(0,1,2)dY} = \underline{\mathbf{k}}^*_{(0,1,2)Yd} \, .$$

Allgemein lassen sich alle denkbaren, zyklisch-symmetrischen Wicklungsanordnungen ohne Nullsystem beschreiben mit

$$\underline{\mathbf{k}}_{(0,1,2)} = \begin{bmatrix} 0 & 0 & 0 \\ 0 & e^{jn\pi/6} & 0 \\ 0 & 0 & e^{-jn\pi/6} \end{bmatrix} ; \quad n = 0,1,2,...,11. \qquad (2.56)$$

Im Falle des Bildes 2.16 c ist n = 5, d. h. das Mitsystem der Oberspannungsseite Y ist nach Bild 2.17 um $5 \cdot 30^\circ = 150^\circ$ gegenüber dem Mitsystem der Unterspannungsseite d vorgedreht, das Gegensystem um den gleichen Winkel zurückgedreht: Der Transformator hat die "Schaltgruppe Yd5".

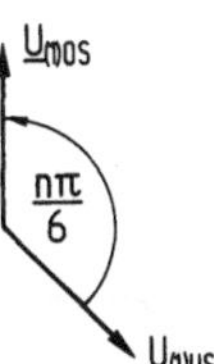

Bild 2.17. Definition der Kennzahl n von Drehstromtransformatoren.

Im störungsfreien Betrieb existiert nur das Mitsystem; für einen idealen Drehstromübertrager ohne Streuung und Magnetisierungsstrom ist dann die

$$\text{Kennzahl} \qquad n = \frac{\mathrm{Arc}(\underline{U}_{1OS}) - \mathrm{Arc}(\underline{U}_{1US})}{\pi/6} = \frac{\mathrm{Arc}(\underline{U}_{1OS}/\underline{U}_{1US})}{\pi/6} \tag{2.57}$$

und die

$$\text{Übersetzung} \quad ü = \frac{U_{1OS}}{U_{1US}} \geq 1 \; . \tag{2.58}$$

(2.58) für Drehstrom entspricht (2.44) für Wechselstrom.

Die Kennzahlen n von Drehstromtransformatoren lassen sich nach der in Bild 2.18 erläuterten Methode leicht aus den Zeigerdiagrammen bestimmen. Zur Verdeutlichung sind die Wicklungen wie in Bild 2.15 a neben die Eisenschenkel gezeichnet. Da der Drehsinn auf den Seiten OS und US gleich sein muß, reicht es aus, eine der drei möglichen Bestimmungsgleichungen zu untersuchen.

Berücksichtigt man nun, daß im allgemeinen $w_A \neq w_B$, so gilt für den idealen Drehstromtransformator im Mitsystem mit Kettenzählpfeilen und (2.58)

$$\begin{bmatrix} \underline{U}_{(1)} \\ \underline{I}_{(1)} \end{bmatrix}_{OS} = \begin{bmatrix} ü & 0 \\ 0 & 1/ü \end{bmatrix} \begin{bmatrix} e^{jn\pi/6} & 0 \\ 0 & e^{jn\pi/6} \end{bmatrix} \begin{bmatrix} \underline{U}_{(1)} \\ \underline{I}_{(1)} \end{bmatrix}_{US} \; . \tag{2.59}$$

Bild 2.19 zeigt den dazugehörigen Ersatzschaltplan: Mit einem idealen einphasigen Übertrager ist ein Phasenschwenker um $e^{jn\pi/6}$ in Kette geschaltet. Der Phasenschwenker ist nur für n = 0 und n = 6 kopplungssymmetrisch; in allen anderen Fällen läßt er sich aus passiven Elementen nicht zusammensetzen, weil det $\mathbf{\underline{A}} \neq 1$.

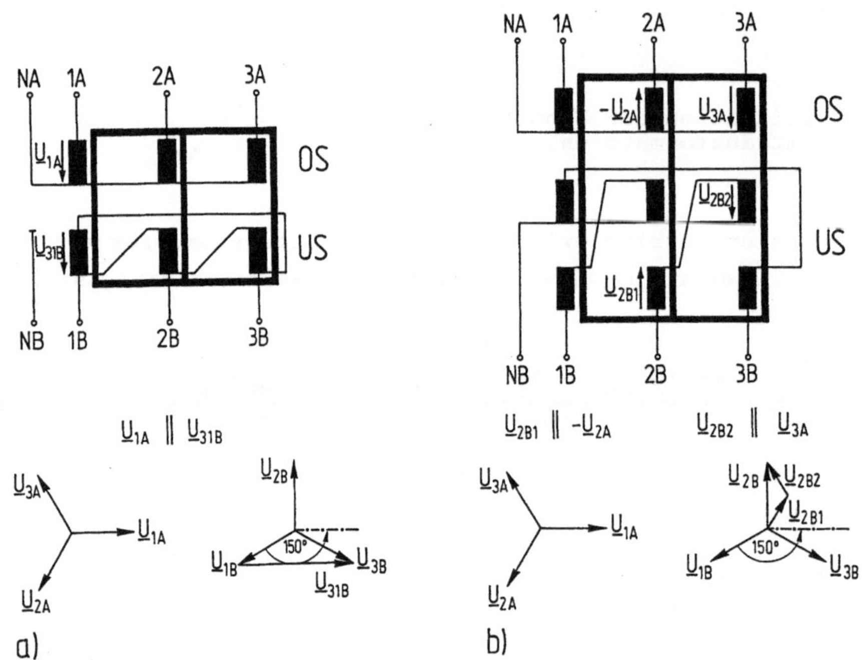

Bild 2.18. Bestimmung der Kennzahlen n mit Hilfe von Zeigerdiagrammen
a) Transformator Yd5 b) Transformator Yz5

Oben : Anordnung der Wicklungen
Mitte : Bestimmungsgleichungen
Unten : Erfüllung der Bestimmungsgleichungen durch Zeigerdiagramme OS und US. Eingetragen sind die Winkel $n\pi/6 = \mathrm{Arc}(\underline{U}_{1OS}/\underline{U}_{1US})$

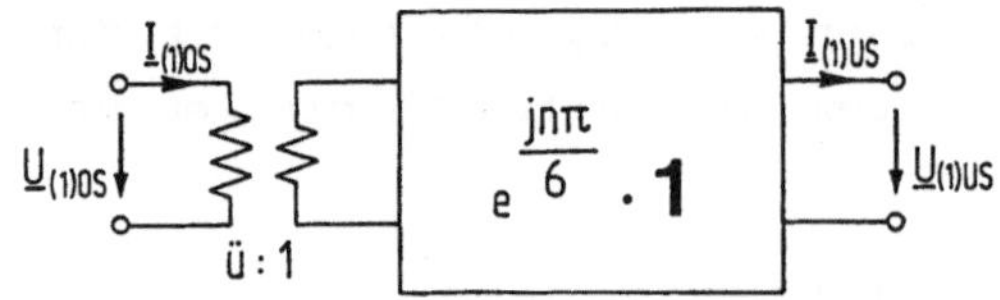

Bild 2.19. Mitsystem eines idealen Drehstromtransformators mit der Kennzahl n

Bezeichnet man $\underline{ü} = ü e^{jn\pi/6}$ als komplexe Spannungsübersetzung, so gilt für den idealen Drehstromtransformator

im Mitsystem

$$\begin{bmatrix} \underline{U}_{(1)} \\ \underline{I}_{(1)} \end{bmatrix}_{OS} = \begin{bmatrix} \underline{ü} & 0 \\ 0 & 1/\underline{ü}^* \end{bmatrix} \begin{bmatrix} \underline{U}_{(1)} \\ \underline{I}_{(1)} \end{bmatrix}_{US} , \tag{2.60}$$

im Gegensystem

$$\begin{bmatrix} \underline{U}_{(2)} \\ \underline{I}_{(2)} \end{bmatrix}_{OS} = \begin{bmatrix} \underline{ü}^* & 0 \\ 0 & 1/\underline{ü} \end{bmatrix} \begin{bmatrix} \underline{U}_{(2)} \\ \underline{I}_{(2)} \end{bmatrix}_{US} . \tag{2.61}$$

Bei reellem ü verändert der ideale Transformator weder die komplexe Leistung $\underline{U}\underline{I}^*$ nach (1.72) noch die komplexe Wechselleistung $\underline{U}\underline{I}$ nach (1.75). Bei idealen Drehstromtransformatoren mit komplexem $\underline{ü}$ gilt dies auch für die entsprechenden Größen $\underline{U}_{(1)}\underline{I}^*_{(1)} + \underline{U}_{(2)}\underline{I}^*_{(2)}$ nach (1.80) sowie für $\underline{U}_{(1)}\underline{I}_{(2)} + \underline{U}_{(2)}\underline{I}_{(1)}$ nach (1.82), was man mit (2.60), (2.61) leicht nachprüft. Das Bild 2.19 täuscht bei komplexem $\underline{ü}$ eine Phasenverschiebung zwischen den komplexen Wechselleistungen auf beiden Transformatorseiten vor, wenn man vergißt, daß die symmetrischen Komponenten in (1.82) gekoppelt sind.

Sind zwei Netze A, B durch mehrere Transformatoren gleicher Kennzahl n gekoppelt (siehe Abschnitt 3.2), so werden die Impedanzen und Admittanzen invariant von der Kennzahl n übertragen. Ersetzt man nämlich in der Admittanzgleichung $\underline{\mathbf{I}}_A = \underline{\mathbf{Y}}_A\, \underline{\mathbf{U}}_A$ des Netzes A im Mitsystem den Spaltenvektor $\underline{\mathbf{I}}_A$ des Stromes wegen (2.60) durch $1/\underline{ü}^* \underline{\mathbf{I}}_B$ und den Spaltenvektor $\underline{\mathbf{U}}_A$ der Spannung durch $\underline{ü}\underline{\mathbf{U}}_B$, so erhält man $\underline{\mathbf{I}}_B = \underline{\mathbf{Y}}_B\, \underline{\mathbf{U}}_B$ mit $\underline{\mathbf{Y}}_B = \underline{ü}^* \underline{\mathbf{Y}}_A \underline{ü}$ unabhängig von der Kennzahl n. Dies gilt auch, wenn die Spannungsübersetzungsbeträge ü der einzelnen Transformatoren unterschiedlich sind. Bei Netzberechnungen bleibt daher im allgemeinen die Kennzahl n unberücksichtigt, als ob n = 0 vorläge. Die Ersatzschaltpläne des nichtidealen einphasigen Transformators nach Abschnitt 2.2.1 mit der Tabelle 2.5 und (2.27) gelten damit auch für das Mit- und Gegensystem eines Drehstromtransformators. Zahlenwerte sind in Tabelle 2.6 aufgeführt.

Tabelle 2.6. Nennwertbezogene Reaktanzen von Drehstromtransformatoren
a) Kehrwert der Leerlauf-Eingangsreaktanz nach (2.38)
b) Kurzschluß-Eingangsreaktanz nach (2.42)

Aus a) und b) erhält man die Abschätzung $\sigma = (Z_n/\omega L)(\sigma\omega L/Z_n) < 10^{-2}$

	S_n	30 kVA	300 kVA	3 MVA	30 MVA
a)	$\frac{I_\mu}{I_n} \approx \frac{Z_n}{\omega L}$	8 %	4 %	2 %	1 %

	Unterspannung	NS	MS	HS
b)	$\frac{U_k}{U_n/\sqrt{3}} = \frac{\sigma\omega L}{Z_n}$	3 %	6 %	12 %

Das Nullsystem wird durch jede Dreieckschaltung kurzgeschlossen und damit frei magnetisiert. Wird der Yd-Transformator nach Bild 2.16 c an den Klemmen 1,2,3 mit der Meßschaltung nach Bild 1.22 a verbunden, sind einerseits die Spannungen an den idealen Transformatoren $1:(\sqrt{3}w_B)$ wegen der Symmetrie gleich groß, andererseits muß die Spannungssumme wegen der Dreieckschaltung Null sein. Das ist nur möglich, wenn jede einzelne Spannung an dieser Stelle Null ist. Damit erhält man für das Nullsystem den Ersatzschaltplan nach Bild 2.20: Die Nullreaktanz $X_{(0)}$ ist wegen des magnetischen Leitwertes $\Lambda_j/3$ etwas kleiner als die Reaktanz im Mit- und Gegensystem bei Klemmenkurzschluß. Das Nullsystem einer Zickzackwicklung ist nach Bild 2.15 b vom Eisenkern entkoppelt, seine Eingangsimpedanz äußerst klein.

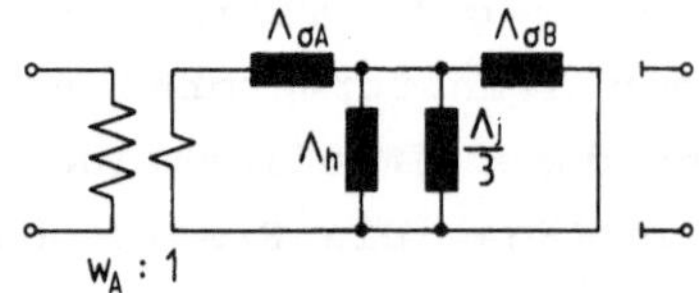

Bild 2.20. Ersatzschaltplan für das Nullsystem des Drehstromtransformators Yd Bild 2.16

Im allgemeinen wählt man die Schaltgruppe von Drehstromtransformatoren derart, daß die beiderseitigen Nullsysteme entkoppelt bleiben wie in den Bildern 2.15 b und 2.20. Bei einem unsymmetrischen Fehler können dann die nach Abschnitt 5.2 unerwünschten Größen $\underline{U}_{(0)}$ und $\underline{I}_{(0)}$ nur im fehlerbehafteten Netz vorkommen und werden nicht in das fehlerfreie Netz übertragen. Hierdurch wird auch die Fehlerfeststellung durch die Netzschutzeinrichtungen erleichtert.

Bei Netzberechnungen, die sich über mehrere Spannungsebenen erstrekken, kann das häufige Umrechnen mit der Übersetzung ü vor allem bei Stelltransformatoren lästig sein. Sind U_{nA} und U_{nB} an allen Kuppelstellen zweier Netze A, B gleich, so kann man ohne den Faktor ü nach (2.44) schreiben

$$\frac{U_A}{U_{nA}/\sqrt{3}} = \frac{U_B}{U_{nB}/\sqrt{3}} \qquad \text{statt} \quad U_A = ü\, U_B\,, \tag{2.62}$$

$$\sqrt{3}\, U_{nA} I_A = \sqrt{3}\, U_{nB} I_B \qquad \text{statt} \quad I_A = 1/ü\, I_B\,, \tag{2.63}$$

$$\frac{Z_A}{U_{nA}^2} = \frac{Z_B}{U_{nB}^2} \qquad \text{statt} \quad Z_A = ü^2\, Z_B\,. \tag{2.64}$$

Gibt man also in allen Netzen die Spannung in Prozent von $U_n/\sqrt{3}$ und die Ströme nach Multiplikation mit $\sqrt{3}U_n$ z. B. in MVA an, so braucht man die zwischen den Netzen liegenden idealen Transformatoren mit gleicher Übersetzung nicht weiter zu berücksichtigen.

2.2.3 Meßtransformatoren

(Zur Vertiefung)

Meßgeräte aller Art werden im allgemeinen nur für geringe Spannungen isoliert. Um sie auch für Hochspannung verwenden zu können, werden sie bevorzugt über Meßtransformatoren angeschlossen, die im Sprachgebrauch auch induktive Meßwandler heißen.

Bei induktiven Spannungswandlern nach Tabelle 2.7 a sind die Primärspannung $\underline{U}_A$ und die Sekundärspannung $\underline{U}_B$ in Betrag und Phase angenähert proportional, wenn die Differenzspannung $\underline{U}_\Delta$ klein ist, was man durch möglichst kleine Streuinduktivitäten σL_B erreicht. Spannungswandler dürfen nicht kurzgeschlossen werden, auch nicht vorübergehend bei Umschaltungen.

Bei induktiven <u>Stromwandlern</u> nach Tabelle 2.7 b sind der Primärstrom $\underline{I}_A$ und der Sekundärstrom $\underline{I}_B$ in Betrag und Phase angenähert proportional, wenn der Differenzstrom $\underline{I}_\Delta$ klein ist, was man durch möglichst große Eingangsinduktivitäten L_B auch im Überstrombereich erreicht. Hierzu wird meist die Induktion ausreichend klein gegenüber dem Sättigungsknick der H,B-Kennlinie gewählt. Der Nennüberstromfaktor n eines induktiven Stromwandlers für Meßzwecke sagt aus, daß die Gesamtabweichung 15 % beim n-fachen Wert des Nennstromes I_n erreicht wird, wenn der Sekundärkreis mit Z_n belastet ist. Induktive Stromwandler dürfen niemals leerlaufen, auch nicht vorübergehend bei Umschaltungen: Der Primärstrom I_A erzeugt wegen der großen Eingangsinduktivität L_B sekundär bei Leerlauf Spannungen gefährlicher Größe.

In Netzen mit nichtgeerdetem Sternpunkt genügen zwei Spannungswandler zwischen je zwei Außenleitern, und zwei Stromwandler in den Außenleitern, um alle Größen außerhalb des Nullsystems zu erfassen.

Tabelle 2.7. Meßtransformatoren

Ersatzschaltbild nach Tabelle 2.5	Genauigkeit fordert	Erreichbar durch	Sekundäre Nenngrößen	Genauigkeit verlangt im Meßbereich
a) 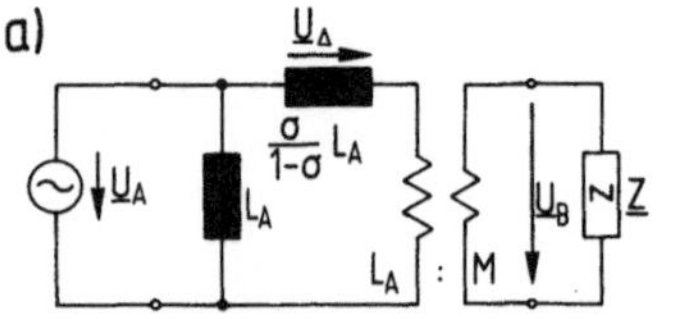 $\underline{U}_\Delta$, $\frac{\sigma}{1-\sigma}L_A$, $\underline{U}_A$, L_A, L_A : M, $\underline{U}_B$, $\underline{Z}$	kleines $\underline{U}_\Delta$ durch $\omega\,\frac{\sigma}{1-\sigma}\,L_A \ll \left(\frac{L_A}{M}\right)^2 Z$ also $\omega\sigma L_B \ll Z$	σL klein, Z groß; Leerlauf gefahrlos	$U_{nB} = 100\ \mathrm{V}$ $S_{nB} = \frac{U_{nB}^2}{Z_n}$	80 ... 120 %
b) 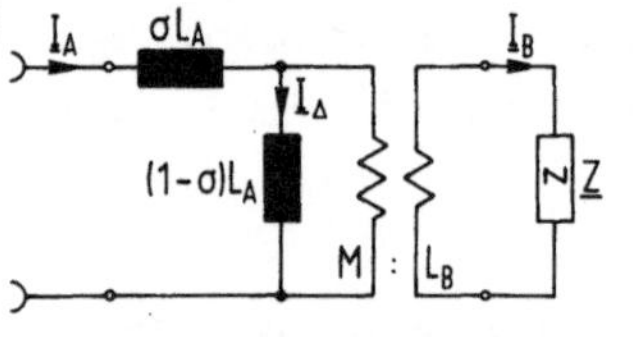 $\underline{I}_A$, σL_A, $\underline{I}_\Delta$, $(1-\sigma)L_A$, M : L_B, $\underline{I}_B$, $\underline{Z}$	kleines $\underline{I}_\Delta$ durch $\omega(1-\sigma)L_A \gg \left(\frac{M}{L_B}\right)^2 Z$ also $\omega L_B \gg Z$	L groß Z klein Kurzschluß gefahrlos	$I_{nB} = 1\mathrm{A}$ oder $5\mathrm{A}$ $S_{nB} = I_{nB}^2 Z_n$	0 ... 120 %

Weiterführende Literatur zu den Abschnitten 2.2.1 bis 2.2.3: [2 - 4, 23, 29, 39, 50, 53, 57, 63, 64, 81, 82].

2.2.4 Asynchronmotoren

Asynchronmotoren sind wegen ihrer vielfältigen Verwendungsmöglichkeiten in großer Zahl an den Energieversorgungsnetzen angeschlossen. Der Ständer ist nach dem Prinzip von Bild 1.11 aufgebaut und erzeugt ein Drehfeld, das idealisiert oberschwingungsfrei durch (1.32) beschrieben wird. Als Läufer dient in den meisten Fällen ein "Käfig" nach Bild 1.12, dessen Aluminiumstäbe in den Nuten des Läuferblechpaketes liegen und durch Kurzschlußringe an den Stirnseiten verbunden sind. Vor allem bei großen Leistungen kann auch der Läufer eine dreiphasige Wicklung mit einer der Ständerwicklung entsprechenden Polpaarzahl erhalten, deren Enden über drei Schleifringe nach außen geführt sind; dort werden dann besondere Einrichtungen beispielsweise zur Drehzahlregelung durch Läuferstromspeisung mit variabler Frequenz über Stromrichter oder zum Hochlauf unter erschwerten Bedingungen angeschlossen. Vereinfachend werden hier nur Asynchronmotoren behandelt, deren Läuferwicklung kurzgeschlossen ist. Wegen der zyklischen Symmetrie dürfen symmetrische Komponenten angewandt werden.

Zunächst wird das Mitsystem untersucht. Bezeichnet man mit dem Index S die Ständerseite, mit R die Läuferseite, so folgt aus der Gleichung (2.27 a) des einphasigen Transformators mit symmetrischen Zählpfeilen

$$\begin{bmatrix} \underline{U}_S \\ \underline{U}_R \end{bmatrix} = \begin{bmatrix} j\omega_S & 0 \\ 0 & j\omega_R \end{bmatrix} \begin{bmatrix} L_S & M \\ M & L_R \end{bmatrix} \begin{bmatrix} \underline{I}_S \\ \underline{I}_R \end{bmatrix} = \begin{bmatrix} j\omega_S L_S & j\omega_S M \\ j\omega_R M & j\omega_R L_R \end{bmatrix} \begin{bmatrix} \underline{I}_S \\ \underline{I}_R \end{bmatrix} . \qquad (2.65)$$

Dabei ist, im Gegensatz zum Transformator, im allgemeinen $\omega_S \neq \omega_R$. Nur wenn der Läufer stillsteht, ist $\omega_S = \omega_R$ und die Matrix in (2.65) umkehrbar: Der Asynchronmotor wirkt dabei wie ein Drehstromtransformator. Dreht sich dagegen der Läufer mit der mechanischen Winkelgeschwindigkeit

$$\omega_{mech} = \left[1-s_{(1)}\right] \frac{\omega_S}{p} , \qquad (2.66)$$

so ist nach Abschnitt 1.5.10 die Kreisfrequenz im Läufer

$$\omega_R = s_{(1)}\omega_S \qquad (2.67)$$

und erfüllt damit die Beziehung (1.104 a)

$$\omega_S = p\omega_{mech} + \omega_R . \qquad (2.68)$$

Dabei ist

$$s_{(1)} = \frac{\omega_S - p\omega_{mech}}{\omega_S} \qquad (2.69)$$

der relative Schlupf des Läufers gegenüber dem Drehfeld des Mitsystems, der im Betrieb nur wenige Prozent beträgt.

Der Wirkwiderstand R_R des Läufers beeinflußt wegen der kleinen Kreisfrequenz ω_R im Läufer die Motoreigenschaften stark; dagegen darf der Wirkwiderstand R_S des Ständers im folgenden vernachlässigt werden. So erhält man aus (2.65) mit $\underline{U}_R = -R_R\underline{I}_R$:

$$\begin{bmatrix} \underline{U}_S \\ -R_R\underline{I}_R \end{bmatrix} = j\omega_S \begin{bmatrix} L_S & M \\ s_{(1)}M & s_{(1)}L_R \end{bmatrix} \begin{bmatrix} \underline{I}_S \\ \underline{I}_R \end{bmatrix} . \qquad (2.70)$$

Die zweite Zeile kann man durch $s_{(1)}$ dividieren, um eine diagonalsymmetrische Matrix für einen Ersatzschaltplan zu gewinnen:

$$-\frac{R_R}{s_{(1)}}\underline{I}_R = j\omega_S M\underline{I}_S + j\omega_S L_R\underline{I}_R . \qquad (2.71)$$

Dieselbe Zeile erhält man aus (2.27 a), wenn man $R_R/s_{(1)}$ als sekundären Abschlußwiderstand eines Transformators ansieht, wie Bild 2.21 zeigt. Danach setzt sich $R_R/s_{(1)}$ aus den Widerständen $R_R(1-s_{(1)})/s_{(1)}$ und R_R zusammen. $R_R I_R^2$ ist die vom Läuferwiderstand aufgenommene Verlustleistung, also muß $R_R I_R^2(1-s_{(1)})/s_{(1)}$ die an die Motorwelle abgegebene Leistung sein. Im Synchronismus $s_{(1)} = 0$ ist $\underline{I}_R = 0$, wobei keine mechanische Leistung abgegeben wird.

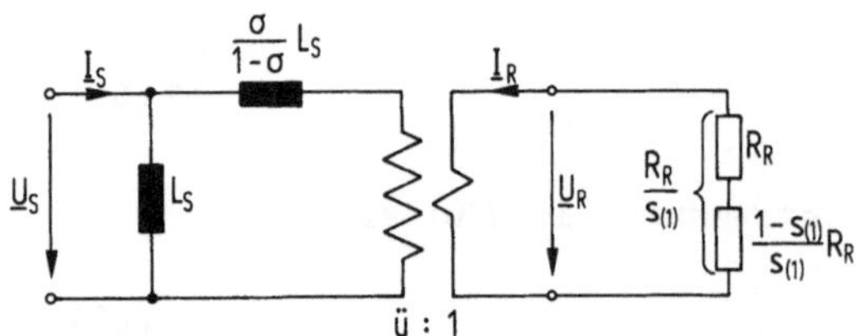

Bild 2.21. Ersatzschaltplan eines Asynchronmotors im Mitsystem entsprechend Bild 2.9 c, wobei $ü = L_S/M$

Beim Asynchronmotor wird der Nennwert P_n der Wirkleistung als mechanische Leistung an der Welle angegebenen. Die Nennscheinleistung S_n an den Klemmen ist dann

$$s_n = \frac{P_n}{\eta \cos\varphi_n} , \tag{2.72}$$

wobei η der Wirkungsgrad und $\cos\varphi_n$ der Leistungsfaktor im Nennbetrieb nach (1.76) sind.

Die Momentenkennlinie wird zusammen mit dem Betriebsdiagramm im Abschnitt 3.1.3 behandelt.

Im Gegensystem ist nach Bild 1.22 b der Drehsinn des Drehfeldes entgegengesetzt zu dem des Mitsystems. Ersetzt man daher in (2.69) ω_S durch $-\omega_S$, so erhält man den Schlupf $s_{(2)}$ des Läufers gegenüber dem Drehfeld des Gegensystems

$$s_{(2)} = \frac{\omega_S + p\omega_{mech}}{\omega_S} . \tag{2.73}$$

Im Stillstand $p\omega_{mech} = 0$ ist $s_{(2)} = 1$, im Synchronismus $p\omega_{mech} = \omega_S$ erhält man $s_{(2)} = 2$. Aus (2.69) und (2.73) folgt allgemein

$$s_{(1)} + s_{(2)} = 2 . \tag{2.74}$$

Den Ersatzschaltplan der Asynchronmaschine für das Gegensystem gewinnt man also aus Bild 2.21, indem man dort $s_{(1)}$ durch $s_{(2)} = 2 - s_{(1)}$ ersetzt.

Der Sternpunkt von Asynchronmotoren ist im allgemeinen nicht geerdet; damit wird ihre resultierende Impedanz im Nullsystem unbegrenzt groß.

Weiterführende Literatur zum Abschnitt 2.2.4:
[2, 12, 28, 62, 67, 93, 97, 132].

2.2.5 Synchrongeneratoren

Zur Erzeugung elektrischer Energie werden fast ausschließlich Drehstrom-Synchrongeneratoren verwendet. Der Läufer dreht sich mit derselben Winkelgeschwindigkeit ω/p wie das Ständerdrehfeld nach Abschnitt 1.5.1. Er enthält entweder Permanentmagnete, oder seine Wicklung wird über zwei Schleifringe mit Gleichstrom gespeist. Im stationären Zustand werden Spannungen nur im Ständer, nicht im Läufer induziert, was man aus (2.70) erkennt, wenn man $s_{(1)} = 0$ setzt. Der Ständer als induzierter Teil wird auch als Anker bezeichnet, der Läufer als induzierender Teil als Feld. Die Gleichspannung des Läufers $U_f = R_f I_f$ wird einer niederohmigen Spannungsquelle, etwa einem Gleichstromgenerator nach Abschnitt 1.5.11 oder einem Stromrichter entnommen.

Um den Generatorbetrieb in der oberen Halbebene aufzutragen, wird das Achsenkreuz des Bildes 2.22 gegenüber Bild 1.51 um 180° gedreht. Dabei wird für den stationären Betrieb vereinfachend angenommen:

- Die Polpaarzahl ist wie in den meisten Fällen p = 1, andere Fälle lassen sich auf p = 1 umrechnen;

- die vom Gleichstrom des Läufers erzeugte Induktion ist im Luftspalt nach (1.30) sinusförmig verteilt;

- die vom Drehstrom des Ständers erzeugte Induktion ist nach (1.32) im Luftspalt sinusförmig verteilt;

- die Wicklungen des Läufers und Ständers sind an den eingetragenen Orten konzentriert und werden von den Spulenflüssen $\psi = w\Phi = Li$ durchsetzt;

- der Wirkwiderstand des Ständers wird vernachlässigt.

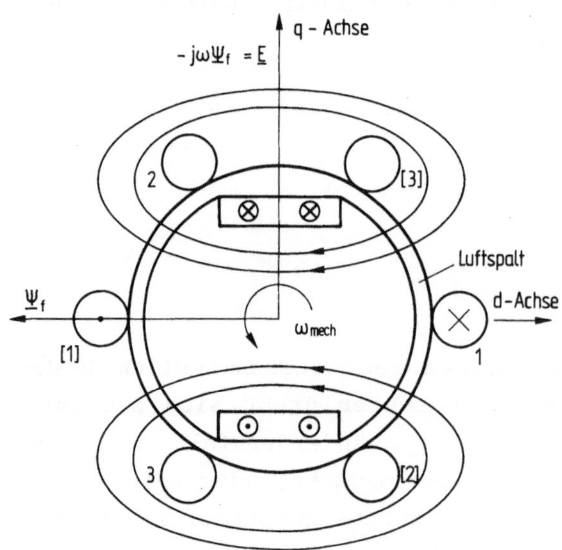

Bild 2.22. Wicklungsanordnung und Zeigerdiagramm eines leerlaufenden Synchrongenerators mit einem Polpaar p = 1 und positivem Läuferdrehsinn

Im Leerlauf wird die durch die Leiter 1 und [1] gebildete Spule vom sinusförmig verteilten, rotierenden Läuferfluß durchsetzt. Mit ψ_f wird im folgenden der auf die Ständerseite umgerechnete Spulenfluß des Läufers bezeichnet. Der Zeiger $\underline{\psi}_f$ in Bild 2.22 ist dem Läuferstrom mit Rechts-Schraubsinn nach DIN 1312 zugeordnet.

In dem in Bild 2.22 dargestellten Augenblick ist $\psi_1 = 0$; dreht sich der Läufer um $\omega t = \pi/2$ so wird $\psi_1 = -\psi_f$. Daraus folgt

$$\psi_1(t) = -\psi_f \sin\omega t \ . \tag{2.75}$$

Die Leerlaufspannung ist mit Erzeugerzählpfeilen

$$e_1(t) = -\frac{d\psi_1}{dt} = \omega\psi_f \cos\omega t = -\omega\psi_f \sin(\omega t - \pi/2) \ . \tag{2.76}$$

Das Argument der Sinusfunktion für e_1 nach (2.76) ist um $\pi/2$ kleiner als das Argument für ψ_1 nach (2.75). Das bedeutet in Zeigerschreibweise

$$\underline{E} = -j\omega\underline{\psi}_f \ . \tag{2.77}$$

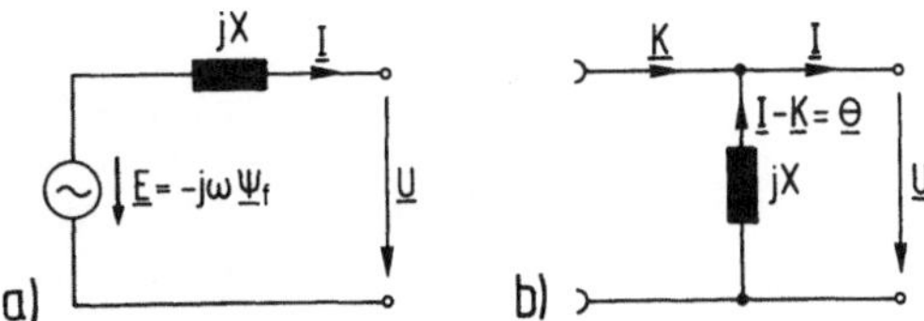

Bild 2.23. Ersatzschaltpläne eines Synchrongenerators im Mitsystem; Erzeugerzählpfeile
a) Ersatzspannungsquelle
b) Ersatzstromquelle

Wird an den Generatorklemmen ein Verbraucher angeschlossen, so ist nach Bild 2.23 a und b

$$\underline{U} = \underline{E} - jX\underline{I} \ , \tag{2.78}$$

$$\underline{U} = -jX(\underline{I} - \underline{K}) \ . \tag{2.79}$$

$\underline{I} - \underline{K} = \underline{\Theta}$ ist die Durchflutung, X ist die stationäre Innenreaktanz des Generators, die auch synchrone Reaktanz genannt wird.

Da der für den Läuferfluß erforderliche Strom über Schleifringe zugeführt wird, lassen sich Synchrongeneratoren mit größerem Luftspalt ausführen als Asynchronmaschinen, was die Konstruktion vereinfacht.

Trotzdem ist bei Turbogeneratoren nach Tabelle 2.9 die Reaktanz X im stationären Zustand wesentlich größer als die Nennimpedanz Z_n. Daher muß die Klemmenspannung nach Bild 3.5 geregelt werden.

Die zu (2.77), (2.78) und (2.79) gehörenden Zeigerdiagramme sind für ein willkürliches Beispiel in Bild 2.24 wiedergegeben. Der Zeiger $\underline{E} = -j\omega\underline{\Psi}_f$ hat dieselbe Lage wie in Bild 2.22. Für den Quellenstrom gilt $\underline{K} = \underline{E}/(jX)$. Den Strom $\underline{I} - \underline{K}$ kann man als Zeiger der resultierenden Durchflutung θ ansehen, die die Klemmenspannung $\underline{U} = -jX\underline{\theta}$ erzeugt.

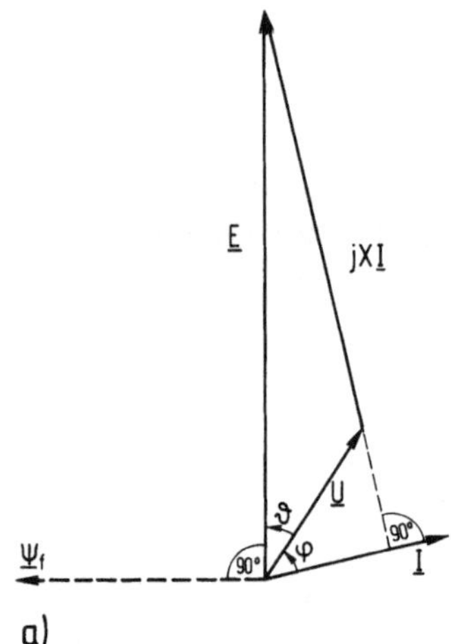

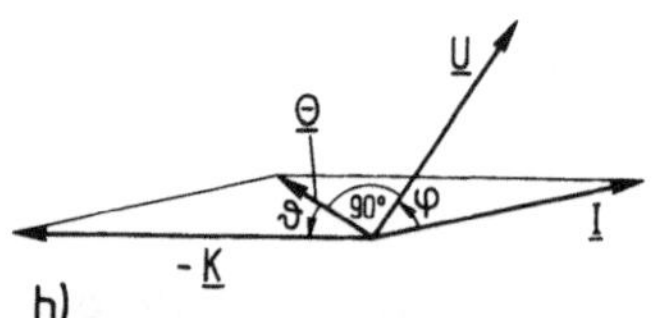

Bild 2.24. Zeigerdiagramm für Bild 2.23
a) Ersatzspannungsquelle (bevozugt)
b) Ersatzstromquelle mit $\underline{\theta} = \underline{I}-\underline{K}$

Der Winkel zwischen den Zeigern $\underline{U}$ und $\underline{E}$ wird Polradwinkel genannt. Er entspricht formal dem Leitungswinkel einer Leitung nach (2.105). Sind an den Generatorklemmen ausschließlich verlustlose Reaktanzen angeschlossen, so ist wie beim Kurzschluß $\vartheta = 0$.

In Bild 2.25 sind die entsprechenden Zeiger bei Klemmenkurzschluß nach vorangegangenem Leerlauf $E = U_n/\sqrt{3}$ dargestellt. Als Dauerkurzschlußstrom $\underline{I}_k$ stellt sich der Quellenstrom $\underline{K}$ der Ersatzstromquelle ein. Er ist dem Zeiger $\underline{\Psi}_f$ entgegengerichtet und bei Turbogeneratoren nach Tabelle 2.9 kleiner als der Nennstrom:

$$\frac{I_k}{I_n} = \frac{E}{XI_n} = \frac{U_n/\sqrt{3}}{XI_n} = \frac{Z_n}{X} . \tag{2.80}$$

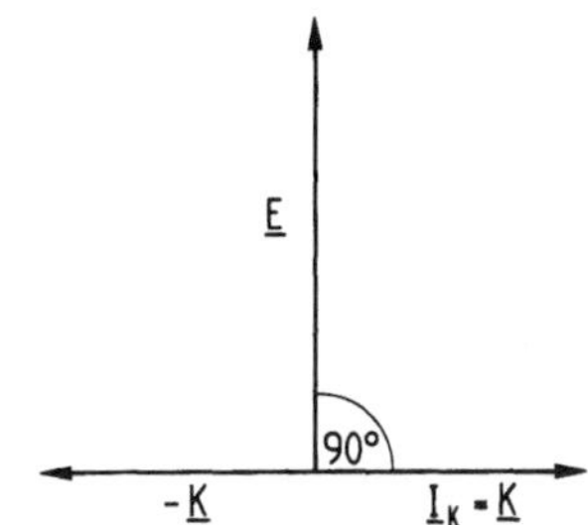

Bild 2.25. Zeigerdiagramm für Bild 2.23 bei Klemmkurzschluß nach vorangegangenem Leerlauf

Trotz der großen Innenreaktanz X lassen sich Synchrongeneratoren mit Ersatzspannungsquellen nach Bild 2.23 a vorteilhafter beschreiben als mit Ersatzstromquellen nach Bild 2.23 b:

- $\underline{E}$ und $\underline{U}$ sind dabei als Klemmenspannungen eines Zweitors aufzufassen, das wie bei verlustlosen kurzen Leitungen und Transformatoren nur aus einem Längszweig mit einer Induktanz besteht.

- Die Induktanzen aller in Kette geschalteten Betriebsmittel ohne Querzweige lassen sich einfach zusammenfassen.

- Vor und nach einer plötzlichen Laständerung bleiben die Spulenflüsse kurzzeitig erhalten, da $\psi(t)$ stetig sein muß: Bei einer Unstetigkeit wäre $\dot{\psi}$ unbegrenzt groß, also auch der Augenblickswert der Spannung und Leistung, was nicht zutreffen kann. Folglich ändern sie die Quellenspannungen $\underline{E} = -j\omega\underline{\psi}$ im Gegensatz zu den Quellenströmen $\underline{K} = \underline{E}/(jX)$ stetig. Durch Netzvorgänge ausgelöste Flußänderungen müssen sich über die Streupfade ähnlich wie nach (2.33) schließen, was einer plötzlichen, vorübergehenden Erniedrigung der Generator-Innenreaktanz nach Tabelle 2.8 entspricht. Im stationären Zustand durchsetzt der Ständerfluß dagegen auch die Läuferwicklung.

In der überwiegenden Anzahl haben Synchrongeneratoren aus wirtschaftlichen Gründen große Nennleistungen, Asynchronmotoren dagegen meist kleine Nennleistungen. Da die Zeitkonstanten induktiver Betriebsmittel nach (2.16) mit der Nennscheinleistung S_n anwachsen, haben die nichtstationären Vorgänge bei Synchrongeneratoren eine größere Bedeutung als bei Asynchronmotoren, die in sehr vielen Fällen näherungsweise als quasistationär betrachtet werden dürfen.

Jede Schaltungsänderung im Netz löst stetige Flußänderungen im Generator aus, die vom Ständer allmählich auf den Läufer übergreifen. Hierbei sind 3 Wicklungen zu unterscheiden:

- Die Ständerwicklung, die nach Abschnitt 1.5.1 als Drehfeldwicklung ausgebildet ist und bei stationärer Belastung dreiphasige Wechselströme führt;

- die Dämpferwicklung, die als isolierte Wicklung ausgeführt sein kann, oder von den gutleitenden Verschlußkeilen der Rotornuten, den oberen Schichten des Rotors aus geschmiedetem Stahl und den metallischen Abschlußkappen der Läuferenden gebildet wird und dann ähnlich wie der Käfigläufer einer Asynchronmaschine (Bild 1.12) wirkt;

- die Läuferwicklung, die im Läufer isoliert eingebettet ist und mit Gleichstrom, meist über Schleifringe, gespeist wird.

Dementsprechend sind z.B. bei einem Belastungssprung oder einem Kurzschluß im isotropen Synchrongenerator drei zeitlich abklingende Vorgänge nach Tabelle 2.8 zu erwarten. Berücksichtigt man noch die Anisotropie nach (2.84), so sind zur Analyse dynamischer Vorgänge für jeden Generator 5 elektrische neben 2 kinetischen Differentialgleichungen zu integrieren.

Tabelle 2.8. Ausgleichvorgänge in Synchrongeneratoren (vereinfacht), gezeigt am Beispiel eines dreipoligen gleichzeitigen Klemmenkurzschlusses (Bild 2.27)

Komponente	Stetigkeitsbedingung für den Spulenfluß in der	Bemerkbar im Ständerstrom-Oszillogramm als	Anfangsbedingung bei Klemmenkurzschluß	Zeitkonstante bei Klemmenkurzschluß
Gleichstromglied	Ständerwicklung	Gleichstromstoß	siehe Abschnitt 5.3	
Subtransientes Glied (Anfangsglied)	Dämpferwicklung	Wechselstromstoß	$I'' = \frac{E''}{jX''}$	T''
Transientes Glied (Übergangsglied)	Läuferwicklung	Wechselstromstoß	$I' = \frac{E'}{jX'}$	T'

Da die Dämpferwicklung und die Läuferwicklung rotieren, sind deren Ausgleichsglieder Wechselstromstöße mit etwa exponentiell abklingenden Amplituden. Ihre Größe folgt aus den in der Tabelle 2.8 angegebenen Anfangsbedingungen. Man erhält sie, wenn man in Bild 2.24 a neben der für den stationären Kurzschluß maßgebenden Quellenspannung $\underline{E}$ auch die subtransiente und die transiente Quellenspannung $\underline{E}''$ und $\underline{E}'$ mit (2.81) und (2.82) einträgt. Da die Quellenspannungen $\underline{E}''$, $\underline{E}'$ und $\underline{E}$ unmittelbar vor und nach dem Kurzschluß gleich sein müssen, um die Stetigkeitsbedingung für die in Tabelle 2.8 angegebenen Spulenflüsse zu erfüllen, lassen sie sich bequem aus den vor dem Kurzschluß vorgelegenen Größen $\underline{U}^v$ und $\underline{I}^v$ ermitteln, die durch den hochgestellten Index v gekennzeichnet werden:

$$\underline{E}'' = \underline{U}^v + jX''\underline{I}^v \,, \tag{2.81}$$

$$\underline{E}' = \underline{U}^v + jX'\underline{I}^v \,, \tag{2.82}$$

$$\underline{E} = \underline{U}^v + jX\,\underline{I}^v \,. \tag{2.83}$$

Die Kurzschlußreaktanzen X" und X' werden wie beim Transformator nach (2.33) vor allem durch die magnetischen Streuleitwerte Λ_σ nach Bild 2.8 a zwischen den betrachteten Wicklungen gebildet: Im subtransienten Zustand also zwischen der Ständer- und der Dämpferwicklung, im transienten Zustand zwischen der Ständer- und der Läuferwicklung. Aus den räumlichen Abmessungen folgt $X'' < X'$. Die im stationären Zustand wirksame synchrone Reaktanz X entspricht der Eingangsreaktanz ωL_1 eines sekundär leerlaufenden Transformators nach Bild 2.9.

Für eine eingehende Betrachtung des Synchrongenerators muß man die Anisotropie des Läufers berücksichtigen. Während die Dämpferwicklung oftmals etwa gleichmäßig auf dem Läuferumfang verteilt ist, trifft dies für die Läuferwicklung keinesfalls zu: Der gleichstromerregte Spulenfluß ψ_f des Läufers ist nach Bild 2.22 am dichtesten auf der Spulenachse, die direkte Achse (d-Achse) genannt wird, dagegen null senkrecht dazu in der Querachse (q-Achse). Führt auch der Ständer Strom, so kann man den Spulenfluß $\underline{\psi} = L\underline{I}$ seines Drehfeldes in eine d-Komponente und eine q-Komponente unterteilen: ψ_q verläuft nach Bild 2.22 weniger durch Eisenpfade als ψ_d, folglich ist die synchrone Reaktanz X_q in q-Richtung kleiner als die synchrone Reaktanz X_d in d-Richtung. Eine transiente Reaktanz existiert nach den Festlegungen der Tabelle 2.8 nur in d-Richtung, da die q-Richtung keine eigene

Läuferwicklung trägt. Die subtransienten Reaktanzen X''_d und X''_q sind in beiden Richtungen etwa gleich groß. Die Anisotropie ist besonders stark ausgeprägt bei Schenkelpolgeneratoren, die z.B. in Wasserkraftwerken eingesetzt werden. Anisotrope Ersatzspannungsquellen lassen sich nicht mehr durch eine einzige komplexe Gleichung beschreiben; setzt man $\underline{E} = E_d + jE_q$ und $\underline{U} = U_d + jU_q$ sowie $\underline{I} = I_d + jI_q$ in $\underline{E} = \underline{U} + jX\underline{I}$ ein und ordnet der mit I_d verbundenen Reaktanz X den Index d zu, der mit I_q verbundenen Reaktanz den Index q, so erhält man:

$$\begin{bmatrix} E_d \\ E_q \end{bmatrix} = \begin{bmatrix} U_d \\ U_q \end{bmatrix} + \begin{bmatrix} 0 & -X_q \\ X_d & 0 \end{bmatrix} \begin{bmatrix} I_d \\ I_q \end{bmatrix} . \qquad (2.84\ a)$$

Nach Bild 2.22 ist hierin $E_d = 0$ einzusetzen. (2.84) ist die anisotrope Form von (2.78) und läßt sich nur durch konjugiert-komplexe Zeigerrechnung auswerten:

$$\underline{E} = \underline{U} + j\,\frac{X_d+X_q}{2}\,\underline{I} + j\,\frac{X_d-X_q}{2}\,\underline{I}^* . \qquad (2.84\ b)$$

Die in der Tabelle 2.9 aufgeführten Reaktanzen und Zeitkonstanten kann man mit passiven Schaltungen etwa nach Bild 2.26 messen. Der Synchrongenerator wird danach spannungslos mit kurzgeschlossener, stationär stromloser Läuferwicklung durch einen gleichlaufgeregelten Motor, z. B. einen stromrichtergespeisten Gleichstrommotor, angetrieben. Die Eingangsgrößen des Reglers R sind Arc($\underline{U}$) von der Netzspannung und Arc($\underline{E}$) von der Antriebswelle. Ist Arc($\underline{U}$) - Arc($\underline{E}$) = 0 stationär erfüllt, wird der Netzschalter geschlossen und der Strom $i_d(t)$ oszillografiert. Die Querkomponente $i_q(t)$ des Stromes erhält man, wenn man vor dem Schließen des Netzschalters Arc($\underline{U}$) - Arc($\underline{E}$) = $\pi/2$ stationär einregelt. Die subtransienten, transienten und synchronen Reaktanzen werden nach der Beziehung X = U/I bestimmt, wobei die Größen I", I' und I sowie die Zeitkonstanten wie in Bild 2.27 ausgewertet werden.

Die Größen der d-Achse lassen sich auch mit einer aktiven Schaltung messen, indem der Generator im Leerlauf erregt und an den Klemmen dreipolig kurzgeschlossen wird. Für die Reaktanzen gilt dann sinngemäß X = E/I.

Tabelle 2.9. Beispiele für Reaktanzen und Zeitkonstanten von Synchrongeneratoren.

Die Reaktanzen sind auf die Nennimpedanz $Z_n = \frac{U_n/\sqrt{3}}{I_n}$ bezogen.

Die Zeitkonstanten sind für den Klemmenkurzschluß angegeben

Type	Schema des Läufers	Ausführung des Läufers	Drehzahl $\frac{n}{U/min}$	$\frac{X_d}{Z_n}$	$\frac{X_q}{Z_n}$	$\frac{X'_d}{Z_n}$	$\frac{X'_q}{Z_n}$	$\frac{X''_d}{Z_n}$	$\frac{X''_q}{Z_n}$	T' in s	T'' in s
Turbogenerator für Dampfturbinen		geschmiedet, Nuten eingefräst	3000 1500	1,8	1,7	0,22	–	0,12	0,12	0,8	0,05
Schenkelpolgenerator für andere Kraftmaschinen		2p Einzelpole mit Nabe oder Ring verbunden	≤ 1500	1,0	0,6	0,30	–	0,20	0,25	1,8	0,03

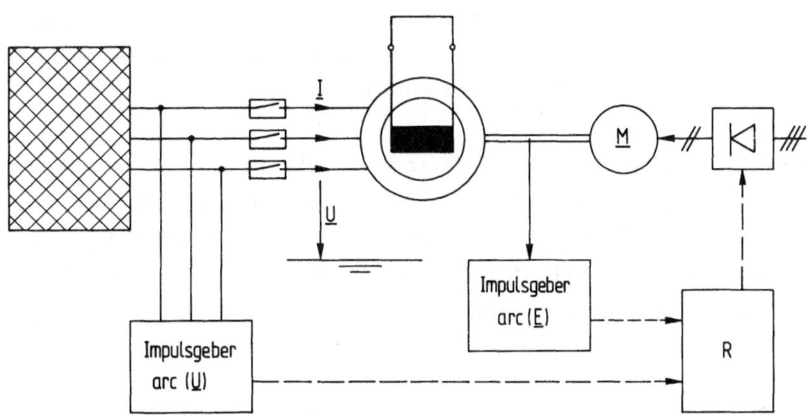

Bild 2.26. Vereinfachtes Modell zur Messung der Reaktanzen eines Synchrongenerators in d- und q-Richtung mit einer passiven Schaltung (Läuferwicklung stromlos kurzgeschlossen)

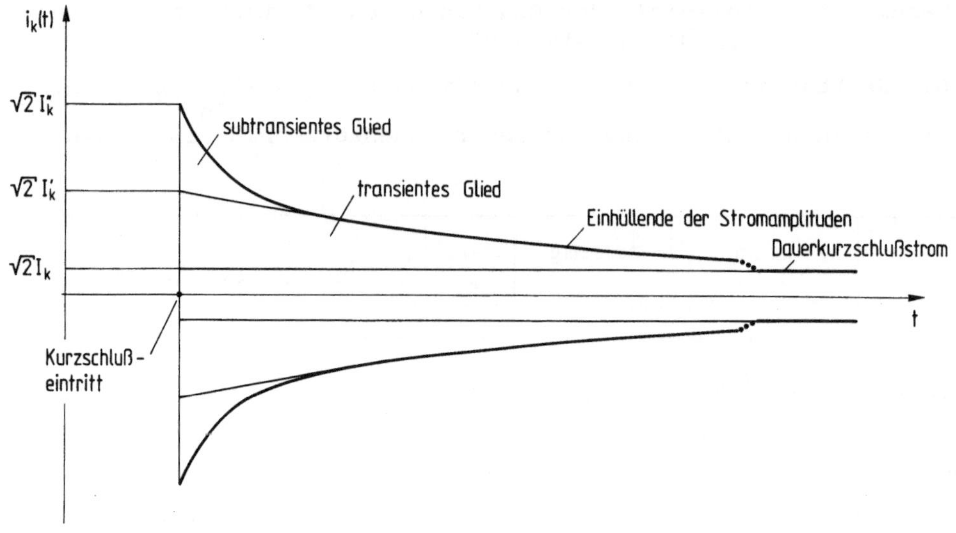

Bild 2.27. Kurzschlußstrom eines Synchrongenerators ohne Gleichstromkomponente (vereinfachte Darstellung der Umhüllenden, ohne Spannungsregler; siehe auch Bild 5.6)

Die Generatorreaktanz des Gegensystems erhält man, wenn man den Drehsinn des Ständerdrehfeldes umkehrt. In der Dämpferwicklung bilden sich dann starke 100-Hz-Ströme aus. Sie schwächen das Drehfeld, das folglich kaum in das Läuferinnere eindringt. Als Gegenreaktanz wird der Mittelwert aus X_d'' und X_q'' verwendet.

Die Nullreaktanz ist nur bei Synchrongeneratoren für Niederspannungsnetze zu beachten, die mit geerdetem Sternpunkt betrieben werden. Sie wird wie in Bild 1.22 a gemessen und beträgt ungefähr $X_{(0)}/Z_n = 0{,}06$. Die Nullkoponente des Ständerflusses schließt sich vom Ständer über den Luftspalt, den Läufer, die Welle, die Lager zum Ständer zurück. Dabei können erodierende Lagerströme induziert werden.

Weiterführende Literatur zum Abschnitt 2.2.5:
[2, 12, 14, 28, 39, 53, 62, 64, 80, 84, 93, 132].

2.2.6 Leitungen

Freileitungen und Kabel werden als homogen bezeichnet, wenn ihre Impedanz- und Admittanzbeläge $\underline{Z}'$ und $\underline{Y}'$ auf der ganzen Leitungslänge konstant sind, was im folgenden vorausgesetzt wird. Zunächst wird eine einphasige Leitung betrachtet und deren Tore mit 1 und 2 indiziert.

Ein Maschenumlauf in Bild 2.28 ergibt

$$\underline{U} + d\underline{U} - \underline{U} + \underline{Z}'dx\,(\underline{I} + d\underline{I}) = 0 \ .$$

Läßt man die Produkte von Differentialen außer Betracht, so wird daraus

$$-\frac{d\underline{U}}{dx} = \underline{Z}'\underline{I} \ . \qquad (2.85)$$

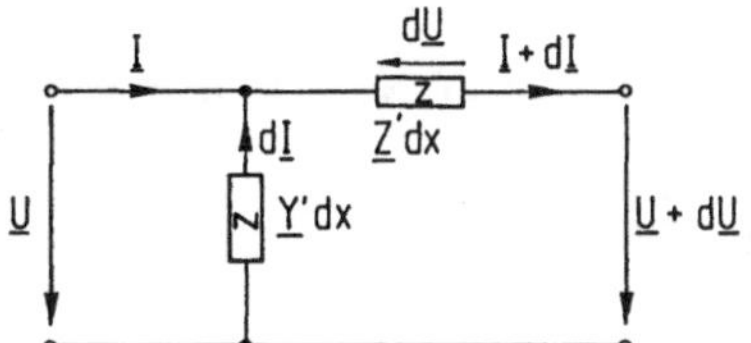

Bild 2.28. Leitungselement einer homogenen einphasigen Leitung im stationären Zustand

Entsprechendes gilt für den Stromknoten in Bild 2.28:

$$-\frac{d\underline{I}}{dx} = \underline{Y}'\underline{U} \ . \qquad (2.86)$$

Um die gekoppelten Differentialgleichungen (2.85), (2.86) erster Ordnung zu lösen, differenziert man sie nach x und setzt dann die ersten Ableitungen aus (2.85) und (2.86) ein. So erhält man

$$\frac{d^2\underline{U}}{dx^2} - \underline{Z}'\underline{Y}'\underline{U} = 0 \qquad (2.87\text{ a})$$

und ebenso

$$\frac{d^2\underline{I}}{dx^2} - \underline{Z}'\underline{Y}'\underline{I} = 0 \ . \qquad (2.87\text{ b})$$

Wählt man

$$\underline{U}(x) = \underline{A}e^{+\gamma x} + \underline{B}e^{-\gamma x} , \tag{2.88}$$

so wird (2.87 a) erfüllt mit dem Ausbreitungskoeffizienten

$$\gamma = \sqrt{\underline{Z}'\underline{Y}'} . \tag{2.89}$$

$\underline{A}$ und $\underline{B}$ sind die für die Differentialgleichung zweiter Ordnung benötigten Integrationskonstanten. Setzt man $\underline{U}(x)$ in (2.85) ein, so gewinnt man mit dem Wellenwiderstand

$$\underline{\Gamma} = \frac{\underline{Z}'}{\gamma} = \sqrt{\underline{Z}'/\underline{Y}'} \tag{2.90}$$

die zum Ansatz (2.88) passende Stromgleichung

$$\underline{\Gamma}\underline{I}(x) = -\underline{A}e^{\gamma x} + \underline{B}e^{-\gamma x} . \tag{2.91}$$

Am Leitungsanfang x = 0 sind

$$\underline{U}_1 = \underline{A} + \underline{B} , \tag{2.92}$$

$$\underline{\Gamma}\underline{I}_1 = -\underline{A} + \underline{B} . \tag{2.93}$$

Man bestimmt $\underline{A}$ und $\underline{B}$, indem man diese Gleichungen subtrahiert bzw. addiert:

$$\underline{A} = \frac{1}{2}(\underline{U}_1 - \underline{\Gamma}\underline{I}_1) , \tag{2.94}$$

$$\underline{B} = \frac{1}{2}(\underline{U}_1 + \underline{\Gamma}\underline{I}_1) . \tag{2.95}$$

Setzt man diese Größen in die Ansätze für $\underline{U}(x)$ und $\underline{I}(x)$ nach (2.88) und (2.91) ein, so ist in Matrixschreibweise mit den Kettenzählpfeilen von Bild 2.28

$$\begin{bmatrix} \underline{U}(x) \\ \underline{\Gamma}\underline{I}(x) \end{bmatrix} = \begin{bmatrix} \cosh\gamma x & -\sinh\gamma x \\ -\sinh\gamma x & \cosh\gamma x \end{bmatrix} \begin{bmatrix} \underline{U}_1 \\ \underline{\Gamma}\underline{I}_1 \end{bmatrix} . \tag{2.96}$$

Das Argument der in der Matrix stehenden Hyperbelfunktionen ist bei verlustbehafteten Leitungen komplex. Verwendet man für das Leitungsende x = l den Index 2, so führt die Inversion der Matrix in (2.96) auf das einprägsame Ergebnis:

$$\begin{bmatrix} \underline{U}_1 \\ \underline{\Gamma}\underline{I}_1 \end{bmatrix} = \begin{bmatrix} \cosh\underline{\gamma}l & \sinh\underline{\gamma}l \\ \sinh\underline{\gamma}l & \cosh\underline{\gamma}l \end{bmatrix} \begin{bmatrix} \underline{U}_2 \\ \underline{\Gamma}\underline{I}_2 \end{bmatrix} . \tag{2.97}$$

Die Determinante dieser Kettenmatrix **A** ist 1, das Zweitor also kopplungssymmetrisch. Sein Ersatzschaltplan für den stationären Zustand enthält daher ausschließlich passive Elemente. Stets ist das Produkt aus Leerlauf-Eingangsimpedanz und Kurzschluß-Eingangsimpedanz gleich $\underline{\Gamma}^2$.

Der Wellenwiderstand $\underline{\Gamma} = \sqrt{\underline{Z}'/\underline{Y}'}$ nach (2.90) hängt nur wenig von der betrachteten Frequenz ab: Für die verlustlose Leitung sind $\underline{Z}' = j\omega L'$ und $\underline{Y}' = j\omega C'$, also $\underline{\Gamma} = \sqrt{L'/C'}$ reell und frequenzunabhängig. Der Ausbreitungskoeffizient $\underline{\gamma} = \alpha + j\beta = \sqrt{\underline{Z}'\underline{Y}'}$ nach (2.89) setzt sich aus dem Dämpfungskoeffizienten α und dem Phasenkoeffizienten β zusammen. Für $\underline{Z}' = j\omega L'$ und $\underline{Y}' = j\omega C'$ wird $\underline{\gamma} = j\beta = j\omega\sqrt{L'C'}$ imaginär und frequenzproportional. Zahlenwertbeispiele für Γ und β sind in Tabelle 2.11 aufgeführt. Hyperbelfunktionen mit imaginärem Argument sind Kreisfunktionen mit reellem Argument; dabei gelten

für die in j und x ungerade Funktion $\sinh(jx) = j\sin x$,

für die in j und x gerade Funktion $\cosh(jx) = \cos x$.

Damit folgt aus (2.97) für die verlustlose homogene Leitung mit Kettenzählpfeilen

$$\begin{bmatrix} \underline{U}_1 \\ \underline{I}_1 \end{bmatrix} = \begin{bmatrix} \cos\beta l & j\Gamma\sin\beta l \\ \frac{j}{\Gamma}\sin\beta l & \cos\beta l \end{bmatrix} \begin{bmatrix} \underline{U}_2 \\ \underline{I}_2 \end{bmatrix} = \begin{bmatrix} \underline{A}_{11} & \underline{A}_{12} \\ \underline{A}_{21} & \underline{A}_{22} \end{bmatrix} \begin{bmatrix} \underline{U}_2 \\ \underline{I}_2 \end{bmatrix} . \tag{2.98}$$

Ersatzschaltpläne lassen sich ohne Suche geeigneter Maschen bequem aus Admittanzmatrizen $\underline{\mathbf{Y}}$ ableiten, für die symmetrische Zählpfeile üblich sind. Nach der Zweitortheorie ist

$$\underline{\mathbf{Y}} = \begin{bmatrix} \dfrac{\underline{A}_{22}}{\underline{A}_{12}} & -\dfrac{\det \underline{\mathbf{A}}}{\underline{A}_{12}} \\ -\dfrac{1}{\underline{A}_{12}} & \dfrac{\underline{A}_{11}}{\underline{A}_{12}} \end{bmatrix} . \tag{2.99}$$

Das in der Tabelle 2.10 links oben eingetragene π-Glied des Ersatzschaltplanes homogener Leitungen besteht aus den Admittanzen

$$-\underline{Y}_{12} = \frac{1}{\underline{A}_{12}} = \frac{1}{\underline{\Gamma}\ \sinh\underline{\gamma}l}\ , \tag{2.100}$$

$$\underline{Y}_{11} + \underline{Y}_{12} = \frac{\underline{A}_{22} - 1}{\underline{A}_{12}} = \frac{\cosh\underline{\gamma}l - 1}{\underline{\Gamma}\ \sinh\underline{\gamma}l} = \frac{1}{\underline{\Gamma}} \tanh\frac{\underline{\gamma}l}{2}\ , \tag{2.101}$$

$$\underline{Y}_{22} + \underline{Y}_{12} = \underline{Y}_{11} + \underline{Y}_{12}\ . \tag{2.102}$$

Sie sind in der zweiten Spalte der Tabelle 2.10 eingetragen. Daneben stehen die entsprechenden Werte für verlustlose und für kurze Leitungen. Eine homogene Leitung heißt kurz, wenn die Argumente der Hyperbel- oder Kreisfunktionen im Betrag klein gegen 1 sind. In diesem Fall gelten die Näherungen

$$\sinh\underline{x} \approx \underline{x}\ , \quad \tanh\underline{x} \approx \underline{x}\ , \quad \sin\underline{x} \approx \underline{x}\ , \quad \tan\underline{x} \approx \underline{x}\ .$$

Für einen Fehler von 5 % läßt sich die obere Grenze einer kurzen Leitung durch $\tan x \approx 1{,}05\ x$ bestimmen. Die Lösung ist $x = 0{,}38$. Für verlustlose Leitungen mit Längen $l < 0{,}38/\beta = 0{,}38\lambda/(2\pi) \approx 360$ km ist daher der einfache Ersatzschaltplan nach Bild 2.29 gültig.

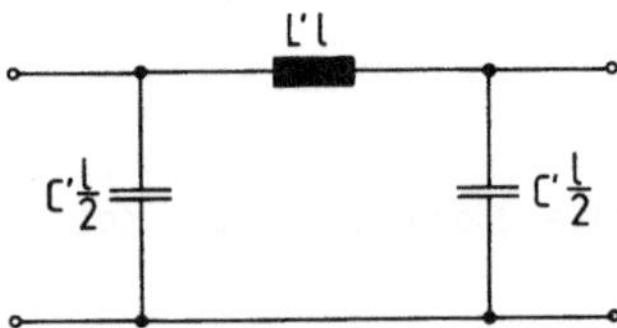

Bild 2.29. Ersatzschaltplan einer verlustlosen kurzen Leitung

Ist $\underline{U}_2 = \Gamma\underline{I}_2$, so folgt aus (2.98) $\underline{U}_1 = \underline{U}_2 e^{j\beta l}$ und $\underline{I}_1 = \underline{I}_2 e^{j\beta l}$. Beim Abschluß einer verlustlosen Leitung mit dem Wellenwiderstand Γ sind die Ein- und Ausgangszeiger $\underline{U}$ und $\underline{I}$ im Betrag unverändert, aber gegenseitig verdreht. Diejenige Leitungslänge, bei der der Verdrehungswinkel 2π erreicht, heißt Wellenlänge λ. Löst man $\beta\lambda = 2\pi$ nach λ auf und multipliziert die Wellenlänge mit ihrer Frequenz f, so erhält man die Wellen-Ausbreitungsgeschwindigkeit

$$\lambda f = \frac{\omega}{\beta} = \frac{1}{\sqrt{L'C'}}\ . \tag{2.103}$$

Die Größe ω/β darf in den Beispielen der Tabelle 2.11 der durch $\sqrt{\epsilon_r}$ dividierten Lichtgeschwindigkeit c_0 im Vakuum gleichgesetzt werden. Bei $\epsilon_r = 1$ ist nach (2.103) und Tabelle 2.11 die Wellenlänge $\lambda = 6000$ km bei 50 Hz und $\lambda = 5000$ km bei 60 Hz. Antenneneffekte mit technischem Wechselstrom sind bei Leitungslängen von etwa $\lambda/4$, also 1500 km bei 50 Hz, zu erwarten. Sie machen sich aber schon bei kürzeren Leitungslängen durch Spannungsüberhöhungen bei Leerlauf nach Abschnitt 3.1.5 bemerkbar.

Tabelle 2.10. Admittanzen des π-Ersatzschaltplanes homogener Leitungen; $\underline{\Gamma} = \sqrt{\underline{Z}'/\underline{Y}'}$, $\underline{\gamma} = \sqrt{\underline{Z}'\underline{Y}'}$

π-Ersatzschaltplan: $\underline{I}_1$, $-\underline{Y}_{12}$ (Z), $\underline{I}_2$; $\underline{U}_1$, $\underline{Y}_{11} + \underline{Y}_{12}$ (N); $\underline{Y}_{22} + \underline{Y}_{12}$ (N), $\underline{U}_2$	verlustbehaftete Leitung		verlustlose Leitung	
	lang	kurz $\lvert\underline{\gamma} l\rvert \ll 1$	lang	kurz $\beta l \ll 1$
Koppeladmittanz $-\underline{Y}_{12}$	$\frac{1}{\underline{\Gamma} \sinh \underline{\gamma} l}$	$\frac{1}{\underline{Z}' l}$	$\frac{1}{j \Gamma \sin \beta l}$	$\frac{1}{j\omega L' l}$
Queradmittanzen $\underline{Y}_{11} + \underline{Y}_{12} = \underline{Y}_{22} + \underline{Y}_{12}$	$\frac{\tanh \underline{\gamma} \frac{l}{2}}{\underline{\Gamma}}$	$\underline{Y}' \frac{l}{2}$	$\frac{j \tan \beta \frac{l}{2}}{\Gamma}$	$j\omega C' \frac{l}{2}$

Tabelle 2.11. Beispiele für Wellen-Ausbreitungsgrößen auf verlustlosen Leitungen. Die zugehörigen Induktivitäts- und Kapazitätsbeläge erhält man durch $L' = \Gamma\sqrt{L'C'}$ und $C' = \sqrt{L'C'}/\Gamma$. Zum Vergleich: Für ebene Felder gilt $\Gamma = \sqrt{\mu_0/\epsilon_0} = 377\ \Omega$, $\omega/\beta = 1/\sqrt{\mu_0\epsilon_0} = 300$ m/µs

Leitung	Dielektrizitätszahl ε_r	Wellenwiderstand $\Gamma = \sqrt{\frac{L'}{C'}}$	Wellen-Ausbreitungs-geschwindigkeit $\frac{\omega}{\beta} = \frac{1}{\sqrt{L'C'}}$	Bemerkung
Koaxialleitung der Nachrichtentechnik	1	60 Ω	300 m/µs	Radien-verhältnis nach Abschnitt 4.5.2.5 $r_2/r_1 \approx e$ (gilt für beide Koaxialleitungen)
3 koaxiale Hochspannungskabel mit ideal leitenden Mänteln (Mit- und Gegensystem)	4	30 Ω	150 m/µs	
Hochspannungsfreileitung (Mit- und Gegensystem)	1	250 Ω	300 m/µs	Bündelleiter nach Abschnitt 4.5.2.1

Die vorstehenden, für einphasige Leitungen gewonnenen Ergebnisse lassen sich unmittelbar auf die Untersuchung von Drehstromleitungen in symmetrischen Komponenten anwenden. Beim Leitungsentwurf werden Unsymmetrien möglichst vermieden oder streckenweise ausgeglichen, so daß die Admittanz- und Impedanzmatrizen der Leitungen diagonal- und zyklisch-symmetrisch sind. Dann gilt nach (1.63 a,b) für die Betriebsimpedanzen

$$\underline{Z}_b = \underline{Z}_{(1)} = \underline{Z}_{(2)} \neq \underline{Z}_{(0)} \; . \tag{2.104}$$

Die Elemente des Ersatzschaltplanes im Bild 1.30 sind im Mit- und Gegensystem gleichgroß und lassen sich überschlägig aus den Werten der Tabelle 2.11 berechnen. Im Nullsystem sind die Elemente zwar wie im Mit- und Gegensystem angeordnet, haben jedoch meist eine abweichende Größe. Der Impedanzbelag $\underline{Z}'_{(0)}$ ist wegen des Wirbelfeldes im leitenden Erdreich frequenzabhängig und kann durch ein R,L-Netzwerk nachgebildet werden.

Als Leitungswinkel ϑ bezeichnet man in Energieversorgungsnetzen die Winkel zwischen den Spannungszeigern an den Leitungstoren im Mitsystem. Wird Leistung von A nach B übertragen, so ist

$$\vartheta = \mathrm{Arc}(\underline{U}_A) - \mathrm{Arc}(\underline{U}_B) = \mathrm{Arc}(\underline{U}_A/\underline{U}_B) \; . \tag{2.105}$$

Er hat ähnliche Bedeutung wie der Polradwinkel von Generatoren nach Bild 2.24 a und hängt nach Abschnitt 3.1.5 von der Belastung ab.

Weiterführende Literatur zum Abschnitt 2.2.6:
[20, 22, 36, 48 - 51, 53, 64, 78, 82, 84].

2.2.7 Verbrauchernachbildungen

(Zur Vertiefung)

Im allgemeinen ist es nicht möglich, in den Ersatzschaltplänen der Netze die Verbraucher einzeln aufzuführen. Man faßt sie vielmehr in den Netzknoten zusammen und beachtet dabei die Spannungsabhängigkeit der Verbraucherleistungen. Man verwendet hierzu:

- Verbraucher-Quellenleistungen für $S \sim U^0$. Viele motorische Verbraucher entnehmen spannungsunabhängig dem Netz diejenige Leistung, die die angetriebene Maschine benötigt.

- Verbraucher-Quellenströme für $S \sim U^1$.

- Verbraucher-Admittanzen für $S \sim U^2$, z. B. bei ungeregelten Anlagen zur Beleuchtung oder Widerstandsheizung.

Die Leistungen von Verbrauchern mit Gegenspannung, etwa in Elektrolyseanlagen, sind mit noch größeren Exponenten von der Spannung abhängig, z. B. $S \sim U^{3...4}$. Die Leistung geregelter Verbraucheranlagen folgt der zeitlichen Verzögerung der Regler.

In den meisten Fällen ist die Art der Verbraucher nicht genügend genau bekannt. Für ihre Kurzzeitnachbildung während einiger Sekunden wählt man auf Grund von Netzversuchen zweckmäßig $P \sim U$ und $Q \sim U^2$. Für Langzeitnachbildungen während einiger Stunden ist der Ansatz $S \sim U^0$ angebracht: Ein Leistungsmangel in der Energieversorgung läßt sich durch eine Spannungsabsenkung nur vorübergehend lindern.

Ähnliches gilt für die Frequenzabhängigkeit der Verbraucherleistung: Durch Frequenzabsenkung in Netzen läßt sich die Verbraucherleistung nur kurzzeitig etwa proportional absenken.

3 Betrieb elektrischer Versorgungsnetze

3.1 Betriebsdiagramm und Betriebsbereich

Betriebsdiagramme sind die Ortskurven elektrischer Betriebsmittel bei konstanter Torspannung und veränderlicher Belastung in der komplexen Stromebene. Bei Drehstrom wird nur das Mitsystem betrachtet; ein besonderer Index hierfür entfällt. Für Eintore wird die Eingangs-, für Zweitore die Ausgangsspannung als konstant angenommen. Der Betriebsbereich wird durch die Ortskurven der zulässigen Betriebszustände beschrieben. Innerhalb des Betriebsbereiches ist ein Dauerbetrieb ohne Schaden möglich.

Vereinfachend bleibt die Anisotropie der Betriebsmittel nach (2.84) hier außer Betracht. Wegen der konstanten Torspannung läßt sich die Stromebene auch mit komplexen Leistungen oder Admittanzen skalieren. Die Koordinatenachsen werden üblich so gelegt, daß der induktive Blindstrom nach Abschnitt 1.2 Nr. 11 im ersten Quadranten liegt.

3.1.1 Betriebsdiagramm von Zweitoren

Für Betriebsdiagramme von Zweitoren ist $\underline{I}_2$ als abhängige Variable anzusehen, die von $\underline{U}_1$, $\underline{I}_1$ und anderen Einflußgrößen abhängt. $\underline{U}_2$ ist dabei konstant und wird in die reelle Achse gelegt. Löst man die Zweitorgleichungen mit Kettenzählpfeilen [82]

$$\begin{bmatrix} \underline{U}_1 \\ \underline{I}_1 \end{bmatrix} = \begin{bmatrix} \underline{A}_{11} & \underline{A}_{12} \\ \underline{A}_{21} & \underline{A}_{22} \end{bmatrix} \begin{bmatrix} \underline{U}_2 \\ \underline{I}_2 \end{bmatrix} \tag{3.1}$$

nach $\underline{I}_2$ auf, so erhält man aus der ersten Zeile abhängig von $\underline{U}_1$

$$\underline{I}_2 = -\frac{\underline{A}_{11}}{\underline{A}_{12}}\underline{U}_2 + \frac{1}{\underline{A}_{12}}\underline{U}_1 \ . \qquad (3.2)$$

$\underline{A}_{11}/\underline{A}_{12}$ ist die Kurzschlußadmittanz am Ausgang, $1/\underline{A}_{12}$ die Koppeladmittanz.

Ebenso wird aus der zweiten Zeile von (3.1) abhängig von $\underline{I}_1$

$$\underline{I}_2 = -\frac{\underline{A}_{21}}{\underline{A}_{22}}\underline{U}_2 + \frac{1}{\underline{A}_{22}}\underline{I}_1 \ . \qquad (3.3)$$

$\underline{A}_{21}/\underline{A}_{22}$ ist die Leerlaufadmittanz und $1/\underline{A}_{22}$ die Kurzschluß-Stromübersetzung jeweils am Ausgang.

Nach beiden Gleichungen (3.2) und (3.3) gehen die Zeiger mit den unabhängigen Variablen $\underline{U}_1$ und $\underline{I}_1$ von je einem festen Aufpunkt aus, der in Bild 3.1 durch ein Zeichen × bzw. * markiert ist. In × liegt der Ort mit $\underline{U}_1 = 0$, in * der Ort mit $\underline{I}_1 = 0$. Bestehen für den Betrag oder die Phase von $\underline{U}_1$ oder $\underline{I}_1$ irgendwelche betrieblich einzuhaltenden Grenzen, so lassen sie sich durch die von den beiden Aufpunkten ausgehenden Zeiger mit je einer Ortskurve beschreiben. Den Winkel zwischen den Zeigern $\underline{U}_1$ und $\underline{U}_2$ erhält man aus Bild 3.1 mit $\alpha = \mathrm{Arc}\left[\frac{\underline{U}_2}{\underline{U}_1/\underline{A}_{12}}\right]$, den Winkel zwischen $\underline{I}_1$ und $\underline{I}_2$ aus $\beta = \mathrm{Arc}\left[\frac{\underline{I}_2}{\underline{I}_1/\underline{A}_{22}}\right]$.

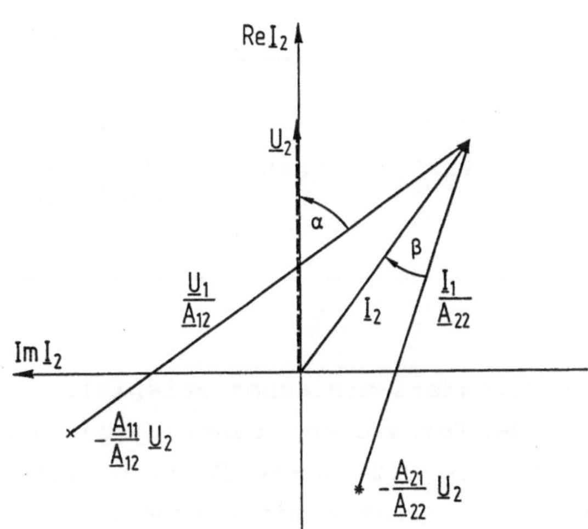

Bild 3.1. Betriebsdiagramm eines Zweitors nach (3.2) und (3.3). Der Zeiger $\underline{U}_2$ liegt in der reellen Achse

Auch komplexe Leistungen, Übertragungsverluste und Wirkungsgrade lassen sich einfach in die Betriebsdiagramme eintragen. Ihre Ortskurven in der komplexen Ebene von $\underline{I}_2/\underline{U}_2 = \underline{Y}_2$ sind Kreise, die man mit den aus Zwischenrechnungen gewonnenen Angaben der Tabelle 3.1 einzeichnen kann. Die Orte konstanter Scheinleistung $S_1 = |\underline{U}_1||\underline{I}_1|$ sind dort in Bild 3.1 zu suchen, wo das Produkt der Abstände $|\underline{U}_1/\underline{A}_{12}|$ vom Aufpunkt × und $|\underline{I}_2/\underline{A}_{22}|$ vom Aufpunkt * konstant ist: Sie liegen auf Cassinischen Kurven um × und *.

Tabelle 3.1. Leistungsortskurven für Betriebsdiagramme nach Bild 3.1

Ortskurven in der komplexen Ebene $\underline{Y}_2=\underline{I}_2/\underline{U}_2$ für	Kreismittelpunkt $\underline{Y}_M$	Kreisradius r
Eingangs-wirkleistung P_1/U_2^2 = const	konzentrische Kreise: $-\dfrac{\underline{A}_{11}\underline{A}_{22}^*+\underline{A}_{12}^*\underline{A}_{21}}{2\mathrm{Re}\{\underline{A}_{12}\underline{A}_{22}^*\}}$	$\sqrt{|\underline{Y}_M|^2+\dfrac{P_1/U_2^2-\mathrm{Re}\{\underline{A}_{11}\underline{A}_{21}^*\}}{\mathrm{Re}\{\underline{A}_{12}\underline{A}_{22}^*\}}}$
Eingangs-blindleistung Q_1/U_2^2 = const.	konzentrische Kreise: $-\dfrac{\underline{A}_{11}\underline{A}_{22}^*-\underline{A}_{12}^*\underline{A}_{21}}{2j\mathrm{Im}\{\underline{A}_{12}\underline{A}_{22}^*\}}$	$\sqrt{|\underline{Y}_M|^2+\dfrac{Q_1/U_2^2-\mathrm{Im}\{\underline{A}_{11}\underline{A}_{21}^*\}}{\mathrm{Im}\{\underline{A}_{12}\underline{A}_{22}^*\}}}$
Übertragungsverluste $\dfrac{P_1-P_2}{U_2^2}=\dfrac{P_V}{U_2^2}$ = const	konzentrische Kreise: $\dfrac{1-\underline{A}_{11}\underline{A}_{22}^*-\underline{A}_{12}^*\underline{A}_{21}}{2\mathrm{Re}\{\underline{A}_{12}\underline{A}_{22}^*\}}$	$\sqrt{|\underline{Y}_M|^2+\dfrac{P_V/U_2^2-\mathrm{Re}\{\underline{A}_{11}\underline{A}_{21}^*\}}{\mathrm{Re}\{\underline{A}_{12}\underline{A}_{22}^*\}}}$
Wirkungsgrad $\eta = P_2/P_1$ = const	Kreise mit reell verschobenem $\underline{Y}_M$: $\dfrac{\frac{1}{\eta}-\underline{A}_{11}\underline{A}_{22}^*-\underline{A}_{12}^*\underline{A}_{21}}{2\mathrm{Re}\{\underline{A}_{12}\underline{A}_{22}^*\}}$	$\sqrt{|\underline{Y}_M|^2-\dfrac{\mathrm{Re}\{\underline{A}_{11}\underline{A}_{21}^*\}}{\mathrm{Re}\{\underline{A}_{12}\underline{A}_{22}^*\}}}$ Bestpunkt für r=0

Ein besonders einfaches Beispiel, das man als Näherung für verlustlose Transformatoren, Generatoren und kurze Leitungen anwenden kann, zeigt Bild 3.2. Diese Betriebsmittel lassen sich nach Abschnitt 2.2 durch ein Zweitor mit vernachlässigter Queradmittanz nach Bild 3.2 a beschreiben. Um Indizes zu sparen, sind darin $\underline{U}_1 = \underline{E}$, $\underline{U}_2 = \underline{U}$ und $\underline{I}_1 = \underline{I}_2 = \underline{I}$ gesetzt. Damit ist

$$\underline{E} = \underline{U} + jX\underline{I} \;, \tag{3.4}$$

nach $\underline{I}$ aufgelöst

$$\underline{I} = -\frac{\underline{U}}{jX} + \frac{\underline{E}}{jX} \;.$$

Der erste Aufpunkt × liegt bei $-\underline{U}/(jX)$ auf der positiven imaginären Achse. Der Winkel zwischen den Zeigern $-\underline{U}/(jX)$ und $\underline{E}/(jX)$ ist nach Bild 2.24 a und (2.105) der Leitungs- oder Polradwinkel ϑ. Bei induktiven Längszweigen liegen die Spannungszeiger nach (3.35) längs des Wirkleistungsflusses hintereinander, also $\underline{U}$ hinter $\underline{E}$. Der zweite Aufpunkt * fällt beim Zweitor ohne Querzweig nach Bild 3.2 a in den Ursprung, weil die Ein- und Ausgangsströme gleich sind. Beispiele für einfache Ortskurven, die im Bild 3.2 b eingetragen werden können, enthält Tabelle 3.2.

Man entnimmt Bild 3.2 b für verlustlose induktive Zweitore

$$I_w = \frac{E}{X} \sin\vartheta \;, \tag{3.4 a}$$

$$I_b = \frac{E}{X} \cos\vartheta - \frac{U}{X} \;, \tag{3.4 b}$$

$$\varphi_1 = \varphi_2 + \vartheta \;. \tag{3.5}$$

I_w wird vor allem durch ϑ bestimmt, I_b durch E.

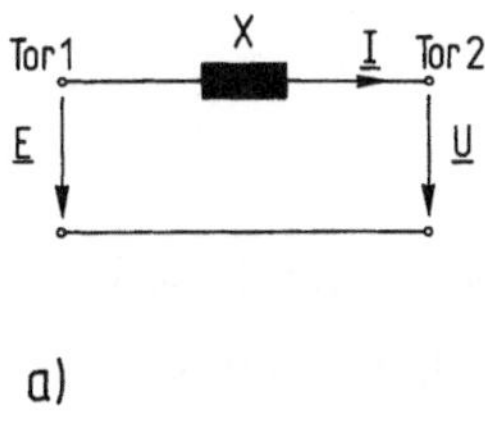

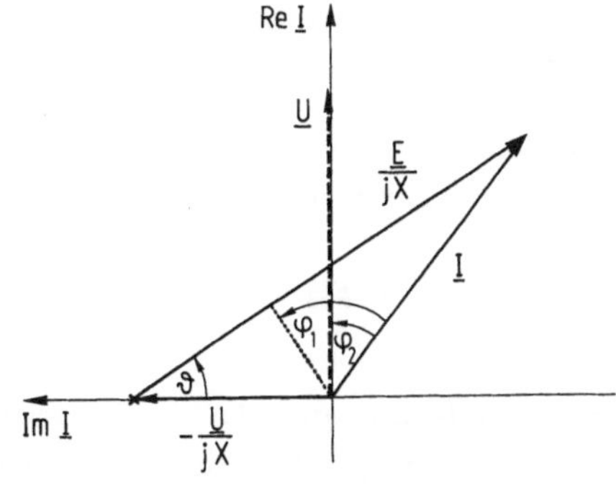

Bild 3.2. Zweitor mit Induktanz im Längszweig als Ersatzschaltplan für verlustlose Transformatoren, Turbogeneratoren und kurze Leitungen im Mitsystem
a) Ersatzschaltplan
b) Betriebsdiagramm; der Zeiger $\underline{U}$ ist in die reelle Achse gelegt

Weiterführende Literatur zum Abschnitt 3.1.1:
[22, 48 - 50, 120, 158].

Tabelle 3.2. Beispiele für Ortskurven in Bild 3.2 b

Verlauf der Ortskurve in Bild 3.2 b	Größe, die auf der Ortskurve konstant bleibt
Kreis um den Ursprung	Scheinstrom I
horizontale Gerade	Wirkstrom I_w
vertikale Gerade	Blindstrom I_b
Gerade unter dem Winkel φ durch den Ursprung	Phasenverschiebungswinkel φ_2
Kreis durch Aufpunkte × und *	Phasenverschiebungswinkel φ_1
Gerade unter dem Winkel ϑ durch den Aufpunkt ×	Leitungswinkel ϑ (Polradwinkel ϑ)
Kreis um den Aufpunkt ×	Leerlaufspannung E

3.1.2 Momentenkennlinie und Betriebsbereich von Turbogeneratoren

Synchrongeneratoren sind nach Abschnitt 1.5.10 elektromechanische Leistungswandler mit belastungsunabhängiger Drehzahl. Entsprechend der mit Bild 3.2 ermittelten Wirkleistung

$$P = 3\ UI_w = 3\ \frac{EU}{X}\ \sin\vartheta$$

üben Generatoren mit p Polpaaren auf die Turbinenwelle das bremsende Moment aus

$$M_G = p\ \frac{P}{\omega} = \frac{3p}{\omega}\ \frac{EU}{X}\ \sin\vartheta\ . \tag{3.6 a}$$

Das maximale Moment wird beim Polradwinkel $\vartheta = 90^\circ$ erreicht und Kippmoment genannt und ist proportional zur Netzspannung U:

$$M_{Kipp} = \frac{3p}{\omega}\ \frac{EU}{X}\ . \tag{3.6 b}$$

Beim Anschluß an ein leistungsstarkes Netz ist die Zeigerlage von $\underline{U}$ in Bild 3.3 a als fest anzusehen; der Zeiger $\underline{E}$ wird bei stärkerem Dampfdurchsatz der Turbine vorgedreht und ϑ damit vergrößert.

Die Turbine treibt die Welle mit dem Moment M_T an, das vom Polradwinkel ϑ unabhängig ist. Nach Bild 3.3 b ist die Gleichgewichtsbedingung

$M_T = M_G$ in den mit ■ und □ gekennzeichneten Schnittpunkten erfüllt. Dabei ist das Gleichgewicht in ■ stabil: Bei einem plötzlichen Dampfimpuls wird das mit der Turbine gekuppelte Polrad um $\Delta\vartheta > 0$ vorgedreht, wobei nach Bild 3.3 b das bremsende Generatormoment rechts neben dem Schnittpunkt ■ überwiegt und das Polrad nach (3.36) entsprechend seiner Massenträgheit ins Gleichgewicht $\Delta\vartheta = 0$ zurückführt. Dagegen ist das Gleichgewicht in □ labil.

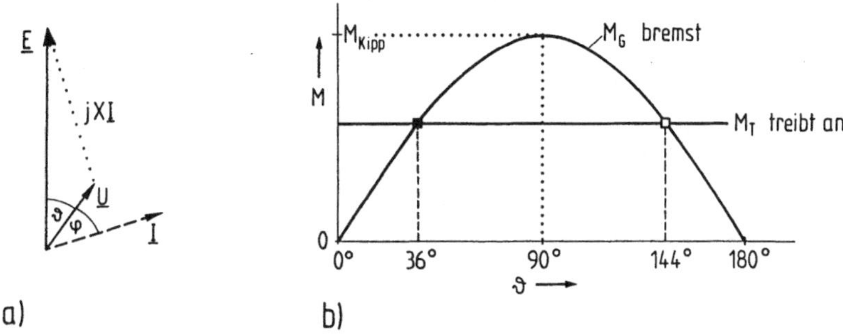

Bild 3.3. Gleichgewicht von Generatormoment M_G und Turbinenmoment M_T
a) Spannungszeiger mit Polradwinkel ϑ
b) Momentenkennlinien
M_T Turbinenmoment M_G Generatormoment

Als Beispiel wird das Betriebsdiagramm eines Turbogenerators mit den unter Bild 3.4 angegebenen und gegenüber der Tabelle 2.9 etwas vereinfachten Daten betrachtet. Alle Ströme sind auf den Nennstrom I_n bezogen. In Bild 3.4 sind 6 Ortskurven nach Tabelle 3.3 eingetragen.

Die dem Ursprung nächstgelegenen Ortskurven sind in Bild 3.4 schraffiert und begrenzen den Betriebsbereich. Die Ortskurve ① berührt ihn nur im Nennpunkt, ist also in Bild 3.4 unerheblich.

In ähnlicher Weise gewinnt man die Momentenkennlinie und den Betriebsbereich von Schenkelpolgeneratoren z.B. für Wasserkraftanlagen. Dabei ist die Ortskurve ② für die Erwärmung der Läuferwicklung nach Auswertung von (2.84) ein Abschnitt einer Pascalschen Schnecke.

Für den Turbogenerator ist nach Bild 3.4 und (3.4 a,b)

$$I_w = \frac{E}{X} \sin\vartheta \,, \qquad I_b = -\frac{U}{X} + \frac{E}{X} \cos\vartheta \,.$$

Löst man diese Gleichung nach $\sin\vartheta$ und $\cos\vartheta$ auf, so erhält man

$$\tan\vartheta = \frac{XI_w}{U + XI_b} \,, \tag{3.7}$$

für $U = U_n/\sqrt{3}$ und $I = I_n$ also

$$\tan\vartheta_n = \frac{\frac{X}{Z_n} \cos\varphi_n}{1 + \frac{X}{Z_n} \sin\varphi_n} \,.$$

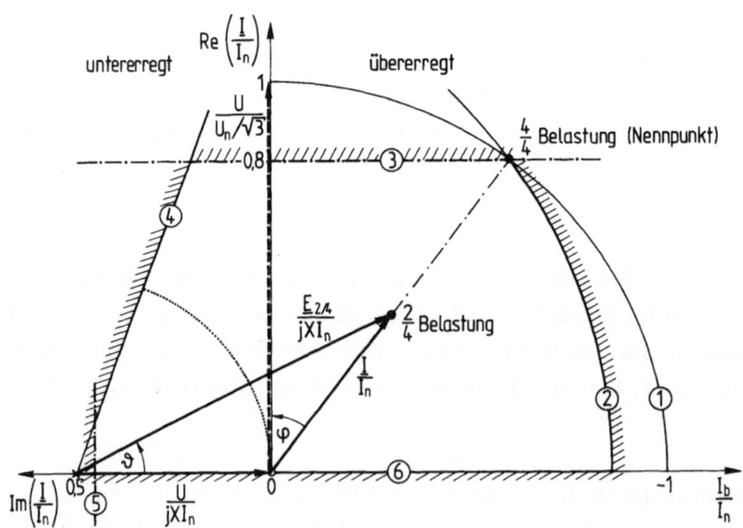

Bild 3.4. Betriebsbereich eines Turbogenerators

$X_d = X_q = 2{,}0\ Z_n$; $\cos\varphi_n = 0{,}8$; $U = U_n/\sqrt{3}$

mit eingetragenen Ortskurven ① bis ⑥ nach Tabelle 3.3

..... Ortskurve für Leerlauferregung $E_{0/4}$

• Punkte für 2/4 und 4/4 Belastung

Tabelle 3.3. Ortskurven für den Betriebsbereich eines Turbogenerators

	Begrenzung	Ortskurve für	Verlauf
①	Erwärmung des Stators	$I = I_n$	Kreis um 0
②	Erwärmung des Rotors	$E = E_{4/4}$	Kreis um ×
③	Leistungsgrenze von Kessel und Turbine	$I_w = I_n \cos\varphi_n$	Horizontale
④	Stabilität	$\vartheta = 70^o$	Gerade durch ×
⑤	Spannungsänderungen	$U/X = 0{,}9\frac{U_n}{\sqrt{3}}\frac{1}{X}$	Vertikale zwischen × und 0
⑥	Leerlauf der Turbine	$I_w = 0$	Horizontale

Anmerkungen:

① Die Ständerwicklung wird für Dauerbetrieb mit Nennstrom ausgelegt.

② Die Läuferwicklung ist thermisch so bemessen, daß sie den Spulenfluß $\psi_f = E/\omega$ bei 4/4-Belastung $\underline{I} = I_n(\cos\varphi_n - j\sin\varphi_n)$ erzeugt.

③ Kessel und Turbine leisten maximal $P_n = \sqrt{3}\, U_n I_n \cos\varphi_n$.

④ Polradwinkel $\vartheta < 70^o$ sind ausreichend weit von der Grenze monotoner Instabilität nach Abschnitt 3.4 entfernt.

⑤ Spannungsänderungen verschieben den Aufpunkt × horizontal.

⑥ Ein Betrieb als Synchronmotor mit $I_w < 0$, d. h. $\vartheta < 0$, ist nach (3.4 a) zwar möglich, im Dampfkraftwerk aber sinnlos und gefährdet die angekuppelte Turbine.

Bei der im Bild 3.4 eingetragenen 4/4-Belastung und $X/Z_n = 2$ wird $\tan\vartheta_n = 1{,}6/(1 + 1{,}2) = 0{,}73$. Im Bild 3.3 ist der Polradwinkel im Nennpunkt $\vartheta_n = \text{Arctan } 0{,}73 \approx 36^o$ eingezeichnet. Vergrößert man den Polradstrom eines Generators, so erhöht man damit nach (3.6 b) sein Kippmoment; das Momentengleichgewicht stellt sich nach Bild 3.3 sodann bei einem kleineren Polradwinkel ϑ ein, was für die Stabilität nach Abschnitt 3.4 vorteilhaft ist.

Die Ortskurve der für den Generatorleerlauf $\underline{I} = 0$ notwendigen Erregung $E_{0/4}$ ist im Bild 3.4 punktiert eingetragen. Zweckmäßig wird die für $\underline{I} \neq 0$ erforderliche Erregung $E = \omega\psi_f$ auf $E_{0/4}$ bezogen. Bei $I_b > 0$ in der rechten Halbebene des Bildes 3.4 spricht man von übererregtem Betrieb (Blindleistungsabgabe), bei $I_b < 0$ in der linken Halbebene von untererregtem Betrieb (Blindleistungsaufnahme). Für $E = 0$ wirkt der Turbogenerator wie eine Drosselspule mit der Leistung $Q = 3U^2/X$.

Löst man (3.4) nach E auf und bezieht auf $U_n/\sqrt{3}$, so wird

$$\left[\frac{E}{U}\right]^2 = \left[\frac{XI_w}{U}\right]^2 + \left[\frac{XI_b}{U} + 1\right]^2 , \tag{3.8}$$

für $U = U_n/\sqrt{3}$ und $I = I_n$ also

$$\left[\frac{E_{4/4}}{U_n/\sqrt{3}}\right]^2 = \left[\frac{X}{Z_n} \cos\varphi_n\right]^2 + \left[\frac{X}{Z_n} \sin\varphi_n + 1\right]^2 .$$

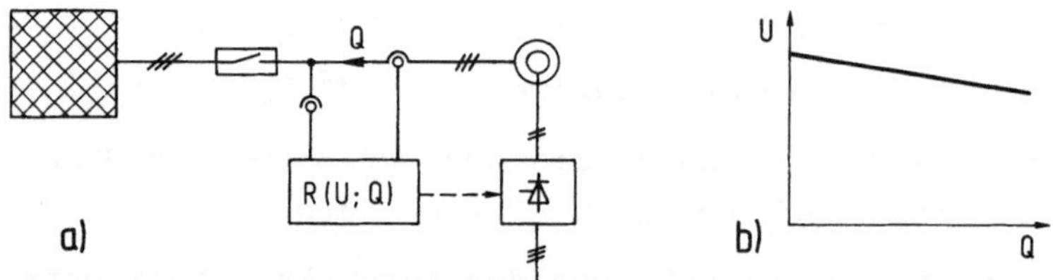

Bild 3.5. Prinzip der Generator-Spannungsregelung (vereinfacht)
a) Übersichtsschaltplan. Der Rotorgleichstrom wird hier durch Stromrichter erzeugt
b) Regelkennlinie

Bei der im Bild 3.4 eingetragenen 4/4-Belastung und $X/Z_n = 2$ wird $E_{4/4} \approx 2{,}7\ U_n/\sqrt{3}$. Bei einem plötzlichen Ausschalten des voll belasteten Generators würde also die Klemmenspannung bei konstanter Drehzahl, nach Abklingen der Ausgleichsvorgänge in der Dämpfer- und Läuferwicklung auf den 2,7fachen Wert der Spannung vor dem Ausschalten anwachsen. Ein solcher Spannungsanstieg ist untragbar. Er wird einerseits schon durch die magnetische Sättigung des Läufereisens beschränkt und andererseits durch den in Bild 3.5 a eingezeichneten Spannungsregler R(U;Q) verhindert. Bei Parallelbetrieb mit dem Netz erhält der Regler eine mit dem Blindstrom oder der Blindleistung leicht fallende Regelkennlinie U(Q) nach Bild 3.5 b. Dadurch wird erreicht, daß der Generator bei zu geringer Netzspannung mehr Blindstrom an das Netz abgibt, wodurch die Netzspannung nach Abschnitt 3.3 gestützt wird.

Im Alleinbetrieb des Generators ohne Netz oder nach Ausschalten des Leistungsschalters im Bild 3.6 a muß die Turbinendrehzahl über das Frischdampfventil geregelt werden. Für den Parallelbetrieb mit dem Netz erhält der Turbinenregler R(f;P) eine mit der Leistung leicht fallende Kennlinie nach Bild 3.6 b. Dadurch wird erreicht, daß der Generator bei gesunkener Frequenz eine größere Leistung an das Netz abgibt. Die dimensionslose Größe s wird Statik genannt. Sie beträgt beispielsweise 4 %.

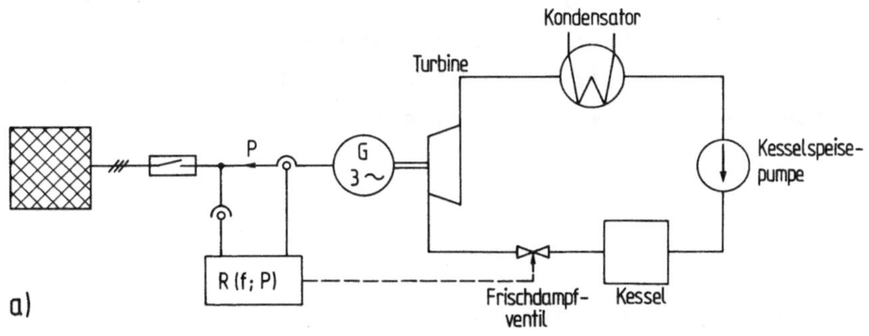

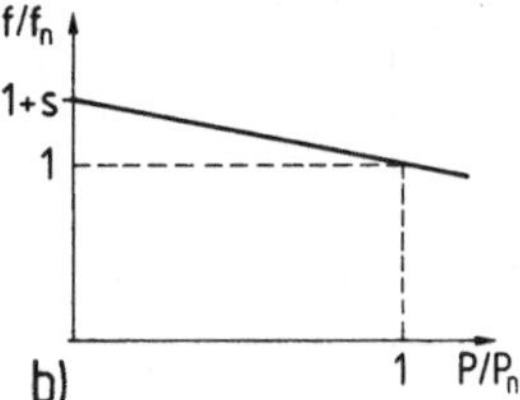

Bild 3.6. Prinzip der Turbinen-Drehzahlregelung (grob vereinfacht)
a) Übersichtsschaltplan mit geschlossenem Dampfkreislauf
b) Regelkennlinie mit nennwertbezogenen Achsenmaßstäben und Statik s

In Wasserkraftwerken mit Pumpspeicher können Synchron-Schenkelpolmaschinen nach Tabelle 2.9 betrieben werden:

- Generatorisch, angetrieben von einer Wasserturbine,
- wirkstromlos als "Phasenschieber" mit variabler Blindstromabgabe an das Netz,

- motorisch, gekuppelt mit einer Pumpe, gespeist vom Netz.

Um von einer Betriebsart auf eine andere überzugehen oder für den Hochlauf werden nur ein bis drei Minuten benötigt.

Weiterführende Literatur zum Abschnitt 3.1.2:
[2, 12, 14, 21, 39, 48 - 50, 62, 64, 85, 93, 110].

3.1.3 Momentenkennlinie und Betriebsdiagramm von Drehstrom-Asynchronmotoren

Asynchronmotoren sind nach Abschnitt 1.5.10 elektromechanische Leistungswandler mit belastungsabhängiger Drehzahl. Das Betriebsdiagramm nach Bild 3.11 a enthält bei kurzgeschlossener Läuferwicklung eine Ortskurve in der induktiven Halbebene, die mit dem Schlupf $s_{(1)}$ nach (2.69) als Parameter beziffert ist. Der das Mitsystem des Drehfeldes kennzeichnende Index (1) wird zur Vereinfachung weggelassen.

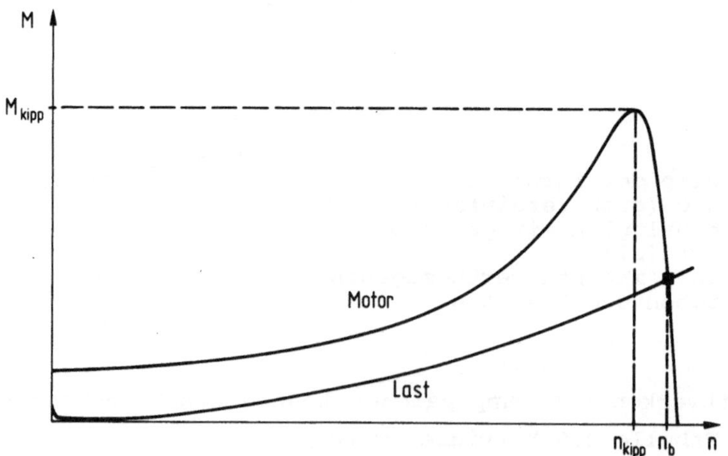

Bild 3.7. Motormoment und Lastmoment abhängig von der Drehzahl (unmaßstäbliches Beispiel). Das Lastmoment ist für n = 0 unstetig (Losbrechmoment)

Welche Drehzahl sich bei einem Antriebsvorgang tatsächlich einstellt, hängt von den Momentenkennlinien des Motors und der Last ab. Beispielsweise haben Ventilatoren und Pumpen eine etwa quadratische Kennlinie $M \sim n^2$. Nur dann kann der Motor vom Stillstand auf die Betriebsdrehzahl hochlaufen, wenn das Motormoment bei allen durchlaufenen Drehzahlen größer ist als das Lastmoment, wie dies Bild 3.7 zeigt. Stationär stellt sich dann der Schnittpunkt beider Kennlinien ein. Er ist stabil, wenn beim Überschreiten der Drehzahl n_b das bremsende Lastmoment überwiegt und die Drehzahl wieder zurück auf n_b sinkt.

Die M(n)-Kennlinie des Asynchronmotors kann aus dem in Abschnitt 2.2.4 aufgestellten Ersatzschaltplan Bild 2.21 berechnet werden.

Zur Erzeugung starker Drehmomente kommt es nach Bild 2.21 vor allem auf den Wirkleistungstransport vom Eingangstor S zum Ausgangstor R an, wo die Kurzschlußwicklung angeschlossen ist. Die über den Luftspalt übertragene elektrische Leistung

$$P_R = \frac{R_R}{s} I_R^2$$

teilt sich auf in

- Schlupfleistung (Stromwärmeverluste) $\quad P_v = R_R I_R^2$
- mechanische Leistung $\quad P_{mech} = \frac{1-s}{s} R_R I_R^2$

$$\left.\begin{array}{l} P_v = R_R I_R^2 \\ P_{mech} = \frac{1-s}{s} R_R I_R^2 \end{array}\right\} P_R = P_v + P_{mech},$$

Dabei ist

$$P_{mech} = (1-s) P_R \,. \tag{3.9}$$

Mit (1.104 b) und der Polpaarzahl p folgt daraus

$$M_{mech} = \frac{P_{mech}}{\omega_{mech}} = p \frac{P_R}{\omega_S} \,. \tag{3.10}$$

Da ω_S im Gegensatz zu ω_{mech} konstant ist, tritt das maximale Moment zugleich mit der maximalen über den Luftspalt übertragenen Leistung P_R auf. Es wird Kippmoment M_{kipp} beim Kippschlupf s_{kipp} genannt.

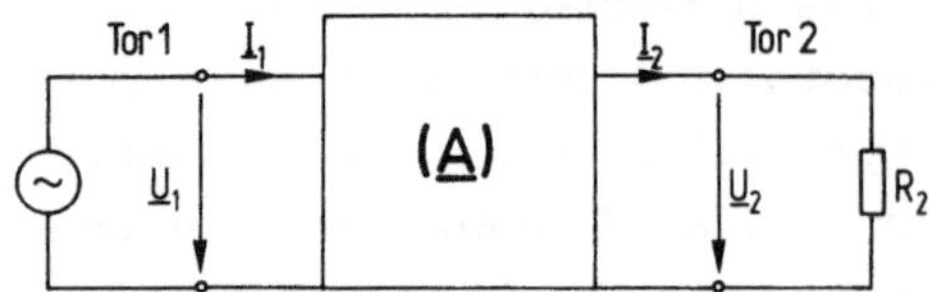

Bild 3.8. Einphasige Wirkleistungsübertragung vom Tor 1 zum Tor 2

Die Übertragung der Wirkleistung $P_2 = \underline{U}_2\underline{U}_2^*/R_2$ zum Ausgang eines allgemeinen Zweitors wird mit Bild 3.8 untersucht. Aus der ersten Zeile der $\underline{A}$-Matrix folgt

$$\underline{U}_1 = \left[\underline{A}_{11} + \frac{\underline{A}_{12}}{R_2}\right] \underline{U}_2 \,,$$

also

$$\frac{\underline{U}_1\underline{U}_1^*}{P_2} = R_2 \frac{\underline{U}_1\underline{U}_1^*}{\underline{U}_2\underline{U}_2^*} = R_2\left[\underline{A}_{11} + \frac{\underline{A}_{12}}{R_2}\right]\left[\underline{A}_{11}^* + \frac{\underline{A}_{12}^*}{R_2}\right] . \tag{3.11}$$

Bestimmt man den Extremwert von (3.11) durch Differenzieren nach R_2, so erhält man die gesuchte maximale Leistung P_{2max} am Ausgangstor 2 für eine vorgegebene Eingangsspannung $\underline{U}_1$ im sogenannten Anpassungsfall

$$R_2 = \frac{|\underline{A}_{12}|}{|\underline{A}_{11}|} . \tag{3.12 a}$$

Vergleicht man Bild 3.8 mit Bild 2.21, so ist $R_2 = ü^2R_R/s$. Die maximale elektrische Leistung P_{2max} ist beim Kippschlupf

$$s_{kipp} = \frac{|\underline{A}_{11}|}{|\underline{A}_{12}|} ü^2R_R \tag{3.12 b}$$

zu erwarten. Das dazugehörige Kippmoment erhält man aus (3.10), indem man (3.12 a) in (3.11) einsetzt. Es hängt quadratisch von der Eingangsspannung ab, bei Drehstrom also

$$M_{kipp} = p \frac{P_{2max}}{\omega_S} = \frac{p}{\omega_S} \frac{1}{2} \frac{3U_1^2}{|\underline{A}_{11}||\underline{A}_{12}| + \mathrm{Re}\{\underline{A}_{11}\underline{A}_{12}^*\}} . \tag{3.13}$$

Das ständerbezogene Bild 3.9 entspricht dem Bild 2.21 mit den Abkürzungen $\underline{U} = ü\underline{U}_R$, $\underline{I} = -\underline{I}_R/ü$, $X_\sigma = \omega \frac{\sigma}{1-\sigma} L_S$ und $R = ü^2R_R$. Mit den darunter angegebenen Koeffizienten $\underline{A}_{11}$ und $\underline{A}_{12}$ gewinnt man aus (3.12 a,b)

$$M_{kipp} = \frac{p}{\omega_S} \frac{3U_S^2}{2X_\sigma} , \qquad (3.14\ a)$$

$$s_{kipp} = \frac{R}{X_\sigma} . \qquad (3.14\ b)$$

Setzt man $\underline{A}_{11}$ und $\underline{A}_{12}$ in (3.11) ein, so bestimmt man mit (3.10)

$$M_{mech} = \frac{p}{\omega_S X_\sigma} \frac{3U_S^2}{\frac{R}{sX_\sigma} + \frac{sX_\sigma}{R}} . \qquad (3.15)$$

(3.15) läßt sich mit (3.14) zusammenfassen zu

$$\frac{M}{M_{kipp}} = \frac{2}{\frac{s}{s_{kipp}} + \frac{s_{kipp}}{s}} . \qquad (3.16\ a)$$

Diese allgemeingültige, bezogene Momentenkennlinie zeigt Bild 3.10. Für $s = s_{kipp}$ sind der Abschluß-Wirkwiderstand R/s und der nach Bild 3.9 vorgeschaltete Blindwiderstand X_σ betragsgleich. Für $s < s_{kipp}$ überwiegt die Resistanz R, für $s > s_{kipp}$ die Reaktanz X_σ. Da (3.16) nur ungerade Potenzen von s/s_{kipp} enthält, ist die Kurve in Bild 3.10 zentralsymmetrisch zum Punkt $s/s_{kipp} = 0$, wo die Steigung 2 beträgt.

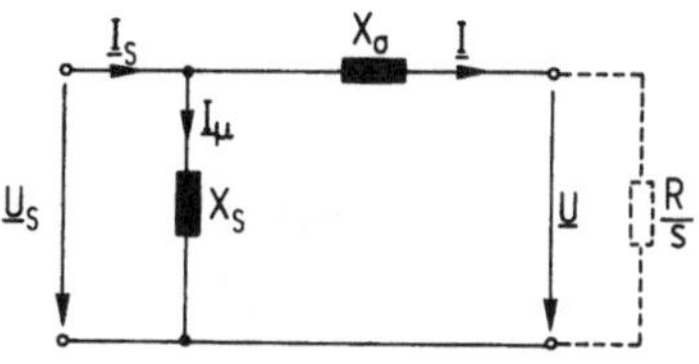

Bild 3.9. Aus Bild 2.21 abgeleiteter, ständerbezogener Ersatzschaltplan der Drehstrom-Asynchronmaschine mit kurzgeschlossenem Läufer

$$\underline{A} = \begin{bmatrix} 1 & jX_\sigma \\ \frac{1}{jX_S} & 1 + \frac{X_\sigma}{X_S} \end{bmatrix}$$

Mit den Bezeichnungen des Bildes 3.9 erhält man aus $P_R = P = sU^2/R$ sowie (3.10) und (3.14) die in s/s_{kipp} lineare Kennlinie

$$\frac{M}{M_{kipp}} = \frac{U^2}{U_S^2} \, 2 \, \frac{s}{s_{kipp}} . \qquad (3.16\ b)$$

Der nichtlineare Verlauf von (3.16 a) wird allein durch den Quotienten U/U_S bewirkt.

Ein stärkeres Moment beim Anlauf $s \approx 1$ läßt sich erreichen, wenn man nach Bild 3.10 s/s_{kipp} verkleinert. Hierzu genügt es, s_{kipp} nach (3.14 b) durch vergrößerte Läuferwiderstände R zu erhöhen. Das Kippmoment bleibt dabei nach (3.14 a) unverändert. Allerdings wird dadurch auch der Schlupf im Betriebspunkt vergrößert, was nach (1.106 c) oder (3.9) den Wirkungsgrad η mindert.

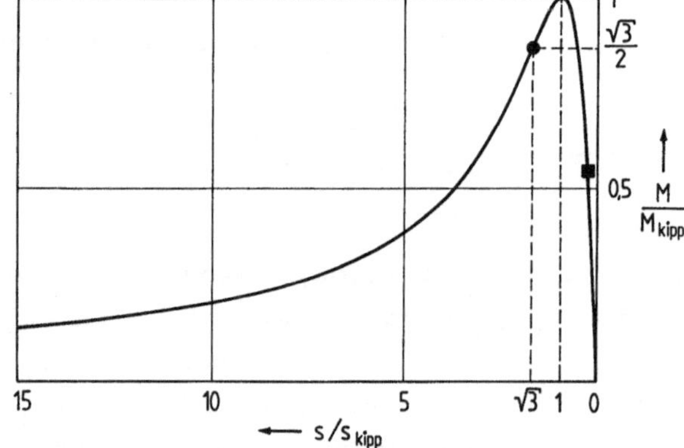

Bild 3.10. Auf den Maximalwert bezogene Momentenkennlinie nach (3.17)
■ Nennbetrieb für das Zahlenbeispiel in Bild 3.7
● Wendepunkt

Ist der Läufer mit einer dreiphasigen Wicklung versehen, die im Betrieb über Schleifringe kurzgeschlossen wird, so kann R für das Anlaufen durch äußere Widerstände vergrößert werden. Bei Käfigläufern werden die Leiter derart ausgebildet, daß der Läuferwiderstand während des Hochlaufs durch Stromverdrängung vergrößert ist.

Bei negativem Schlupf, also übersynchroner Drehzahl, wirken Asynchronmaschinen nach Tabelle 3.4 wie Generatoren. Sie können dabei jedoch, im Gegensatz zu übererregten Synchrongeneratoren (Abschnitt 3.1.2), keine Blindleistung ans Netz abgeben, sondern müssen den Magnetisierungsstrom stets vom Netz beziehen. Für eine Spannungsregelung sind sie nicht geeignet, da ihnen ein entsprechendes Stellglied fehlt.

Als Gegenstrombremsen sind gegensinnig angetriebene Asynchronmaschinen ohne Zusatzeinrichtungen nach Tabelle 3.4 und Bild 3.11 wenig nützlich, da sie nur einen geringen Wirkstrom aufnehmen.

Im Betriebsdiagramm des Bildes 3.11 ist daher nur der motorische Betriebsbereich $0 \leq s \leq 1$ ausgezogen. Das Kreisdiagramm entspricht der aus Bild 3.9 abzulesenden Funktion

$$\underline{I}_S = \left[\frac{1}{jX_S} + \frac{1}{R/s + jX_\sigma}\right] \underline{U}_S \tag{3.17}$$

und ist mit den in der Legende angegebenen Daten leicht zu zeichnen. Da (3.17) eine linear gebrochene Funktion des Schlupfes s ist, kann man die Kreistangente im Punkt $s = 0$ mit einer linearen Schlupfskala versehen und mit Hilfe der durch den Punkt $s = \pm\infty$ gehenden Strahlen ablesen. Skaliert man den Schlupf für den Nennpunkt, für den in Bild 3.11 der Wert $s_n = 2$ % vorgegeben ist, so schneidet der durch den Kippunkt verlaufende Strahl die Skala bei $s_{kipp} = 7{,}6$ %. Für $s_n/s_{kipp} = 2/7{,}6 = 0{,}26$ erhält man mit (3.16 a) $M_{kipp}/M_n = 2$ und $M_{Anlauf}/M_n = 0{,}3$. Wegen (1.102) und (3.10) sind die vertikalen Strecken zwischen dem Kreis und der Abszisse den Momenten proportional. Der Winkel ϑ zwischen den Zeigern der Torspannungen $\underline{U}_S$ und $\underline{U}$ ist am Kurzschlußpunkt $s = \pm\infty$ eingetragen.

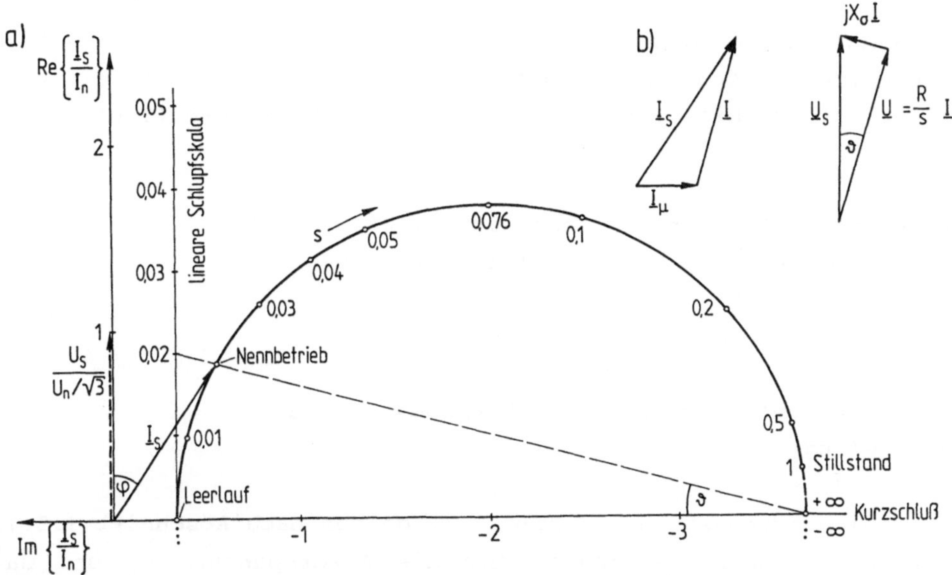

Bild 3.11. Asynchronmotor mit kurzgeschlossenem Läufer
$X_S = 3\ Z_n$, $X_\sigma = 0{,}3\ Z_n$, $s_n = 2$ % (vereinfacht)

a) Betriebsdiagramm
b) Nennwertbezogene Strom- und Spannungszeiger nach Bild 3.9 bei Nennbetrieb

Tabelle 3.4. Betrieb einer Asynchronmaschine im gesamten Schlupfbereich $-\infty < s < +\infty$

Drehzahl n	Schlupf s nach (2.69)	abgeführte mechanische Leistung nach Bild 2.21 $\mathrm{sgn}\left[\frac{1-s}{s}\right]$	zugeführte elektrische Leistung nach Bild 2.21 $\mathrm{sgn}\left[\frac{1}{s}\right]$	Betrieb der Asychronmaschine als
übersynchron	$-\infty$ ... 0	negativ	negativ	Generator, übersynchrone Bremse
untersynchron	0 ... 1	positiv	positiv	Motor
gegensinnig	1 ... $+\infty$	negativ	positiv	Gegenstrombremse

Der Anlaufstrom ist nach Bild 3.11 etwa 3,7 I_n. Um ihn zu reduzieren, kann man bei leichten Anlaufbedingungen die 3 Stränge der Ständerwicklung für die Spannung zwischen den Leitern bemessen und mit 6 Klemmen ausführen. Schaltet man sie für den Anlauf "in Stern", so sind die Wicklungsspannungen und Wicklungsströme um den Faktor $1/\sqrt{3}$ reduziert, die Außenleiterströme und Momente um den Faktor 1/3. Ist der Motor trotz des verringerten Momentes hochgelaufen, so wird die Wicklung endgültig "in Dreieck" umgeschaltet; der dabei zu erwartende Stromstoß ist bei mäßigem Schlupf nach Bild 3.11 tragbar. In 380-V-Drehstromnetzen dürfen beispielsweise Motoren bis 5,5 kW direkt eingeschaltet werden, bis 11 kW mit Stern-Dreieck-Schaltern [156].

Weiterführende Literatur zum Abschnitt 3.1.3:
[2, 12, 28, 62, 67, 93, 97, 102, 131, 132, 156].

3.1.4 Momentenkennlinien von Gleichstrommaschinen
(Zur Vertiefung)

Für die Gleichstrommaschine in Bild 3.12 gelten nach Abschnitt 1.5.11 die sogenannten Hauptgleichungen für die Ankerspannung U_A und das Drehmoment M

$$U_A = \omega\psi \, , \tag{3.18 a}$$

$$M = \psi I \, , \tag{3.18 b}$$

sowie

$$U = U_A + RI \ . \tag{3.19}$$

Dabei sind $\omega = 2\pi n$ die Winkelgeschwindigkeit des Läufers und R der Wicklungswiderstand. Durch Querfeldkompensation nach Bild 1.53 wird erreicht, daß der räumliche Winkel zwischen dem Spulenfluß ψ der Feldwicklung und dem Ankerstrom I stets $\mu_M = +\pi/2$ beträgt. Deshalb gehen die Winkellagen nicht in die Hauptgleichungen ein.

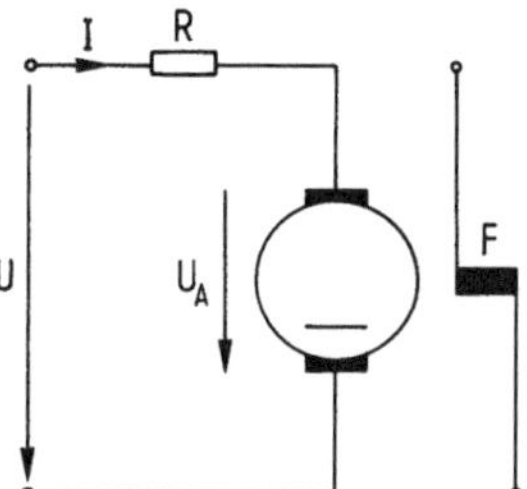

Bild 3.12. Gleichstrommaschine mit Verbraucherzählpfeilen

Aus den angeführten Gleichungen erhält man die übertragene Leistung

$$P = UI = \omega M + RI^2 \ . \tag{3.20}$$

ω und M sind bei Gleichstrommaschinen von der Polpaarzahl unabhängig.

Für die wichtigsten Anwendungen werden fremderregte Maschinen oder <u>Nebenschlußmaschinen</u> gewählt. Bei ihnen ist der Strom in der Feldwicklung F unabhängig vom Ankerstrom. In Bild 3.13 sind die Größen I, ω und ψ räumlich orientiert eingetragen. Die Läuferdrehmomente erhält man aus (1.96 a). Im Generatorbetrieb sind sie zur Drehrichtung gegensinnig, bei Motorbetrieb gleichsinnig. Kehrt man allein ψ um, ändern sich die Dreh- und Momentenrichtungen bei gleicher Stromrichtung. Kehrt man allein U_A um und behält die Richtung von ψ bei, ändert sich auch die Stromrichtung. Polt man U_A zusammen mit ψ um, ändert sich nichts. Die Schaltungen im Generator- und Motorbetrieb sind nach Bild 3.13 gleich.

Die in Bild 3.13 mit Zählpfeilen versehenen Größen sind eindeutig zueinander orientiert: ω und M sind ohnehin vektorielle Größen, und den Skalaren U_A und ψ wird durch die Zählpfeile in Bild 3.13 eine sinnfällige Richtung zugeordnet. Deshalb lassen sich damit die Ankerspannung U_A und das Drehmoment M im Generator- und Motorbetrieb in beiden Drehrichtungen ähnlich wie durch Kreuzprodukte im Rechts-Schraubsinn nach DIN 1312 beschreiben:

$$-U_A = \omega \times \psi \,, \tag{3.21}$$

$$M = I \times \psi \,. \tag{3.22}$$

(3.18) ergibt mit (3.19)

$$\omega = \frac{U - RM/\psi}{\psi} \,. \tag{3.23}$$

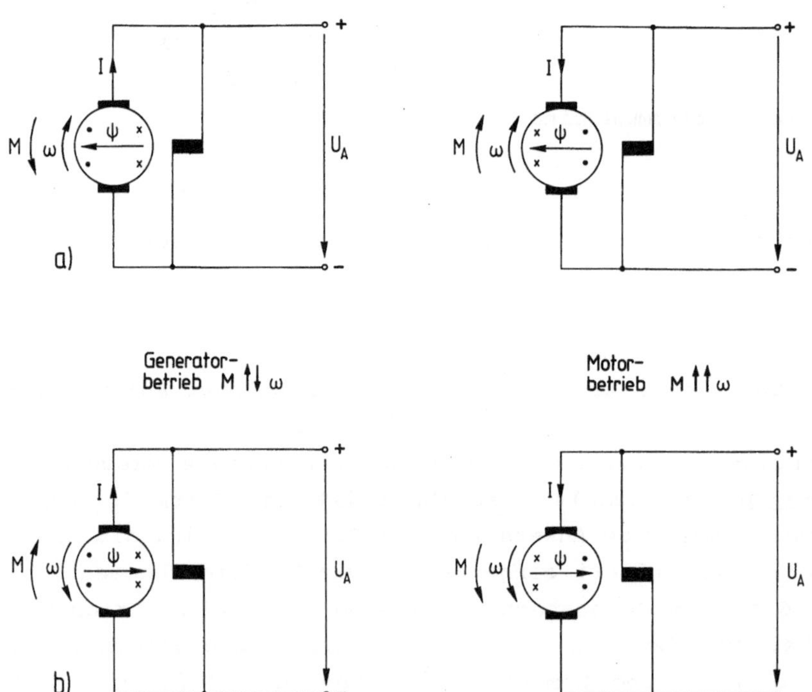

Bild 3.13. Nebenschlußmaschinen
a) Drehrichtung ω ↻ b) Drehrichtung ω ↺

Die Momentenkennlinie ist für konstantes ψ und kleines R nach Bild 3.14 schwach geneigt. Die Leerlaufdrehzahl $\omega_1 = U/\psi$ läßt sich durch eine einfache Spannungserhöhung oder Feldschwächung anheben. Bei Feldschwächung und konstantem Moment steigt der Strom nach (3.18 b), die Verluste nehmen zu. Ein Bremsen mit Leistungsrückgewinnung ist leicht möglich, wenn man bei gegebener Drehzahl die Spannung senkt und damit in den Generatorbetrieb übergeht.

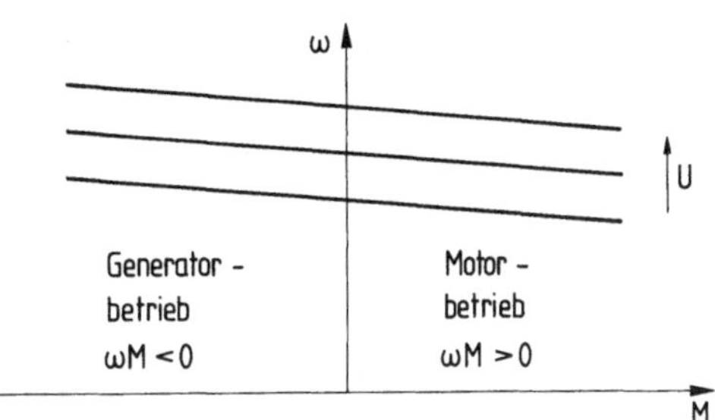

Bild 3.14. Momentenkennlinie bei Nebenschlußerregung

Bei konstanter Spannung wächst die Leistung mit M wegen

$$P = U\ I = U\,\frac{M}{\psi}\ . \tag{3.24}$$

Als Generatoren können sich Nebenschlußmaschinen durch die Eisenremanenz ohne Erregerstromquelle selbst erregen.

Gleichstrommaschinen mit separater Erregerstromquelle werden fremderregt genannt. Sie bieten die vielseitigsten Möglichkeiten zur Steuerung und Regelung. Zur Drehzahlregelung dient meist eine als Konstantstromquelle geregelte Stromrichterschaltung, die wegen (3.18 b) das Moment konstant hält. Der Stromsollwert wird bei Drehzahlabweichung durch die überlagerte Regelung solange verändert, bis die geforderte Drehzahl nach (3.18 a) erreicht ist.

Für gleichstrombetriebene Nahverkehrsmittel werden <u>Reihenschlußmotoren</u> gewählt, bei denen die Feldwicklung nach Bild 3.15 durch den Ankerstrom I gespeist wird, so daß $\psi = cI$ wird. Ohne Sättigung folgt aus (3.18 b) $M = cI^2$ und

$$\omega = \frac{U}{\sqrt{cM}} - \frac{R}{c}\ . \tag{3.25}$$

Ein Beispiel zeigt Bild 3.16. Bei konstanter Fahrdrahtspannung U ist

$$P = UI = U\,\frac{\overline{M}}{c}\ . \tag{3.26}$$

Die übertragene Leistung wächst im Gegensatz zu (3.24) hier nur mit $\sqrt{M}$, was für den Fahrbetrieb mit annähernd konstanter Drehzahl günstig ist. Zum Bremsen müssen ω und M wie im Generatorbetrieb gegensinnig sein. Man erreicht dies nach (3.25) durch kleines U und großes R, etwa durch Umschaltung des Motors vom Netz auf einen Bremswiderstand.

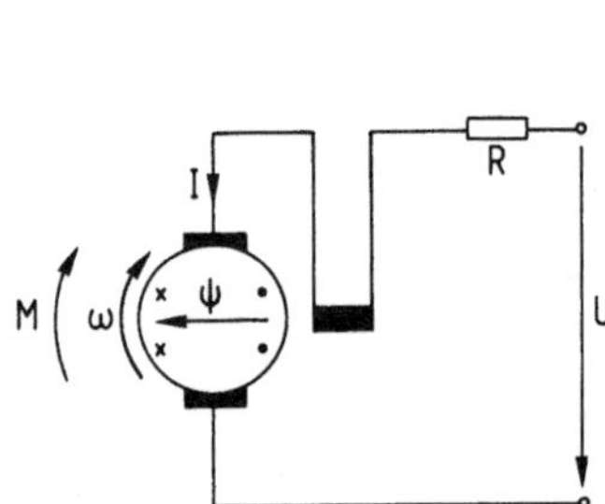

Bild 3.15. Reihenschlußmotor Drehrichtung wie Bild 3.13 a

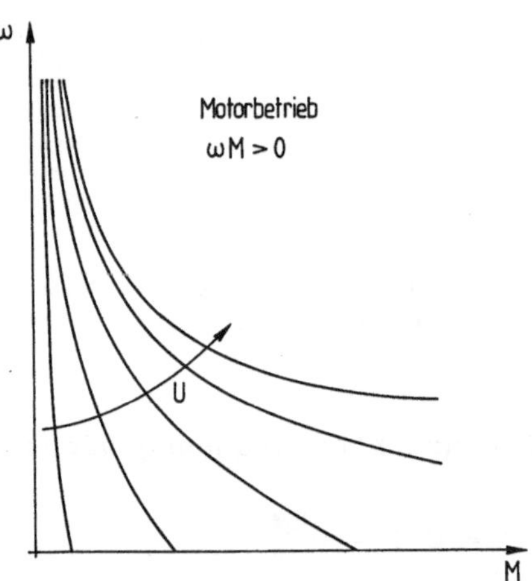

Bild 3.16. Momentenkennlinie bei Reihenschlußerregung

Weiterführende Literatur zum Abschnitt 3.1.4:
[2, 9, 12, 62, 103, 131, 132].

3.1.5 Betriebsbereich langer Leitungen

Als stark vereinfachtes Beispiel wird eine verlustlose, 500-km-lange Freileitung mit den in der Tabelle 2.11 angegebenen Daten betrachtet. Alle Ströme sind auf den Strom $\underline{U}_2/\Gamma$ bezogen. Aus der ersten Zeile von (2.98) gewinnt man mit der Abkürzung für das Wellenphasenmaß $b = \beta l$

$$\frac{\Gamma \underline{I}_2}{\underline{U}_2} = \mathrm{j}\cot b - \mathrm{j}\frac{\underline{U}_1}{\underline{U}_2}\,\frac{1}{\sin b}\,. \tag{3.27 a}$$

Die Ortskurve für konstanten Betrag $|\underline{U}_1/\underline{U}_2|$ ist ein Kreis um den im Bild 3.17 mit × gekennzeichneten ersten Aufpunkt $\mathrm{j}\cot b$. Er schneidet für $|\underline{U}_1| = |\underline{U}_2|$ die Ordinate in den Punkten ± 1. Aus der zweiten Zeile von (2.98) wird

$$\frac{\Gamma \underline{I}_2}{\underline{U}_2} = -j\tan b + \frac{\Gamma \underline{I}_1}{\underline{U}_2} \frac{1}{\cos b} \; . \tag{3.27 b}$$

Die Ortskurve für konstanten Betrag $|\Gamma \underline{I}_1/\underline{U}_2|$ ist ein Kreis um den im Bild 3.17 mit * gekennzeichneten zweiten Aufpunkt $-j\tan b$. Er schneidet für $|\Gamma \underline{I}_1| = |\underline{U}_2|$ die Ordinate gleichfalls in den Punkten ± 1.

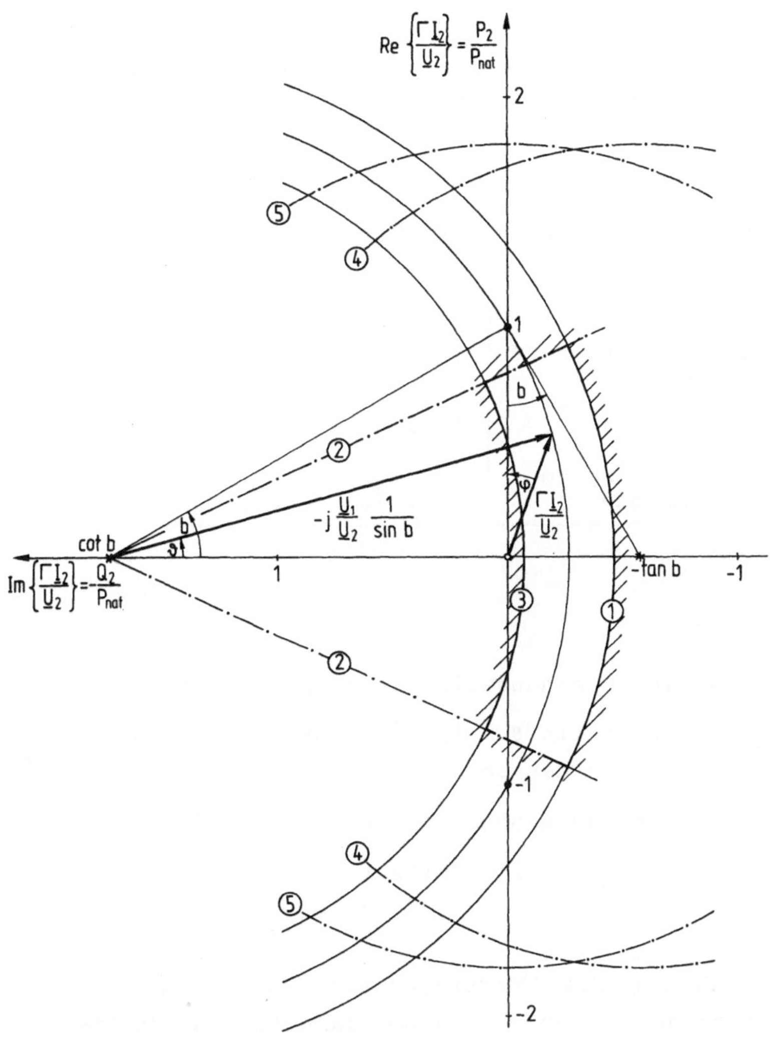

Bild 3.17. Betriebsbereich einer verlustlosen, 500-km-langen Höchstspannungsfreileitung mit eingetragenen Ortskurven ①...⑤ nach Tabelle 3.4, $b = \beta l = \pi/6$

- Betriebspunkte für Widerstandsanpassung $\Gamma \underline{I}_2 = \pm \underline{U}_2$

Die dem Ursprung nächstgelegenen Ortskurven nach Tabelle 3.4 sind im Bild 3.17 wieder schraffiert und begrenzen den Betriebsbereich. Der Leitungsleerlauf $\underline{I}_2 = 0$ liegt hier außerhalb des Betriebsbereiches, da er mit einer zu großen Spannungserhöhung am Leitungsende verbunden ist. Aus diesem Grund schließt man in solchen Fällen Drosselspulen zur Belastung an das Leitungsende an. Der Betriebspunkt $\underline{U}_2 = \Gamma \underline{I}_2$, bei dem die Leitung mit dem Wellenwiderstand abgeschlossen ist, läßt sich hier wegen des zu großen Leitungswinkels ϑ ohne Reihenkondensatoren nach Abschnitt 3.4 nicht erreichen.

Tabelle 3.5. Beispiele für Ortskurven zur Bestimmung des Betriebsbereiches einer Leitung

	Wirkung	Ortskurve für	Verlauf
①	Spannungsdifferenz	$\|\underline{U}_1/\underline{U}_2\| = 1,1$	Kreis um ×
②	Stabilität nach Abschnitt 3.4	$\vartheta = \pm 25^\circ$	Strahlen aus ×
③	Spannungsdifferenz	$\|\underline{U}_1/\underline{U}_2\| = 0,9$	Kreis um ×
④	Seilerwärmung am Leitungsanfang	$\|\Gamma \underline{I}_1/\underline{U}_2\| = r_4$	Kreis um *
⑤	Seilerwärmung am Leitungsende	$\|\Gamma \underline{I}_2/\underline{U}_2\| = r_5$	Kreis um 0

Anmerkungen:

① Die zulässige Spannungsdifferenz ist erreicht.

② Bei Leitungswinkeln $\vartheta > |\pm 25^\circ|$ kann nach Abschnitt 3.4 die Stabilität gefährdet sein.

③ Die zulässige Spannungsdifferenz ist erreicht.

④, ⑤ Die thermisch zulässige Seilstromstärke ist erreicht.

In der Praxis dürfen die Übertragungsverluste nicht vernachlässigt werden. Die Aufpunkte × und * liegen dann um den Verlustwinkel der Leitungsimpedanz unter der imaginären Achse, und zwar × nach (3.2) um den Kurzschlußverlustwinkel δ_k und * nach (3.3) um den Leerlaufverlustwinkel δ_1. Zusätzlich lassen sich noch die Ortskurvenkreise für den kleinsten zulässigen Wirkungsgrad η oder die größten noch vertretbaren Verluste nach Tabelle 3.1 in das Betriebsdiagramm eintragen.

Der Abschluß der verlustlosen Leitung mit dem Wellenwiderstand ermöglicht wichtige Vergleiche. Man bezeichnet als

natürliche Leistung $P_{nat} = 3U_2^2/\Gamma$,

natürlichen Strom $I_{nat} = U_2/\Gamma$

und bezieht die Leistungen und Ströme nicht auf die Nennwerte, sondern auf die "natürlichen Werte".

Wegen

$$\frac{\Gamma \underline{I}_2}{\underline{U}_2}\,\frac{3\underline{U}_2^*}{3\underline{U}_2^*} = \frac{\underline{S}_2^*}{P_{nat}}$$

sind

$$\mathrm{Re}\left\{\frac{\Gamma \underline{I}_2}{\underline{U}_2}\right\} = \frac{P_2}{P_{nat}} \qquad \text{und} \qquad \mathrm{Im}\left\{\frac{\Gamma \underline{I}_2}{\underline{U}_2}\right\} = -\frac{Q_2}{P_{nat}} \,. \tag{3.28}$$

Nach Bild 3.17 gilt bei einer verlustlosen Leitung, die ohne Spannungsdifferenz $|\underline{U}_1| = |\underline{U}_2|$ betrieben wird,

für $P_2 < P_{nat}$: $\left\{\begin{matrix} Q_2 > 0 \\ \vartheta < b \end{matrix}\right\}$ die Leitungskapazitäten überwiegen,

für $P_2 > P_{nat}$: $\left\{\begin{matrix} Q_2 < 0 \\ \vartheta > b \end{matrix}\right\}$ die Leitungsinduktivitäten überwiegen.

Bei natürlicher Leistung ist die Blindleistungsbilanz jedes Leitungselementes ausgewogen:

$$Q_L' - Q_C' = 3\omega L' I^2 - 3\omega C' U^2 = 0$$

wird erfüllt für

$$\frac{U}{I} = \sqrt{L'/C'} = \Gamma \,.$$

3.1.6 Betriebsbereich kurzer verlustbehafteter Leitungen
(Zur Vertiefung)

Das Betriebsverhalten kurzer Leitungen läßt sich aus den Ergebnissen des Abschnittes 3.1.5 ableiten. Einfacher ist es, hierfür (3.33 a) und (3.35) mit I_{w2} und I_{b2} als Koordinatenachsen heranzuziehen.

Als Ortskurven, die im folgenden wie in Tabelle 3.5 bezeichnet werden, erhält man für konstante relative Spannungsdifferenz $\Delta U/U_2$ und für konstante Leitungswinkel ϑ die orthogonalen Geradenscharen

①, ③ $$\frac{I_{w2}}{U_2} = \frac{1}{R}\frac{\Delta U}{U_2} - \frac{X}{R}\frac{I_{b2}}{U_2}\,, \qquad \Delta U = |\underline{U}_1| - |\underline{U}_2|\,, \tag{3.29}$$

② $$\frac{I_{w2}}{U_2} = \frac{1}{X}\,\vartheta + \frac{R}{X}\frac{I_{b2}}{U_2} \qquad \text{bedeutungslos}\,. \tag{3.30}$$

Die Ortskurven ④ und ⑤ für konstante Seilerwärmung fallen zusammen.

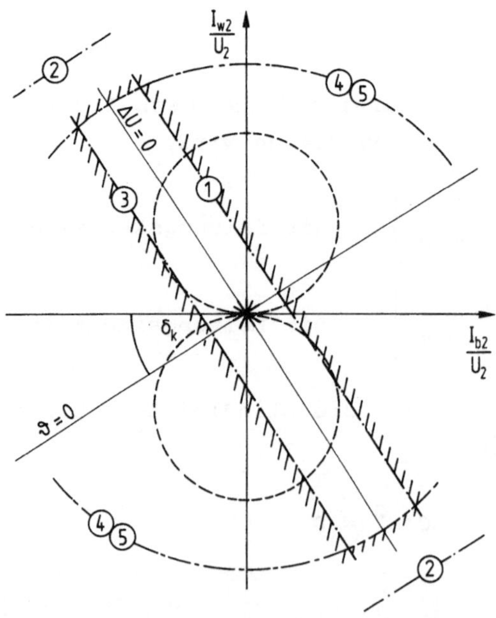

Bild 3.18. Betriebsbereich einer kurzen verlustbehafteten Leitung, $\tan\delta_k = R/X$
----- Beispiel für eine Ortskurve mit konstantem Wirkungsgrad η

Nach Tabelle 3.1 liegen die Mittelpunkte der konzentrischen Ortskurvenkreise für P_1 = const bei $\frac{I_{w2}}{U_2} = -\frac{1}{2R}$ und für Q_1 = const bei $\frac{I_{b2}}{U_2} = -\frac{1}{2X}$. Die Ortskurven für η = const sind Kreise durch den Ursprung mit den Mittelpunkten in $\frac{I_{w2}}{U_2} = \pm\frac{1-\eta}{\eta}\frac{1}{2R}$.

Der erste Aufpunkt × des Bildes 3.17 liegt im Bild 3.18 weit entfernt vom Ursprung auf dem Strahl für $\vartheta = 0$ im dritten Quadranten. Der zweite Aufpunkt * fällt wegen $\underline{I}_1 = \underline{I}_2$ mit dem Ursprung zusammen.

Weiterführende Literatur zu den Abschnitten 3.1.5 und 3.1.6: [22, 36, 48 - 50, 64, 78].

3.2 Parallelbetrieb von Drehstromtransformatoren

Der Betriebsbereich einzelner Drehstromtransformatoren wird, wie bei den kurzen Leitungen nach Abschnitt 3.1.6, durch die zulässigen Spannungsdifferenzen und Ströme bestimmt. Der Zusammenhang zwischen beiden Größen läßt sich nach Abschnitt 3.3 berechnen, so daß Betriebsdiagramme entbehrlich sind.

Weniger übersichtlich ist das Betriebsverhalten parallelgeschalteter Transformatoren. Es ist wirtschaftlich, Transformatoren z. B. für die doppelte Höchstlast des Aufstellungsjahres zu bemessen. Werden sie nach einigen Jahren voll ausgelastet, so wird meist ein zweiter Transformator aufgestellt und parallelgeschaltet. Dabei sind die folgenden Überlegungen zu beachten.

Bild 3.19 b zeigt den Ersatzschaltplan zweier unbelasteter Drehstromtransformatoren mit den Kurzschlußimpedanzen $\underline{A}$, $\underline{B}$ und den komplexen Spannungsübersetzungen $\underline{ü}_A$, $\underline{ü}_B$ nach (2.60), die auf der Unterspannungsseite US über eine Leitungsimpedanz $\underline{C}$ miteinander verbunden sind. Alle Queradmittanzen sind vernachlässigt. Man liest mit $\underline{Z} = \underline{A} + \underline{B} + \underline{C}$ ab für die US-Seite $\underline{I}_A = \frac{\underline{U}_A - \underline{U}_B}{\underline{Z}}$,

für die OS-Seite $\underline{U}_A - \underline{U}_B = \left[\frac{1}{\underline{ü}_A} - \frac{1}{\underline{ü}_B}\right]\underline{E}$.

Obwohl keine Verbraucher angeschlossen sind, fließt ein Kreisstrom $\underline{I}_A = -\underline{I}_B$, wenn $\underline{ü}_A \neq \underline{ü}_B$ ist. Dabei ist es belanglos, wie in (2.57) die Kennzahl n erreicht wird; die Schaltgruppen Yd5 und Yz5 nach Bild 2.18 a und b sind gleichwertig. Dieser Kreisstrom wird in den folgenden zwei Beispielen für den Fall berechnet, daß beide Transformatoren gleiche Scheinleistungen S_n und gleiche, nennwertbezogene Kurzschlußspannungen $u_{k*} = \sqrt{3}U_k/U_n$ nach (2.42) aufweisen und beiderseits impedanzlos parallelgeschaltet sind, so daß $\underline{C} = 0$. Dann gilt mit (2.42) für die Unterspannungsseite US

$$|Z| = 2|\underline{A}| = 2|\underline{B}| = 2Z_n \frac{U_k}{U_n/\sqrt{3}} = 2\frac{U_n^2}{S_n} u_{k*} . \tag{3.31}$$

Die Differenzspannung $\underline{U}_{AB} = \underline{U}_A - \underline{U}_B$ kann dem Zeigerdiagramm in Bild 3.19 c entnommen werden.

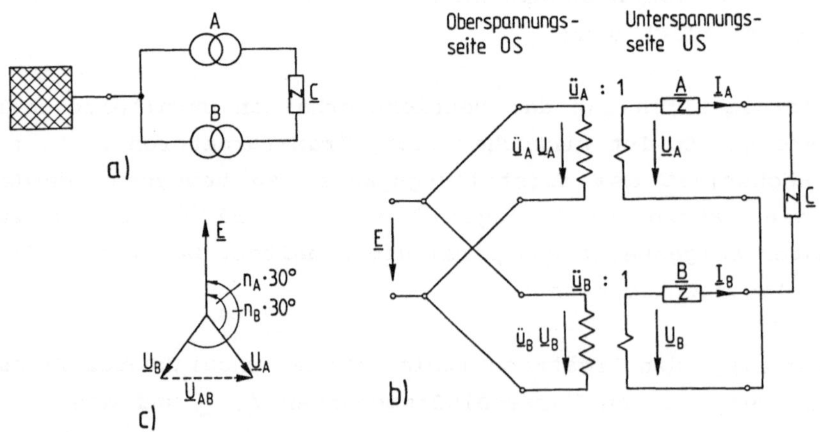

Bild 3.19. Parallelschaltung zweier Transformatoren
a) Übersichtsschaltplan mit Leitungsimpedanz $\underline{C}$
b) Einphasiger Ersatzschaltplan
c) Zeigerdiagramm der idealen Drehstromtransformatoren

Erstes Beispiel: Die <u>Kennzahlen</u> stimmen nicht überein. Man entimmt Bild 3.19 c für $|\underline{ü}_A| = |\underline{ü}_B|$

$$U_{AB} = 2\ U_A \sin(\frac{\pi}{12}\ |n_A - n_B|)\ .$$

Damit wird für $U_A = U_n/\sqrt{3}$ mit (3.31)

$$\frac{I_A}{I_n} = \frac{U_{AB}}{|\underline{Z}|I_n} = \frac{\sin(\frac{\pi}{12}\ |n_A - n_B|)}{u_{k*}}\ .$$

Für $n_A - n_B = 1$ und $u_{k*} = 6\ \%$ ist also

$$I_A = \frac{\sin(\pi/12)}{0{,}06}\ I_n = 4{,}3\ I_n\ .$$

Schon wenn die Kennzahlen nur um 1 differieren, fließen kurzschlußartige Kreisströme durch die Transformatoren. Sie sind nach ihrer Phasenlage Wirkströme.

Zweites Beispiel: Die <u>Übersetzungen</u> stimmen im Betrag nicht überein. Für gleiche Kennzahlen $n_A = n_B$ entnimmt man Bild 3.19 b

$$U_{AB} = \left[1 - \frac{ü_A}{ü_B}\right] U_A\ .$$

Damit wird für $U_A = U_n/\sqrt{3}$

$$\frac{I_A}{I_n} = \frac{U_{AB}}{|\underline{Z}|I_n} = \frac{|1 - ü_A/ü_B|}{2\ u_{k*}}\ .$$

Für $ü_A/ü_B = 1{,}05$ und $u_{k*} = 6\ \%$ ergibt sich

$$I_A = \frac{0{,}05}{0{,}12}\ I_n = 0{,}42\ I_n\ .$$

Wenn die Übersetzungen nur um 5 % differieren, sind die Transformatoren schon ohne Verbraucher allein durch die Kreisströme hoch belastet. Sie sind nach ihrer Phasenlage Blindströme.

Auch die nennwertbezogenen <u>Kurzschlußspannungen</u> u_{k*} parallelgeschalteter Transformatoren sollten gleich sein. Ist $\underline{ü}_A = \underline{ü}_B$ nach Betrag und Phase erfüllt, so teilt sich im Fall $\underline{C} = 0$ der Strom der Verbraucher, die auf der US-Seite angeschlossen sind, proportional zu den Kurzschlußadmittanzen $1/\underline{A}$ und $1/\underline{B}$ auf die beiden parallelgeschalteten Transformatoren auf:

$$\frac{\underline{I}_A}{\underline{I}_B} = \frac{\underline{B}}{\underline{A}} \, .$$

Sind die Nennleistungen der beiden Transformatoren unterschiedlich, so sollen diese Ströme proportional zu den Nennströmen und Nennleistungen sein

$$\frac{B}{A} = \frac{I_A}{I_B} \stackrel{!}{=} \frac{I_{nA}}{I_{nB}} = \frac{S_{nA}}{S_{nB}} \, .$$

Dies führt bei gleichen Impedanzwinkeln auf

$$A \, S_{nA} = B \, S_{nB} \, .$$

Dividiert man beide Seiten durch U_n^2, so folgt mit (2.42)

$$u_{kA*} = u_{kB*} \, .$$

Die angestrebte scheinleistungsproportionale Stromaufteilung wird erreicht, wenn die nennwertbezogenen Kurzschlußspannungen u_{k*} der parallelgeschalteten Transformatoren gleich sind.

Schließlich ist die Parallelschaltung von Transformatoren nur dann wirtschaftlich, wenn ihre Nennleistungen sich nicht allzusehr unterscheiden. In der Praxis bedeutet dies

$$\frac{1}{3} < \frac{S_{nA}}{S_{nB}} < 3 \, .$$

Zusammenfassend ist für den Parallelbetrieb von Drehstromtransformatoren zu fordern:

- Gleiche Kennzahlen n, um Wirk-Kreisströme zu vermeiden;
- gleiche Übersetzungen ü, um Blind-Kreisströme zu vermeiden;
- möglichst gleiche, nennwertbezogene Kurzschlußspannungen u_{k*}, um den Strom proportional zu den Nennleistungen auf die Transformatoren aufzuteilen;

- wenig unterschiedliche Nennleistungen S_n, um unwirtschaftliche Parallelschaltungen zu vermeiden.

Weiterführende Literatur zum Abschnitt 3.2:
[2 - 4, 22, 23, 50, 52, 63, 64, 81].

3.3 Spannungshaltung

Wegen $RI^2 >> GU^2$ werden Energieversorgungsnetze bei Belastungsänderungen mit möglichst konstanter Spannung und variablem Strom betrieben. Abweichungen der Spannungsbeträge vom Sollwert lassen sich jedoch nicht ganz vermeiden. Sie werden Spannungsdifferenzen ΔU genannt und umfassen

- örtliche Spannungsunterschiede: Anstiege und Abstiege, z. B. in Übertragungsnetzen ±10 %, in Niederspannungsnetzen ±3 %;

- zeitliche Spannungsänderungen: Zunahmen und Abnahmen, wobei die Häufigkeit der Änderungen nach Bild 3.20 zu beachten ist.

Die örtlichen Spannungsunterschiede in einem wirtschaftlich betriebenen Energieversorgungsnetz können ausreichend klein gehalten werden, wenn die einspeisenden Transformatoren mit veränderlicher Übersetzung wie im Bild 2.12 ausgerüstet sind. Transformatoren zur Speisung von Niederspannungsnetzen sind aus wirtschaftlichen Gründen nicht mit Stufen-Lastschaltern, allenfalls mit umklemmbaren Anzapfungen gebaut.

Die zeitlichen Spannungsänderungen sind vor allem an Glühlampen 220 V kleiner Leistung zu bemerken, deren Glühdraht-Temperatur sich mit der Spannung ändert und damit die Lichtemission stark beeeinflußt. Die häufigkeitsabhängige Bemerkbarkeitsgrenze zeigt Bild 3.20. Das physiologische Empfindlichkeitsmaximum des menschlichen Auges liegt bei etwa 5 bis 10 Hz; die Kurve endet bei etwa 20 Hz, wo der Sehsinn wie beim Film mit 24 Bildern/s die einzelnen Vorgänge nicht mehr auflöst. Die Akzeptanzgrenze gibt an, welche Spannungsänderungen als störend empfunden werden und enthält starke psychische Komponenten.

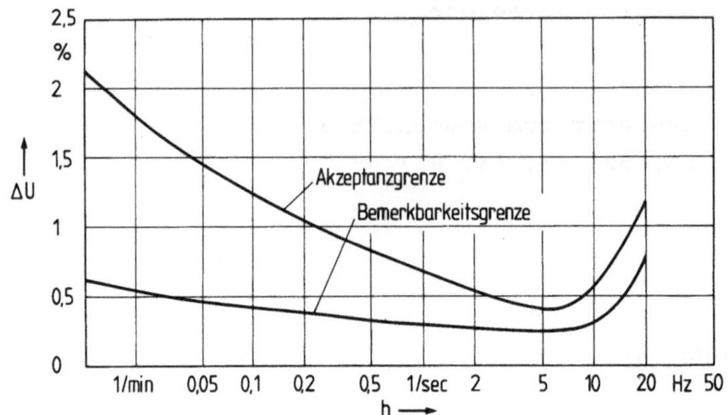

Bild 3.20. Bemerkbare und als störend empfundene Spannungsschwankungen abhängig von der Häufigkeit h [Cigré-Bericht Nr. 331 (1960) Anhang II]. Störfestigkeit von Geräten siehe DIN VDE 0839

Bei kleinen Leitungswinkeln $\vartheta \ll 1$ lassen sich ΔU und ϑ durch die folgenden Näherungen berechnen. Man entnimmt Bild 3.21

$$E^2 = U^2 + (ZI)^2 + 2UZI\cos(\psi-\varphi) \, . \tag{3.32 a}$$

Für $(ZI)^2 \ll U^2$ wird

$$\Delta U = |\underline{E}| - |\underline{U}| \approx U\sqrt{1 + 2\frac{ZI}{U}\cos(\psi-\varphi)} - U \approx ZI\cos(\psi-\varphi) \, . \tag{3.32 b}$$

Mit

$$R = Z\cos\psi, \quad X = Z\sin\psi, \quad I_w = I\cos\varphi, \quad I_b = I\sin\varphi$$

folgt daraus die Spannungsdifferenz

$$\Delta U \approx RI_w + XI_b \, . \tag{3.33 a}$$

Sie ist eine skalare Größe, kein Zeiger. Der Fehlerbetrag

$$|F_{\Delta U}| = E(1 - \cos\vartheta)$$

ist klein und im Bild 3.21 eingetragen.

Für den Leitungswinkel ϑ wird entsprechend

$$E\vartheta \approx ZI\sin(\psi-\varphi) = XI_w - RI_b \, . \tag{3.34}$$

Der Fehlerbetrag

$$|F_\vartheta| = \vartheta - \sin\vartheta$$

ist sehr klein. Im allgemeinen gilt $E \approx U$ und damit

$$U\vartheta \approx XI_w - RI_b \ . \tag{3.35}$$

Wegen der geringen Fehlerbeträge sind die Gleichungen (3.33 a) und (3.35) für Abschätzungen sehr nützlich. Sie liegen der Berechnung des Betriebsbereiches kurzer Leitungen im Abschnitt 3.1.6 zugrunde. Soll beispielsweise eine Leitung mit $\Delta U = 0$ betrieben werden, so ist mit

$$I_b = - \frac{R}{X} I_w$$

nach (3.33 a) zu erfüllen: Induktiver Blindstrom ist entgegen dem Wirkstrom zu übertragen.

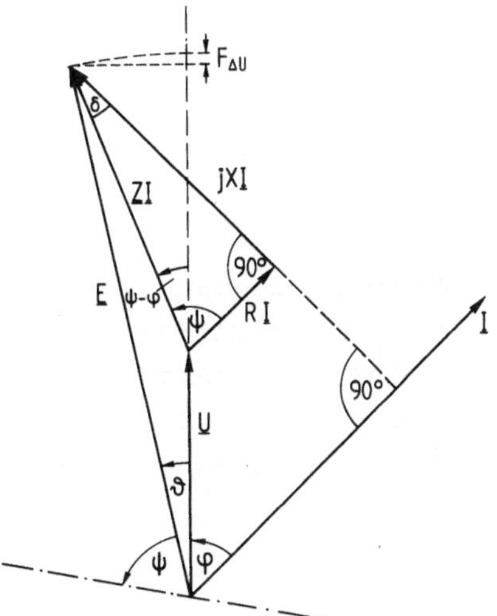

Bild 3.21. Zeigerdiagramm zur Berechnung der Spannungsdifferenz ΔU und des Leitungswinkels ϑ (unmaßstäbliches Beispiel)

Aus (3.35) folgt, daß der Leitungswinkel ϑ einer verlustarmen Leitung $R \ll X$, die wirtschaftlich mit möglichst kleinen Blindströmen $I_b < I_w$ betrieben wird, durch Reihenkondensatoren im Längszweig der Leitung reduziert werden kann. Hiervon macht man gelegentlich bei langen hochbelasteten Leitungen nach Abschnitt 3.4 Gebrauch. Bei Netzkurzschlüssen müssen die Reihenkondensatoren überbrückt werden, um Überlastungen zu vermeiden.

Aus (3.33 a) folgt, daß sich Spannungsdifferenzen ΔU als Folge induktiver Blindströme durch Kondensatoren vermindern lassen, die parallel zu den Verbrauchern geschaltet werden. Sie senken deren induktiven Blindströme und verbessern so die Spannungshaltung im gesamten Netz. Deshalb werden Parallelkondensatoren zur Blindleistungskompensation vor allem in Niederspannungsnetzen sehr häufig eingesetzt.

In Hochspannungsnetzen läßt sich die Spannungshaltung durch Stelltransformatoren nach Bild 2.12 beeinflussen. Durch ihre auch unter Last verstellbare Übersetzung $ü = ü_n + \Delta ü$ läßt sich die Leerlaufspannung $üE$ um $\Delta ü \cdot E$ anheben oder absenken. Damit lautet (3.33 a) erweitert

$$\Delta U \approx \Delta ü \cdot E + RI_w + XI_b \ . \tag{3.33 b}$$

Übliche Werte sind etwa $-0{,}2 < \Delta ü/ü_n < 0{,}2$.

Weiterführende Literatur zum Abschnitt 3.3:
[4, 22, 29, 36, 48 - 50, 53, 64, 73, 81, 95, 120, 160, 163].

3.4 Leistungsübertragung und statische Stabilität

(Zur Vertiefung)

Dem Betriebsdiagramm eines verlustlosen Zweitores in Bild 3.2 b oder der Momentenkennlinie eines Turbogenerators in Bild 3.3 b kann man die Stabilitätsgrenze $\vartheta = \pi/2$ unmittelbar entnehmen. Dies ist bei der verlustbehafteten Übertragung nach Bild 3.22 nicht mehr möglich, da die Wirkleistungen an beiden Klemmen des Zweitores ungleich sind.

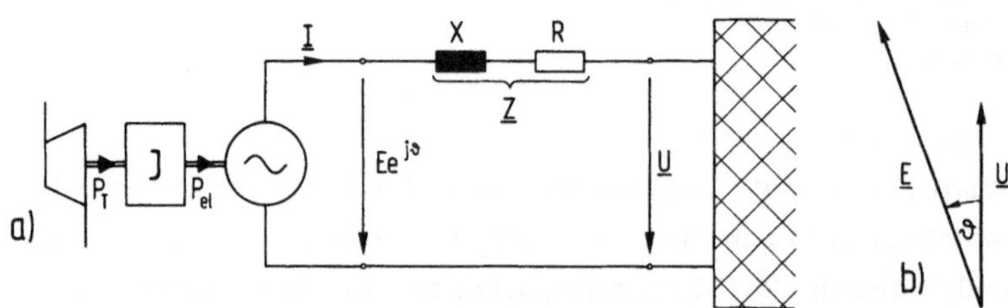

Bild 3.22. Leistungsübertragung über eine verlustbehaftete Leitung
a) Ersatzschaltplan b) Zeigerdiagramm (nicht maßstäblich)

Liegt in Bild 3.22 b der Zeiger $\underline{U}$ der in Betrag und Phase unnachgiebigen Netzspannung in der reellen Achse, so ist $\underline{E} = Ee^{j\vartheta}$. Dann lautet die kinetische Gleichung des Generators mit dem Trägheitsmoment J:

Beschleunigungsleistung + Ständerleistung = Turbinenleistung

$$J \frac{\omega}{p} \frac{d^2(\vartheta/p)}{dt^2} \qquad + \qquad P_{el}(\vartheta) \qquad = \qquad P_T \tag{3.36}$$

Faßt man die Längsimpedanzen des Generators und der Leitung zur Impedanz $\underline{Z} = Ze^{j\psi}$ zusammen, so ist die Wirkleistung am Generator

$$P_{el}(\vartheta) = \mathrm{Re}\{3\underline{E}\underline{I}^*\} = \mathrm{Re}\left\{3\underline{E}\,\frac{\underline{E}^* - \underline{U}^*}{\underline{Z}^*}\right\} = 3\frac{E}{Z}[E\cos\psi - U\cos(\psi+\vartheta)] \ .$$

Die in der Klammer stehenden Summanden erhält man mit Bild 3.21 aus den Projektionen der Zeiger $\underline{E}$ und $\underline{U}$ auf die strichpunktierte Hilfsgerade.

Nach ϑ differenziert wird daraus

$$dP_{el} = 3\,\frac{EU}{Z}\,\sin(\psi+\vartheta)\,d\vartheta \ . \tag{3.37}$$

Linearisiert man (3.36) mit (3.37) und sieht dabei E und P_T als konstant, sowie ω als angenähert konstant an, so wird bei kleinen Auslenkungen ϑ aus der Gleichgewichtslage

$$\frac{d^2\vartheta}{dt^2} + \frac{p^2}{J\omega}\,\frac{3EU}{Z}\,\sin(\psi+\vartheta)\,\vartheta = 0 \ . \tag{3.38}$$

Dieser Differerentialgleichung 2. Ordnung vom Typ

$$\frac{d^2y}{dt^2} + \omega_0^2 y = 0$$

entsprechen für

$$\omega_0^2 \begin{cases} > 0 \text{ ungedämpfte Schwingungen,} \\ < 0 \text{ monoton beschleunigte Auslenkungen.} \end{cases}$$

Ein dämpfendes Glied erster Ordnung tritt in dieser Differentialgleichung nicht auf, weil in dem für den Generator verwendeten, extrem vereinfachten Ersatzschaltplan nach Bild 2.23 a die Dämpferwicklung nicht enthalten ist. Deswegen soll hier allein die monotone Stabilität betrachtet werden. Die Stabilitätsbedingung lautet hierfür $\omega_0 > 0$, also

$$0 < \psi + \vartheta < \pi$$

oder mit $\psi = \pi/2 - \delta$

$$-\left[\frac{\pi}{2} - \delta\right] < \vartheta < \frac{\pi}{2} + \delta \ . \tag{3.39}$$

Die Eigenfrequenz $\omega_0/(2\pi)$ hat die Größe von etwa 1 Hz. Ein stabiler Betrieb für $\tan\delta = R/X = 0$ wird bei $-\pi/2 < \vartheta < +\pi/2$ erreicht, was mit der einfachen Betrachtung in Bild 3.3 übereinstimmt. Wird die Leistung jedoch über eine verlustbehaftete Leitung übertragen, so beträgt der Polradwinkel ϑ_{grenz} an der Stabilitätsgrenze beim Synchrongenerator $\pi/2 + \delta$, beim Synchronmotor nur $-(\pi/2 - \delta)$.

Die Impedanz $\underline{Z} = R + jX$ in Bild 3.22 a umfaßt den Generator mit Transformator und die Leitung. Teilt man ϑ_{grenz} auf, so kann man erfahrungsgemäß 70° dem Generator mit Transformator und etwa 20° bis 25° der Leitung zuordnen, wie dies im Bild 3.4 Ortskurve ④, und Bild 3.17 Ortskurve ②, geschehen ist. Bei größeren Polrad- und Leitungswinkeln besteht die Gefahr, daß der Generator, z. B. bei schlechter Spannungshaltung, außer Tritt fällt und asynchron zur Netzspannung läuft. Dabei erzeugt er große, kurzschlußartige Ströme, so daß er durch den Netzschutz ausgeschaltet werden muß.

Die monotone statische Stabilität eines Synchrongenerators kann durch rasch wirksame Erregungseinrichtungen und Spannungsregler ähnlich wie in Bild 3.5 wesentlich verbessert werden. Solche Regler halten die transiente Quellenspannung E' nach (2.82) praktisch konstant, wodurch sich in Bild 3.4 die Ortskurve ④ verändert und damit den Betriebsbereich vergrößert.

Die verlustlose, ohne Spannungsdifferenz betriebene Leitung darf nach Bild 3.17 höchstens belastet werden mit etwa

$$\frac{P}{P_{nat}} = \frac{\sin\vartheta_{grenz}}{\sin\beta l} \approx \frac{25^o}{360^o \ l/\lambda} ,$$

also mit

$$Pl \leq P_{nat} \cdot 400 \text{ km} . \qquad (3.40)$$

Nur über Leitungen l << 400 km kann man ähnlich wie in Bild 3.18 ein Vielfaches der natürlichen Leistung übertragen. Größere Leitungslängen l bei hohen Belastungen P sind möglich, wenn der Leitung am Anfang und Ende Reihenkondensatoren vor- und nachgeschaltet werden, die den Leitungswinkel ϑ nach (3.35) verkleinern. Sie vergrößern allerdings die Neigung des Netzes zu selbsterregten elektromechanischen Schwingungen.

Weiterführende Literatur zum Abschnitt 3.4:
[22, 29, 30, 48 - 50, 53, 62, 64, 95, 120].

3.5 Verbundbetrieb, Frequenzhaltung und Frequenzregelung

(Zur Vertiefung)

Trotz der vergleichweise hohen Übertragungskosten für elektrische Energie ist es wirtschaftlich, alle Kraftwerke an ein weitreichendes, leistungsfähiges Verbundnetz anzuschließen. Damit erreicht man

- die volle Ausnutzung der Wasserkraftwerke und anderer regenerativer Energiequellen ohne Speicher, deren Arbeitskosten k_W verschwindend klein sind,
- eine gute Ausnutzung der Braunkohlekraftwerke und Kernkraftwerke mit geringen Arbeitskosten k_W,
- eine gute Verteilung der in Großkraftwerken erzeugten Leistung, deren Leistungskosten k_P und Brennstoffbedarf niedrig sind.

Nicht weniger wichtig sind die Aufgaben, die das Verbundnetz bei Ausfällen erfüllt:

- Bei Wasserarmut wegen Trockenheit und Kälte werden anstelle der Wasserkraftwerke zusätzlich Wärmekraftwerke eingesetzt oder der Leistungsimport verstärkt;

- bei unaufschiebbaren Reparaturen in Wärmekraftwerken werden Reservekraftwerke aktiviert;

- aufschiebbare Reparaturen und Revisionen in Wärmekraftwerken werden in Jahreszeiten mit reichlichem Wasserangebot verlegt, um zusätzliche Leistungsreserven einzusparen;

- die Leistung der benötigten Kraftwerksreserve wird verringert. Es wird zwischen mitlaufender, kurzfristig einsetzbarer und stehender Reserve unterschieden. Erfahrungsgemäß reicht es aus, wenn in jedem an das Verbundnetz angeschlossenen Energie-Versorgungs-Unternehmen die Leistung des größten Generators als mitlaufende Reserve vorgesehen ist, mindestens jedoch 5 % der jeweiligen Netzbelastung.

Die wirtschaftlichen Vorteile der Verbundnetze bei der Planung und im Betrieb der Energieversorgung sind groß. Sie beruhen auf dem Zusammenschluß der Kraftwerke ebenso wie dem der Verbraucher. In der Planung wird der Kraftwerkpark nach den leistungs- und arbeitsabhängigen Kosten wie im Abschnitt 1.4.5 optimiert. Im Betrieb lassen sich unterschiedliche Arbeitspreise vor allem der Wärmekraftwerke berücksichtigen, die u. a. von den differierenden Brennstoffpreisen, der momentan in den Kesseln gespeicherten Wärme und wegen des Wirkungsgrades von der Turbinenbelastung abhängen. Im wirtschaftlichen Optimum werden alle betroffenen Kraftwerke mit "gleichen Zuwachskosten" betrieben: Differentielle Leistungsänderungen sind dabei je Zeiteinheit in allen Kraftwerken mit gleichen Kostenänderungen verbunden.

Diese Vorteile lassen sich allerdings nur bei geeigneter Netzregelung nutzen. Sie führt auf eine bemerkenswert konstante Netzfrequenz. Im ungestörten Betrieb betragen die Frequenzschwankungen weniger als ±50 mHz. Im westeuropäischen Verbundnetz rechnet man insgesamt mit einer Leistungszahl c_i = 20 GW/Hz nach (3.42); das Frequenzband ±50 mHz wird folglich erst bei Leistungsschwankungen von mehr als ±1000 MW überschritten. Wird nach Bild 3.23 ein Verbraucher mit der Leistung ΔP im Teilnetz 1 eines Verbundnetzes eingeschaltet, so laufen nacheinander die folgenden Vorgänge ab:

- Die Phasenwinkel der Spannungszeiger im Verbundnetz stellen sich entsprechend den Netzreaktanzen sprungartig so ein, daß alle Verbraucher die benötigten Wirkleistungen erhalten;

- die Schwungmassen aller rotierenden Maschinen werden bei zunächst konstantem Turbinenmoment durch die zusätzlich abgeführte Leistung nach (3.36) verstärkt gebremst, die Netzfrequenz sinkt;

- im Zuge der Primärregelung stellen die in Bild 3.6 eingetragenen Turbinenregler eine Frequenzabsenkung fest und erhöhen nach Bild 3.23 Kurve ② die Leistung in beiden Teilnetzen 1 und 2 um ΔP. Der Anteil $\Delta P_{2②}$ ist aus Bild 3.23 abzulesen, $\Delta P_{1②} = \Delta P - \Delta P_{2②}$. Der Frequenzabstieg ist beendet.

- Abschließend greift die Sekundärregelung ein, um die ursprüngliche Netzfrequenz wiederherzustellen. Sie erhöht hierzu nach Bild 3.23 den Frequenzsollwert möglichst in dem Teilnetz 1, in dem der Verbraucher eingeschaltet wurde, um $\Delta f_{1③}$. Die Leistung des Teilnetzes 2 geht dabei auf den ursprünglichen Wert zurück.

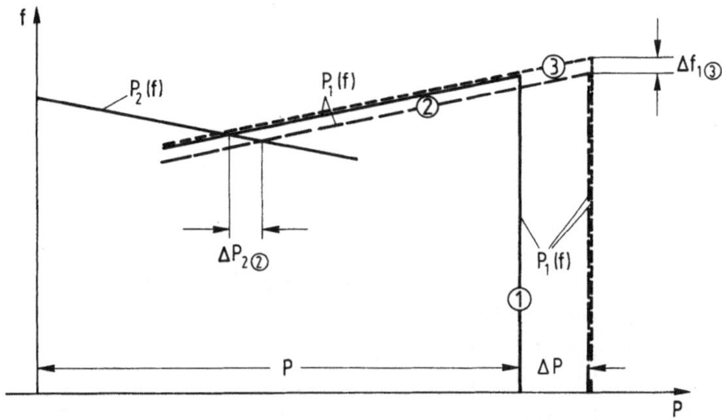

Bild 3.23. Frequenzhaltung und Leistungsaufteilung auf 2 Teilnetze bei Vergrößerung der Verbraucherleistung von P auf P + ΔP.
Um $P = P_1 + P_2$ abgreifen zu können, ist $P_2(f)$ wie im Bild 3.6 b nach rechts, $P_1(f)$ dagegen nach links aufgetragen.

① Kennlinie vor der Zuschaltung von ΔP im Netz 1
② Kennlinie nach Eingreifen der (primären) Turbinenregler
③ Kennlinie nach Eingreifen des (sekundären) Netzkennlinienreglers im Netz 1

Der Verbundbetrieb setzt voraus, daß jedes Netz über eine ausreichende Leistung verfügt, um seine Verbraucher zu versorgen. Hierzu gehört auch, daß die mit anderen Netzen auszutauschenden, vorab vereinbarten Übergabeleistungen eingehalten werden. Diese Aufgabe wird der Sekundärregelung übertragen. Dabei kommen mehrere Verfahren in Betracht. Sind beispielsweise zwei ungleich leistungsstarke Netze miteinander verbunden, so regelt zweckmäßig der stärkere Partner die Frequenz, der schwächere die Übergabeleistung auf der Verbindungsleitung. Sind mehr als zwei Netze miteinander verbunden, oder sind zwei Netze annähernd gleich leistungsstark, so soll sich jedes Netz an der Frequenz- und Übergabeleistungsregelung in angemessener Weise gleich beteiligen. Hierzu werden sie mit sogenannten Netzkennlinienreglern ausgerüstet. Sie erteilen Befehle an die untergeordneten primären Turbinenregler nur in dem Maß, wie sich die Belastung des eigenen Netzes ändert. Wird z. B. im Netz 1 des Bildes 3.24 die Verbraucherleistung P_{v1} eingeschaltet, so sind an der Übergabestelle zwischen den Netzen 1 und 2 nach Bild 3.23 zu erwarten:

$$\Delta P_{ü1} < 0, \qquad \Delta P_{ü2} > 0, \qquad \Delta f < 0, \qquad \sum_{i=1}^{2} P_{üi} = 0.$$

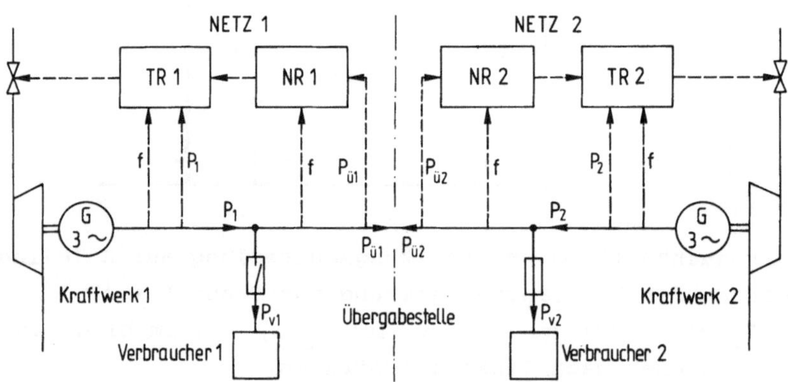

Bild 3.24. Prinzip der Netzkennlinienregelung zwischen den Netzen 1 und 2. Vereinfachend ist für jedes Netz nur 1 Kraftwerk und 1 Verbraucher eingezeichnet
TR Turbinenregler, NR Netzkennlinienregler

Sind nur 2 Netze miteinander verbunden, so ist demnach zu erwarten, daß bei geeignet gewählten Koeffizienten $c_i > 0$ die Regelabweichung

$$\Delta R_i = \Delta P_{üi} + c_i \Delta f \tag{3.41}$$

für das Netz verschwindet, in dem die Belastung konstant bleibt, also nur dort existiert, wo sich zuvor die Verbraucherleistung P_{vi} änderte. Der Betrag $|c_i|$ wird als Leistungszahl des Netzes i bezeichnet.

Für kleine Regelabweichungen ΔR_i kann man (3.41) als vollständiges Differential ansehen, also $c_i = \partial P_{üi}/\partial f$. Wegen $P_i = P_{vi} + P_{üi}$ gilt im Netz mit unveränderter Verbraucherleistung $\partial P_{üi}/\partial f = \partial P_i/\partial f$. Damit ist dort $c_i = \partial P_i/\partial f$. Ist im Netz i nur ein mit einem primären Turbinenregler nach Bild 3.6 a ausgerüstetes Kraftwerk x angeschlossen, entnimmt man dem Bild 3.6 b

$$c_x = \left|\frac{\partial P_x}{\partial f}\right| = \frac{1}{s_x}\,\frac{P_{nx}}{f_n} > 0 \ .$$

s_x ist die Statik des Turbinenreglers x. Bei mehreren mit primären Turbinenreglern im Netz i angeschlossenen Kraftwerken ist die Leistungszahl c_i sinngemäß

$$c_i = \frac{1}{f_n} \sum_x \frac{P_{nx}}{s_x} \ . \tag{3.42}$$

Wird die Regelabweichung der Sekundärregelung also nach (3.41) mit (3.42) gebildet, bleiben in dem Netz ohne Laständerung die Sollwerte der Turbinenregler unverändert: Im Bild 3.23 wird folglich nur der Sollwert des Turbinenreglers 1 um $\Delta f_{1③}$ erhöht.

Verbindet man N Netze ohne Ringschluß miteinander, lassen sich in gleicher Weise (N-1) Übergabeleistungen und die Netzfrequenz ausregeln. Um in Bild 3.25 a

$$\sum_{i=1}^{N} P_{üi} = 0 \tag{3.43}$$

zu erfüllen, muß die Übergabeleistung $P_{ü1}$ des Netzes 1 aus der Summe der an die Nachbarnetze 2 und 3 gelieferten Übergabeleistungen gebildet werden. Bei einem Ringschluß nach Bild 3.25 b ist das Regelsystem unterbestimmt: Eine im Ring 1-2-3-1 fließende Leistung wird von der Netzkennlinienregelung nicht erfaßt. Ein derartiger Wirkleistungs-Ringfluß erhöht im allgemeinen die Netzverluste und wird daher im praktischen Betrieb möglichst vermieden. Er läßt sich wirkungsvoll nur durch besondere Stelltransformatoren unterbinden, die Querspannungen ähnlich wie $\underline{U}_{AB}$ in Bild 3.19 c erzeugen.

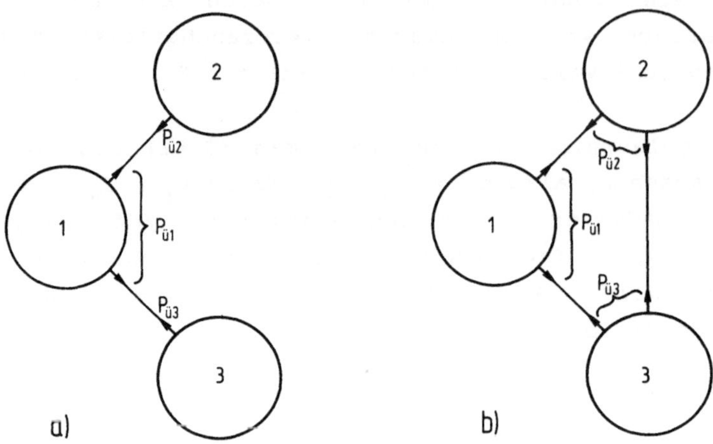

Bild 3.25. Netzkennlinienregelung beim Zusammenschluß von mehr als 2 Netzen
a) ohne Ringschluß
b) mit Ringschluß
$\Big\}\ P_{ü1} + P_{ü2} + P_{ü3} = 0$

Die Frequenz ist ein eindeutiges, im ganzen Netz meßbares Maß für die Leistungsbilanz: Bei Leistungsmangel sinkt die Frequenz, bei Leistungsüberschuß steigt sie. Bei länger dauernder Unterfrequenz werden die folgenden, im europäischen Verbundnetz abgestimmten Maßnahmen ausgelöst:

- 49,8 Hz die Lastverteilerzentralen setzen alle Reserven ein,
- 49,0 Hz
- 48,7 Hz
- 48,4 Hz

  } vorbestimmte Netzteile und Verbrauchergruppen von je etwa 15 % der Netzbelastung werden gezielt abgeschaltet
- 47,5 Hz das Verbundnetz wird in Teilnetze und einzelne Kraftwerke aufgetrennt, da die Frequenz für den Antrieb der Pumpen und andere Hilfseinrichtungen im Kraftwerk nicht mehr ausreicht.

Um das Netz nach einer Großstörung rasch wieder in Betrieb zu nehmen, müssen die Eigenbedarfsanlagen der Kraftwerke besonders zuverlässig und vorrangig versorgt werden.

Weicht der Gang der netzgespeisten Synchronuhren um mehr als 30 s vom Normal ab, so fordert die Schweizerische Zentrale Laufenburg zusätzliche Leistung von allen europäischen Verbundnetzpartnern an.

Weiterführende Literatur zum Abschnitt 3.5: [13, 21, 30, 31, 48 - 50, 52, 53, 64, 75, 85, 110, 113, 148, 149, 160].

4 Überspannungen und Isolationsbemessung

4.1 Überspannungen in Energieversorgungsnetzen

Die Isolation der Betriebsmittel und Anlagen in Energieversorgungsnetzen muß den auftretenden Spannungsbeanspruchungen standhalten. Zur Beanspruchung tragen die Betriebswechselspannung und die durch äußere Einwirkungen und innere Vorgänge entstehenden Überspannungen bei. Entsprechend unterscheidet man zwischen Betriebsspannung, äußeren und inneren Überspannungen.

Bei der Betriebswechselspannung ist die höchstzulässige Außenleiter-Erdspannung maßgebend, die etwa 20 % über dem Nennwert liegt. Äußere Überspannungen entstehen fast ausschließlich durch Blitzeinwirkung und werden Blitzüberspannungen genannt. Innere Überspannungen haben viele Ursachen. Zeitweilige Spannungserhöhungen mit Netzfrequenz entstehen bei Erdschlüssen nach Bild 1.5 oder nach Lastabwurf nach (3.33). Durch Schaltvorgänge angeregte Eigenschwingungen können zeitweilige Überspannungen mit abweichenden Frequenzen zur Folge haben. Sie können vor allem beim Ausschalten von kleinen induktiven Strömen, beim Ausschalten von Kondensatoren oder beim Zuschalten langer Leitungen entstehen.

4.2 Zeitweilige Spannungserhöhung mit Netzfrequenz

Die häufigste Ursache der zeitweiligen Überspannungen mit Netzfrequenz sind Netzfehler. Im Falle des einpoligen Erdkurzschlusses läßt sich die Spannungsanhebung der fehlerfreien Leiter mit Hilfe der symmetrischen Komponenten nach Abschnitt 1.5.7 leicht ermitteln. Nach Bild 1.39 lauten die

Fehlerbedingungen in 1,2,3-Komponenten:

$$\underline{U}_1 = 0 \quad \text{und} \quad \underline{I}_2 = 0 = \underline{I}_3 \ ,$$

Fehlerbedingungen in (0,1,2)-Komponenten

$$\underline{U}_{(0)} + \underline{U}_{(1)} + \underline{U}_{(2)} = 0$$

und

$$\underline{I}_{(0)} = \underline{I}_{(1)} = \underline{I}_{(2)} = \underline{I}_1/3 \ .$$

Der Ersatzschaltplan ist nach Bild 1.39 die Reihenschaltung des Mit-, Gegen- und Nullsystems, an deren Klemmen man $\underline{U}_{(1)}$, $\underline{U}_{(2)}$ und $\underline{U}_{(0)}$ abhängig von $\underline{E}_{(1)}$ sowie $\underline{Z}_{(2)}$ und $\underline{Z}_{(0)}$ bestimmt. Setzt man $\underline{Z}_{(1)} = \underline{Z}_{(2)}$ für maschinenferne Fehlerorte, so hängen die mit (1.52) berechneten Beträge $|\underline{U}_2|$ und $|\underline{U}_3|$ allein vom Quotienten $\underline{Z}_{(1)}/\underline{Z}_{(0)}$ ab:

$$\left|\frac{\underline{U}_2}{\underline{E}_{(1)}}\right| = \left|\frac{\underline{a}^2[\underline{Z}_{(2)}+\underline{Z}_{(0)}]-\underline{a}\underline{Z}_{(2)}-\underline{Z}_{(0)}}{\underline{Z}_{(1)}+\underline{Z}_{(2)}+\underline{Z}_{(0)}}\right| = \frac{1}{2}\left|\frac{3}{1+2\underline{Z}_{(1)}/\underline{Z}_{(0)}} + j\sqrt{3}\right| \ , \qquad (4.1)$$

$$\left|\frac{\underline{U}_3}{\underline{E}_{(1)}}\right| = \left|\frac{\underline{a}[\underline{Z}_{(2)}+\underline{Z}_{(0)}]-\underline{a}^2\underline{Z}_{(2)}-\underline{Z}_{(0)}}{\underline{Z}_{(1)}+\underline{Z}_{(2)}+\underline{Z}_{(0)}}\right| = \frac{1}{2}\left|\frac{3}{1+2\underline{Z}_{(1)}/\underline{Z}_{(0)}} - j\sqrt{3}\right| \ . \qquad (4.2)$$

Dabei interessiert nur die größere der beiden Außenleiter-Erdspannungen für die Isolationsbemessung. Als Erdfehlerfaktor bezeichnet man

$$\delta = \frac{1}{2}\left|\frac{3}{1 + 2\underline{Z}_{(1)}/\underline{Z}_{(0)}} \pm j\sqrt{3}\right| \ . \qquad (4.3)$$

Es ist das Vorzeichen zu wählen, das den größeren Wert für δ ergibt.

Bei isoliertem Sternpunkt ($Z_{(0)} \to \infty$) ist $\delta = \sqrt{3}$, d. h. die Leiter L2 und L3 nehmen wie in Bild 1.5 gegenüber Erde den Wert der verketteten Spannung an. Auch bei Anwendung von Erdschlußspulen nach Bild 5.4 ist $\delta \approx \sqrt{3}$. Bei niederohmiger Sternpunkterdung wird $\delta < \sqrt{3}$. Höchstspannungsnetze mit einer Nennspannung $U_n \geq 220$ kV sollen im allgemeinen so wirksam geerdet werden, daß $\delta \leq 0{,}8\sqrt{3}$; wegen der hohen Isolationskosten ist eine solche Begrenzung der zeitweiligen Spannungserhöhung trotz der vergrößerten Erdkurzschlußströme wirtschaftlich. Die Nullimpedanz $\underline{Z}_{(0)}$ muß hierzu nach (4.3) für jeden möglichen Fehlerort im Netz klein gehalten werden, was sich durch eine niederohmige Erdung der Transformatorensternpunkte erreichen läßt. Dagegen sind in Netzen mit Nennspannung U_n < 220 kV die Isolationskosten von geringerer Bedeutung. Für Mittelspannungsnetze werden nach Tabelle 1.2 isolierte Sternpunkte oder Sternpunkte mit Erdschlußspule vorgezogen, die den zeitweiligen Betrieb bei einpoligem Erdschluß zulassen. Für Netze mit Erdschlußspulen gilt dies u. U. sogar über Stunden. Die Möglichkeit, daß währenddessen ein zweiter Erdschluß erfolgt, wird dabei in Kauf genommen.

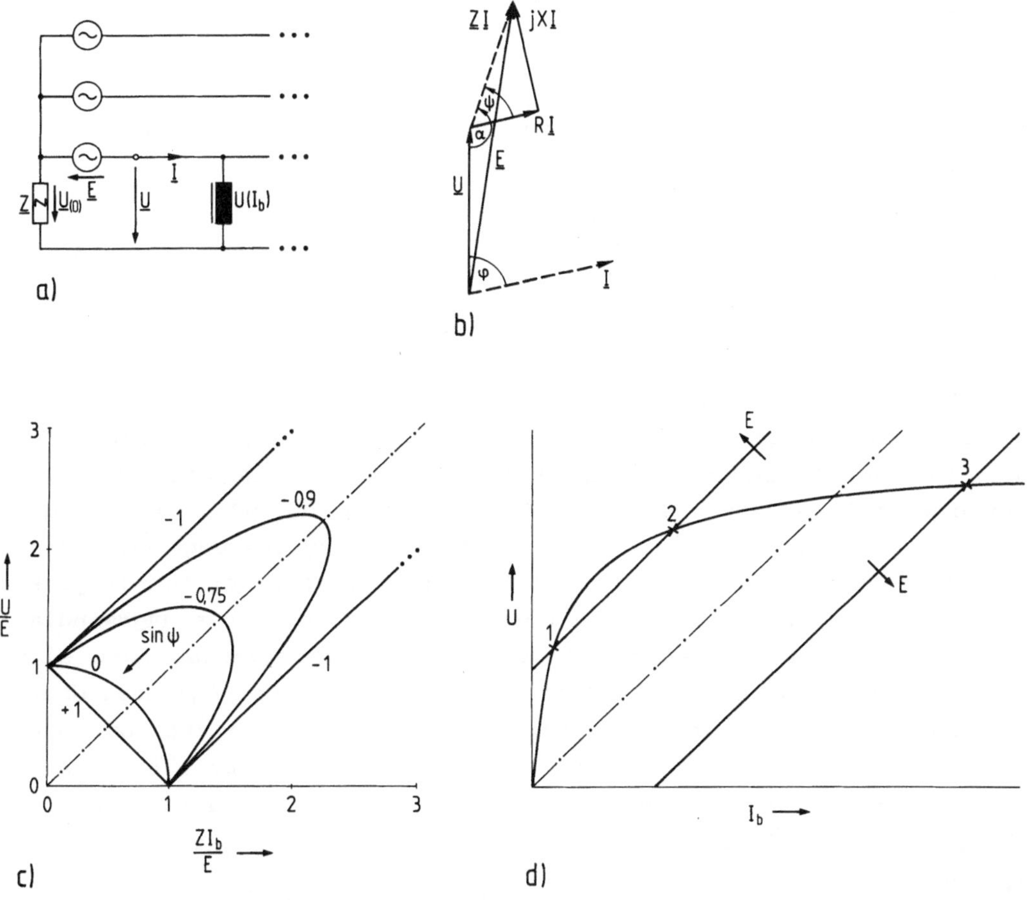

Bild 4.1. Ferroresonanz
a) Dreiphasiger Ersatzschaltplan nach Bild 1.31
b) Zeigerdiagramm der Ersatzspannungsquelle mit Innenimpedanz $\underline{Z}=Ze^{j\psi}$
c) Kennlinie der Spannungsquelle bei Belastung mit Blindstrom $\underline{I}_b$
d) Kennlinie eines Spannungswandlers mit Eisensättigung und einer Spannungsquelle mit kapazitiver Innenreaktanz

Beim Einsatz von Spannungswandlern zur Messung der Außenleiter-Erdspannung in Netzen mit isoliertem Sternpunkt sind Überspannungen durch sogenannte Ferroresonanz möglich. Sie können vor allem bei unsymmetrischen Schaltungen in Mittelspannungsnetzen vorkommen, wenn etwa vorgeschaltete Schmelzsicherungen ausgelöst haben. In Bild 4.1 a sind die Impedanzen des Betriebssystems nach Bild 1.31 vernachlässigt, die Impedanzen des Nullsystems in der beliebigen Impedanz $\underline{Z} = R + jX$ im Sternpunkt zusammengefaßt. Ist der Spannungswandler annähernd verlustlos, so nimmt er nur Blindstrom I_b nach der Kennlinie in Bild 4.1 d auf. Aus dem Zeigerdiagramm in Bild 4.1 b und dem Cosinus-Satz folgt

$$U^2 + (ZI)^2 - 2UZI\cos\alpha = E^2 .$$

Wegen $\alpha = \pi - \varphi + \psi$ wird daraus für Belastung mit induktivem Blindstrom $\varphi = \pi/2$

$$\left[\frac{U}{E}\right]^2 + 2\,\frac{U}{E}\,\frac{ZI_b}{E}\sin\psi + \left[\frac{ZI_b}{E}\right]^2 = 1 . \tag{4.4}$$

Dies ist die Gleichung einer Ellipsenschar, die in Bild 4.1 c durch die Büschelpunkte (± 1; ± 1) geht. Der Parameter $\sin\psi = X/Z$ wird für kapazitive Innenimpedanzen der Ersatzspannungsquelle negativ; für verlustfreie Kapazitäten entarten die Ellipsen in zwei parallele Geraden mit der Steigung +1, die nach Bild 4.1 d die Kennlinie des Spannungswandlers schneiden. Die Schnittpunkte 1 und 3 sind wegen $dI_b/dE > 0$ stabil: Bei einer differentiellen Vergrößerung von E wandern diese Schnittpunkte in Bild 4.1 d nach rechts; der Schnittpunkt 2 ist wegen $dI_b/dE < 0$ labil. Im Normalfall wird der Spannungswandler im Schnittpunkt 1 betrieben. Im Zuge von Schaltvorgängen kann sich auch der stabile Schnittpunkt 3 mit beachtlichen netzfrequenten Überspannungen und Überströmen einstellen. Aus Bild 4.1 c entnimmt man, daß bei kleinen Werten $|\sin\psi|$ nur noch der Schnittpunkt 1 existiert: Ferroresonanzen lassen sich durch Wirkwiderstände im Nullsystem vermeiden und sind bei resistiver oder induktiver Sternpunkterdung nicht möglich.

4.3 Schaltüberspannungen
(Zur Vertiefung)

Schaltüberspannungen können beim Ausschalten kleiner induktiver Ströme oder kapazitiver Ströme sowie beim Einschalten und Wiedereinschalten langer Leitungen und Kabel entstehen. Als Beispiel wird in Bild 4.2 die Ausschaltung von kleinen induktiven Strömen betrachtet.

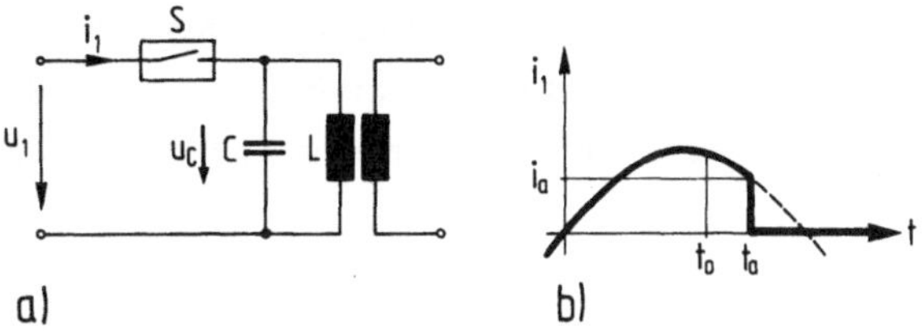

Bild 4.2 Ausschalten kleiner induktiver Ströme
a) Ersatzschaltplan
b) Stromverlauf

Ein leerlaufender Transformator mit der Leerlaufinduktivität L nimmt den Strom $i_1(t)$ auf. Im Zeitpunkt t_0 öffnen sich die Schalterkontakte, der Strom fließt zwischen ihnen als Schaltlichtbogen weiter. Im Zeitpunkt t_a ist der Strom vor dem natürlichen Nulldurchgang so klein, daß die intensive Lichtbogenkühlung im Leistungsschalter S zum Lichtbogenabriß führt. Da der Strom in der Induktivität L stetig verlaufen muß, wird er in den Kondensator C überwechseln, der als Ersatzkapazität für die Hochspannungsdurchführung und die Wicklungskapazitäten des Transformators angesehen wird. Im L,C-Schwingkreis ergibt sich nach der Ausschaltung aus der Energiebilanz

$$\frac{1}{2}\, C\hat{u}_C^2 = \frac{1}{2}\, L i_a^2$$

die maximale Überspannung der schwingenden Schaltspannung

$$\hat{u}_C = \sqrt{\frac{L}{C}}\, i_a \; . \tag{4.5}$$

Die Eigenfrequenz des L,C-Schwingkreises ist

$$f_e = \frac{1}{2\pi\sqrt{LC}} \; . \tag{4.6}$$

Im ungünstigsten Fall kann der Abreißstrom den Scheitelwert $\hat{i}_1$ des induktiven Leerlaufstromes erreichen:

$$(i_a)_{max} = \hat{i}_1 = \frac{\sqrt{2}U_1}{2\pi f L} \; .$$

Durch Einsetzen in (4.5) erhält man die höchste zu erwartende Überspannung

$$(\hat{u}_C)_{max} = \sqrt{2}\, U_1 \frac{f_e}{f} \,. \tag{4.7}$$

In der Praxis zeigen Transformatoren mit kaltgewalzten und hochpermeablen Blechen und entsprechend kleinen Leerlaufströmen nur beim Ausschalten kurz nach einem Einschaltvorgang erhebliche Überspannungen. Solche Vorgänge sind möglich, wenn die Schutzeinrichtungen des Transformators irrtümlich auslösen. Der Abreißstrom moderner Leistungsschalter wird durch eine stromabhängige Lichtbogenkühlung klein gehalten.

Besondere Bedeutung haben die Schaltüberspannungen in Netzen mit einer Nennspannung von mehr als 380 kV. Bei den erforderlichen großen Schlagweiten in Luft tritt hier beim Aufbau des Entladungskanals während der Schaltüberspannungen nach Bild 4.14 ein Minimum der Spannungsfestigkeit auf, das für die Dimensionierung entscheidend sein kann. Schaltüberspannungen werden in Prüffeldern durch eine impulsförmige Prüf-Schaltstoßspannung nach Bild 4.3 nachgebildet.

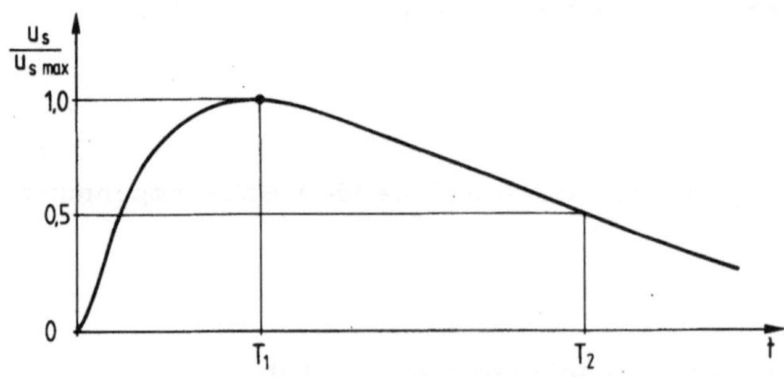

Bild 4.3. Prüf-Schaltstoßspannung (schematisch)
Stirnzeit T_1 = 250 µs; Rückenhalbwertszeit T_2 = 2500 µs

Weiterführende Literatur zu den Abschnitten 4.1 bis 4.3:
[6, 10, 25, 50, 53, 64, 106, 110, 126, 174, 177].

4.4 Blitzüberspannungen

4.4.1 Wanderwellen

(Zur Vertiefung)

Betrachtet man das in Bild 2.28 beschriebene Leitungselement im nichtstationären Zustand und vernachlässigt dabei die Verluste, so erhält man mit dem Längsinduktivitätsbelag L' und dem Querkapazitätsbelag C' aus (2.85) und (2.86)

$$-\frac{\partial u}{\partial x}\,dx = L'dx\,\frac{\partial i}{\partial t}\,, \tag{4.8 a}$$

$$-\frac{\partial i}{\partial x}\,dx = C'dx\,\frac{\partial u}{\partial t}\,. \tag{4.8 b}$$

Die Gleichungen (4.8 a,b) werden sowohl von (4.9 a,b) als auch von (4.10 a,b) erfüllt, wovon man sich durch Einsetzen überzeugt. Die beliebigen Funktionen $f_\rightarrow$ und $f_\leftarrow$ enthalten das Argument $x \pm vt$, das für $\partial x/\partial t = \pm v$ konstant bleibt. Sie entsprechen daher Wellenvorgängen, die sich mit der Geschwindigkeit $\pm v$ auf der Leitung ausbreiten, und zwar $f_\rightarrow$ in Richtung der positiven x-Achse, $f_\leftarrow$ entgegengesetzt dazu.

(4.9 a,b) sind also vorwärtslaufende Spannungs- und Stromwellen gleicher, aber beliebiger Form, die über den Wellenwiderstand $\Gamma = \sqrt{L'/C'}$ gekoppelt sind und ohne Formänderung mit gleicher Geschwindigkeit $v = 1/\sqrt{L'C'}$ in x-Richtung wandern. Sie werden mit dem Index $\rightarrow$ versehen:

$$u_\rightarrow = f_\rightarrow(x-vt)\,, \tag{4.9 a}$$

$$u_\rightarrow = +\Gamma i_\rightarrow\,. \tag{4.9 b}$$

(4.10 a,b) beschreiben rückwärtslaufende Wanderwellen, die entgegen der x-Richtung wandern und den Index $\leftarrow$ erhalten:

$$u_\leftarrow = f_\leftarrow(x+vt)\,, \tag{4.10 a}$$

$$u_\leftarrow = -\Gamma i_\leftarrow\,. \tag{4.10 b}$$

Die Richtung des Leistungsflusses ist in $f_\rightarrow$ entgegengesetzt zu dem in $f_\leftarrow$, was man aus den unterschiedlichen Vorzeichen in (4.9 b) und (4.10 b) ersieht.

Auch die Summe beider Wanderwellen ist eine Lösung des Differentialgleichungssystems:

$$u = u_{\rightarrow} + u_{\leftarrow} , \qquad (4.11\ a)$$

$$i = i_{\rightarrow} + i_{\leftarrow} = \frac{u_{\rightarrow}}{\Gamma} - \frac{u_{\leftarrow}}{\Gamma} . \qquad (4.11\ b)$$

Eine Veränderung der Wellenform ergibt sich an sogenannten Stoßstellen der Leitung, beispielsweise am Leitungsende, am Übergang von einer Freileitung auf ein Kabel oder an der Anschlußstelle konzentrierter Schaltungselemente.

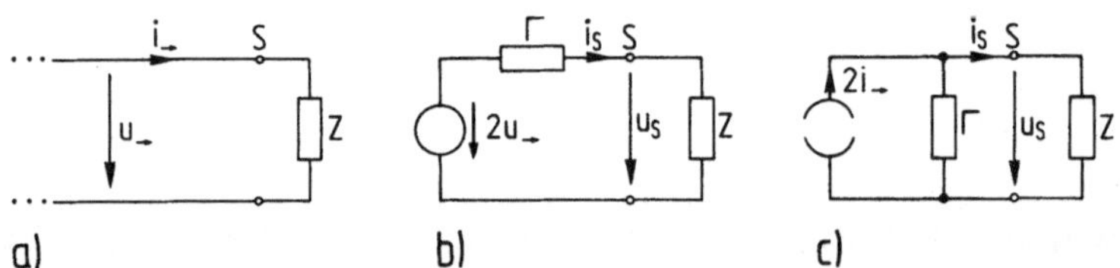

Bild 4.4. Unbegrenzt lange Leitung mit Abschlußwiderstand
a) Anordnung
b) Wellen-Ersatzspannungsquelle
c) Wellen-Ersatzstromquelle

Wenn alle Leitungen als unbegrenzt lang angesehen werden, lassen sich derartige <u>Stoßstellen</u> durch einfache Ersatzschaltpläne beschreiben. In Bild 4.4 läuft eine Wanderwelle nach (4.9 a,b) auf die Stoßstelle S zu, die mit einer beliebigen Abschlußimpedanz $Z(i_S)$ belastet ist. Die auf diesen Knotenpunkt zulaufende Wanderwelle $u_{\rightarrow}$, $i_{\rightarrow}$ hat dort eine reflektierte zurücklaufende Wanderwelle $u_{\leftarrow}$, $i_{\leftarrow}$ zur Folge:

Aus (4.11 a,b) folgt

$$u_S = u_{\rightarrow} + u_{\leftarrow} ,$$

$$\Gamma i_S = u_{\rightarrow} - u_{\leftarrow} .$$

Die Unbekannte $u_{\leftarrow}$ wird durch Addition beider Gleichungen eliminiert:

$$u_S + \Gamma i_S = 2u_{\rightarrow} . \qquad (4.12)$$

Bild 4.4 b stellt den Zusammenhang zwischen den Klemmengrößen u_S und i_S sowie der einlaufenden Welle $u_{\rightarrow}$ dar. Dividiert man (4.12) durch Γ, so erhält man Bild 4.4 c. Die Abschlußimpedanz Z kann beliebig, auch nichtlinear oder zeitabhängig sein.

Als Beispiel sollen in Bild 4.5 die Geräte einer Schaltanlage S durch eine Kapazität C_S und einen Parallelwiderstand R_S nachgebildet werden. Die Schaltanlage wird über eine lange Freileitung mit dem Wellenwiderstand Γ_F gespeist, über die eine Spannungs-Wanderwelle $u_{\rightarrow}$ einläuft. Von der Schaltanlage führen 3 lange Kabel mit gleichen Wellenwiderständen Γ_K in ein ausgedehntes Stadtnetz. Der Spannungsverlauf $u_S(t)$ in der Schaltanlage kann mit Hilfe des Ersatzschaltplanes in Bild 4.5 b ermittelt werden. Die Ergebnisse gelten jedoch nur für das Zeitintervall, in dem noch keine von den Kabelendpunkten reflektierten Wellen die Schaltanlage erreichen.

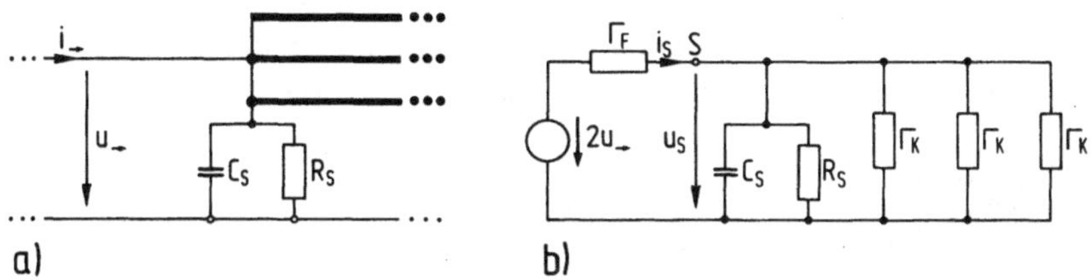

Bild 4.5. Ersatzschaltplan für eine Schaltanlage S mit einlaufender Wanderwelle
a) Anordnung mit unbegrenzt langen Leitungen
b) Speisung durch eine Wellen-Ersatzspannungsquelle nach Bild 4.4 b

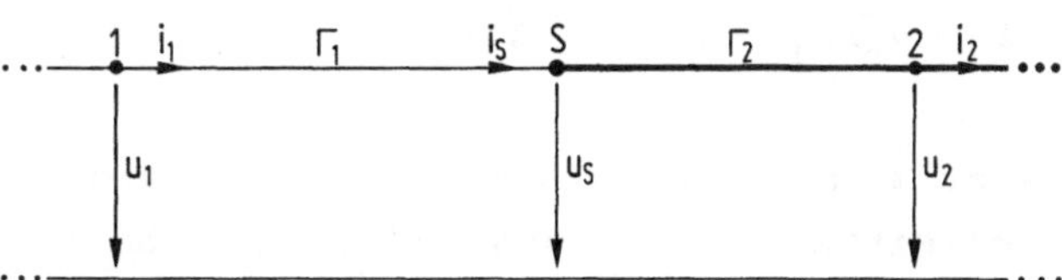

Bild 4.6. Reflexion und Brechung von Wanderwellen an einer Stoßstelle S

Um auch den Spannungsverlauf außerhalb der Stoßstelle zu erfassen, werden in Bild 4.6 die zunächst beliebigen Punkte 1 und 2 betrachtet. Läuft eine Wanderwelle von links ein, so ist im Punkt 1 die Wanderwelle $u_{\rightarrow}$ und eine an der Stelle S reflektierte Welle u_r mit entgegengesetzter Bewegungs- und Leistungsrichtung zu erwarten:

$$u_1 = u_{\rightarrow} + u_r \ ,$$

$$i_1 = \frac{u_{\rightarrow}}{\Gamma_1} - \frac{u_r}{\Gamma_1} \ .$$

In Punkt 2 stellt man eine gebrochene Wanderwelle u_b in derselben Bewegungsrichtung wie $u_{\rightarrow}$ fest:

$$u_2 = u_b \,, \qquad i_2 = u_b/\Gamma_2 \,.$$

Verlegt man die Punkte 1 und 2 an die Stoßstelle S, so gelten dort die Stetigkeitsbedingungen $u_1 = u_2$ und $i_1 = i_2$. Damit wird

$$u_{\rightarrow} + u_r = u_b \,, \tag{4.13 a}$$

$$\frac{u_{\rightarrow}}{\Gamma_1} - \frac{u_r}{\Gamma_1} = \frac{u_b}{\Gamma_2} \,. \tag{4.13 b}$$

Aus diesen beiden Gleichungen für u_r und u_b gewinnt man, wie aus der Nachrichtentechnik bekannt, den Reflexionsgrad r und den Brechungsgrad b für Spannungen (Index: u) und Ströme (Index: i):

$$r_u = \frac{u_r}{u_{\rightarrow}} = \frac{\Gamma_2 - \Gamma_1}{\Gamma_2 + \Gamma_1} \,, \tag{4.14 a}$$

$$r_i = \frac{-u_r/\Gamma_1}{u_{\rightarrow}/\Gamma_1} = \frac{1/\Gamma_2 - 1/\Gamma_1}{1/\Gamma_2 + 1/\Gamma_1} \,, \tag{4.14 b}$$

$$b_u = \frac{u_b}{u_{\rightarrow}} = \frac{2\Gamma_2}{\Gamma_2 + \Gamma_1} \,, \tag{4.14 c}$$

$$b_i = \frac{u_b/\Gamma_2}{u_{\rightarrow}/\Gamma_1} = \frac{2/\Gamma_2}{1/\Gamma_2 + 1/\Gamma_1} \,. \tag{4.14 d}$$

Ersetzt man in (4.14 a,c) die Wellenwiderstände Γ_1 und Γ_2 durch die Wellenleitwerte $1/\Gamma_1$ und $1/\Gamma_2$, so erhält man (4.14 b,d). Stets gilt für Spannungen und Ströme

$$1 + r = b \,. \tag{4.15}$$

Tabelle 4.1. Reflexionsgrad r und Brechungsgrad b für Wanderwellen Γ_2/Γ_1: Verhältnis der Wellenwiderstände nach Bild 4.6

Γ_2/Γ_1 $\longrightarrow$	0 in S kurzgeschlossen	1 mit Γ abgeschlossen	∞ in S offen
$r_u = -r_i$	-1	0	+1
$b_u = 2 - b_i$	0	1	2

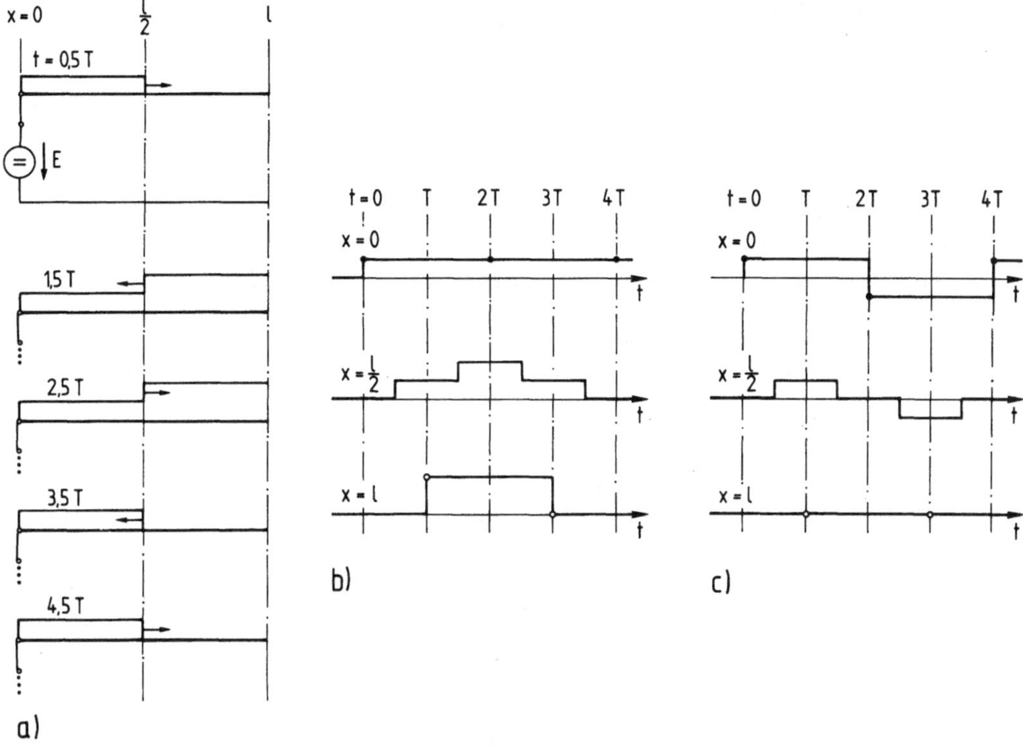

Bild 4.7. Wanderwellen beim Einschalten einer verlustlosen, offenen Leitung auf eine Gleichspannung
a) Spanungsverteilung längs der Leitung in verschiedenen Zeitpunkten
d) Spannungsverlauf } am Anfang, in der Mitte und
c) Stromverlauf } am Ende der Leitung
Die mit Bild 4.8 ermittelten Werte • und ∘ sind zur Kontrolle in Bild 4.7 b und c eingetragen

Die Reflexions- und Brechungsgrade r und b der drei wichtigsten Sonderfälle (Kurzschluß, Abschluß mit dem Wellenwiderstand und Leerlauf) sind in der Tabelle 4.1 zusammengestellt. Damit lassen sich in dem in Bild 4.7 gezeigten Beispiel die Wanderwellen berechnen, die beim Einschalten einer leerlaufenden Leitung entstehen. Die Spannungsquelle in x = 0 hat einen verschwindend kleinen Innenwiderstand, das offene Leitungsende in x = l einen unbegrenzt großen. Die dazugehörigen Werte r und b entnimmt man der 2. und 4. Spalte der Tabelle 4.1. Bild 4.7 a zeigt die über x aufgetragene Spannungsverteilung in verschiedenen Zeitpunkten. Die Wellenlaufzeit ist mit T = l/v bezeichnet. Daraus folgen die in Bild 4.7 b eingetragenen Spannungs- und Stromverläufe an verschiedenen Orten der Leitung. Die Vorgänge wiederholen sich nach einer Periode von $4T = 4l/v = 4l\sqrt{L'C'}$; das entspricht einer Eigenfrequenz

$$f_e = \frac{1}{4\,T} = \frac{1}{4\sqrt{LC}} . \tag{4.16}$$

Stellt man sich die Leitung dagegen näherungsweise als ein π-Glied mit jeweils der halben Kapazität am Ein- und Ausgang nach Bild 2.29 vor, so beträgt die Eigenfrequenz dieser Ersatzschaltung

$$f_{ersatz} = \frac{1}{2\pi\sqrt{LC/2}} = \frac{1}{4{,}4\sqrt{LC}} .$$

Der Unterschied gegenüber (4.16) ist nicht groß.

Treffen Spannungs-Wanderwellen auf das leerlaufende Ende einer Leitung, so werden sie dort verdoppelt; beim Übergang auf eine Leitung mit wesentlich höherem Wellenwiderstand gilt dies nach (4.14 c) näherungsweise. An diesen Stellen wird die Isolation stark beansprucht.

In der Nachrichtentechnik werden Leitungen mit ihren Wellenwiderständen Γ abgeschlossen: Damit sind nach Tabelle 4.1 der Reflexionsgrad $r = 0$ und der Brechungsgrad $b = 1$, alle Signale werden unverfälscht über die Grenzen der Zweitore übertragen. In der Hochspannungstechnik hieße dies, daß am Leitungsende keine Spannungsanhebungen als Folge von Reflexionen auftreten. In der Energieübertragung ist nach Abschnitt 3.1.5 die Blindleistungsbilanz einer Leitung nur dann ausgewogen, wenn sie mit dem Wellenwiderstand Γ abgeschlossen ist. Trotz dieser beiden unbestrittenen Vorteile werden die Leitungen der Energieversorgungsnetze nicht mit Γ abgeschlossen, sondern nach Abschnitt 3.3 mit möglichst konstanter hoher Spannung betrieben, um die Leitungsverluste RI^2 klein zu halten. Reflexionen von Wanderwellen und Aufwendungen zur Blindleistungskompensation nimmt man dabei in Kauf.

Anstatt nach Bild 4.6 die Knotenpunkte des Netzes zu betrachten, lassen sich meist günstiger die Leitungszweige mit ihren Randbedingungen im <u>u,i-Diagramm nach Bergeron</u> behandeln. An jedem Ort der Leitung mit dem Wellenwiderstand Γ gilt jederzeit

$$u = u_{\rightarrow} + u_{\leftarrow} , \tag{4.17 a}$$

$$i = i_{\rightarrow} + i_{\leftarrow} . \tag{4.17 b}$$

Daraus folgt mit (4.9 b) und (4.10 b)

$$u + \Gamma i = u_{\rightarrow} + u_{\leftarrow} + \Gamma(i_{\rightarrow} + i_{\leftarrow}) = 2u_{\rightarrow} = 2f_{\rightarrow}(x-vt) \ , \qquad (4.18\ a)$$

$$u - \Gamma i = u_{\rightarrow} + u_{\leftarrow} - \Gamma(i_{\rightarrow} + i_{\leftarrow}) = 2u_{\leftarrow} = 2f_{\leftarrow}(x+vt) \ . \qquad (4.18\ b)$$

Bewegt sich ein Beobachter mit der Geschwindigkeit $\partial x/\partial t = +v$ von links nach rechts, so sind für ihn das Argument (x-vt) und wegen (4.18 a) auch die Funktionen $f_{\rightarrow}$ und $u + \Gamma i$ konstant. Sinngemäß sind für einen Beobachter mit $\partial x/\partial t = -v$ wegen (4.18) das Argument (x+vt) sowie die Funktionen $f_{\leftarrow}$ und $u - \Gamma i$ konstant. Trägt man daher die Randbedingungen u(i) der Leitungsenden in ein Diagramm mit den Koordinatenachsen u und i ein, so müssen die vorwärtslaufenden Wellen nach (4.18 a) der Bedingung $u + \Gamma i = const$ genügen, die durch alle Geraden mit der Steigung $-\Gamma$ erfüllt wird. Die rückwärtslaufenden Wellen werden nach (4.18 b) durch die Bedingungen $u - \Gamma i = const$ beschrieben, die durch alle Geraden mit der Steigung $+\Gamma$ erfüllt wird. Die Schnittpunkte dieser Geraden mit den Kurven der Randbedingungen sind die Anfangsbedingungen für den jeweils nächsten Zeitschritt.

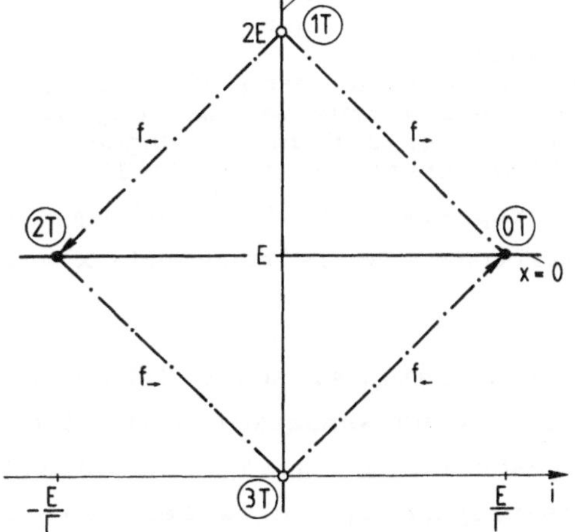

Bild 4.8. u,i-Diagramm nach Bergeron zu Bild 4.7 mit eingetragenen Randbedingungen
u = E für x = 0
i = 0 für x = l

• u,i-Wertepaare am Leitungsanfang x = 0

∘ u,i-Wertpaare am Leitungsende x = l

Bild 4.8 ist das zu Bild 4.7 gehörende u,i-Diagramm. Die Bedingungen für die Ränder x = 0 und x = l sind als durchgezogene Linie eingetragen. Zur Zeit t = 0 gelten am linken Rand x = 0 die Anfangsbedingungen u = E und $i = E/\Gamma$. Sie sind in Bild 4.8 mit dem Zeichen • vermerkt. Die vorwärtslaufende Welle $f_{\rightarrow}$ erfüllt die strichpunktierte Gerade mit der Steigung $-\Gamma$ und führt mit der Bedingung des rechten Randes x = l dort im Zeitpunkt (1T) auf den mit dem Zeichen ∘ versehenen neuen Zustand (u; i). Er löst eine rückwärtslaufende Welle $f_{\leftarrow}$ aus, die die strichpunktierte Gerade mit der Steigung $+\Gamma$ erfüllt. Sie trifft im Zeitpunkt (2T) am linken Rand ein und genügt dabei der Randbedingung im Punkt •. Nach (4T) ist der Anfangszustand wieder erreicht. Die u,i-Wertepaare • und ∘ sind zur Kontrolle auch im Bild 4.7 b,c eingetragen.

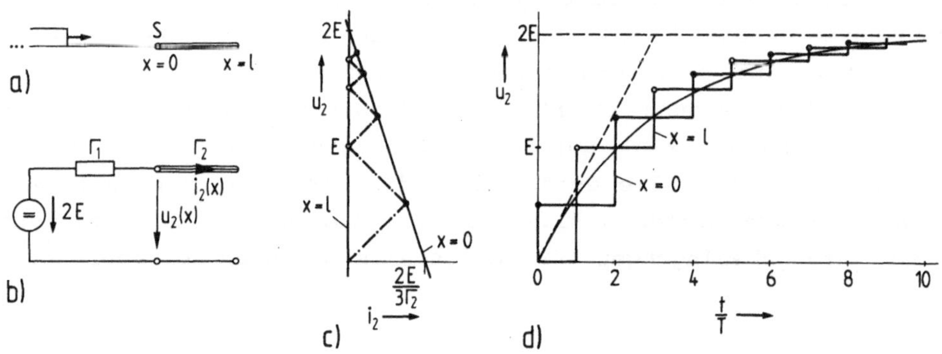

Bild 4.9. Wanderwellen in drei parallelgeschalteten, kurzen, leerlaufenden Leitungen
a) Anordnung
b) Ersatzschaltplan nach Bild 4.4 b mit $\Gamma_1/\Gamma_2 = 3$
c) Bergeron-Diagramm der Leitung mit eingetragenen Randbedingungen
d) Spannungsverlauf am Leitungsanfang und -ende mit eingezeichneter, stetiger Ersatzfunktion (4.19)

• u,i-Wertpaare am Leitungsanfang x = 0

∘ u,i-Wertpaare am Leitungsende x = l

Ein zweites Beispiel zeigt Bild 4.9. Über eine unbegrenzt lange Leitung läuft eine Wanderwelle in eine Schaltanlage S, an der drei parallelgeschaltete, kurze, leerlaufende Leitungen angeschlosssen sind. Die Ersatzspannungsquelle der langen Leitung ist Bild 4.4 b entnommen: Ihre Leerlaufspannung ist 2E, ihr Kurzschlußstrom $2E/\Gamma_1 = 2/3 \cdot E/\Gamma_2$; diese beiden Werte sind als Achsenabschnitte der für x = 0 geltenden Bedingung in Bild 4.9 c eingetragen. Für x = l gilt die Randbedingung i = 0. Die vorwärts- und rückwärtslaufenden Wellen sind wie in Bild 4.8 ermittelt. Den Spannungsverlauf erhält man in Bild 4.9 d, indem man die mit Bild 4.9 c bestimmten Werte u_2 über der Zeit t/T aufträgt. Außerdem ist zum Vergleich die Funktion eingezeichnet

$$u_2 = 2E \left[1 - e^{-\frac{t}{3T}}\right] . \qquad (4.19)$$

Der Vorgang ist mit der Aufladung eines Kondensators C über einen Widerstand R mit der Zeitkonstanten RC zu vergleichen. Setzt man $R = \Gamma_1$ und $C = 1/v \cdot 1/\Gamma_2 = T/\Gamma_2$, so erhält man für $\Gamma_1/\Gamma_2 = 3$ die Ersatz-Zeitkonstante RC = 3T wie in Bild 4.9 d.

Sind die u,i-Wertepaare am Leitungsanfang und -ende bestimmt, so lassen sie sich auch für beliebige Orte x auf der Leitung angeben. Nach (4.17 a) ist

$$u(x;t) = u_{\rightarrow}(x;t) + u_{\leftarrow}(x;t) .$$

Betrachtet man den Ursprung von $u_{\rightarrow}$ am Leitungsanfang und von $u_{\leftarrow}$ am Leitungsende, so erhält man

$$u(x;t) = u(0;t-\frac{x}{v}) + u(l;t-\frac{l-x}{v}) . \qquad (4.20)$$

4.4.2 Entstehung von Blitzüberspannungen

(Zur Vertiefung)

Unter besonderen atmosphärischen Bedingungen, insbesondere bei Gewitterschwüle mit intensiven warmen Aufwinden und hoher Feuchtigkeit werden nach Bild 4.10 im Wolkenbereich elektrische Ladungen getrennt, wobei die Wolken in den unteren Bereichen negativ aufgeladen sind.

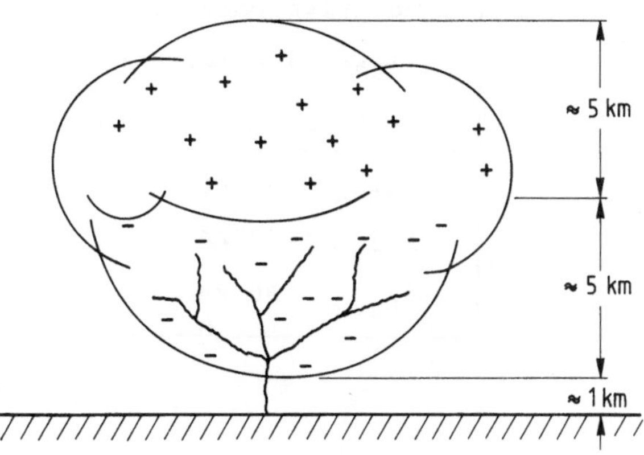

Bild 4.10. Wolkenladungen

Folglich werden in den meisten Fällen negative Ladungen bei einem Wolke-Erde-Blitz fließen: Blitze mit negativer Polarität überwiegen. Alle Blitzströme sind als Quellenströme anzusehen. Der Ausgleich der positiven Wolkenladungen geschieht durch Wolke-Wolke-Blitze, die für die Überspannungsentwicklung in Energieversorgungsnetzen im allgemeinen bedeutungslos sind.

Vereinzelt werden jedoch auch Wolke-Erde-Blitze mit positiver Polarität beobachtet, vor allem an der Gewitterfront, wenn die oberen Wolkenpartien den unteren im Gewittersturm voreilen. Derartige positive Entladungen sind seltener, aber im allgemeinen stärker. Die Ladung eines Blitzes liegt im Mittel bei etwa 30 As. Zur Entladung muß zwischen Wolke und Erde ein hochleitender, thermisch ionisierter Blitzkanal aufgebaut werden, was im Mittel eine Blitzstromsteilheit von etwa 12 kA/μs ergibt. Größere Stromsteilheiten bis etwa 80 kA/μs kommen vor, wenn dem ersten Blitz im gleichen, bereits vorionisierten Kanal weitere Blitze folgen. Derartige Serien von Folgeblitzen können auch Wolkenbereiche mit unterschiedlicher Ladungspolarität entladen.

Die meisten Freileitungen werden von Erdseilen überspannt, um den direkten Leiterseil-Einschlag des Blitzes mit zwangsläufig extrem hohen Überspannungen möglichst zu vermeiden. Jedoch kann auch der Einschlag in den Leitungsmast oder in das Erdseil zu einem sogenannten rückwärtigen Isolatorüberschlag führen.

Tabelle 4.2. Blitzströme

Blitzstrom	Häufigkeit
positive Polarität	14 %
negative Polarität	80 %
wechselnde Polarität	6 %
$i_{Bmax} > 20$ kA	80 %
$i_{Bmax} > 30$ kA	50 %
$i_{Bmax} > 80$ kA	5 %

4.4.2.1 Rückwärtiger Isolatorüberschlag

Leitungsmasten sind für Blitzspannungen als vertikale Wanderwellenleiter aufzufassen, deren Wellenwiderstand von oben nach unten kontinuierlich abnimmt. Man kann $\Gamma_M = 250\ \Omega$ als durchschnittlichen Richtwert ansetzen. In Reihe dazu liegt der Erdungswiderstand $R_M = 5\ \Omega\ ...\ 10\ \Omega$ des Mastes. Schlägt der Blitz etwa in die Mastspitze ein, so wird der über den Mast zur Erde fließende Strom am Wellenwiderstand und Erdungswiderstand des Mastes eine Spannung aufbauen, die zusammen mit der normalen Betriebsspannung zum Überschlag des Isolators führen kann. Wegen der kurzen Wellen-Laufzeit T_M auf dem Mast ist der Mastwellenwiderstand Γ_M nur kurzzeitig wirksam und kann durch eine Induktivität $L_M = \Gamma_M T_M$ ersetzt werden. Nach wenigen Mikrosekunden wird die verbleibende Überspannung nur noch durch den Erdungswiderstand R_M und den Blitzstrom bestimmt.

4.4.2.2 Leiterseil-Einschlag

Bei einem direkten Leiterseil-Einschlag wird der Quellenstrom i_B des Blitzes gleichzeitig in beide Leitungsrichtungen fließen. Daraus resultieren Überspannungswellen $u_B = \Gamma i_B/2$ im Leiterseil mit dem Wellenwiderstand Γ. Hält die Leiterisolation des nächsten Mastes diesen Überspannungswellen nicht stand, so löst der Isolatorüberschlag dort ähnliche Vorgänge aus wie beim rückwärtigen Isolatorüberschlag.

4.4.2.3 Indirekte Blitzüberspannung

Nähert sich ein Blitz mit hoher Ladungsdichte in der Kanalspitze dem Erdboden, so verursacht er durch Influenz eine Ladungsanhäufung im Erdboden am Ort des sich anbahnenden Einschlags. Verläuft in der Nähe dieses Ortes eine Freileitung, so werden auch auf ihr entsprechende Ladungen influenziert. Nach dem Einschlag gleichen sich die Wolkenladung und die Ladung des Blitzkanales mit der Erdbodenladung aus; die Ladungen auf der isolierten Freileitung fließen in beiden Leitungsrichtungen als Wanderwellen ab. Im allgemeinen entstehen durch derartige Vorgänge nur Blitzüberspannungen bis zu 150 kV, so daß sie nur in Nieder- und Mittelspannungsnetzen beachtet werden müssen. Allerdings sind indirekte Blitzüberspannungen vergleichsweise häufig, da alle Einschläge in der Nähe der Freileitung hier wirksam werden.

4.4.2.4 Kennwerte der Blitzüberspannung

Vereinfacht dargestellt hat der Blitzstrom impulsförmigen Verlauf. Die resultierenden Blitzüberspannungen sind näherungsweise ebenfalls impulsförmig. Bei einer Blitzstromsteilheit von 12 kA/μs und einem Leitungswellenwiderstand von Γ = 300 Ω ergibt sich beispielsweise ein Spannungsanstieg

$$\frac{du_B}{dt} = \frac{1}{2}\,\Gamma\,\frac{di_B}{dt}$$

von 1,8 MV/μs. Noch höhere Steilheiten sind beim rückwärtigen Überschlag des Leitungsisolators möglich. Diese hohen Spannungssteilheiten werden im Zuge der Wellenwanderung vor allem durch die Leiterkorona nach 4.5.2.1 und den frequenzabhängigen Wirkwiderstand der Erdrückleitung reduziert; sie sind daher nur in der näheren Umgebung des Einschlages zu beachten.

Die in den Anlagen und Betriebsmitteln zu erwartenden Blitzüberspannungen werden in Prüffeldern durch die in Bild 4.11 dargestellte Prüf-Blitzstoßspannung simuliert.

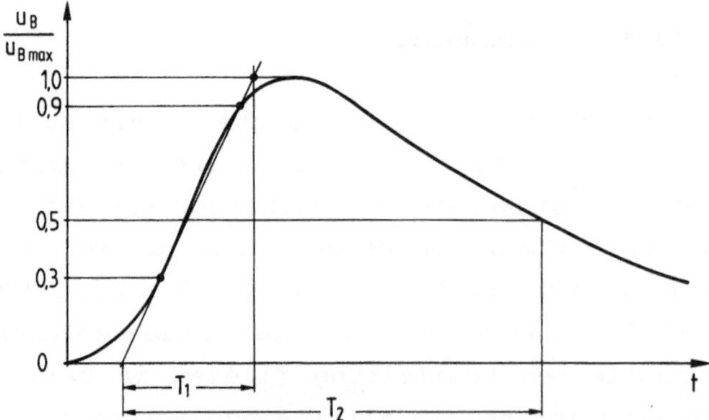

Bild 4.11. Prüf-Blitzstoßspannung (schematisch)
Stirnzeit T_1 = 1,2 μs; Rückenhalbwertszeit T_2 = 50 μs

Weiterführende Literatur zum Abschnitt 4.4:
[5, 6, 10, 25, 64, 109, 126, 133, 150, 176].

4.5 Isolationsdurchschläge und Isolationsüberschläge

4.5.1 Stoßspannungskennlinie

Die Spannungsfestigkeit einer Isolationsanordung ist von der Spannungshöhe und von der Spannungsform abhängig. Dies erläutert Bild 4.12 für eine Sprungspannung.

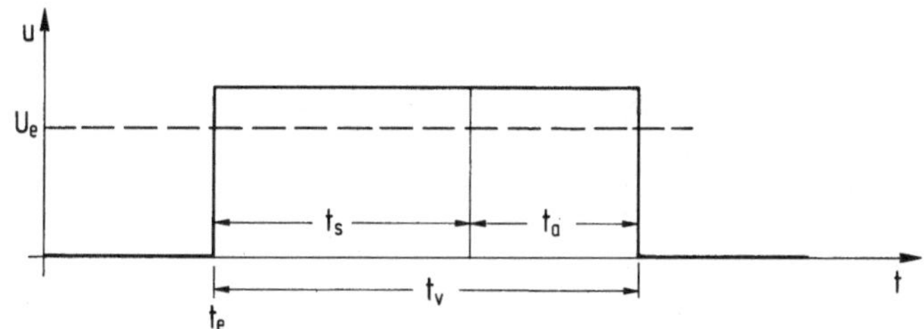

Bild 4.12. Entladeverzug bei einem Spannungssprung
t_s Streuzeit, t_a Aufbauzeit, t_v Entladeverzugszeit

Eine Entladung ist bei einer Anordnung erst oberhalb einer bestimmten Feldstärke E_e möglich, die sich bei einer Spannung U_e einstellt. Für die angenommene Sprungspannung tritt sie beispielsweise im Zeitpunkt t_e ein. Für den Durchschlag muß sich eine Lawine entwickeln, die im inhomogenen Feld anfänglich nur in kleinen, elektrodennahen und feldstarken Gebieten $E > E_e$ günstige Wachstumsbedingungen vorfindet. Dieses anfängliche Wachstum setzt mit einer großen zeitlichen Streuung ein, da die benötigten Anfangs-Ladungsträger in Isolierstoffen zunächst nur durch stark schwankende Ionisationsprozesse, beispielsweise durch die natürliche Höhenstrahlung, zur Verfügung gestellt werden. Sind nach der Streuzeit t_s zum Zeitpunkt $t_e + t_s$ die Anfangs-Ladungsträger für die einsetzende Entladung gegeben, so muß noch der Entladungskanal aufgebaut werden. Dazu ist die Aufbauzeit t_a erforderlich. Bis zum Durchschlag vergeht somit die Entladeverzugszeit $t_s + t_a$. Wegen dieser Verzugszeit wird die Durchschlagspannung bei Spannungsimpulsen von der Spannungsform abhängig.

Registriert man jeweils die höchste Spannung, die vor oder beim Durchschlag an der Anordnung angelegen hat, und ordnet diese dem Durchschlagsaugenblick zu, so erhält man bei der Prüfung mit verschiedenen Spannungsformen oder -höhen die Stoßspannungskennlinie oder, infolge der Streuzeit t_s, das Stoßspannungs-Kennlinienband. Im allgemeinen werden derartige Kennlinien für die gleiche Spannungsform mit variablem Spitzenwert angegeben, beispielsweise in Bild 4.13 für die Vorzugs-Blitzstoßspannung nach Bild 4.11.

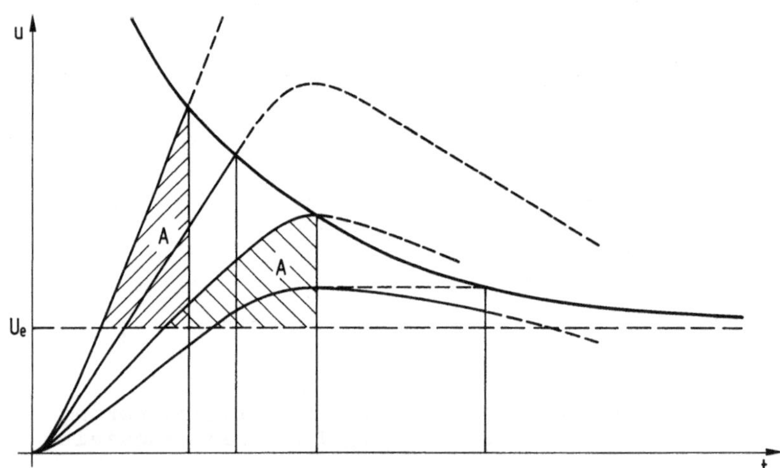

Bild 4.13. Stoßspannungs-Kennlinie (schematisch) mit zugehörigen Stoßspannungsverläufen

Dabei ist zu beachten, daß die statistische Streuzeit t_s und die Aufbauzeit t_a nicht konstant sind, sondern mit $u - U_e$ abnehmen. In Bild 4.13 wird angenommen, daß die Entladeverzugszeit $t_s + t_a$ endet, sobald das Integral $\int(u - U_e)dt$ einen konstanten empirischen Wert A erreicht. Insbesondere bei großen Schlagweiten, wie sie in Isolierstoffen mit geringer Durchschlagsfestigkeit und in stark inhomogenen Feldern erforderlich werden, muß ein langer Funkenkanal mit entsprechend großer Aufbauzeit t_a aufgebaut werden. Derartige Anordnungen zeigen daher mit wachsender Spannungssteilheit eine stark ansteigende Festigkeit. Flache Stoßspannungs-Kennlinien ergeben sich für Anordnungen mit kleiner Aufbauzeit bei kurzen Schlagweiten, wie sie bei hochwertigen Isolierstoffen und in homogenen oder quasi-homogenen Feldern zu erwarten sind.

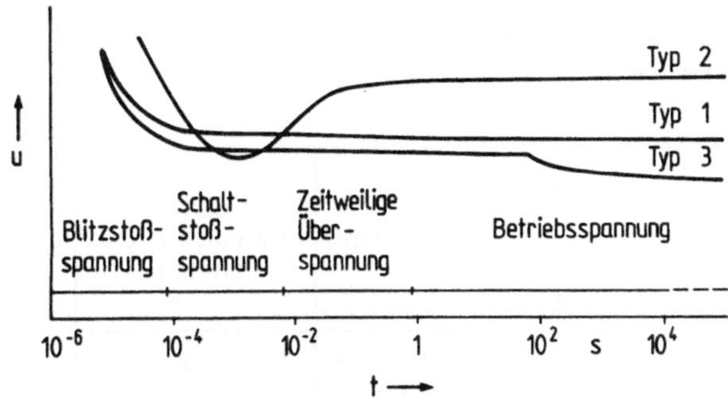

Bild 4.14. Stoßspannungs-Kennlinien der Isolierstofftypen 1, 2 und 3 (schematisch)

Man kann nach Bild 4.14 zwischen den folgenden Isolierstoff-Typen unterscheiden:

Der Isolierstofftyp 1 umfaßt Anordnungen mit relativ kurzen Schlagweiten in Luft, Isoliergas (SF_6) und Feststoffen. Entsprechend der kleinen Aufbauzeit t_a ist erst bei sehr steilem Spannungsanstieg eine Festigkeitserhöhung feststellbar; im übrigen ist die Stoßspannungskennlinie flach.

Beim Isolierstoff-Typ 2 mit langen Schlagweiten in Luft ist die Aufbauzeit t_a wesentlich größer und damit auch der Festigkeitsanstieg im Kurzzeitbereich stärker. Außerdem tritt im Bereich der Schaltstoßspannungen ein ausgeprägtes Minimum auf.

Zum Isolierstoff-Typ 3 zählen die Ölisolation und die Ölpapierisolation. Die Schlagweiten und die Aufbauzeiten sind im allgemeinen klein. Das Kurzzeitverhalten entspricht daher dem Isolierstoff-Typ 1. Allerdings tritt bei diesen Isolierstoffen mit wachsender Beanspruchungsdauer auf Grund anderer Durchschlagsmechanismen ein Festigkeitsabfall auf.

4.5.2 Isolationsbemessung

Das Isolationssystem muß der Betriebsspannung und den auftretenden Überspannungen standhalten. Auszugsweise zeigt Tabelle 4.3 die hierzu erforderlichen, in den DIN VDE-Vorschriften festgelegten Prüfspannungen.

Tabelle 4.3. Genormte Prüfspannungen nach DIN VDE 0111 und Mindestschlagweiten nach DIN VDE 0101. Die unterbrochenen Linien geben die wählbaren Zuordnungen an

maximale Betriebsspannung U_m/kV	Prüfwechselspannung U_W/kV	Prüfschaltstoßspannung U_S/kV	Mindeststoßspannung U_B/kV	Mindestschlagweite in mm
12	28		60	90
			75	120
24	50		95	160
			125	220
36	70		145	270
			175	(325)
123	185		450	950
	230		550	1100
245	325		750	1550
	360		850	1700
	395		950	1900
	460		1050	2100
420		950	1050	2900
			1175	
		1050	1300	3400
			1425	

Durch die Wechselspannungsprüfungen sollen vor allem Fertigungs- und Materialfehler aufgedeckt werden. Um auch zeitweilige Spannungserhöhungen zu erfassen, und um insbesondere beim Isolierstoff-Typ 3 der Festigkeitsminderung durch Überbeanspruchung Rechnung zu tragen, liegen die Prüfspannungen wesentlich über der maximalen Betriebsspannung. Anlagen mit Isolierstoffen vom Typ 2 mit großen Luftschlagweiten, d. h. mit Betriebsspannungen über 300 kV, sind so auszulegen, daß sie der Prüf-Schaltstoßspannung nach Bild 4.3 standhalten. Hier ist eine Wechselspannungsprüfung meist nicht erforderlich. Alle Anlagen müssen für die Prüf-Blitzstoßspannung nach Bild 4.11 ausgelegt werden.

4.5.2.1 Anordungen mit Luftisolation

Als Durchschlagfeldstärke ist bei Wechselspannung unter Normalbedingungen in quasihomogenen Feldern ein Scheitelwert von etwa 30 kV/cm anzunehmen.

Für die Bemessung von Freileitungen einschließlich ihrer Armaturen sind neben den wirtschaftlichen Gesichtspunkten nach Abschnitt 2.1.3 die Teilentladungen bei Betriebsspannung maßgebend. Sie entstehen bei stark inhomogenen Feldern in einem eng begrenzten, elektrodennahen Bereich, in dem die Durchschlagfeldstärke überschritten wird, während im übrigen Raum die Isolationsfestigkeit erhalten bleibt.

Solche Teilentladungen werden auch "Korona" genannt; sie können in unmittelbarer Nähe von Freileitungen bei schlechtem Wetter den Rundfunkempfang im Lang- und Mittelwellenbereich beeinträchtigen und durch Geräusche stören und hängen vor allem von der elektrischen Feldstärke an der Oberfläche der Leiterseile ab. Insbesondere bei Nebel und Regen sind die Teilentladungen wesentlich stärker als bei trockener Witterung. Ihre Intensität läßt sich durch die Koronaeinsatzspannung und die Koronaverluste beschreiben. Die Korona setzt ein, sobald die notwendige Mindestfeldstärke von etwa 30 kV/cm in einem für die Lawinenbildung genügend großen Bereich um den Leiter überschritten wird, also vor allem bei hohen Spannungen und kleinen Leiterdurchmessern. In den Scheitelwert $\hat{E}_a$ der Koronaeinsatzfeldstärke geht daher der Radius r des Leiterseiles ein:

$$\frac{\hat{E}_a}{\mathrm{kV/cm}} \approx m_1 m_2 \cdot 30 \cdot \delta \left[1 + \frac{0{,}3}{\sqrt{\delta \cdot r/\mathrm{cm}}}\right] . \tag{4.21}$$

Dabei sind

$m_1 = 0{,}98 \;...\; 0{,}83$	Faktor für die Oberflächenbeschaffenheit des Leiterseiles,
$m_2 = \begin{cases} 1 & \text{trocken} \\ 0{,}8 & \text{regnerisch} \end{cases}$	Witterungsfaktor,
$\delta = \frac{p}{1013\ \mathrm{mbar}} \frac{293\ \mathrm{K}}{T}$	Faktor für die Luftdichte, abhängig vom Luftdruck p und der Umgebungstemperatur T.

Aus der Koronaeinsatzfeldstärke nach (4.21) erhält man durch Feldberechnungen die Koronaeinsatzspannung. Sie liegt bei geeignet angeordneten Seilbündeln aus n Teilleitern höher als bei einem Einzelleiter von n-fachem Querschnitt. Daher werden bei höheren Betriebsspannungen sogenannte Bündelleiter verwendet, bei denen jeder Außenleiter eines dreiphasigen Stromkreises aus einem Bündel parallelgeschalteter Teilleiter besteht. Üblich sind Zweifachbündelleiter bei einer Nennspannung von 220 kV und 3fach- oder 4fach-Bündelleiter bei einer Nennspannung von 380 kV. Derartige Bündelleiter erhalten die Kennzeichen nx2r/s, wobei

n die Zahl der Bündelleiter,
r der Radius eines Teilleiters in mm
und s der Abstand zweier benachbarter Teilleiter ist.

Im deutschen 380-kV-Verbundnetz ist der Bündelleiter 4x21/400 verbreitet.

Tabelle 4.4. Funkenstreckenfaktor k

	Stab - Platte	k = 1,00
	Leiter - Platte	k = 1,15
	Stab - Stab	k = 1,40
	Leiter - Masttraversenende	k = 1,55

In Freiluftschaltungen und bei Freileitungen treten stark inhomogene Felder auf, für die bei vorgegebener Spannung relativ große Schlagweiten s erforderlich sind. Bei solchen Anordnungen geht bei Stoßspannungen die Elektrodenform in die Isolationsfestigkeit ein und läßt sich nach Tabelle 4.4 durch den Funkenstreckenfaktor k berücksichtigen. Es gelten somit für s > 0,2 m die empirischen Beziehungen:

bei positiver Blitzstoßspannung

$$\frac{U_{B50}}{\mathrm{kV}} \approx (400 + 137\ k)\ \frac{s}{m}\ , \tag{4.22}$$

bei positiver Schaltstoßspannung

$$\frac{U_{S50}}{\mathrm{kV}} \approx 500\ k\ \left(\frac{s}{m}\right)^{0,6}\ . \tag{4.23}$$

Dabei ist U_{50} die 50-%-Durchschlagspannung, bei der in 50 % der Spannungsprüfungen kein Durchschlag auftritt. Für negative Polarität sind die Durchschlagspannungen größer; sie sind daher im allgemeinen für die Dimensionierung der Anlage unbedeutend. Die geringste Durchschlagfestigkeit ergibt sich für eine Spitze-Platte-Anordnung mit dem kleinsten Funkenstreckenfaktor $k = 1,0$. Werden daher in einer Anlage überall die Schlagweiten eingehalten, die bei der vorgeschriebenen Prüfspannung für die Spitze-Platte-Anordnung ausreichen, so ist ein prüftechnischer Nachweis der Isolationsfestigkeit nicht erforderlich. Diese Mindestschlagweiten sind in der letzten Spalte der Tabelle 4.3 aufgeführt.

4.5.2.2 Anordnungen mit Isoliergas

Isoliergase, vorzugsweise Schwefelhexafluorid (SF_6), werden in metallgekapselten, raumsparenden Schaltanlagen, Rohrkabeln und Leistungsschaltern eingesetzt. Um die Abmessungen bei vorgegebener Spannung klein zu halten, wird eine möglichst homogene Feldverteiung angestrebt. Aus demselben Grund werden meist erhöhte Gasdrücke vorgesehen. Insgesamt ergibt sich bei derartigen Anlagen ein Raumbedarf von nur etwa 10 % im Vergleich zu üblichen Freiluftanlagen. Sie können daher in Innenräumen normaler Gebäude untergebracht werden und sind vor allem für städtische Energieversorgungsnetze unentbehrlich.

Wegen der geringen Schlagweite sind derartige Anordnungen dem Isolierstoff-Typ 1 zuzuordnen. Die Durchschlagfeldstärke E_d praktischer Anordnungen liegt bei SF_6 unterhalb der im Labor erreichbaren Grenzfeldstärke $E_d/p = 89$ kV/(cm bar); dabei ist p der Gasdruck. Die Elektrodenrauhigkeit und andere Grenzflächeneffekte führen nämlich insbesondere bei höheren Gasdrücken schon unterhalb dieses Grenzwertes zu Durchschlägen.

4.5.2.3 Fremdschichtüberschläge

Längs der Oberfläche von Isolatoren, wie sie in Freiluft-Schaltanlagen und bei Freileitungen eingesetzt werden, kann es insbesondere bei Wechselspannungs- und Schaltspannungsbeanspruchung zu Fremdschichtüberschlägen kommen. Sie werden durch die elektrisch leitenden Schichten auf den Isolatoroberflächen verursacht, die sich durch Verschmutzung in Verbindung mit Tau oder Nebel sowie bei Salznebel ausbilden.

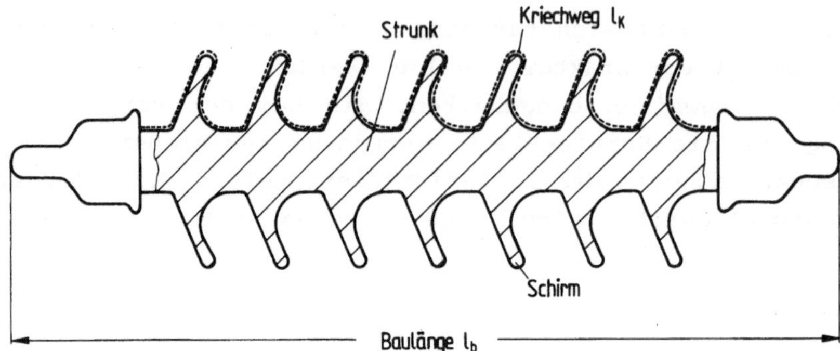

Bild 4.15. Trockenzonenbildung auf einem verschmutzten Isolator

Nimmt man auf dem Isolator einen Bereich a mit reduzierter Leitfähigkeit an, so wird die Stromdichte im daneben liegenden Bereich b erhöht. Damit wird dort die Erwärmung und Verdunstung gefördert und der Bereich reduzierter Leitfähigkeit wächst. Auf diese Weise entsteht nach Bild 4.15 eine ringförmige Trockenzone a + b, die schließlich den gesamten Isolator umfaßt. Sie wird anschließend durch Funkenentladungen c überbrückt, die an den beiden wandernden Fußpunkten A und B mit hoher Stromdichte zu einer weitergehenden Austrocknung und Verbreiterung der Trockenzone führen kann. Der Strom wird dabei im wesentlichen durch die Oberflächenleitfähigkeit der leitfähigen Bereiche auf beiden Seiten der Trockenzone begrenzt.

Die Ausweitung der Trockenzone bis zum Gesamtüberschlag wird durch kurze Kriechweglängen begünstigt und durch große Ableitströme, die sich bei großer Oberflächenverschmutzung mit hoher elektrischer Leitfähigkeit einstellen. Durch Rippen auf den Isolatoren nach Bild 4.16 kann der Kriechweg l_k vergrößert werden, ohne die Baulänge l_b zu erhöhen, die zur Vermeidung des Luftdurchschlages erforderlich ist.

Am Strunk, wo die Oberflächenstromdichte am größten ist, bilden sich die Trockenzonen zuerst aus. Dort und auf der Schirmunterseite sind überdies eine geringere Verschmutzung und Leitfähigkeit zu erwarten; die Stromstärke wird daher vor allem im Strunkbereich begrenzt. Maßgebend für die Überschlagfestigkeit ist in erster Näherung der auf die maximale Betriebsspannung U_{bm} bezogene Kriechweg, der nach Tabelle 4.5 mit wachsendem Verschmutzungsgrad, zum Beispiel in Küstennähe oder Industriegebieten, vergrößert werden muß.

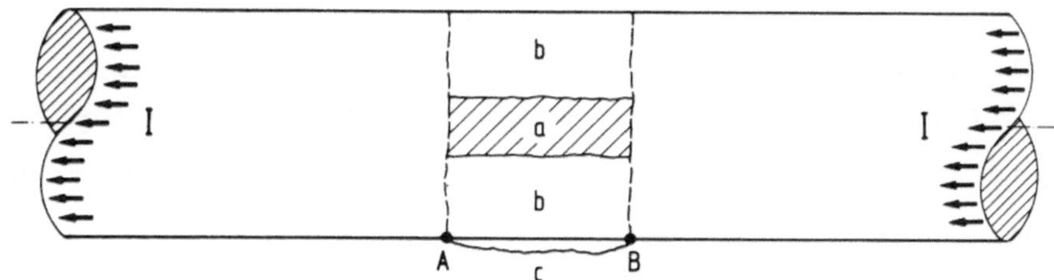

Bild 4.16. Aufbau eines Freiluftisolators

Tabelle 4.5. Fremdschichtklassen, Vorschlag für DIN VDE 0111

Fremdschicht-klasse	Schichtleitfähigkeit in μS	erforderliche bezogene Kriechweg-länge in cm/kV
A	5 ... 10	1,6
B	10 ... 15	2,0
C	15 ... 30	2,5
D	30 ... 50	3,1

4.5.2.4 Gleitüberschläge

Gleitüberschläge kommen bei Anordnungen nach Bild 4.17 a vor, bei denen die elektrischen Feldlinien vorzugsweise senkrecht in die Oberfläche einer festen Isolierstoffplatte eintreten. Wenn die Durchschlagfeldstärke der Luft nahe der Hochspannungselektrode überschritten wird, schließen sich stielförmige Funken längs der Oberfläche an, die die angrenzenden Flächenelemente umladen: Die Ladungen fließen von der Hochspannungselektrode über den Funkenwiderstand R_F in die vom Entladungsstiel erreichte Kapazität ΔC eines Oberflächenelementes. Jedes dieser Oberflächenelemente erhält unabhängig von der Größe des Funkenwiderstandes R_F die gleiche Energie. Erreicht die im Funkenwiderstand derart umgesetzte Energie den Grenzwert, der für seine thermische Ionisation notwendig ist, so wird der Funke hochleitend; an der Spitze des Gleitstieles tritt das volle Elektrodenpotential auf. Von dort aus werden dann nach dem gleichen Mechanismus neue Gleitstiele vorwachsen, bis die Isolierstoffplatte überbrückt ist. Aus dem Grenzwert für die im Funkenwiderstand umgesetzte Energie $\frac{1}{2}\,\Delta C\,\hat{u}_g^2$ und $\Delta C \sim \epsilon_r/d$ ergibt sich der Scheitelwert der Gleiteinsatzwechselspannung mit der Isolierstoffdicke d nach Bild 4.17 zu

$$\frac{\hat{u}_g}{\text{kV}} = 100\sqrt{\frac{1}{\epsilon_r}\,\frac{d}{\text{cm}}}\,. \qquad (4.24)$$

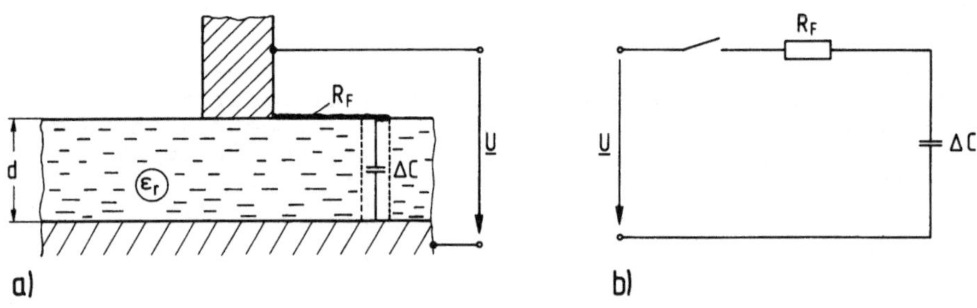

Bild 4.17. Gleitüberschlag
a) Anordnung b) Ersatzschaltplan

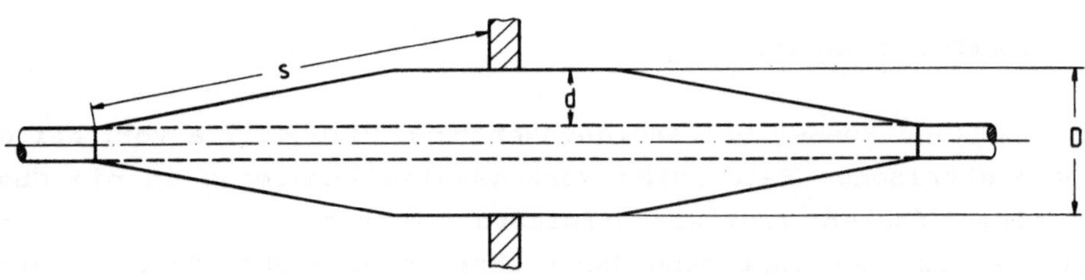

Bild 4.18. Hochspannungsdurchführung

Hochspannungsdurchführungen nach Bild 4.18 müssen daher einen bestimmten Durchmesser D haben, um den Gleiteinsatz zuverlässig zu vermeiden. Außerdem ist, wie bei allen Anordnungen, die Schlagweite s so zu wählen, daß ein Luftdurchschlag nach Abschnitt 4.5.2.1 nicht auftreten kann. Wenn mit Oberflächenverschmutzung gerechnet werden muß, ist der Kriechweg nach Abschnitt 4.5.2.3 etwa durch Schirme zu vergrößern.

4.5.2.5 Feste und flüssige Isolierstoffe

In festen und flüssigen Isolierstoffen gibt es weit mehr Durchschlagmechanismen als in Gasen. Die wichtigsten sind hier aufgeführt.

- Elektrischer Durchschlag: Ebenso wie in Gasen können auch in festen und flüssigen Isolierstoffen Ionisationsvorgänge und Lawinenentladungen zum Durchschlag führen.

- Wärmedurchschlag: Auf Grund der Isolierstoffverluste ist eine totale oder lokale Überhitzung des Isolierstoffes möglich.

- Teilentladungsdurchschlag: In Gaseinschlüssen treten Teilentladungen auf, die den nachfolgenden Durchschlag einleiten können. Dabei kommt es meistens zur elektrischen Bäumchenbildung, bei der sich verzweigte Durchschlagskanäle entstehen.

- Elektrochemischer Durchschlag: Durch elektrochemische Prozesse werden besonders in Mischdielektriken, beispielsweise im Ölpapier, Alterungsvorgänge ausgelöst, durch die die Spannungsfestigkeit allmählich absinken kann. In Kunststoffen (PE, VPE) kann es durch dielektrophoretische Diffusion zur "Wasserbäumchenbildung" kommen, die über eine dadurch ausgelöste elektrische Bäumchenbildung zum Durchschlag führen kann.

Bei festen und flüssigen Isolierstoffen werden folglich neben den eigentlichen Spannungsprüfungen oftmals zusätzliche Qualitätskontrollen vorgenommen, etwa um Fehlstellen und Hohlräume mit Teilentladungen frühzeitig zu erkennen. Alterungsprozesse werden durch geeignete Isolierstoff-Metallkombinationen, gegebenenfalls mit zugesetzten Stabilisatoren, beherrscht. Im allgemeinen richtet sich die elektrische Festigkeit fester und flüssiger Isolierstoffe nach den für sie zulässigen Feldstärken. Beispiele sind in der Tabelle 4.6 aufgeführt.

Tabelle 4.6. Beispiele für effektive Betriebsfeldstärken fester und flüssiger Isolierstoffe im Dauerbetrieb mit Wechselspannung

Isolierstoff	Betriebsfeldstärke $\hat{e}/\sqrt{2}$
Ölpapier	100 kV/cm
Polyvinylchlorid	60 kV/cm
Isolieröl	20 ... 50 kV/cm
Luft (zum Vergleich)	15 kV/cm

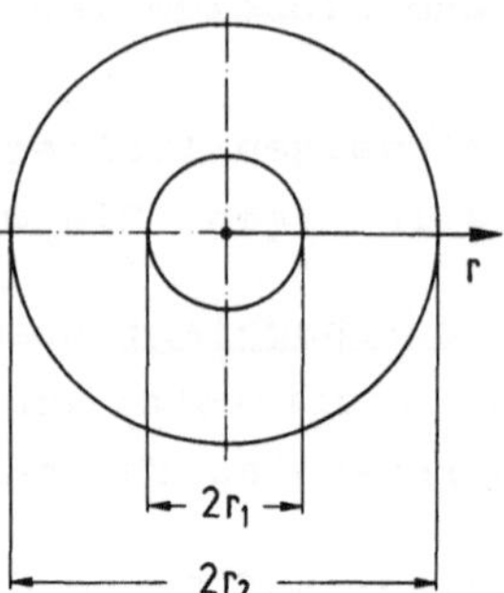

Bild 4.19. Zylindrisches Feld zwischen koaxialen Elektroden

Bei vorgegebener Spannung U und Feldstärke E lassen sich hochspannungstechnische Anordnungen optimieren. So sind beispielsweise im zylindrischen Feld zwischen den koaxialen Elektroden des Bildes 4.19 die elektrische Feldstärke E und die Spannung U

$$E = \frac{Q'}{2\pi\varepsilon r} , \tag{4.25}$$

$$U = \int_{r_1}^{r_2} E \, dr = \frac{Q'}{2\pi\varepsilon} \ln \frac{r_2}{r_1} . \tag{4.26}$$

Eliminiert man den Ladungsbelag Q', so wird

$$E = \frac{U}{r \ln \dfrac{r_2}{r_1}} . \tag{4.27}$$

Die größte Feldstärke ist für $r = r_1$ zu erwarten:

$$E_1 = \frac{U/r_2}{\dfrac{r_1}{r_2} \ln \dfrac{r_2}{r_1}} .$$

Sind E_1 und r_2 vorgegeben, so wird U abhängig vom Verhältnis r_2/r_1 maximal für

$$\frac{dU}{d(r_2/r_1)} = 0 .$$

Hieraus folgt $\ln(r_2/r_1) - 1 = 0$. Folglich läßt sich etwa in einem Kabel mit dem Außenradius r_2 und der in der Tabelle 4.6 angegebenen Betriebsfeldstärke die maximale Spannung unterbringen, wenn

$$r_2 \approx 2{,}72\ r_1 \ . \qquad (4.28)$$

Weiterführende Literatur zum Abschnitt 4.5:
[6, 10, 19, 25, 56, 63, 64, 70, 92, 108, 172, 178].

4.6 Überspannungsbegrenzung durch Ventilableiter

(Zur Vertiefung)

In den Energieversorgungsnetzen müssen folgenschwere Isolationsdurchschläge so gut wie möglich vermieden werden. Dabei unterscheidet man zwischen selbstheilenden und nichtselbstheilenden Isoliersystemen. Zu den selbstheilenden Systemen zählen offene Luftstrecken in Netzen mit Erdschlußspulen nach Bild 5.4 oder in Netzen mit Kurzunterbrechung nach Bild 5.5. Das Durchschlagverhalten nichtselbstheilender Isoliersysteme wird etwa durch ihre Stoßspannungs-Kennlinie nach Bild 4.13 beschrieben.

Auf Freileitungen müssen Blitzüberspannungen in Kauf genommen werden. Durch Erdseile, die mit den Masten verbunden sind, läßt sich die Häufigkeit der direkten Leiterseil-Einschläge nach Abschnitt 4.4.2.2 verringern, durch gute Masterdung die Häufigkeit der rückwärtigen Isolatorüberschläge nach Abschnitt 4.4.2.1. Die Folgen der verbleibenden Überschläge lassen sich durch Einsatz von Erdschlußspulen und durch Kurzunterbrechung auf ein erträgliches Maß reduzieren.

In Schaltanlagen mit Transformatoren, Schaltgeräten und Meßeinrichtungen müssen wirksame Überspannungs-Schutzeinrichtungen vorgesehen werden. Derartige Geräte sowie Kabel haben eine nichtselbstheilende Isolation, und die Folgen eine Isolationsdurchschlages sind groß. Außerdem sind Schaltanlagen wichtige Knotenpunkte des Netzes, deren Ausfall weitestgehend vermieden werden muß. Um die Überspannungen vor allem zum Schutz der Transformatoren zu begrenzen, werden Überspannungsableiter eingesetzt. Sie bestehen im wesentlichen aus nichtlinearen Ableiterwiderständen, deren Strom die Leitungskapazitäten entlädt. Solche nichtlinearen Ableiterwiderstände haben nach Bild 4.20 einerseits geringe Restspannungen ② bei den zur raschen Entladung erforderlichen großen Ableitströme ① ; andererseits ist der nach dem Abbau der Überspannungen bei Betriebsspannung ③ nachfließende Reststrom ④ klein. Bei einem linearen Widerstand würden sich nach Bild 4.20 weit ungünstigere Verhältnisse ergeben.

Bei Verwendung von bestimmten Metalloxiden (ZnO) ist dieser Reststrom ④ so klein, daß er als Dauerstrom in Kauf genommen werden kann. Derartige Ableiter werden als Metalloxidableiter bezeichnet. Verwendet man Silicium-Carbid als Widerstandsmaterial, so muß der Reststrom ④ durch eine oder mehrere Serienfunkenstrecken unterbrochen werden. Diese Funkenstrecken sind so bemessen, daß sie beim Erreichen der Ansprechspannung U_{an} zünden, und die Lichtbögen beim Fließen des Reststromes ④ erlöschen. Für einen derartigen Funkenstreckenableiter soll die Spannungsentwicklung untersucht werden.

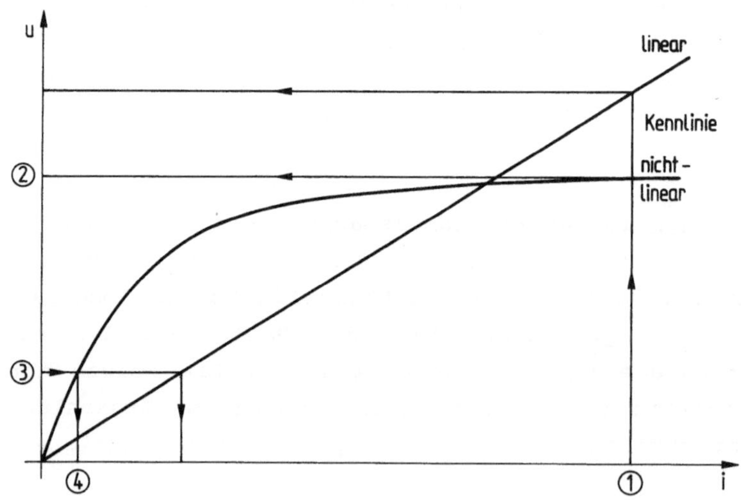

Bild 4.20. Kennlinien eines linearen und eines nichtlinearen Ableiterwiderstandes
① Ableitstrom zur Entladung der Leitung
② Restspannung für ①
③ Betriebsfrequente Spannungsamplitude nach der Entladung
④ Reststrom für ③

Trifft eine in Freileitungsnetzen nicht auszuschließende Überspannungs-Wanderwelle auf eine Schaltanlage, so sollen die Stoßspannungs-Kennlinienbänder der Betriebsmittel nicht überschritten werden. Ein besonders ungünstiges Beispiel mit einer Schaltanlage am Ende einer Leitung wird in Bild 4.21 behandelt. Dabei wird eine sehr lange Zuleitung angenommen, so daß für sie der Ersatzschaltplan nach Bild 4.4 b verwendet werden kann. Gegeben ist in Bild 4.21 c der zeitliche Verlauf ③ der einlaufenden Überspannung $2u_{\rightarrow}(t)$, die Ansprech-Stoßspannungskennlinie ① der Ableiterfunkenstrecke und die u,i-Kennlinie ② des Ableiterwiderstandes.

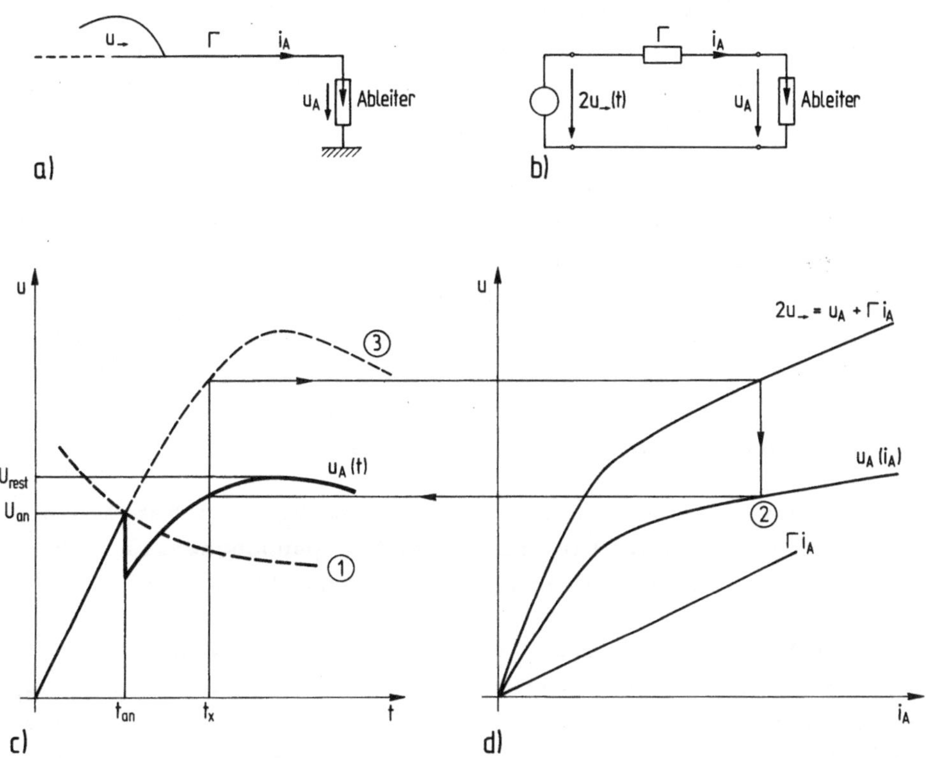

Bild 4.21. Spannung und Strom eines Ventilableiters am offenen Ende einer Freileitung
a) Anordnung
b) Ersatzschaltplan
c, d) Punktweise ermittelter Spannungsverlauf im Zeitpunkt $t_x > t_{an}$
① Ansprech-Stoßspannungskennlinie der Ableiterfunkenstrecke
② u,i-Kennlinie des Ableiterwiderstandes
③ Einlaufende Spannungs-Wanderwelle $2u_{\rightarrow}(t)$ am offenen Leitungsende

Nach Bild 4.21 b ist stets $2u_{\rightarrow} = u_A + \Gamma i_A$, wobei für den Widerstand des Ventilableiters ein nichtlinearer Zusammenhang $u_A(i_A)$ gilt. Solange die Funkenstrecke des Ableiters nicht angesprochen hat, ist $u_A = 2u_{\rightarrow}$. Nach dem Ansprechen des Ableiters wird der Ableiterwiderstand wirksam. Die Spannung u_A kann für jeden Zeitpunkt $t_x \geq t_{an}$ mit Bild 4.21 d punktweise ermittelt werden und ist in Bild 4.21 c eingetragen. Insbesondere steile Blitzstoßspannungen haben eine hohe Ansprechspannung U_{an} zur Folge, die sich nur bei Metalloxydableitern ausschließen läßt.

Isolationsdurchschläge werden vermieden, wenn sowohl die Ansprechspannung U_{an} als auch die Restspannung U_{rest} ausreichend weit unterhalb der Stoßspannungs-Kennlinienbänder der zu schützenden Betriebsmittel liegen. Die räumliche Spannungsverteilung der Wanderwellen begrenzt den Schutzbereich, d. h. den zulässigen Abstand zwischen Ableiter und Betriebsmittel.

Für den einfachen Fall einer am Ende E offenen Leitung mit einem davorliegenden Überspannungsableiter an der Stelle A nach Bild 4.22 läßt sich dieser Schutzbereich leicht abschätzen. Grob vereinfachend wird nach Bild 4.21 c angenommen, daß der Ableiter die Spannung auf den näherungsweise konstanten Schutzpegel U_p begrenzt, der der Restspannung U_{rest} und im Falle eines Funkenstreckenableiters auch der Ansprechspannung U_{an} etwa entspricht. Unterhalb dieser Spannung U_p soll die Stromaufnahme des Ableiters vernachlässigbar sein.

Auf der Leitung darf die Prüf-Blitzstoßspannung U_B nach Tabelle 4.3 nicht überschritten werden. Die einlaufende Spannungswelle steigt nach Bild 4.11 im entscheidenden Stirnbereich etwa linear an.

Von der Freileitung läuft also eine keilförmige Spannungswelle $u_{\rightarrow} = \dot{U}t$ auf den Endpunkt E der Leitung zu. Solange der Schutzpegel U_p nicht erreicht wird, spricht der Ableiter nicht an und hat keinen Einfluß auf die Spannung: Die Spannung u_A im Punkt A am Ableiter wächst im Abschnitt ① mit der Steigung $\dot{U}$. Um die Laufzeit a/v versetzt folgt die Spannung u_E im Endpunkt E im Abschnitt ② mit der durch die Reflexion verdoppelten Steigung $2\dot{U}$. Zum Zeitpunkt t_p erreicht die Spannung u_A den Schutzpegel U_p und wird danach im Abschnitt ③ auf diesem Wert konstant gehalten. Hierzu wird eine im Zeitpunkt t_p in A einlaufende keilförmige Wanderwelle $\Delta u_{\rightarrow}$ mit der Steigung $-2\dot{U}$ derart angesetzt, daß sich im Punkt A in der Summe der angenommene konstante Schutzpegel U_p ergibt. Nach der Laufzeit a/v trifft die Wanderwelle $\Delta u_{\rightarrow}$ am Endpunkt E ein, wird dort reflektiert und verursacht im Abschnitt ④ den eingetragenen Spannungsabstieg.

Insgesamt stellt sich im Endpunkt E der in Bild 4.22 gestrichelt eingezeichnete Spannungsverlauf ein. Läßt man dort nur die Prüf-Blitzstoßspannung U_B zu, so ergibt sich aus Bild 4.22 der Schutzbereich a des Ableiters:

$$a = \frac{U_B - U_p}{2\,\dot{U}}\,v\,. \tag{4.29}$$

Der Schutzbereich des Ableiters ist daher begrenzt. Größere Anlagen müssen folglich gegebenenfalls durch mehrere Ableiter geschützt werden. Unter Beachtung dieser Zusammenhänge werden die zu erwartenden Überspannungen, die Ansprech- und Restspannung der Ventilableiter und die für die Stoßspannungsprüfung der Betriebsmittel vorgesehenen Werte nach Tabelle 4.3 derart einander zugeordnet, daß sich eine befriedigende Betriebszuverlässigkeit einstellt.

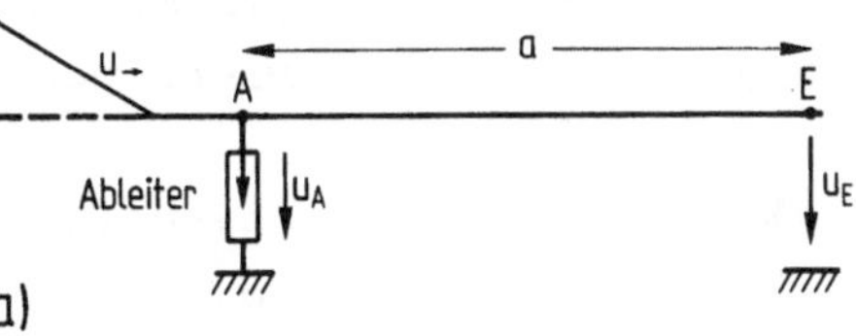

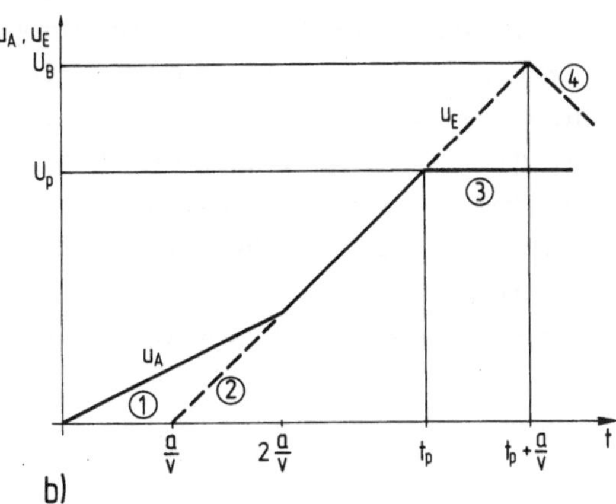

Bild 4.22. Ermittlung des Schutzbereiches eines Ableiters
a) Anordnung
b) Spannungsverlauf
——— im Punkt A mit den Abschnitten ① und ③
- - - im Punkt E mit den Abschnitten ② und ④
t_p Ansprechzeit des Ableiters

Weiterführende Literatur zum Abschnitt 4.6:
[6, 10, 63, 64, 101, 147, 174].

5 Sicherheitstechnik in Drehstromnetzen

5.1 Grundsätze

Die Lebenserwartung der Menschen hat sich u.a. durch Fortschritte der Medizin, Hygiene und Technik annähernd verdoppelt. Sie haben das menschliche Dasein quantitativ, aber mehr noch qualitativ verbessert. So erleichtert der Elektromotor anstrengende körperliche Arbeit: Trainierte Körper vermögen während einiger Stunden etwa 80 W als mechanische Leistung abzugeben, was der Elektromotor für Stromkosten von stündlich etwa zwei Pfennigen schafft.

Nach DIN VDE 31 000 T 2 sind Sicherheit/Gefahr Sachlagen, bei denen das Risiko nicht größer/größer als ein vertretbares Grenzrisiko ist, wie dies Bild 5.1 zeigt. Dabei ist unter Risiko eine Wahrscheinlichkeitsaussage zu verstehen, die sowohl die zu erwartende Häufigkeit als auch das Ausmaß eines möglichen Schadens umfaßt. Blitzableiter und Schornsteinfeger verringern die Häufigkeit, Brandmauern und Feuerwehren den Umfang von Bränden. Schutzeinrichtungen mindern die Risiken. Trotz des kombinierten Einsatzes derartiger Vorkehrungen verbleibt immer noch ein restliches Risiko, das sich im Grundsatz niemals völlig ausschließen läßt. Das im Normalfall noch vertretbare Grenzrisiko wird durch sicherheitstechnische Festlegungen [60] beschrieben, z. B. durch Normen nach Abschnitt 5.7.

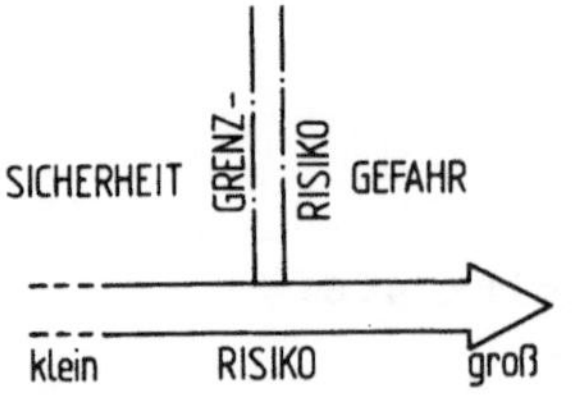

Bild 5.1. Sicherheit und Gefahr nach DIN VDE 31 000 T 2

Die Sicherheitstechnik befaßt sich mit der Abwendung von Gefahren

- unmittelbar: durch gefahrausschließendes Gestalten oder Verhalten, z. B. Kleinspannung, Verwendung nichtbrennbarer Werkstoffe,
- mittelbar: durch risikomindernde besondere Mittel, z. B. Sicherungen mit zwangsläufigem Übergang in den sicheren Zustand,
- hinweisend: durch Angabe der Bedingungen für eine gefahrlose Verwendung oder Arbeitsweise.

Technische Erzeugnisse müssen so hergestellt sein, daß sie bei ordnungsgemäßer Aufstellung und bestimmungsgemäßer Verwendung für Leben und Gesundheit von Menschen und Nutztieren ungefährlich sind. Zur bestimmungsgemäßen Verwendung gehört auch die Einhaltung der vorgesehenen Betriebs- und Instandhaltungsbedingungen sowie die Berücksichtigung von voraussehbarem menschlichem Fehlverhalten. Soweit vertretbar, haben sicherheitstechnische Erfordernisse Vorrang vor wirtschaftlichen Überlegungen.

Weiterführende Literatur zum Abschnitt 5.1:
[72, 60, 83, 145, 170, 179].

5.2 Fehler, Störungen und Schäden in Drehstromnetzen

Unter Fehlern sind die ungewollten Änderungen im Spannungs-, Isolations- und Schaltzustand eines Netzes zu verstehen. Störungen sind die durch einzelne oder mehrere Fehler verursachten Ereignisse. Als elektrische Schäden werden die bleibenden Veränderungen an den elektrischen Betriebsmitteln im Zuge einer Störung bezeichnet, als Folgeschäden deren weitere Auswirkungen.

Versorgungsnetze werden so geplant und betrieben, daß die Schäden nach seltenen, aber nicht völlig zu vermeidenden Fehlern klein bleiben; die Fehlerzahl selbst läßt sich nur wenig beeinflussen. Im jährlichen Durchschnitt rechnet man sowohl bei Freileitungen als auch bei Kabeln mit 2 bis 10 erkannten Fehlerorten je 100 km Stromkreislänge. Sie werden bei Freileitungen vor allem durch Überspannungen während Gewittern und bei Hochspannung durch Überschläge verschmutzter Isolatoren verursacht, bei Kabeln durch Bau- und Grabarbeiten. Bei Freileitungen ist die Fehlerortung und -beseitigung meist in wenigen Stunden möglich, bei Kabeln in wenigen Tagen.

Hochspannungsnetze werden überwiegend nach dem (n-1)-Prinzip redundant geplant und betrieben: Von n vorhandenen Betriebsmitteln darf jedes beliebige einzeln ausfallen ohne die Energieversorgung eines oder mehrerer Verbraucher bei höchster Belastung des Netzes zu gefährden. Bei Mittel- und Niederspannungsnetzen sind aus wirtschaftlichen Gründen Versorgungsunterbrechungen nicht zu vermeiden, wenn ein einzelnes Betriebsmittel ausfällt. Wie lange solche Unterbrechungen andauern dürfen, hängt vom subjektiven Versorgungsbedürfnis der Verbraucher ab. Bild 5.2 zeigt ein Beispiel aus einer großstädtischen Versorgung, deren Netze derart geplant und betrieben werden, daß die Unterbrechungsdauer möglichst unter der eingetragenen Grenze bleibt. Extrem seltene Störungen sind nicht erfaßt.

In den Kraftwerken sind Reserven nach Abschnitt 3.5 vorzusehen.

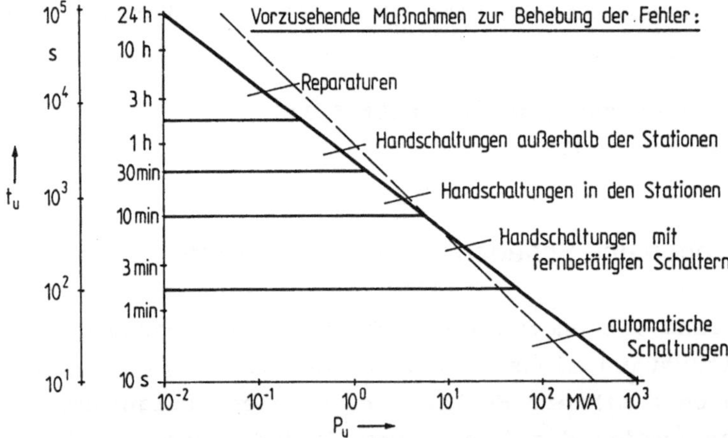

Bild 5.2. Beispiel für die als zulässig angesehene Unterbrechungszeit t_u zur Wiederherstellung einer großstädtischen Energieversorgung in Abhängigkeit von der Leistung P_u nach Zollenkopf

— — — Zum Vergleich: $P_u \cdot t_u$ = 1000 kWh

Der Umfang und die Dauer einer Störung lassen sich u.a. durch folgende technische Maßnahmen einschränken:

- Redundanz durch Errichtung zusätzlicher Betriebsmittel etwa nach dem (n-1)-Prinzip oder durch Wahl überlastbarer Betriebsmittel; Freileitungen sind im Gegensatz zu den meisten Kabeln überlastbar,

- Unterteilung großer Netze, Anlagen oder Betriebsmittel in mehrere kleinere,

- selektive und rasche selbsttätige Ausschaltung der fehlerbehafteten Betriebsmittel durch die Netzschutz-Einrichtungen nach Abschnitt 5.3,

- Beschränkung des Nullstromes $I_{(0)}$ und der Nullspannung $U_{(0)}$ bei unsymmetrischen Fehlern auf das fehlerbehaftete Netz.

Kurzschlüsse sind stromstarke Fehler, die auch die Mitkomponente der Netzspannung beeinträchtigen.

Erdschlüsse sind stromschwache Fehler zwischen einem oder mehreren Leitern und Erde, die zwar eine merkliche Nullspannung verursachen, die Mitspannung aber kaum beeinträchtigen.

Die überwiegende Zahl der Fehler tritt in elektrischen Netzen zwischen einem Außenleiter und Erde ein. Bei einem solchen einpoligen Fehler wird sich nach Bild 5.3 immer dann ein nur schwacher Strom ausbilden, wenn die Nullimpedanzen groß sind. Dies trifft für wenig ausgedehnte Freileitungsnetze und kleinere Kabelnetze zu, deren Sternpunkte isoliert sind; wegen $Z_{(0)} >> Z_{(1)}, Z_{(2)}$ ist der über Erde fließende dreifache Nullstrom dabei in Übereinstimmung mit (1.7)

$$\underline{I}_E = 3\underline{I}_{(0)} = \frac{3\underline{E}_{(1)}}{\underline{Z}_{(1)} + \underline{Z}_{(2)} + \underline{Z}_{(0)}} \approx j3\omega C_{(0)}\underline{E}_{(1)} \; . \qquad (5.1)$$

Bild 5.3 ist der zu (1.7) gehörende, mit Bild 1.39 gewonnene Ersatzschaltplan in symmetrischen Komponenten. Alle Längsimpedanzen sind gegenüber den Querkapazitäten vernachlässigt. Dadurch wird C_b im Gegensystem kurzgeschlossen.

Nach Bild 5.3 muß es möglich sein, den Erdschlußstrom $\underline{I}_E$ dadurch ganz wesentlich zu verkleinern, daß man das Nullsystem zu einem auf 50 Hz abgestimmten Parallelschwingkreis ergänzt. Idealisiert müßte dann in einem verlustlosen Netz $\underline{I}_E = 0$ zu erreichen sein. Obwohl die hierzu erforderliche Schwingkreisgüte $Q = \sqrt{C/L}\,/G$ wegen der unvermeidlichen Netzverluste nicht zu verwirklichen ist, lassen sich die Erdschlußströme derart abschwächen, daß einpolige Fehlerlichtbögen, die in Freileitungsnetzen etwa durch atmosphärische Überspannungen gezündet werden, selbsttätig und meist endgültig erlöschen. In Kabeln wird bei einpoligen Fehlern der Erdschlußstrom zwar in ähnlicher Weise reduziert, doch zündet der Fehlerlichtbogen wegen der kleinen räumlichen Abmessungen und großen Feldstärken immer wieder.

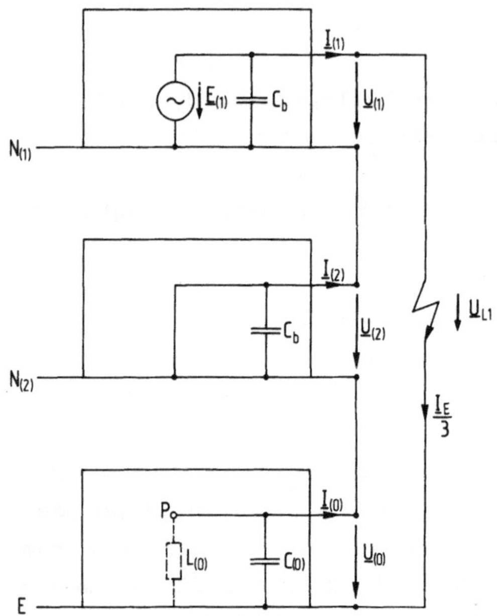

Bild 5.3. Erdschluß in einem Netz mit isoliertem Sternpunkt. Ersatzschaltplan zu (5.1) in symmetrischen Komponenten. In Netzen mit Erdschlußlöschung ist am Knoten P des Nullsystems die Nullinduktivität $L_{(0)}$ der Petersen-Spule angeschlossen

Die übliche Anordnung zur Erdschlußlöschung in Freileitungsnetzen mit Nennspannungen $U_n \leq 110$ kV zeigt Bild 5.4.

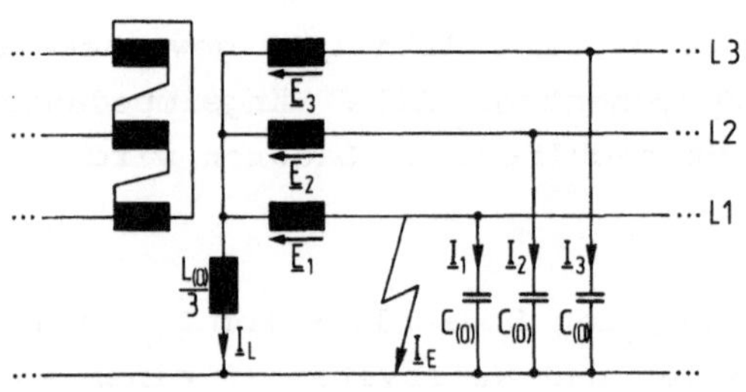

Bild 5.4. Wirkungsweise der Erdschlußspule (Petersen-Spule). Dreiphasiger, stark vereinfachter Ersatzschaltplan ohne Koppelkapazitäten

Der Sternpunkt des Transformators Dy wird über eine nach ihrem Erfinder W. Petersen benannte Drosselspule mit Erde verbunden. Sie ist im fehlerfreien Betrieb symmetrisch aufgebauter und betriebener Netze stromlos. Bei einem Erdschluß im Außenleiter L1 fließen nach Bild 5.4:

$$\underline{I}_L = \frac{-\underline{E}_1}{j\omega L_{(0)}/3} ,$$

$$\underline{I}_1 = 0 \,,$$

$$\underline{I}_2 = j\omega C_{(0)}(\underline{E}_2 - \underline{E}_1) \,,$$

$$\underline{I}_3 = j\omega C_{(0)}(\underline{E}_3 - \underline{E}_1) \,.$$

Setzt man mit symmetrischen Komponenten

$$\underline{E}_{(1)} = \underline{E}_1 = \underline{a}\underline{E}_2 = \underline{a}^2\underline{E}_3 \,,$$

so erhält man mit $\underline{I}_L + \underline{I}_E + \underline{I}_1 + \underline{I}_2 + \underline{I}_3 = 0$:

$$-\underline{I}_E = \underline{I}_L + \underline{I}_2 + \underline{I}_3 = \underline{E}_{(1)}\left[-\frac{3}{j\omega L_{(0)}} + j\omega C_{(0)}(\underline{a}^2-1+\underline{a}-1)\right] \,,$$

$$\underline{I}_E = j3\underline{E}_{(1)}\left[\omega C_{(0)} - \frac{1}{\omega L_{(0)}}\right] \,.$$

$\underline{I}_E$ wird also Null für $1/(\omega L_{(0)}) = \omega C_{(0)}$; die Petersen-Spule bildet zusammen mit den Kapazitäten des Nullsystems einen Parallelschwingkreis. Die Ströme in den Außenleitern auf der D-Seite des Transformators bleiben während des Erdschlusses symmetrisch, da bei $\underline{I}_E = 0$ das Mit-, Gegen- und Nullsystem in Bild 5.3 entkoppelt sind.

Weiterführende Literatur zum Abschnitt 5.2:
[50, 64, 77, 106, 151, 155].

5.3 Grundzüge des Netzschutzes

(Zu Vertiefung)

Um die Schäden im Netz möglichst gering zu halten, ist es notwendig, auftretende Fehler sofort zu erkennen und durch rasch wirkende Schalteinrichtungen auszuschalten. Kurzschlußströme in NS-Netzen und leistungsschwachen MS-Netzen können durch Schmelzsicherungen sowohl erfaßt als auch ausgeschaltet werden. Für leistungsstarke Netze und alle HS-Netze werden Schaltgeräte verwendet, die von Netzschutzeinrichtungen gesteuert werden.

Für das ordnungsgemäße Arbeiten des Netzschutzes gelten folgende Grundsätze:

- Zuverlässigkeit: Fehlimpulse sind oft mehr gefürchtet als verspätete oder verlorengegangene Impulse, für die der Reserveschutz einspringen kann.

- Selektivität und Genauigkeit:
  Nur der fehlerbehaftete Netzzweig wird ausgeschaltet, bei Versagen nur die ihm benachbarten Zweige, soweit sie am Kurzschluß beteiligt sind.

- Empfindlichkeit: Die Schutzeinrichtungen müssen zwischen Fehlern und allen noch zulässigen Betriebzuständen unterscheiden können.

- Schnelligkeit: Die Schäden wachsen meist überproportional mit der Zeit. Die kürzesten Befehlszeiten lassen sich mit Ja/Nein-Entscheidungen erreichen.

- Schutzreserve: Versagt ein Schalter, ein Schutzgerät oder ein Schutzprinzip, so greift der Reserveschutz ein. Schutz- und Reserveschutzeinrichtungen sollen den Kurzschluß unabhängig voneinander nach unterschiedlichen Verfahren orten.

- Netzzustand: Der Netzschutz soll bei allen Schalt- und Spannungszuständen des Netzes wirken.

Einzelne, stromschwache Erdschlüsse, deren Fehlerorte sich häufig nur schwer orten lassen, brauchen nicht sofort ausgeschaltet zu werden. Sie sind jedoch zu melden, da die Spannungserhöhungen in den fehlerfreien Leitern nach Bild 1.5 bei unzureichendem Isolationszustand einen zweiten Erdschluß verursachen können; die bei einem solchen Doppelerdschluß fließenden Ströme sind meist stark und müssen rasch ausgeschaltet werden.

In Mittel- und Hochspannungsnetzen lassen sich Lichtbogenfehler auf Freileitungen auch bei hoher Stromstärke dadurch beseitigen, daß der Netzschutz die Leistungsschalter an beiden Leitungsenden gleichzeitig öffnet und nach kurzer Zeit wieder schließt. Der dabei entstehende Spannungseinbruch ist so kurz, daß er von den Verbrauchern kaum bemerkt wird. In Mittelspannungsnetzen wird diese Kurzunterbrechung in allen drei Außenleitern vorgenommen, in Hochspannungsnetzen mit niederohmig geerdeten Sternpunkten nach Bild 5.5 möglichst nur im fehlerbetroffenen Leiter. Die Zeit, in der die Leistungsschalter geöffnet sind, wird Pausenzeit genannt. Sie beträgt bei dreipoliger Kurzunterbrechung etwa eine halbe Sekunde; bei einpoliger Kurzunterbrechung wird etwa der doppelte Wert benötigt, da der Lichtbogenstrom nach Ausschalten des fehlerbetroffenen Leiters noch über die kapazitive und induktive Kopplung der Außenleiter gespeist wird.

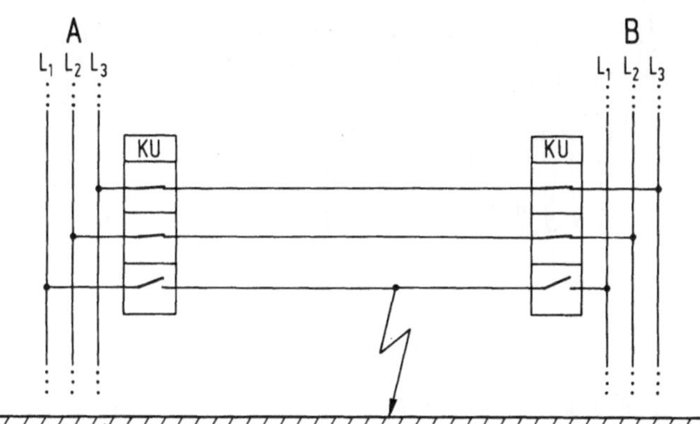

Bild 5.5. Beseitigung eines einpoligen Lichtbogenfehlers in einem Hochspannungsnetz mit niederohmiger Sternpunkterdung durch einpolige Kurzunterbrechung

Überschreitet der von einem Betriebsmittel aufgenommene Strom dessen Bemessungswert, so greift nach einiger Zeit der Überlastschutz ein. In Niederspannungsnetzen schalten Schmelzsicherungen zwar Kurzschlüsse rasch aus, schützen aber nur unvollkommen gegen Überlastungen. Einen besseren Überlastschutz bieten thermische Schutzschalter, wie etwa Leitungs- und Motorschutzschalter. Reicht ihr Schaltvermögen für Kurzschlüsse nicht aus, so werden ihnen z. B. Schmelzsicherungen vorgeschaltet.

Weiterführende Literatur zum Abschnitt 5.3:
[64, 94, 106, 112, 149, 159].

5.4 Kurzschlußstromberechnung

Elektrische Betriebsmittel sollen durch äußere Kurzschlüsse weder zerstört noch beschädigt werden. Die Kurzschlußfestigkeit eines Betriebsmittels am Einbauort ist praktisch nur dadurch nachzuweisen, daß der größte Kurzschlußstrom berechnet und mit dem für das Betriebsmittel zulässigen Wert verglichen wird. Netzschutz und Berührungsschutz müssen dagegen so ausgelegt werden, daß sie bereits auf den kleinsten Kurzschlußstrom ansprechen.

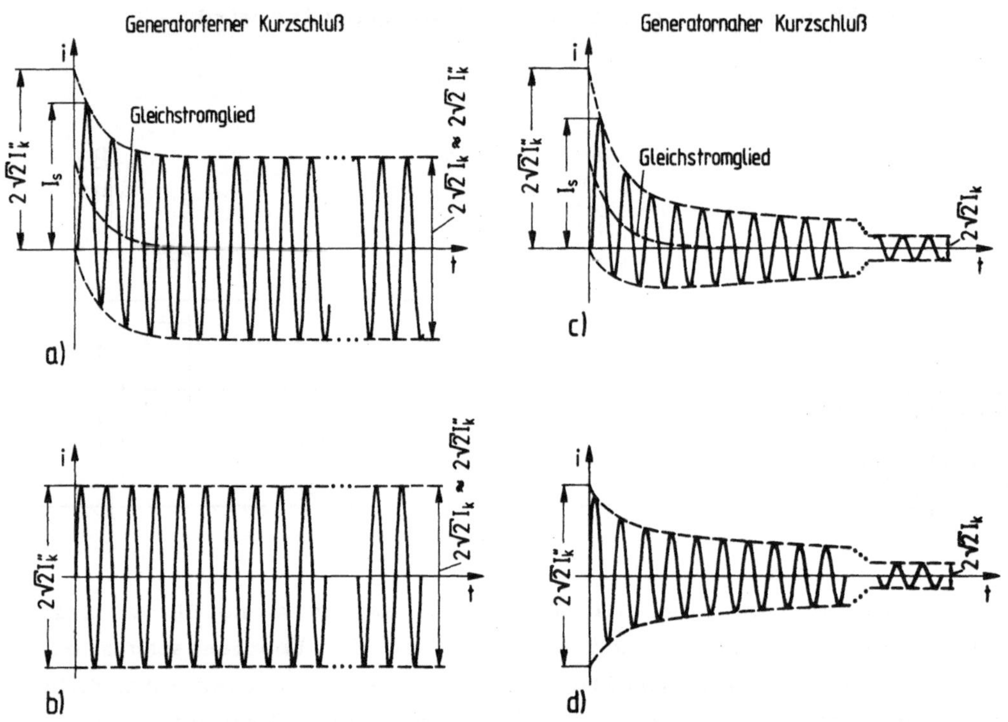

Bild 5.6. Kurzschlußstromverläufe (schematisch)
a, b) bei generatorfernem Kurzschluß
c, d) bei generatornahem Kurzschluß, vergl. auch Bild 2.27

Die betriebsfrequente Stromkomponente ist bei generatorfernen Kurzschlüssen nach Bild 5.6 a,b konstant; bei generatornahen Kurzschlüssen nimmt sie nach Bild 5.6 c,d ab. Tritt der Kurzschluß im Stromnulldurchgang ein, so sind Stromverläufe nach Bild 5.6 b,d zu erwarten. Erfolgt er dagegen im Spannungsnulldurchgang wie in Bild 5.6 a,c, so wird der größte mögliche Augenblickswert nach etwa 10 ms erreicht; er wird Stoßkurzschlußstrom I_s genannt. Dieser Wert bestimmt die mechanische Beanspruchung der elektrischen Betriebsmittel durch Stromkräfte. Mit I_k'' bezeichnet man den Effektivwert des Anfangs-Kurzschlußwechselstromes, der für die Auswahl der Leistungsschalter bei generatorfernen Kurzschlüssen maßgebend ist. Der Dauerkurzschlußstrom I_k ist der Effektivwert des Kurzschlußstromes, der nach Abklingen aller Ausgleichsvorgänge bestehen bleibt. Seine Höhe ist für die thermische Auslegung der Betriebsmittel entscheidend. Die aperiodisch verlaufende, einseitige Komponente wird üblich Gleichstromkomponente genannt.

Die Gleichstromkomponente und der Stoßkurzschlußstrom lassen sich mit der Ersatzschaltung in Bild 5.7 berechnen.

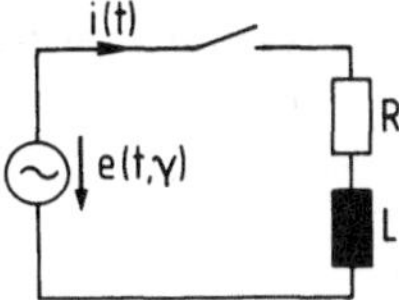

Bild 5.7. Einschaltung einer R,L-Reihenimpedanz an einer Wechselspannungsquelle

Die Differentialgleichung hierfür lautet

$$L \frac{di}{dt} + Ri = \begin{cases} 0 & \text{für } t < 0 , \\ e(t,\gamma) & \text{für } t \geq 0 . \end{cases}$$

Die Wechselspannungsquelle wird beschrieben mit

$$e(t,\gamma) = \hat{e} \sin(\omega t+\gamma) .$$

Dabei ist γ der dem Einschaltzeitpunkt zugeordnete Phasenwinkel. Bei $\gamma = (0,\pi)$ wird also im Nulldurchgang, bei $\gamma = (\pi/2, 3\pi/2)$ im Scheitel der Spannung eingeschaltet. Mit der Anfangsbedingung $i = 0$ für $t = 0$ ist

$$i(t) = \frac{\hat{e}}{\sqrt{R^2+X^2}} \left[\sin(\omega t+\gamma-\varphi) - \sin(\gamma-\varphi)\ e^{-\omega tR/X}\right] . \qquad (5.2)$$

Dabei sind $X = \omega L$ und $\tan\varphi = X/R$.

Der Stoßkurzschlußstrom wird erreicht, wenn zugleich $\partial i/\partial(\omega t) = 0$ und $\partial i/\partial\gamma = 0$ erfüllt sind. Eine kurze Rechnung zeigt, daß dies für $\gamma = 0$ zutrifft, wenn der Kurzschluß also im Spannungsnulldurchgang beginnt. Da man jedes beliebige R,L-Netzwerk in eine Ersatzschaltung aus endlich vielen parallelgeschalteten R,L-Reihenimpedanzen umwandeln kann, gilt dieses Ergebnis in jedem R,L-Netzwerk ganz allgemein. Der Stoßkurzschluß erhält den Index s.

Der Strombetrag erreicht nach Bild 5.6 a,c ungefähr dann sein Maximum, wenn die betriebsfrequente Stromkomponente maximal ist, also nach (5.2) etwa bei $\omega t_s + \gamma_s - \varphi = \pi/2$. Setzt man diesen Wert sowie $\gamma_s = 0$ in (5.2) ein, so wird der Stoßkurzschlußstrom I_s mit $Z^2 = R^2 + X^2$

$$I_s \approx \frac{\hat{e}}{Z}\left[1 + e^{-(\pi/2+\varphi)R/X}\sin\varphi\right] . \qquad (5.3\ a)$$

Mit dem Anfangs-Kurzschlußwechselstrom

$$I_k'' = \frac{\hat{e}}{\sqrt{2}Z} \qquad (5.4)$$

und

$$\kappa = \left[1 + e^{-(\pi/2+\varphi)R/X}\sin\varphi\right] \qquad (5.5\ a)$$

erhält man

$$I_s = \kappa\sqrt{2}\, I_k'' . \qquad (5.3\ b)$$

Der durch (5.5 a) näherungsweise berechnete Faktor κ weicht nur um höchstens 0,6 % von der numerischen Lösung der transzendenten Gleichungen für das Strommaximum ab. Für $R/X \ll 1$ wird aus (5.5 a) die numerische Näherung

$$\kappa \approx 1{,}02 + 0{,}98\, e^{-3R/X} . \qquad (5.5\ b)$$

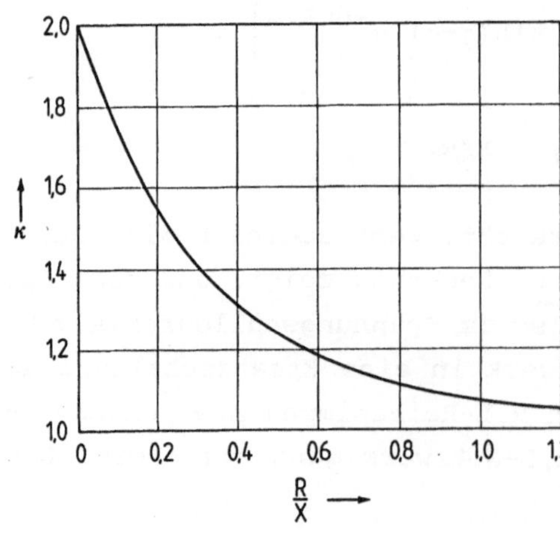

Bild 5.8. Faktor κ zur Berechnung des Stoßkurzschlußstromes I_s

Der Faktor κ ist in Bild 5.8 abhängig vom Quotienten R/X aufgetragen. Er gilt exakt nur für die R,L-Reihenimpedanz des Bildes 5.7.

In gleicher Weise berechnet man den Strom für einen dreipoligen Kurzschluß, der in allen drei Außenleitern eines Drehstromnetzes am selben Ort gleichzeitig auftritt, in folgenden Schritten:

- Man bestimmt den Betrag der Innenimpedanz Z im Mitsystem und betrachtet hierzu das Netz am Kurzschlußort als Eintor nach Bild 1.29 a.

- Man ermittelt den Anfangs-Kurzschlußwechselstrom I_k'' nach (5.4) mit $\frac{\hat{e}}{\sqrt{2}} = 1{,}1 \frac{U_n}{\sqrt{3}}$. Der Faktor 1,1 berücksichtigt die möglichen Spannungsdifferenzen nach Abschnitt 3.3.

- Man berechnet den Stoßkurzschlußstrom I_s nach (5.3 b) und mit Bild 5.7.

Das Produkt $\sqrt{3}U_n I_k$ wird Kurzschlußleistung genannt. Es ist wegen (2.63) von der Übersetzung ü zwischengeschalteter Transformatoren unabhängig.

Weiterführende Literatur zum Abschnitt 5.4:
[39, 40, 48 - 50, 64, 107, 172, 173].

5.5 Körperströme

Ursache tödlicher Unfälle durch technischen Wechselstrom ist meist Kreislaufversagen durch Herzkammerflimmern oder Herzstillstand. Diese werden ausgelöst durch den über das Herz fließenden Stromanteil. Bei Kreislaufstillstand werden die lebenswichtigen Organe nicht mehr ausreichend mit Sauerstoff versorgt und die ungenügende Sauerstoffversorgung des Gehirns führt innerhalb weniger Minuten zum Tode. Der kritische Teil der Herzperiode für die Auslösung von Herzkammerflimmern ist die sogenannte vulnerable Phase vP, die im Elektrokardiogramm nach Bild 5.9 in den aufsteigenden T-Impuls fällt. Ströme, die länger als eine Herzperiode (ca. 0,75 s) fließen, sind demnach besonders gefährlich. Bei kürzeren Zeiten ist die Lage des Stromimpulses zum T-Impuls wesentlich.

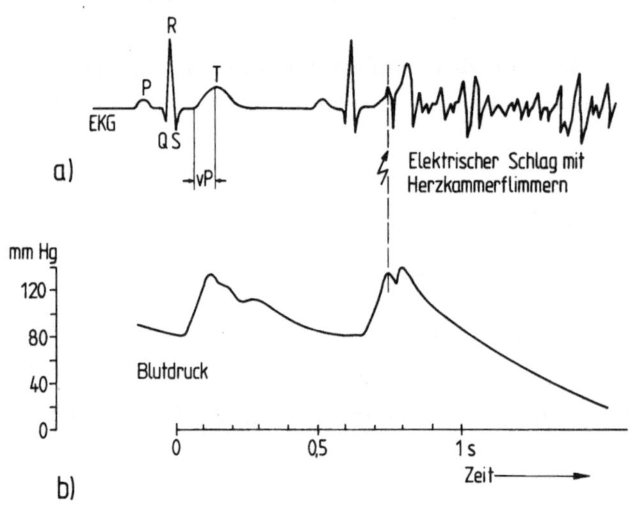

Bild 5.9. Physiopathologische Auswirkungen eines zum Herzkammerflimmern führenden Stromunfalls
a) Elektrokardiogramm
b) Blutdruck

Die physiopathologische Wirkung eines elektrischen Stromes hängt von der Stromstärke ab, die über den Körper fließt:

0,5 mA_{eff}	Wahrnehmungsgrenze a in Bild 5.10, z. B. Prickeln,
5 mA_{eff}	Erwärmung,
10 mA_{eff}	Verkrampfung.

Oberhalb der Loslaßgrenze 10 mA verkrampfen sich die Muskeln derart, daß man einen stromführenden Leiter nicht mehr loszulassen vermag. Eine Gefährdung durch Herzkammerflimmern kann einerseits bei langen Einwirkdauern kleiner Ströme und andererseits bei kurzen Einwirkdauern größer Ströme eintreten.

Durch Unfallanalysen und Tierversuche, deren Ergebnisse auf erwachsene, gesunde Menschen umgerechnet werden, bestimmt man die in Bild

5.10 eingezeichneten Wirkungsbereiche der Körperströme bei technischem Wechselstrom. Unterhalb der Grenze b sind im Normalfall keine pathophysiologischen Wirkungen zu befürchten. An der Grenze c ist in der Hälfte aller Fälle mit Herzkammerflimmern zu rechnen. Zwischen beiden Kurven liegt der Bereich unterschiedlicher Wahrscheinlichkeiten, die auch vom Lebensalter und dem Gesundheitszustand des Betroffenen abhängen. Wie bei allen biologischen Vorgängen streuen die Ergebnisse stark. Unter Berücksichtigung dieser Einflüsse sind in den üblichen Netzen Ströme von etwa 50 mA bereits als lebensbedrohend anzusehen, wenn sie von einer Hand über den Rumpf zu den Füßen fließen.

Andere Strombahnen lassen sich mit Tabelle 5.1 umrechnen. Hohe Zahlenwerte entsprechen einer erhöhten Gefährdung.

Noch kleinere Wechselströme bis in den Mikroampère-Bereich hinein können nur dann gefährlich sein, wenn sie z. B. durch Sonden eines medizinischen Gerätes bei einem Defekt in die Herzregion geleitet werden.

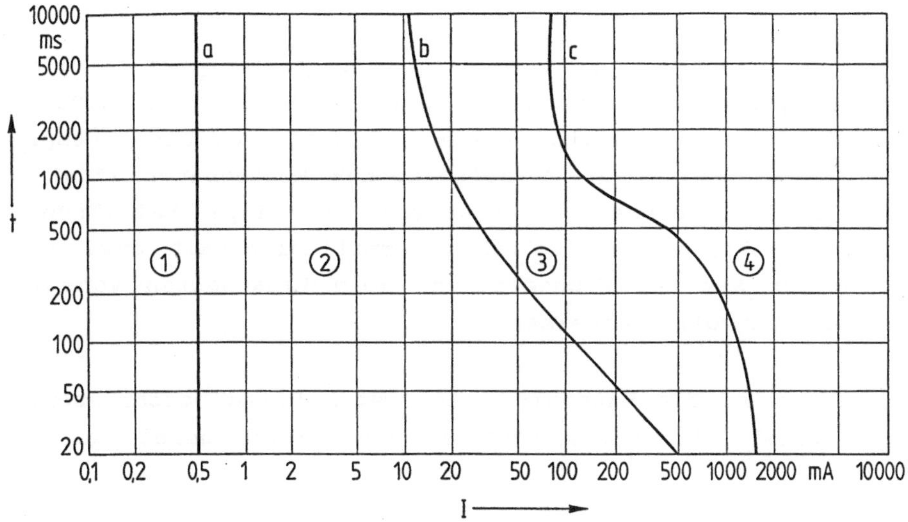

Bild 5.10. Wirkungsbereiche von Körperströmen über den Stromweg linke Hand - Fuß nach [180]
Bereich 1 : normalerweise keine Einwirkungen wahrnehmbar
Bereich 2 : normalerweise keine schädigenden Einwirkungen
Bereich 3 : Muskelverkrampfungen; Wahrscheinlichkeit des Herzkammerflimmerns gering
Bereich 4 : Wahrscheinlichkeit des Herzkammerflimmerns sehr groß

Tabelle 5.1. Herzstromfaktor nach IEC. Umrechnung verschiedener Strombahnen auf gleiche Stromdichten am Herz [180]

Stromweg	Herzstromfaktor
Linke Hand - linker Fuß, rechter Fuß oder Füße,	1,0
Beide Hände - Füße	1,0
Linke Hand - rechte Hand	0,4
Rechte Hand - linker Fuß, rechter Fuß oder Füße	0,8
Rücken - rechte Hand	0,3
Rücken - linke Hand	0,7
Brust - rechte Hand	1,3
Brust - linke Hand	1,5
Gesäß - linke Hand, rechte Hand oder Hände	0,7

Bei Strömen, die nur kurze Zeit im Vergleich zur Herzperiode fließen, liegt die Gefährdungsgrenze nach Abschnitt 5.6 mit DIN VDE 0100 T 410 Abs. 4.2 bei Entladungsenergien von mehr als 350 mJ. Dies entspricht beispielsweise einem auf 220 V aufgeladenen Kondensator 15 µF oder einem auf 4 kV aufgeladenen Weidezaun von 6 km Länge. Bei länger als 1 s fließendem Gleichstrom ist die Unempflindlichkeit etwa um den Faktor 4 größer als bei Wechselstrom; beim Einschalten von 100 mA empfindet man peinvolle Schmerzen.

In [153, 175] sind die Maßnahmen der Ersten Hilfe beschrieben, die nach einem Unfall durch Körperstrom unverzüglich geleistet werden müssen:

- Der Strom ist sofort auszuschalten.

- Der Verunglückte ist derart aus dem Gefahrenbereich zu entfernen, daß sich der Helfer nicht selbst gefährdet.

- Die Wiederbelebungsmaßnahmen sind mit der künstlichen Beatmung zu beginnen. Dabei ist die Mund-zu-Nase-Beatmung etwa 12mal je Minute zu bevorzugen. Bei Kreislaufstillstand ist sofort neben der Beatmung die äußere Herzmassage durch ausgebildete Kräfte erforderlich.

- Die Beatmung und Herzmassage sind auch während des Krankentransportes fortzusetzen, der mit dem Stichwort "Stromunfall" anzufordern ist.

Setzen Herztätigkeit und Atmung rechtzeitig wieder ein, so ist bei 50 Hz bis 60 Hz mit Spätfolgen nicht zu rechnen.

Schwere Verbrennungen, z. B. durch Lichtbögen, sind auch ohne Körperströme lebensbedrohend. Sie können zum Versagen der Nierenfunktionen führen.

Die Stärke der Körperströme bei einem Unfall wird wesentlich durch den Widerstand der Haut und des Körpers beeinflußt. Im allgemeinen rechnet man für alle Körperbahnen mit einem reellen Gesamtwiderstand von 1000 Ω bei 250 V. Bei kleinen Spannungen oder trockener Haut kann er wesentlich größer sein. Bei Salzwasserdurchfeuchtung oder kurzen Körperstrombahnen sind auch kleinere Werte möglich. Multipliziert man die mit Bild 5.10 und Tabelle 5.1 bestimmten lebensbedrohenden Ströme mit dem Gesamtwiderstand 1000 Ω, so erhält man die Wechselspannung an der Gefährdungsgrenze, z. B. für den Strompfad

linke Hand - rechte Hand: $U_{gef} = 1000\ \Omega \cdot 50\ \text{mA}/0{,}4 = 125\ \text{V}$

oder für den Strompfad

linke Hand - rechter Fuß: $U_{gef} = 1000\ \Omega \cdot 50\ \text{mA}/1{,}0 = 50\ \text{V}$.

Daher ist in DIN VDE 0100 T 410 Abs. 6.1.1.4 die Grenze für dauernd zulässige Berührungsspannungen bei Wechselspannung auf 50 V effektiv, bei Gleichspannung auf 120 V festgelegt.

Aus Bild 5.11 ist zu ersehen, wie derartige Spannungen zustande kommen. Die Isolation des elektrischen Betriebsmittels in der Bildmitte schlägt wegen eines Fehlers durch. Der Fehlerstrom fließt durch das Gehäuse ins Erdreich; erst außerhalb des Bildes tritt er wieder aus dem Boden aus. Setzt man das Potential der weit entfernten "Bezugserde" zu Null, so wird das Potential an der Erdoberfläche die Gestalt eines Trichters nach Bild 5.11 b annehmen. An dieser Kurve kann man die Potentialdifferenzen abgreifen:

- Erdungsspannung U_E zwischen Betriebsmittel und Bezugserde;

- Berührungsspannung U_{BB} in 1 m Entfernung vom Betriebsmittel;

- (ausgeschleppte) Berührungsspannung U_{BA} am metallischen Zaun auf Betonstützen, der entgegen [176 Abschnitt 5.3.5] mit der Erdung des defekten Betriebsmittels verbunden ist;

- (eingeschleppte) Berührungsspannung U_{BC} am Hahn der vorschriftswidrig nicht mit der Erdungsanlage verbundenen Wasserleitung, die bei guter Isolation das Potential der Bezugserde führt;

- Schrittspannung U_S mit 1 m Schrittweite in der Richtung des Feldgradienten.

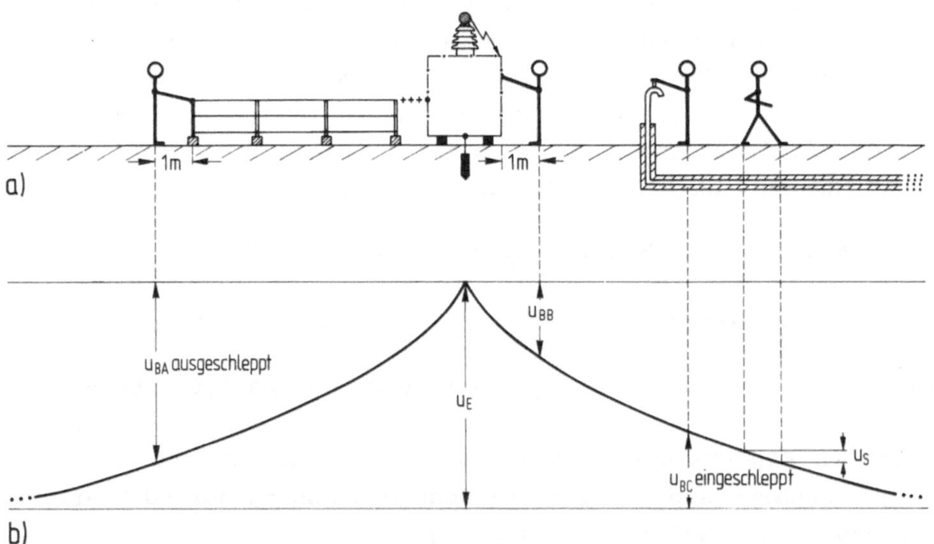

Bild 5.11. Berührungs- und Schrittspannung auf der Erdoberfläche nach einem Isolationsfehler
a) Anordnung mit fehlerhafter Verbindung ++++++
b) Potential-Diagramm

Wie sich in Niederspannungsnetzen zu große Berührungsspannungen vermeiden lassen, wird im Abschnitt 5.6 gezeigt. In Hochspannungsnetzen sind Erdungsanlagen nach [176] vorzusehen.

Durch die elektrischen und magnetischen Felder der Energieversorgung wird die Gesundheit des Menschen nachweislich nicht beeinflußt.

Weiterführende Literatur zum Abschnitt 5.5:
[18, 64, 76, 100, 114, 118, 146, 149, 153, 175, 176, 180].

5.6 Schutz gegen gefährliche Körperströme in Niederspannungsnetzen

Diesem Buch sind als Sonderdruck Auszüge aus der Normenreihe DIN VDE 0100 "Errichten von Starkstromanlagen mit Nennspannungen bis 1000 V" beigegeben, worauf sich die in diesem Abschnitt mit einem Stern (*) bezeichneten Seiten, Bilder und Tabellen beziehen. Die zum Verständnis benötigten Begriffe sind auf den Seiten 6 bis 20 des Sonderdrukkes erklärt.

Die ersten deutschen Regeln, die sich auch mit dem Schutz gegen gefährliche Körperströme befaßten, gab 1896 der VDE heraus, die ersten entsprechenden internationalen Empfehlungen 1970 die International Electrotechnical Commission IEC. Die Staaten der Europäischen Gemeinschaft EG verpflichteten sich 1973 vertraglich, die nationalen Sicherheitsnormen mit der IEC-Publikation 364 "Electrical Installations of Buildings" in Übereinstimmung zu bringen, um damit Handelshemmnisse abzubauen. Die wichtigsten Änderungen an VDE 0100, die zur Anpassung erforderlich waren, sind in der Tabelle 5.2 zusammengestellt.

Will man durch unmittelbare Sicherheitstechnik nach Abschnitt 5.1 gegen gefährliche Körperströme schützen, so dürfen die elektrischen Betriebsmittel, zu denen auch alle Elektrogeräte für den Haushalt und ähnliche Zwecke zählen, z. B. nur mit begrenzten Spannungen oder Entladungsenergien unter 350 mJ betrieben werden. Schutzkleinspannungen unter 50 V Wechselspannung oder 120 V Gleichspannung werden so für besondere Schutzbedürfnisse, z. B. in leitenden Kesseln oder bei Kinderspielzeug, vorgesehen. Der zu schützende Stromzweig wird nach T 410 Abs. 4.1 [*S. 23] vorzugsweise mit Sicherheitstransformatoren gespeist und nicht geeerdet. Ein Schutz gegen direktes Berühren ist nach T 410 Abs. 4.1.4 nur bei Wechselspannungen über 25 V und Gleichspannungen über 60 V erforderlich. Betriebsmittel für Schutzkleinspannung gehören nach Tabelle 5.3 zur Schutzklasse III [*S. 50] und erhalten unverwechselbare Steckvorrichtungen ohne Schutzkontakt. Gleichgestellt sind ihnen elektronische Geräte, die nach T 410 Abs. 4.1.2.4 die Spannung im Fehlerfall in 0,2 s auf die Kleinspannung absenken.

Tabelle 5.2. Wichtige Änderungen der Kennzeichnungen und Größen bei der internationalen Anpassung von DIN VDE 0100

	DIN VDE 0100	
Begriff	1973	1985
Außenleiter	——— R, S, T	——— L1, L2, L3
Mittelleiter	——— Mp	——— N oder —/—
Schutzleiter	—·—·— SL	——— PE oder —/—
Nulleiter	—·—·— SL/Mp	——— PEN oder —/—
Kleinspannung	42 V~ / 42 V=	50 V~ / 120 V=
Dauernd zulässige Berührungsspannung	65 V~ / 65 V=	50 V~ / 120 V=

Tabelle 5.3. Schutzklassen der in Niederspannungsnetzen angeschlossenen Betriebsmittel nach DIN VDE 0106 [*S. 47 - 51]

Schutz klasse	Merkmal	Kennzeichen	Bemerkung	Steckvorrichtung
0	nur Basisisolierung	ohne	in D nicht zugelassen	------
I	Schutzleiter PE	grün/gelb	PE - Anschluß ⏚	mit PE
II	zusätzl. Isolierung	⧈	kein PE - Anschluß	kein Anschluß an PE
III	Kleinspannung	◇ III	kein PE - Anschluß	unverwechselbar

Funktionskleinspannungen unter 50 V sind für Meß- und Fernmeldeaufgaben bestimmt. Die Stromkreise werden nach T 410 Abs. 4.3.2 bis 4.3.4 [*S. 24f] über Zweiwicklungstransformatoren gespeist und dürfen geerdet werden. In jedem Fall sind Schutzmaßnahmen gegen direktes Berühren durch Abdeckung, Umhüllung oder Isolierung erforderlich.

Bei Betriebsmitteln größerer Leistung läßt sich der Schutz gegen gefährliche Körperströme nur durch mittelbare Sicherheitstechnik nach Abschnitt 5.1 erreichen. Zu ihnen zählen alle Betriebsmittel der Schutzklassen I und II nach Tabelle 5.3, deren einzelne Schutzmaßnahmen im Grundsatz etwa gleichwertig sind. Für sie werden zunächst konstruktive Vorkehrungen gegen direktes Berühren aktiver Teile nach T 410 Abs. 5 [*S. 25f] gefordert, wozu sich Isolierungen oder Abdekkungen und Umhüllungen mit höchstens 12 mm weiten Öffnungen nach DIN 40 050 eignen. Sonderfälle etwa für Schweißanlagen sind in Abs. 8.1 [*S. 33] aufgeführt. Außerdem werden Schutzmaßnahmen bei indirektem Berühren der Körper im Fehlerfall nach T 410 Abs. 6 [*S. 26ff] verlangt, wovon nur in den Ausnahmen nach Abs. 8.2. [*S. 33], beispielsweise bei Leitungsmasten und Dachständern der öffentlichen Stromversorgung, abgesehen werden darf.

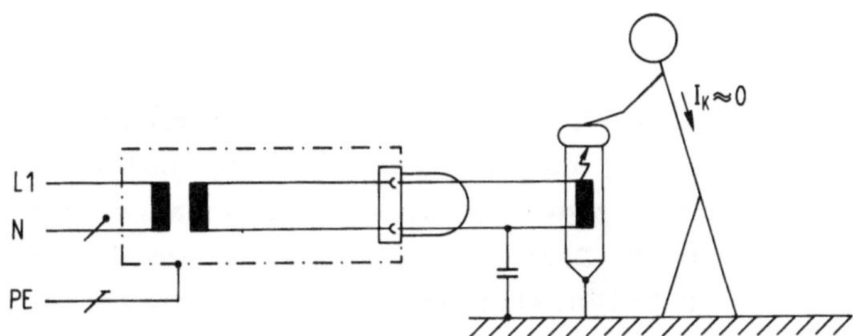

Bild 5.12 Schutztrennung bei Anschluß eines Betriebsmittels

Die Schutztrennung nach T 410 Abs. 6.5 [*S. 31f] verhindert große Fehlerströme im Erdschlußfall durch Speisung eines ungeerdeten Stromkreises beschränkter Ausdehnung etwa über einen Trenntransformator beschränkter Leistung mit dem besonderen Kennzeichen ⦵. Der Fehlerstrom wird wegen (5.1) durch die kleinen Erdkapazitäten des Stromkreises und parallelen Leitwerte nach Bild 5.12 zuverlässig begrenzt. Er könnte erst dann eine gefährliche Größe erreichen, wenn ein zweiter Erdschluß eintritt, bevor der erste beseitigt ist. Jedes zu schützende Betriebsmittel sollte nach Abs. 6.5.2 möglichst einen eigenen Trenntransformator erhalten; sein Körper bleibt dann nach Abs. 6.5.1.5 ungeerdet. Schutztrennung wird in speziellen Fällen bei erhöhtem Körperstromrisiko gefordert, z. B. beim Arbeiten mit Handnaßschleifmaschinen.

Der Schutz durch Abschaltung oder Meldung nach T 410 Abs. 6.2 [*S. 29f] läßt sich für Niederspannungsnetze und Betriebsmittel jeder Art durchführen. Einen Überblick gibt die Tabelle in Anhang A zu T 410 [*S. 37]. Bei den für die öffentliche Energieversorgung am besten geeigneten TN-Netzen wird zur zuverlässigen Abschaltung der nach Tabelle 5.2 unzulässigen Berührungsspannungen über 50 V~ oder 120 V= ein durchgehender PE-Leiter benötigt, der nach T 300 Abs. 6.2.1 [*S. 17f]

- beim TN-C-Netz im ganzen Netz mit dem Neutralleiter N [*S. 6] zum PEN-Leiter kombiniert ist (früher: klassische Nullung) und nach T 410 Abs. 6.1.3.5 [*S. 27] nicht allein geschaltet werden darf;

- beim TN-C-S-Netz nur teilweise mit dem Neutralleiter N [*S. 6] kombiniert ist (früher: moderne Nullung).

TN-S-Netze erfordern zur Drehstromübertragung 5 Leiter und sind wegen dieses Aufwandes nicht üblich. Beide Netzformen TN-C und TN-C-S sind in Deutschland etwa gleich verbreitet. Die Kombination C ist nach T 540 Abs. 8.2.1 [*S. 43f] nur für festverlegte Leiter mit mindestens 10 mm^2 Kupferquerschnitt zugelassen, um die Gefahren durch eine PEN-Leiterunterbrechung nach Bild 5.13 auszuschließen. Bewegliche Anschlußleitungen von Betriebsmitteln der Schutzklasse I müssen daher für Wechselstrom dreiadrig, für Drehstrom fünfadrig sein. In Steckern ist die PE-Ader nach Bild 5.14 etwas länger als die anderen Adern zu bemessen: Anschlußleitungen werden leider immer wieder überdehnt, wenn man sie zum Herausziehen eines Steckers aus der Steckdose mißbraucht. Der PEN-Leiter ist außerhalb der Schaltanlagen nach T 540 Abs. 8.2.2 [*S. 44] zu isolieren und nach Abs. 10.1 ebenso wie der PE-Leiter grün-gelb zu kennzeichnen. Er beteiligt sich wie der blau gekennzeichnete N-Leiter an der Stromführung, sobald das Netz unsymmetrisch belastet ist.

Die Sternpunkte der Stromquellen in TN- und TT-Netzen werden nach der Tabelle auf *S. 37 niederohmig geerdet. Hierzu reicht nach T 410 Abs. 6.1.8 [*S. 29] ein Gesamterdungswiderstand 2 Ω aus. In TN-Netzen werden außerdem die PE- und PEN-Leiter nach T 410 Abs. 6.1.3.2 [*S. 26] an weiteren, gleichmäßig im Netz verteilten Orten geerdet. Damit soll das Potential des Schutzleiters samt der angeschlossenen Körper auch im Fehlerfall so gut wie möglich dem Erdpotential angeglichen werden.

Zum Schutz durch Abschaltung oder Meldung müssen die Körper [*S. 7] mit dem Schutzleiter verbunden werden, wie dies das Bild auf *S. 37 zeigt. In jeder Anlage und jedem Gebäude wird an zentraler Stelle ein Hauptpotentialausgleich nach T 410 Abs. 6.1.2 [*S. 26] gefordert, um die Erdungswiderstände zu verringern und das Potential der Schutzleiter dem der Bezugserde anzugleichen. Durch den Zusammenschluß aller metallischer Rohrsysteme mit dem Schutzleiter PE, dem Fundamenterder und der Blitzschutzanlage sollen Potentialverschleppungen vermieden werden, die sonst ähnlich wie im Bild 5.11 denkbar wären.

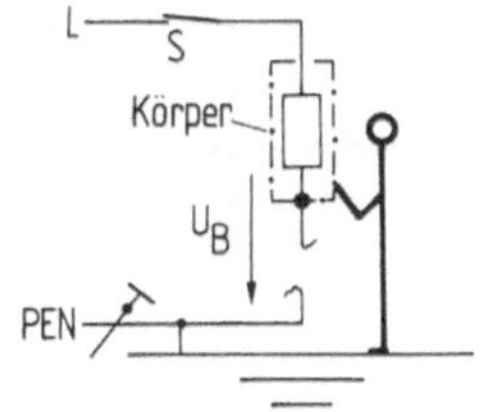

Bild 5.13. Gefährliche Berührungsspannung U_B bei unterbrochenem PEN-Leiter und geschlossenem Schalter S eines intakten Elektrogerätes

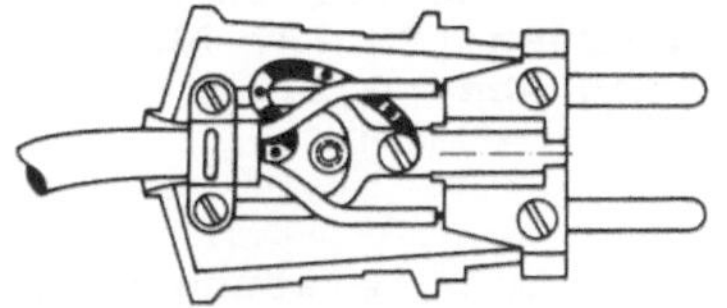

Bild 5.14. Vorschriftsmäßige Einführung und Anschluß einer Leitung

Die in TN-Netzen meist verwendeten Überstrom-Schutzeinrichtungen sind Sicherungen und Leitungsschutzschalter. In Bild 5.15 ist damit zu rechnen, daß die betroffene Sicherung im Leiter L1 rechtzeitig auslöst, wenn bei widerstandslosem Körperschluß erfüllt ist [*S. 27]:

$$Z_S \, I_a \leq \text{Nennspannung gegen geerdeten Leiter} \,. \qquad (5.6)$$

Dabei sind Z_S die Impedanz der Fehlerschleife und I_a der Ausschaltstrom der Schutzeinrichtung. Bei Steckdosen-Stromkreisen bis 35 A Nennstrom wird eine Auslösezeit von nur 0,2 s gefordert; dies gilt auch bei höheren Stromstärken, wenn die angeschlossenen ortsveränderlichen Betriebsmittel oftmals längere Zeit in der Hand gehalten werden. Für andere Stromkreise hinter dem Stromanschlußkasten genügen 5 s. Im Verteilungsnetz sind größere Abschaltzeiten bis zu 3 h zulässig, wodurch sich auch die im Abschnitt 5.3 geforderte Selektivität erreichen läßt. Der Nennstrom I_n von Schmelzsicherungen ist ihren Strom-Zeit-Kennlinien zu entnehmen. Er liegt für 0,2 s etwa um den Faktor 10, bei 5 s etwa um den Faktor 5 unter dem Ausschaltstrom I_a.

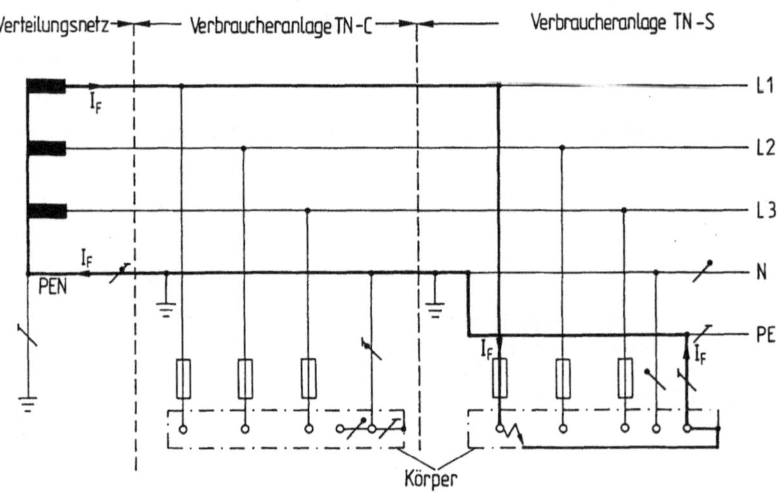

Bild 5.15. Bahn des Fehlerstromes I_F bei Körperschluß in einem TN-C-S-Netz. Auch für TN-S-Netze wird empfohlen, am Eingang jeder Anlage zu erden [*S. 27 Abs. 6.1.3.2]. Mindestquerschnitte für PE siehe *S. 40 Abs. 5.1.2

In TT-Netzen mit leistungsstarken Verbrauchern kommen für den Schutz bei indirektem Berühren praktisch nur Fehlerstrom-Schutzeinrichtungen in Betracht, in IT-Netzen vorzugsweise Isolationsüberwachungseinrichtungen nach T 410 Abs. 6.1.5.7 [*S. 28, 37].

Fehlerstrom-Schutzeinrichtungen, z. B. FI-Schutzschalter nach Bild 5.16, lassen sich bei allen Netzformen als Schutz bei indirektem Berühren einsetzen, bei TN-C-Netzen nur unmittelbar vor dem angeschlossenen Verbraucher. Sie schalten ohne Hilfsenergie in 0,2 s aus sobald die Summe der durch den Summenstromwandler erfaßten Leiterströme den Nennfehlerstrom $I_{\Delta n}$ übersteigt. Besonders bei Elektrowärme- und Gefriergeräten ist abzuraten, $I_{\Delta n}$ zu klein zu wählen, da sonst Fehlauslösungen durch Leckströme oder kurzzeitige Isolationsüberschläge bei Gewittern nicht immer zu vermeiden sind. Gleichstromanteile setzen die Empfindlichkeit herab. Als Kurzschlußschutz sind Sicherungen o. ä. vorzuschalten.

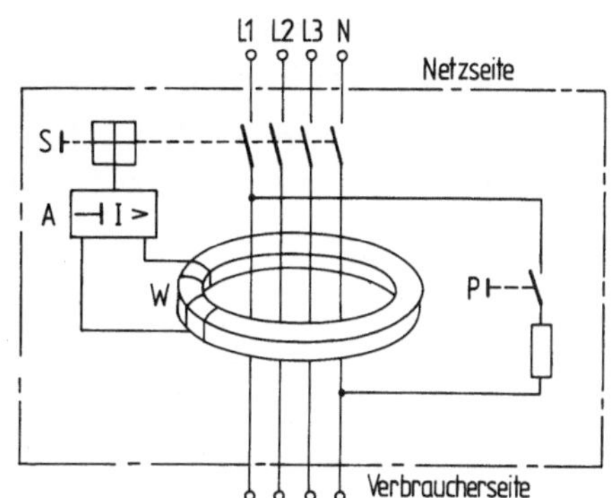

Bild 5.16. Aufbauschema und Schaltung eines FI-Schutzschalters
A Auslöser
P Prüfeinrichtung
W Summenstromwandler
S Schaltschloß

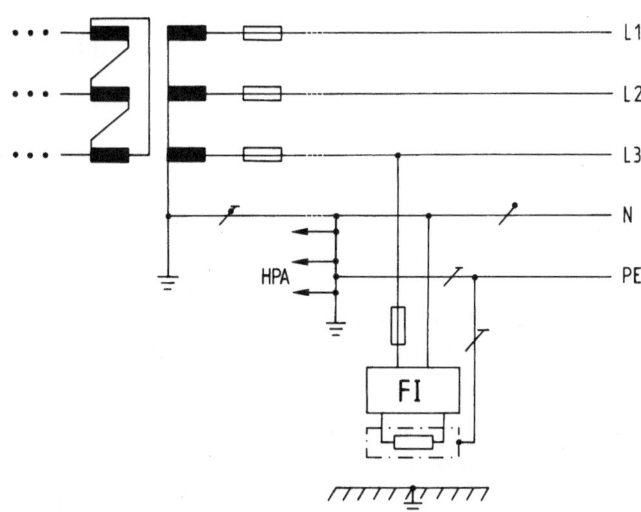

Bild 5.17. Anschluß eines Verbrauchers mit zusätzlicher Fehlerstrom-Schutzeinrichtung in einem TN-C-S-Netz (früher: schnelle Nullung)
HPA Hauptpotentialausgleich im Hausanschlußkasten mit Verbindung zum Fundamenterder, Wasser-, Abwasser- und Gas-Netz, Fernmelde-, Antennen- und Blitzschutzanlage

Besonderen Schutzwert haben Fehlerstrom-Schutzeinrichtungen mit $I_{\Delta n}$ = 30 mA nach Bild 5.17 als <u>zusätzlicher</u> Schutz nach T 410 Abs. 5.5 [*S. 26] vor allem in TN-Netzen. Sie werden für mögliche Unfall-

Schwerpunkte empfohlen oder vorgeschrieben, zum Beispiel für Steckdosen im Bereich von Badewannen, Duschen oder Saunen, im Garten, auf Baustellen und in landwirtschaftlichen Betriebsstätten, sowie in medizinisch genutzten Räumen. Dort ist verstärkt damit zu rechnen, daß bei Betriebsmitteln der Schutzklasse I der Schutzleiter PE beschädigt oder die Isolation der Schutzklasse II durch Feuchtigkeit überbrückt wird oder Korrosion einwirkt. Der Neutralleiter N ist auf der Verbraucherseite von Fehlerstrom-Schutzeinrichtungen wie im TN-S-Netz nach T 540 Abs. 8.2.3 [*S. 44] zu isolieren, um Über- oder Unterfunktionen des Schutzes zu verhindern.

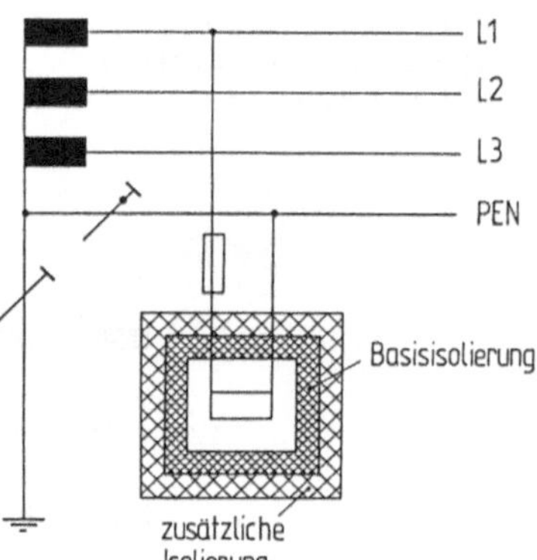

Bild 5.18. Aufbauschema und Schaltung eines schutzisolierten Betriebsmittels mit zweiadrigem Anschluß im TN-C-Netz

Fabrikfertig schutzisolierte Betriebsmittel nach Bild 5.18 gehören nach *S. 49 zur Schutzklasse II. Sie bieten durch ihre besondere Bauweise grundsätzlichen Schutz gegen direktes und bei indirektem Berühren und werden nach Tabelle 5.2 gekennzeichnet. Ihre Basisisolierung ist vorzugsweise durch eine zusätzliche Isolierung nach T 410 Abs. 6.2.1.2 [*S. 29f] verstärkt, die nach Abs. 6.2.5 nicht durchbrochen sein darf. Daher dürfen Schutzleiter nach Abs. 6.2.8 nicht angeschlossen werden. Bewegliche Anschlußleitungen für Wechselstrom werden zweiadrig ausgeführt.

Weiterführende Literatur zum Abschnitt 5.6:
[11, 46, 58, 68, 87, 118, 144 - 146, 149, 171].

5.7 Sicherheitstechnische Normen und Prüfungen

Die staatliche Rechtsordnung gibt die Schutzziele, wie zum Beispiel Schutz von Leben, Gesundheit, Sachgütern und Umwelt, in der Verfassung und in einzelnen Gesetzen und Rechtsverordnungen vor, sie legt aber die Grenze des vertretbaren Risikos nicht unmittelbar fest. Sie holt dies vielmehr mittelbar nach, indem sie etwa die Beschaffenheit technischer Einrichtungen und Schutzmaßnahmen vorschreibt oder sich vorzugsweise auf die "allgemein anerkannten Regeln der Technik" oder den "Stand der Technik" bezieht. Bei DIN-Normen, VDE-Bestimmungen und anderen Sicherheitsnormen, die in der "Allgemeinen Verwaltungsvorschrift zum Gerätesicherheitsgesetz" aufgeführt sind, gehen die zuständigen Behörden davon aus, daß sie allgemein anerkannte Regeln der Technik sind. Werden sie eingehalten, spricht der Beweis des ersten Anscheins dafür, daß der Anwender die erforderliche sicherheitstechnische Sorgfalt einhielt. Nach bislang vertretener Meinung hat jeder in der Technik Tätige die anerkannten Regeln der Technik im Grundsatz zu beherrschen.

Der Inhalt der Normen ist an den Erfordernissen der Allgemeinheit orientiert. Er soll den Regelfall abdecken, kann folglich Höchstansprüche nicht befriedigen und ist als maßgebende Sammlung fundierter Kenntnisse und praktischer Erfahrungen für das Gestalten und Verhalten in der Technik anzusehen. Die richtige Anwendung technischer Normen setzt ein ausreichendes Maß an technischem Verständnis voraus.

Die elektrotechnischen Sicherheitsnormen werden von der Deutschen Elektrotechnischen Kommission (DKE) im DIN und VDE herausgegeben und zugleich im VDE-Vorschriftenwerk aufgenommen. Jedermann kann beantragen, Normungsarbeiten einzuleiten. An der Ausarbeitung der VDE-Bestimmungen sind derzeit etwa 800 Gremien mit 5000 ehrenamtlichen Experten aus allen interessierten Kreisen beteiligt. Die Entwürfe werden veröffentlicht, die eingehenden Einsprüche vor der Inkraftsetzung oder vor einem erneuten Entwurf beraten. Der Text ist eindeutig derart abzufassen, daß der Anwender daraus das technisch einwandfreie Verhalten für den Regelfall erkennt. Das für die Anwendung wichtige Verständnis der inneren Zusammenhänge wird durch das Fachschrifttum gefördert.

Hersteller elektrotechnischer Erzeugnisse können u. a. bei der VDE-Prüfstelle beantragen, die Übereinstimmung ihrer Erzeugnisse mit den

VDE-Bestimmungen überprüfen und deren gleichmäßige Fertigung überwachen zu lassen. Sind alle erforderlichen technischen und verwaltungsmäßigen Voraussetzungen erfüllt, so erteilt die Prüfstelle die Erlaubnis, die serienmäßig hergestellten Erzeugnisse desselben Typs mit den zutreffenden VDE-Verbandszeichen nach Bild 5.19 zu versehen.

Bild 5.19. Beispiele des VDE-Verbandszeichens
a) für Installationsmaterial und sonstige Erzeugnisse, die keine technischen Arbeitsmittel sind
b) für technische Arbeitsmittel, verbunden mit dem vom Bundesministerium für Arbeit und Sozialordnung eingeführten GS-Zeichen
c) für isolierte Leitungen und Kabel

Weiterführende Literatur zum Abschnitt 5.7: [60, 64, 72, 149, 164].

Literaturverzeichnis

Bücher

1. Adamson, C.; Hingorani, N. G.: High Voltage Direct Current Power Transmission. London: Garraway 1960

2. Aichholzer, G.: Elektromagnetische Energiewandler. Band I und II. Wien: Springer 1975

3. Andé, F.: Die Schaltung der Leistungstransformatoren. Berlin: Springer 1959

4. Andé, F.: Betrieb und Anwendung von Leistungs- und Regeltransformatoren. Berlin: Springer 1954

5. Baatz, H.: Mechanismus des Gewitters und Blitzes. Grundlagen des Blitzschutzes von Bauten. Berlin: VDE 1978

6. Baatz, H.: Überspannungen in Energieversorgungsnetzen. Berlin: Springer 1956

7. Baehr, H. D.: Thermodynamik. Eine Einführung in die Grundlagen und ihre technischen Anwendungen. Berlin: Springer 1989

8. Bätz, H.: Elektroenergieanlagen. Berlin: Technik 1989

9. Benedikt, O.: Beiträge zur Weiterentwicklung der Theorie der Gleichstrommaschine. Band 1 und 2. Budapest: Akademiai Kiado 1975

10. Beyer, M.; Boeck, W.; Möller, K; Zaengl, W.: Hochspannungstechnik. Berlin: Springer 1986

11. Biegelmeier, G.: Schutzmaßnahmen in elektrischen Anlagen, Elektroschutz - Fragen und Antworten. Wien: Östereichischer Gewerbeverlag 1974

12. Bödefeld, T.; Sequenz, H.: Elektrische Maschinen. Wien: Springer 1971

13. Boll, G.: Geschichte des Verbundbetriebes. Frankfurt: VDEW 1969

14. Bonfert, K.: Betriebsverhalten der Synchronmaschine. Berlin: Springer 1962

15. Bosse, G.: Grundlagen der Elektrotechnik. Mannheim: Bibliographisches Institut 1989 (Band I), 1989 (Band II), 1985 (Band III) und 1973 (Band IV)

16. Brakelmann, H.: Belastbarkeiten der Energiekabel. Berlin: VDE 1985

17. Brinkmann, K.: Einführung in die elektrische Energiewirtschaft. Braunschweig: Vieweg 1980

18. Brinkmann, K.; Schaefer, H.: Der Elektrounfall. Berlin, Heidelberg, New York: Springer 1982

19. Brinkmann, O.: Die Isolierstoffe der Elektrotechnik. Berlin: Springer 1975

20. Brüderlink, R.: Induktivität und Kapazität der Starkstrom-Freileitungen. Karlsruhe: Braun 1954

21. Denzel, P.: Dampf- und Wasserkraftwerke. Mannheim: Bibliographisches Institut 1969

22. Denzel, P.: Grundlagen der Übertragung elektrischer Energie. Berlin: Springer 1966

23. Dietrich, W.: Elektrowissen - Aktuell. Transformatoren. Berlin: VDE 1986

24. Dombrowski E.: Einführung in die Zuverlässigkeit elektronischer Geräte und Systeme. Berlin: AEG-Telefunken 1970

25. Dorsch, H.: Überspannungen und Isolationsbemessung bei Drehstrom-Hochspannungsanlagen. Berlin: Siemens 1981

26. Dorsch, H.; Jacottet P.: Elektrische Schaltvorgänge. Berlin: Springer 1974

27. Drechsler, R.: Messung elektrischer Energie. Berlin: Technik 1975

28. Eckhardt, H.: Grundzüge der elektrischen Maschinen. Stuttgart: Teubner 1982

29. Edelmann, H.: Berechnung elektrischer Verbundnetze. Berlin: Springer 1963

30. Edelmann, H.; Theilsiefje, K.: Optimaler Verbundbetrieb in der elektrischen Energieversorgung. Berlin: Springer 1974

31. Edwin, W. K.: Untersuchung der Kraftwerkreserve im Verbundbetrieb. Opladen: Westdeutscher Verlag 1979

32. Fender, M.: Fernwirken. Stuttgart: Teubner 1981

33. Finkh, E.; Hosemann, G.; Wirth, E.: Energie-Umwelt-Gesellschaft. Erlangen: Universitätsbund Erlangen-Nürnberg 1980

34. Fischer, J.: Größen und Einheiten der Elektrizitätslehre. Berlin: Springer 1961

35. Fischer, R.: Formeln und Übungen zur elektrischen Energietechnik. München: Hanser 1980

36. Flosdorff, R.; Hilgarth, G.: Elektrische Energieverteilung. Stuttgart: Teubner 1986

37. Föllinger, O.: Regelungstechnik: Einführung in die Methoden und ihre Anwendungen. Heidelberg: Hüthig 1985

38. Fricke, J.: Energie. Ein Lehrbuch der physikalischen Grundlagen. München: Oldenbourg 1984

39. Funk, G.: Der Kurzschluß im Drehstromnetz. München: Oldenbourg 1962

40. Funk, G.: Kurzschlußstromberechnung. Berlin: Elitera 1974

41. Funk, G.: Symmetrische Komponenten. Berlin: Elitera 1976

42. Graneau, P.: Underground Power Transmission. New York: Wiley 1979

43. Grathwohl, M.: Energieversorgung. Ressourcen, Technologien, Perspektiven. Berlin, New York: de Gruyter 1983

44. Grigull, U.: Technische Thermodynamik. Berlin: de Gruyter 1977

45. Habiger, E.: Elektromagnetische Verträglichkeit. Heidelberg: Hüthig 1988

46. Häberle, H. O.; Häberle, G. D.: Schutz durch VDE 0100. Frankfurt: Frankfurter Fachverlag 1989

47. Hammond, A. L.; Metz, W. D.; Maugh, T. H.: Energie für die Zukunft. Wege aus dem Engpaß. Frankfurt: Umschau 1974

48. Handschin, E.: Elektrische Energieübertragungssysteme. Heidelberg: Hüthig 1983 (Teil I) und 1984 (Teil II)

49. Handschin, E.: Elektrische Energieübertragungssysteme. Heidelberg: Hüthig 1987

50. Happoldt, H.; Oeding, D.: Elektrische Kraftwerke und Netze. Berlin: Springer 1978

51. Heinhold, L.: Kabel und Leitungen für Starkstrom. Berlin: Siemens 1987 (Teil 1) und 1989 (Teil 2)

52. Henning, H.: Regelung in der elektrischen Energieversorgung. München: Oldenbourg 1961

53. Heuck, K.: Elektrische Energieversorgung. Braunschweig: Vieweg 1984

54. Heumann, K.: Handbuch Stromrichter. Darmstadt: AEG-Telefunken 1978

55. Heumann, K.: Grundlagen der Leistungselektronik. Stuttgart: Teubner 1989

56. Hilgarth, G.: Hochspannungstechnik. Stuttgart: Teubner 1981

57. Hochrainer, A.: Symmetrische Komponenten in Drehstromsystemen. Berlin: Springer 1957

58. Hörning, E.; Schneider, K.: Schutz durch VDE 0100. Berlin: VDE 1975

59. Hosemann, G.; Finkh, E.: Auf der Suche nach neuen Energiequellen. Erlangen: Universitätsbund Erlangen-Nürnberg 1982

60. Hosemann, G.: Risiko in der Industriegesellschaft. Erlangen: Universitätsbund Erlangen-Nürnberg 1989

61. Hosemann, G.: Leistungsbezogene Stromtarife. Erlangen: Universitätsbund Erlangen-Nürnberg 1990

62. Hütte: Elektrische Energietechnik. Band 1 Maschinen. Berlin: Springer 1978

63. Hütte: Elektrische Energietechnik. Band 2 Geräte. Berlin: Springer 1978

64. Hütte: Elektrische Energietechnik. Band 3: Netze. Berlin: Springer 1988

65. Hütte: Die Grundlagen der Ingenieurwissenschaften. Berlin: Springer 1989

66. Jötten, R.: Leistungselektronik. Band 1. Braunschweig: Vieweg 1977

67. Jordan, H.; Klima, V.; Kovács, K. P.: Asynchronmaschine. Braunschweig: Vieweg 1975

68. Kiefer, G.: VDE 0100 und die Praxis. Berlin: VDE 1989

69. Kind, D.: Einführung in die Hochspannungs-Versuchstechnik. Braunschweig: Vieweg 1985

70. Kind, D.; Kärner, H.: Hochspannungsisoliertechnik. Braunschweig: Vieweg 1982

71. Kiwit, W.; Wanser, G.; Laarmann, H.: Hochspannungs- und Hochleistungskabel. Frankfurt: VWEW 1985

72. Klein, M.: Einführung in die DIN-Normen. Stuttgart: Teubner 1989

73. Kloeppel, F. W.; u. a.: Entwurf und Projektierung von Energieversorgungssystemen. Leipzig: Technik 1981

74. Kloss, A.: Stromrichter-Netzrückwirkungen in Theorie und Praxis. Aarau, Stuttgart: AT-Verlag 1981

75. Knizia, K.; Musil, L.: Die Gesamtplanung von Dampfkraftwerken. Band 1. Die Thermodynamik des Dampfkraftprozesses. Berlin: Springer 1966

76. Koch, W.: Erdungen in Wechselstromanlagen über 1 kV. Berlin: Springer 1961

77. Kochs, H. D.: Zuverlässigkeit elektrotechnischer Anlagen. Heidelberg: Springer 1984

78. Koettnitz, H.; Pundt, H.: Berechnung elektrischer Energieversorgungsnetze I. Mathematische Grundlagen und Netzparameter. Leipzig: Technik 1968

79. Kolb O.: Stromrichtertechnik. Band 1 und 2. Aarau, Stuttgart: AT-Verlag 1984

80. Kovács K. P.: Symmetrische Komponenten in Wechselstrommaschinen. Basel: Birkhäuser 1962

81. Küchler, R.: Die Transformatoren. Berlin: Springer 1966

82. Küpfmüller, K.: Einführung in die theoretische Elektrotechnik. Berlin: Springer 1990

83. Lange, S: Ermittlung und Bewertung industrieller Risiken. Berlin: Springer 1984

84. Langrehr, H.: Rechnungsgrößen für Hochspannungsanlagen. Berlin: Elitera 1974

85. Leonhard, W.: Regelung in der elektrischen Energieversorgung. Stuttgart: Teubner 1980

86. Lücking, W.: Energiekabeltechnik. Braunschweig: Vieweg 1981

87. Meckel, R.: Schutzmaßnahmen gegen zu hohe Berührungsspannung. Berlin: VDE 1974

88. Miller von, R.: Techniklexikon, Band 1-6. Hamburg: Rowohlt 1972

89. Minovic, M.: Schaltgeräte. Theorie und Praxis. München: Hüthig und Pflaum 1977

90. Möltgen, G.: Netzgeführte Stromrichter mit Thyristoren. Berlin: Siemens 1974

91. Möltgen, G.: Stromrichtertechnik. Berlin: Siemens 1983

92. Mosch, W.; Hauschild, W.: Hochspannungsisolierungen mit Schwefelhexafluorid. Heidelberg: Hüthig 1979

93. Müller, G.: Elektrische Maschinen. Berlin: Technik 1985

94. Müller, L.: Selektivschutz elektrischer Anlagen. Frankfurt: VDEW 1971

95. Müller, L.: Reihenkondensatoren in elektrischen Netzen. München/Gräfelfing: Resch 1967

96. Nötlichs, M.; Jeiter, W.; Stürk, P.: Rechtsvorschriften im Bereich der Elektrotechnik. Texte und Erläuterungen. Berlin: Schmidt 1979

97. Nürnberg, W.: Die Asynchronmaschine. Berlin: Springer 1976

98. Nürnberg, W.: Die Prüfung elektrischer Maschinen. Berlin: Springer 1987

99. Obernolte, W.; Danner, W.: Energiewirtschaftsrecht. Band I und II. München: Beck 1986

100. Ollendorff, F.: Erdströme. Basel, Stuttgart: Birkhäuser 1969

101. Panzer, P.: Praxis des Überspannungs- und Störspannungsschutzes. Würzburg: Vogel 1986

102. Pfaff, G.; Meier, C.: Regelung elektrischer Antriebe I - Eigenschaften, Gleichungen und Strukturbilder der Motoren. München: Oldenbourg 1987

103. Pfaff, G.; Meier, C.: Regelung elektrischer Antriebe II - Geregelte Gleichstromantriebe. München, Wien: Oldenbourg 1988

104. Philippow, E.: Taschenbuch Elektrotechnik. Band 5 und 6: Elemente und Baugruppen der Elektroenergietechnik; Systeme der Elektroenergietechnik. München, Wien: Hanser 1986-1988

105. Pucker, N.: Physikalische Grundlagen der Energietechnik. Wien: Springer 1986

106. Recker, M.; Reisner, H.; Waste, W.: Das Störungs- und Schadensgeschehen in den Hochspannungsnetzen der Bundesrepublik Deutschland in den Jahren 1963 bis 1983. Essen: RWE 1986

107. Roeper, R.: Kurzschlußströme in Drehstromnetzen. Berlin: Siemens 1984

108. Roth, A.: Hochspannungstechnik. Berlin: Springer 1965

109. Rüdenberg, R.: Elektrische Wanderwellen auf Leitungen und in Wicklungen von Starkstromanlagen. Berlin: Springer 1962

110. Rüdenberg, R.: Elektrische Schaltvorgänge. Berlin: Springer 1974

111. Rummich, E.: Nichtkonventionelle Energienutzung. Wien, New York: Springer 1978

112. Sauer, H.: Relaislexikon. Heidelberg: Hüthig 1984

113. Schaefer, H.: Elektrische Kraftwerkstechnik. Berlin: Springer 1979

114. Schäfer, H.: Über die Wirkung elektrischer Felder auf den Menschen. Berlin: Springer 1983

115. Schmelcher, T.: Niederspannungsschaltgeräte. Berlin: Siemens 1973

116. Schmelcher, T.: Handbuch der Niederspannung. Berlin: Siemens 1982

117. Schmidt, E. F.: Unkonventionelle Energiewandler. Berlin: Elitera 1975

118. Schrank, W.: Erläuterungen zu den Bestimmungen für das Errichten von Starkstromanlagen mit Nennspannungen bis 1000 V. Berlin: VDE 1974

119. Schüssler, H. W.: Netzwerke, Signale und Systeme I. Mannheim, Wien, Zürich: Springer 1988

120. Schultheiß, F.; Wessnigk, K.: Berechnung elektrischer Energieversorgungsnetze II, Übertragungsberechnung. Leipzig: VEB 1971

121. Schulze-Buxloh, W.: Elektrische Energieverteilung. Essen: Giradet 1981

122. Schwab, A. J.: Hochspannungsmeßtechnik, Meßgeräte und Meßverfahren. Berlin, Heidelberg, New York: Springer 1981

123. Schwenkhagen, H. F.: Allgemeine Wechselstromlehre. Berlin: Springer 1951 (Band 1) und 1959 (Band 2)

124. Schymroch, H. D.: Hochspannungs-Gleichstrom-Übertragung. Stuttgart: Teubner 1985

125. Slamecka, E.: Prüfung von Hochspannungs-Leistungsschaltern. Berlin: Springer 1966

126. Slamecka, E.; Waterschek, W.: Schaltvorgänge in Hoch- und Niederspannungsnetzen. Berlin, München: Siemens 1972

127. Spieser, R.: Krankheiten elektrischer Maschinen, Transformatoren und Apparate. Berlin: Springer 1960

128. Stöckl M.; Winterling, K. H.: Elektrische Meßtechnik. Stuttgart: Teubner 1987

129. Tropper, A. M.: Matrizenrechnung in der Elektrotechnik. Mannheim, Wien, Zürich: Bibliographisches Institut 1964

130. Uhlmann, H.: Grundlagen der elektrischen Modellierung und Simulationstechnik. Leipzig: Geest & Portig 1977

131. Vogel, J.: Elektrischen Antriebstechnik. Heidelberg: Hüthig 1989

132. Weh, H.: Elektrische Netzwerke und Maschinen in Matrizendarstellung. Mannheim: Bibliographisches Institut 1968

133. Wiesinger, J.; Hasse, P.: Handbuch für Blitzschutz und Erdung. Berlin: VDE 1982

134. Zurmühl, R.; Falk, S.: Matrizen und ihre technischen Anwendungen. Berlin: Springer 1984-1986

Zeitschriften

135. Archiv für Elektrotechnik

136. Bulletin des Schweizerischen Elektrotechnischen Vereins

137. Elektrie

138. Elektrizitätswirtschaft

139. Elektrizitätswirtschaftliche Tagesfragen

140. Elektrotechnik und Maschinenbau

141. etzArchiv (bis 1990)

142. etz Elektrotechnische Zeitschrift

Verbandspublikationen

143. Forschungsgemeinschaft für Hochspannungs- und Hochstromtechnik e.V. (FGH): Studie "Elektrische Hochleistungsübertragung und -verteilung in Verdichtungsräumen" mit Anlagenband. Mannheim: 1977.

144. Hotopp, R.: Oehms, K. J.: Schutzmaßnahmen gegen gefährliche Körperströme nach DIN VDE 0100 Teil 410 und Teil 540. VDE Schriftenreihe Band 9. Berlin: VDE 1983

145. Kahnau K. W.: Schutzmaßnahmen. VDE Fachberichte 33, S. 84-96. Berlin: VDE 1982

146. Rudolf, W.: Einführung in die VDE 0100 - Errichten von Starkstromanlagen bis 1000 V. VDE Schriftenreihe Band 39. Berlin: VDE 1983

147. Study Committee 33 (CIGRE), Working Group 06: Metal Oxide Surge Arrester in AC Systems. Part 1-6. Electra No. 128 (1990), pp 101-125 und Electra No. 130 (1990), pp 79-115

148. Union für Koordinierung der Erzeugung und des Transportes elektrischer Energie (UCPTE): Charakteristische Größen der Netzregelung. Jahresbericht 1958/59 S. 51-52.

149. VDE: Die Sicherheit in der Elektrotechnik. Band 1-4. (Verfasser: Simon, J.; Sobaczinski, D.; Schwarzzenberger, B.). Berlin: VDE 1989

150. VDE: Blitzschutzanlagen. VDE-Schriftenreihe Band 44. Berlin: VDE 1983

151. VDEW: Begriffsbestimmungen in der Energiewirtschaft. Frankfurt: VWEW 1981-1988

152. VDEW: Die öffentliche Elektrizitätsversorgung (wird jährlich herausgegeben). Frankfurt: VWEW

153. VDEW: Erste Hilfe bei Unfällen durch den elektrischen Strom. Frankfurt: VWEW 1986

154. VDEW: Jahresstatistik (wird jährlich herausgegeben). Frankfurt: VWEW

155. VDEW: Störungs- und Schadensstatistik (wird jährlich herausgegeben). Frankfurt: VWEW

156. VDEW: Technische Anschlußbedingungen für Starkstromanlagen mit Nennspannungen bis 1000 V. Frankfurt: VWEW 1980

157. VDEW: Grundsätze für die Beurteilung von Netzrückwirkungen. Frankfurt: VWEW 1987

158. VDEW: Netzverluste. Frankfurt: VWEW 1978

159. VDEW: Richtlinien für Kurzunterbrechung in elektrischen Netzen. Frankfurt: VWEW 1981

160. VDEW: Praxis des Netzbetriebs. Frankfurt: VWEW 1989

161. VDEW: Die Blindlast. Eine Richtlinie für ihre Bewertung im Mittelspannungsnetz. Frankfurt: VWEW 1958

162. VDEW: Gestaltung und Betriebsweise von städtischen Mittelspannungsnetzen. Frankfurt: VWEW, 2. Ausgabe in Vorbereitung

163. VDEW: Planung und Betrieb städtischer Niederspannungsnetze. Frankfurt: VWEW 1984

Normen - Taschenbücher

164. DIN Normenheft 10: Grundlagen der Normenarbeit, 1982

165. DIN Taschenbuch 7: Normen für Schaltzeichen und Schaltungsunterlagen für die Elektrotechnik, 1976

166. DIN Taschenbuch 22: Einheiten und Begriffe für physikalische Größen, 1990

167. DIN Taschenbuch 202: Formelzeichen, Formelsatz, Mathematische Zeichen und Begriffe, 1984

168. DIN Taschenbuch 501: Elektroinstallation, Schaltzeichen, Schaltungsunterlagen, 1984

169. DIN Taschenbuch 504: Kennzeichnung der Anschlüsse elektrischer Betriebsmittel, 1985

Sicherheitsnormen

170. DIN VDE 31 000 T 2/12.87: Grundbegriffe der Sicherheitstechnik

171. DIN VDE 0100 in Teilen: Errichten von Starkstromanlagen mit Nennspannungen bis 1000 V. Siehe beigefügter Sonderdruck

172. DIN VDE 0101/5.89: Errichten von Starkstromanlagen mit Nennspannungen über 1 kV

173. DIN VDE 0102/1.90: Berechnung von Kurzschlußströmen in Drehstromnetzen

174. DIN VDE 0111 in Teilen: Isolationskoordination für Betriebsmittel in Drehstromnetzen über 1 kV

175. DIN VDE 0134/7.71: Anleitung zur Ersten Hilfe bei Unfällen

176. DIN VDE 0141/7.89: Erdungen für Starkstromanlagen mit Nennspannungen über 1 kV

177. DIN VDE 0432 in Teilen: Hochspannungs-Prüftechnik

178. DIN VDE 0448 in Teilen: Prüfung von Isolatoren für Betriebswechselspannungen über 1 kV unter Fremdschichteinfluß

179. DIN VDE 1000: Allgemeine Leitsätze für das sicherheitsgerechte Gestalten technischer Erzeugnisse

180. IEC-Publikation 479 in Teilen: Effects of Current Passing Through the Human Body. Genf 1974

Sachverzeichnis

Archiv für Elektrotechnik
Archive of Electrical Engineering

Im Einvernehmen mit dem Verband Deutscher Elektrotechniker (VDE)

Managing Editor:
M. Stiebler, Berlin

Editors:
H. Brand, Erlangen;
W. Gerlach, Berlin;
E. Handschin, Dortmund;
G. Hosemann, Erlangen;
G. Kohn, Stuttgart;
G. Lehner, Stuttgart;
W. Leonhard, Braunschweig;
H.-J. Pfleiderer, Ulm

By tradition, the **Archiv für Elektrotechnik/ Archive of Electrical Engineering** has placed an emphasis on both field theory and power engineering, and for many years has been noted for papers on electrical machine, drives and power systems. Recently the decision was taken to encourage additional contributions from other fields of electrical engineering. In doing so, we wanted to take into account the impact of modern developments, of which microelectronics, laser technology, applications of superconductivity, and optoelectronics are prominent examples. More experts have been appointed to the board of editors to cover the new fields.

Increasing the high proportion of English-language contributions will open the journal to more international papers, so representing worldwide research and providing improved access to an international audience.

Archiv für Elektrotechnik/ Archive of Electrical Engineering levies no page charges and supplies 50 offprints free of charge to authors.

Subscription information and other details are available from the publisher at one of the given addresses.

Springer-Verlag
Berlin
Heidelberg
New York
London
Paris
Tokyo
Hong Kong
Barcelona

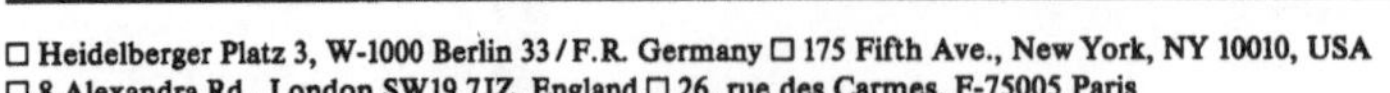

Sonderdruck

Nur zu Ausbildungszwecken

Auszüge aus der Normenreihe

DIN VDE 0100
Errichten von Starkstromanlagen mit Nennspannungen bis 1000 V

Deutsche Elektrotechnische Kommission im DIN und VDE (DKE)

VDE-Vertr.-Nr. 010034

Vorwort

Die Herausgabe dieses Auszuges aus der Normenreihe DIN VDE 0100 wurde von Persönlichkeiten angeregt, die auf dem Gebiet der Elektrotechnik als Lehrer tätig sind, und die sich im besonderen mit den Problemen der elektrotechnischen Sicherheit befassen.

Der bisherige Sonderdruck zu Ausbildungszwecken zu VDE 0100/05.73 ist inzwischen veraltet und wird deshalb nicht mehr geliefert.

Der im März 1984 herausgegebene Sonderdruck mit Auszügen aus der Normenreihe DIN 57 100/VDE 0100, der großes Interesse fand, kann bis auf weiteres noch verwendet werden, da die inzwischen eingetretenen Änderungen für das grundlegende Verständnis Studierender für nicht wesentlich erachtet werden. Der verantwortungsbewußte Anwender von Normen wird sich ohnehin über den aktuellen Stand auf dem laufenden halten.

Die Normenreihe DIN VDE 0100 „Errichten von Starkstromanlagen mit Nennspannungen bis 1000 V" enthält Festlegungen für das Errichten von Starkstromanlagen bis 1000 V Wechselspannung mit maximal 500 Hz und bis 1500 V Gleichspannung. Sie enthält grundlegende Festlegungen zur elektrotechnischen Sicherheit elektrischer Anlagen, die als allgemein anerkannte Regeln der Technik angesehen werden dürfen.

Die in diesem Auszug wiedergegebenen Abschnitte der Normenreihe sollen Studierende mit den wichtigsten Festlegungen zum Schutz gegen gefährliche Körperströme vertraut machen. Da häufig auf die Schutzklassen der Betriebsmittel Bezug genommen wird, ist in diesem Sonderdruck zusätzlich ein Auszug aus DIN 57 106 Teil 1/VDE 0106 Teil 1/05.82 enthalten. Es wird betont, daß der Schutz gegen gefährliche Körperströme zwar ein sehr bedeutender, aber nicht der einzige Aspekt der elektrotechnischen Sicherheit ist. Beispielsweise ist auch der Sachschutz nach DIN VDE 0100 Teil 430 „Errichten von Starkstromanlagen mit Nennspannungen bis 1000 V; Schutz von Leitungen und Kabeln gegen zu hohe Erwärmung" zu beachten.

Wer sich näher mit dem Errichten von Starkstromanlagen beschäftigen will, sei auf die vollständige Normenreihe DIN VDE 0100*) verwiesen, deren Gliederung im Beiblatt 2 zu DIN VDE 0100 „Errichten von Starkstromanlagen mit Nennspannungen bis 1000 V; Verzeichnis der einschlägigen Normen"*) beschrieben ist.

Als weiterführende Literatur, die eine ausführliche Kommentierung zur Normenreihe DIN VDE 0100 oder zu ausgesuchten Teilen oder Themen der Normenreihe enthält, werden insbesondere folgende Bände aus der VDE-Schriftenreihe*) empfohlen:

Band 9: Schutzmaßnahmen gegen gefährliche Körperströme nach DIN 57 100/VDE 0100 Teil 410 und Teil 540*)

Band 32: Bemessung und Schutz von Leitungen und Kabeln nach DIN 57 100/VDE 0100 Teil 430 und Teil 523*)

---

*) Bezugsquelle: VDE-VERLAG, Bismarckstraße 33, 1000 Berlin 12 und Merianstraße 29, 6050 Offenbach

Band 35: Potentialausgleich und Fundamenterder. VDE 0100/VDE 0190*)

Band 36: Prüfung der Schutzmaßnahmen in Starkstromanlagen in Haushalt, Gewerbe und Landwirtschaft*)

Band 39: Einführung in DIN 57 100/VDE 0100. Errichten von Starkstromanlagen bis 1000 V*)

Die DKE — Deutsche Elektrotechnische Kommission im DIN und VDE — ist ein gemeinsames Organ des DIN und des VDE und wird vom VDE — Verband Deutscher Elektrotechniker e. V. — getragen. Die DKE führt mit ehrenamtlichen Mitarbeitern interessierter Fachkreise, deren Facharbeit von hauptamtlichen Mitarbeitern der DKE-Geschäftsstelle betreut wird, die elektrotechnische Normungsarbeit in der Bundesrepublik Deutschland einschließlich Berlin (West) durch und setzt damit die vom VDE schon 1896 begonnenen sicherheitstechnischen Arbeiten fort. Die Verfahrenswege zur Herausgabe einer Norm sehen grundsätzlich vielfache Möglichkeiten der Mitarbeit der gesamten Öffentlichkeit, insbesondere über das Einspruchsverfahren, vor. Nähere Informationen hierzu ist zu finden in:

— VDE 0022 VDE-Druckschrift Vorschriftenwerk des Verbandes Deutscher Elektrotechniker (VDE) e. V.*)

— Normenheft 10 Grundlagen der Normungsarbeit des DIN**)

Die DKE ist Mitglied der „Internationalen Elektrotechnischen Kommission (IEC)", die weltweite elektrotechnische Normungsarbeit betreibt, und des „Europäischen Komitees für elektrotechnische Normung (CENELEC)", dessen Normungsarbeit für die europäische Gemeinschaft von besonderer Bedeutung ist.

Zuständig für die Bearbeitung der in diesem Sonderdruck zusammengefaßten Normen ist das Komitee 221 der DKE — Obmann Dipl.-Ing. H.-W. Kahnau, Referent Dipl.-Ing. B. Schröder — mit seinen Unterkomitees und Arbeitskreisen. Bei der Auswahl der Texte hat uns Prof. Dr.-Ing. G. Hosemann beraten.

Frankfurt am Main, November 1985 Der Herausgeber

Anforderungen auf kostenlose Lieferung dieses Sonderdruckes an mit der Lehre befaßte Institutionen, die den Status der Gemeinnützigkeit haben, sind zu richten an:

Deutsche Elektrotechnische Kommission im DIN und VDE (DKE), Stresemannallee 15, 6000 Frankfurt am Main 70.

*) Bezugsquelle: VDE-VERLAG, Bismarckstraße 33, 1000 Berlin 12 und Merianstraße 29, 6050 Offenbach

**) Bezugsquelle: Beuth-Verlag, Burggrafenstraße 4—10, 1000 Berlin 30

DK 621.316.17.002.2:621.3.027.26:001.4 DEUTSCHE NORM (Auszug) Juli 1985

Errichten von Starkstromanlagen mit Nennspannungen bis 1000 V

Allgemeingültige Begriffe

DIN VDE 0100 Teil 200

Diese auch vom Vorstand des Verbandes Deutscher Elektrotechniker (VDE) e. V. genehmigte Norm ist damit zugleich eine VDE-Bestimmung im Sinne von VDE 0022. Sie ist unter obenstehender Nummer in das VDE-Vorschriftenwerk aufgenommen und in der etz Elektrotechnische Zeitschrift bekanntgegeben worden.

Erection of power installations with nominal voltages up to 1000 V; Definitions

Ersatz für DIN 57 100 Teil 200/ VDE 0100 Teil 200/04.82

Diese Norm enthält

- sachlich unverändert die Begriffe der Internationalen Norm IEC 50 (826) (1982),
- bisherige national festgelegte Begriffe, soweit sie nicht durch die internationalen Begriffsfestlegungen ersetzt wurden (siehe auch Erläuterungen).

DIN IEC 1(CO)1153 Teil 826/VDE 0100 Teil 200 A1, Entwurf Juni 1982, ist eingearbeitet.
Bei der Festlegung der Preisgruppe dieser Norm wurde nur der deutsche Text berücksichtigt.

Beginn der Gültigkeit

Diese Norm (VDE-Bestimmung) gilt ab 1. Juli 1985.

Inhalt

[1]) Zur leichteren Handhabung beim Suchen von Stichworten ist das deutsche Gesamtstichwortverzeichnis am Ende dieser Norm eingeordnet.

Fortsetzung Seite 2 bis 31

Deutsche Elektrotechnische Kommission im DIN und VDE (DKE)

Verkauf durch VDE-VERLAG GmbH, Berlin 12 und Offenbach und BEUTH VERLAG GmbH, Berlin 30
07.85

DIN VDE 0100 Teil 200 Jul 1985 Preisgr. 10 K
VDE-Vertr.-Nr. 010043
Beuth-Vertr.-Nr. 2410

1 Anwendungsbereich

In diesem Sonderdruck nicht wiedergegeben.

2 International festgelegte Begriffe

In diesem Sonderdruck ist nur die deutsche Sprachfassung wiedergegeben.

2.1 Kenngrößen der Anlagen [826-01]

Abschnitte 2.1.1 und 2.1.2 sind in diesem Sonderdruck nicht wiedergegeben.

2.1.3 Neutralleiter (Symbol N) [826-01-03]

Ein mit dem Mittelpunkt bzw. Sternpunkt des Netzes verbundener Leiter, der geeignet ist, zur Übertragung elektrischer Energie beizutragen.

Nationale Anmerkung: Da bei IEC der Begriff „point neutre“ bzw. „neutral point“ bisher nicht definiert ist, wurden für den deutschen Text die Worte „Mittelpunkt, Sternpunkt“ gewählt.

2.2 Spannungen [826-02]

2.2.1 Nennspannung (einer Anlage) [826-02-01]

Spannung, durch die eine Anlage oder ein Teil einer Anlage gekennzeichnet ist.

Anmerkung: Die tatsächliche Spannung kann innerhalb der zulässigen Toleranzen von der Nennspannung abweichen.

2.2.2 Berührungsspannung [826-02-02]

Spannung, die zwischen gleichzeitig berührbaren Teilen während eines Isolationsfehlers auftreten kann.

Anmerkung 1: Vereinbarungsgemäß wird dieser Begriff nur im Zusammenhang mit Schutzmaßnahmen bei indirektem Berühren angewendet.

Anmerkung 2: Es gibt Fälle, in denen der Wert der Berührungsspannung durch die Impedanz der Person, die mit diesen Teilen in Berührung ist, erheblich beeinflußt werden kann.

2.2.3 Zu erwartende Berührungsspannung [826-02-03]

Die höchste Berührungsspannung, die im Falle eines Fehlers mit vernachlässigbarer Impedanz in einer elektrischen Anlage je auftreten kann.

2.2.4 Vereinbarte Grenze der Berührungsspannung (U_L) [826-02-04]

Höchstwert der Berührungsspannung, der zeitlich unbegrenzt bestehen bleiben darf.

Anmerkung: Der zulässige Wert hängt von den Bedingungen der äußeren Einflüsse ab.

2.3 Elektrischer Schlag [826-03]

Nationale Anmerkung: Es wurde bei IEC und CENELEC der Antrag gestellt, diesen Abschnitt mit „Schutz gegen gefährliche Körperströme" zu bezeichnen, da dieser Ausdruck umfassender ist.

2.3.1 Aktives Teil [826-03-01]

Jeder Leiter oder jedes leitfähige Teil, das dazu bestimmt ist, bei ungestörtem Betrieb unter Spannung zu stehen, einschließlich des Neutralleiters, aber vereinbarungsgemäß nicht der PEN-Leiter.

Anmerkung: Dieser Begriff besagt nicht unbedingt, daß die Gefahr elektrischen Schlages besteht.

2.3.2 Körper (eines elektrischen Betriebsmittels) [826-03-02]

Ein berührbares, leitfähiges Teil eines elektrischen Betriebsmittels, das normalerweise nicht unter Spannung steht, das jedoch im Fehlerfall unter Spannung stehen kann.

Anmerkung: Ein leitfähiges Teil der elektrischen Betriebsmittel, welches im Fehlerfall nur über andere Körper unter Spannung geraten kann, ist nicht als Körper anzusehen.

Nationale Anmerkung: Das Wort „Körper" wird auch entsprechend der allgemeinen Umgangssprache für den menschlichen oder tierischen Körper angewendet; z. B. auch in zusammengesetzten Wörtern wie „Körperstrom".

2.3.3 Fremdes leitfähiges Teil [826-03-03]

Ein leitfähiges Teil, das nicht zur elektrischen Anlage gehört, das jedoch ein elektrisches Potential, einschließlich des Erdpotentials, übertragen kann.

Nationale Anmerkung: Zu den fremden leitfähigen Teilen gehören auch leitfähige Fußböden und Wände, wenn Erdpotential übertragen werden kann.

2.3.4 Elektrischer Schlag [826-03-04]

Pathophysiologischer Effekt, ausgelöst von einem elektrischen Strom, der den menschlichen Körper oder den Körper eines Tieres durchfließt.

2.3.5 Direktes Berühren [826-03-05]

Berühren aktiver Teile durch Personen oder Nutztiere (Haustiere).

2.3.6 Indirektes Berühren [826-03-06]

Berühren von Körpern elektrischer Betriebsmittel, die infolge eines Fehlers unter Spannung stehen, durch Personen oder Nutztiere (Haustiere).

2.3.7 Gefährlicher Körperstrom [826-03-07]

Ein Strom, der den Körper eines Menschen oder eines Tieres durchfließt, und der Merkmale hat, die üblicherweise einen pathophysiologischen (schädigenden) Effekt auslösen.

2.3.8 Ableitstrom (in einer Anlage) [826-03-08]

Ein Strom, der in einem fehlerfreien Stromkreis zur Erde oder zu einem fremden leitfähigen Teil fließt.

Anmerkung: Dieser Strom kann eine kapazitive Komponente haben, insbesondere bedingt durch die Verwendung von Kondensatoren.

2.3.9 Differenzstrom [826-03-09]

Die Summe der Momentanwerte von Strömen, die an einer Stelle der elektrischen Anlage durch alle aktiven Leiter eines Stromkreises fließen.

Nationale Anmerkung: Bei Fehlerstrom-Schutzeinrichtungen nach den Normen der Reihe DIN VDE 0664 wird der Differenzstrom mit „Fehlerstrom" bezeichnet. Die in IEC 50 (826) (1982) enthaltene zusätzliche Benennung („Reststrom") wurde im Rahmen der Einspruchsberatung gestrichen.

Bei der Summe handelt es sich um die vektorielle Summe (Betrag und Phasenlage) der Ströme, die in anderen Sprachen „algebraische Summe" genannt wird.

2.3.10 Gleichzeitig berührbare Teile [826-03-10]

Leiter oder leitfähige Teile, die von einer Person — gegebenenfalls auch von Nutztieren (Haustieren) — gleichzeitig berührt werden können.

Anmerkung: Gleichzeitig berührbare Teile können sein:

- aktive Teile
- Körper von elektrischen Betriebsmitteln
- fremde leitfähige Teile
- Schutzleiter
- Erder

2.3.11 Handbereich [826-03-11]

Ein Bereich, der sich von Standflächen aus erstreckt, die üblicherweise betreten werden, und dessen Grenzen eine Person in allen Richtungen ohne Hilfsmittel mit der Hand erreichen kann.

Nationale Anmerkung: Bemessung des Handbereiches siehe Bild 1.

2.3.12 Umhüllung [826-03-12]

Nationale Anmerkung: IEC 50 (826) (1982) enthält fälschlicherweise unter 826-03-12 die deutsche Benennung **„Gehäuse"**.

Ein Teil, das ein Betriebsmittel gegen bestimmte äußere Einflüsse schützt und durch das Schutz gegen direktes Berühren in allen Richtungen gewährt wird.

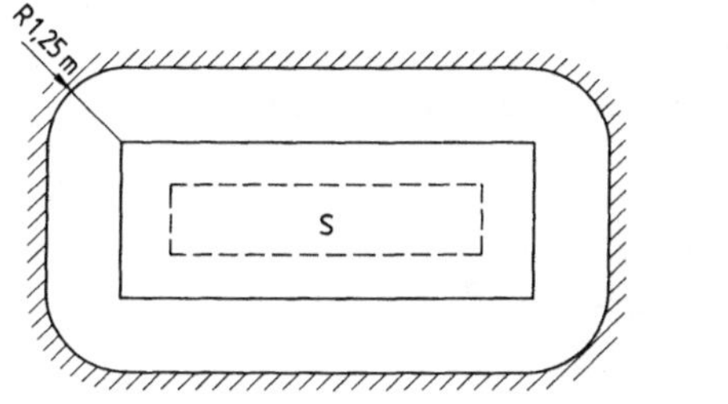

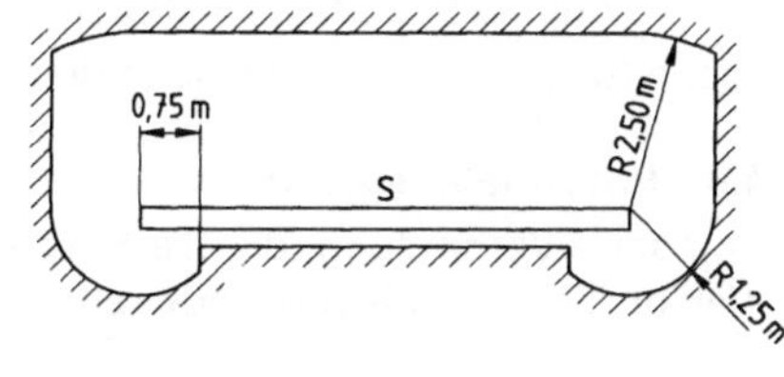

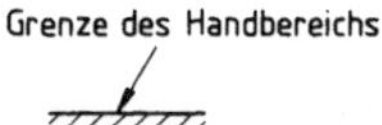

Bild 1. Maße des Handbereiches

Anmerkung: Das Bild ist aus IEC 364-4-41 (1982) und CENELEC HD 384.4.41 entnommen.

2.3.13 Abdeckung [826-03-13]

Nationale Anmerkung: IEC 50 (826) (1982) enthält fälschlicherweise unter 826-03-13 die deutsche Benennung **„Umhüllung"**.

Ein Teil, durch das Schutz gegen direktes Berühren in allen üblichen Zugangs- oder Zugriffsrichtungen gewährt wird.

2.3.14 Hindernis [826-04-14]

Ein Teil, das ein unbeabsichtigtes direktes Berühren verhindert, nicht aber eine beabsichtigte Handlung.

2.4 Erdung [826-04]

Abschnitte 2.4.1 bis 2.4.4 sind in diesem Sonderdruck nicht wiedergegeben.

2.4.5 Schutzleiter (Symbol PE) [826-04-05]

Ein Leiter, der für einige Schutzmaßnahmen gegen gefährliche Körperströme erforderlich ist, um die elektrische Verbindung zu einem der nachfolgenden Teile herzustellen:

— Körper der elektrischen Betriebsmittel
— Fremde leitfähige Teile
— Haupterdungsklemme
— Erder
— geerdeter Punkt der Stromquelle oder künstlicher Sternpunkt.

2.4.6 PEN-Leiter [826-04-06]

Ein geerdeter Leiter, der zugleich die Funktionen des Schutzleiters und des Neutralleiters erfüllt.

Anmerkung: Die Bezeichnung PEN resultiert aus der Kombination der beiden Symbole PE für den Schutzleiter und N für den Neutralleiter.

Abschnitte 2.4.7 und 2.4.8 sind in diesem Sonderdruck nicht wiedergegeben.

2.4.9 Potentialausgleich [826-04-09]

Elektrische Verbindung, die die Körper elektrischer Betriebsmittel und fremde leitfähige Teile auf gleiches oder annähernd gleiches Potential bringt.

2.4.10 Potentialausgleichsleiter [826-04-10]

Ein Schutzleiter zum Sicherstellen des Potentialausgleiches.

2.5 Elektrische Stromkreise [826-05]

Abschnitte 2.5.1 bis 2.5.5 sind in diesem Sonderdruck nicht wiedergegeben.

2.5.6 Überstrom [826-05-06]

Jeder Strom, der den Bemessungswert überschreitet. Der Bemessungswert für Leiter ist die zulässige Strombelastbarkeit.

Nationale Anmerkung: Der Begriff „Überstrom" ist der Oberbegriff für Überlaststrom (siehe Abschnitt 2.5.7) und Kurzschlußstrom (siehe Abschnitt 2.5.8).

2.5.7 Überlaststrom (eines Stromkreises) [826-05-07]

Ein Überstrom, der in einem fehlerfreien Stromkreis auftritt.

2.5.8 (unbeeinflußter, vollkommener) Kurzschlußstrom [826-05-08]

Ein Überstrom, verursacht durch einen Fehler vernachlässigbarer Impedanz zwischen aktiven Leitern, die im ungestörten Betrieb unterschiedliches Potential haben.

2.5.9 Vereinbarter Ansprechstrom [826-05-09]

Ein festgelegter Wert des Stromes, der die Schutzeinrichtung innerhalb einer festgelegten Zeit, der sogenannten „vereinbarten Zeit", zum Ansprechen bringt.

2.5.10 Überstromüberwachung [826-05-10]

Ein Vorgang, durch den festgestellt wird, ob die Stromstärke in einem Stromkreis während einer festgelegten Zeit einen vorgegebenen Wert überschreitet.

2.6 Verlegen von Kabeln und Leitungen

In diesem Sonderdruck nicht wiedergegeben.

2.7 Andere Betriebsmittel [826-07]

In diesem Sonderdruck nicht wiedergegeben.

Anhang A National festgelegte Begriffe

Anmerkung: Die in diesem Anhang erklärten Begriffe sind international noch nicht festgelegt.

A.1 Anlage und Netz

In diesem Sonderdruck nicht wiedergegeben.

A.2 Betriebsmittel und Anschlußarten

Anmerkung: Siehe auch Abschnitt 2.7.

A.2.1 Ortsfeste Leitung ist eine Leitung, die auf einer festen Unterlage so angebracht ist, daß sich ihre Lage nicht ändert.

A.2.2 Bewegliche Leitung ist eine an beiden Enden beliebig angeschlossene Leitung, die zwischen ihren Anschlußstellen bewegt werden kann.

A.2.3 Fester Anschluß einer Leitung ist ihre unmittelbare Verbindung mit einem elektrischen Betriebsmittel, z. B. durch Schrauben, Löten, Schweißen, Nieten, Pressen.

A.3 Leiter und leitfähige Teile

In diesem Sonderdruck nicht wiedergegeben.

A.4 Elektrische Größen

A.4.1 Nennwerte von Größen, z. B. Nennspannung, Nennstrom, Nennleistung, Nennfrequenz, sind gerundete Werte, welche die Betriebsmittel und die Anlagen kennzeichnen.

Anmerkung 1: Angaben über Betriebseigenschaften sowie Grenz- und Prüfwerte werden auf diese Nenngrößen bezogen, soweit nicht ausdrücklich etwas anderes bestimmt ist.

Anmerkung 2: Bei den in den Abschnitten A.4.2 bis A.4.5 angegebenen Spannungswerten handelt es sich bei Wechselspannung um Effektivwerte, bei Gleichspannung um arithmetische Mittelwerte.

A.4.2 Nennspannung eines Netzes ist die Spannung, nach der das Netz benannt ist und auf die sich bestimmte Betriebsgrößen dieses Netzes beziehen.

A.4.3 Höchste Spannung eines Netzes ist der größte Spannungswert, der in einem beliebigen Augenblick und an einer beliebigen Stelle des Netzes unter normalen Betriebsverhältnissen auftritt.

Bei diesem Wert sind Einschwingvorgänge, z. B. durch Schalthandlungen im Netz, sowie vorübergehende Spannungsschwankungen nicht berücksichtigt, die auf anomale Netzbedingungen zurückzuführen sind, die z. B. auf Grund von Fehlern oder plötzlichem Schalten großer Lasten auftreten können.

A.4.4 Betriebsspannung ist die jeweils örtlich zwischen den Leitern herrschende Spannung an einem Betriebsmittel oder Anlageteil.

A.4.5 Spannung gegen Erde ist:

— in Netzen mit geerdetem Mittel- oder Sternpunkt die Spannung eines Außenleiters gegen den geerdeten Mittel- oder Sternpunkt;

— in den übrigen Netzen die Spannung, die bei Erdschluß eines Außenleiters an den übrigen Außenleitern gegen Erde auftritt.

A.4.6 Schleifenimpedanz (Impedanz einer Fehlerschleife) ist die Summe der Impedanzen (Scheinwiderstände) in einer Stromschleife, bestehend aus der Impedanz der Stromquelle, der Impedanz des Außenleiters von einem Pol der Stromquelle bis zur Meßstelle und der Impedanz der Rückleitung (z. B. Schutzleiter, Erder und Erde) von der Meßstelle bis zum anderen Pol der Stromquelle.

A.5 Erdung

In diesem Sonderdruck nicht wiedergegeben.

A.6 Raumarten

In diesem Sonderdruck nicht wiedergegeben.

A.7 Fehlerarten

A.7.1 Isolationsfehler ist ein fehlerhafter Zustand in der Isolierung.

A.7.2 Körperschluß ist eine durch einen Fehler entstandene leitende Verbindung zwischen Körper und aktiven Teilen elektrischer Betriebsmittel.

A.7.3 Leiterschluß ist eine durch einen Fehler entstandene leitende Verbindung zwischen betriebsmäßig gegeneinander unter Spannung stehenden Leitern (aktiven Teilen), wenn im Fehlerstromkreis ein Nutzwiderstand liegt, z. B. Glühlampen oder dergleichen (Bild A.2).

A.7.4 Kurzschluß ist eine durch einen Fehler entstandene leitende Verbindung zwischen betriebsmäßig gegeneinander unter Spannung stehenden Leitern (aktiven Teilen), wenn im Fehlerstromkreis kein Nutzwiderstand liegt (Bild A.2).

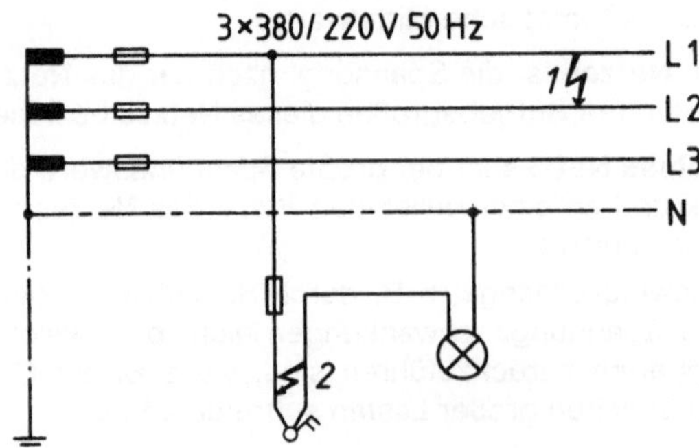

Bild A.2. Kurzschluß (1) und Leiterschluß (2)

A.7.5 Kurzschlußfest ist ein Betriebsmittel, das den thermischen und dynamischen Wirkungen des an seinem Einbauort zu erwartenden Kurzschlußstromes ohne Beeinträchtigung seiner Funktionsfähigkeit standhält.

A.7.6 Kurzschlußsicher und erdschlußsicher sind Betriebsmittel oder Strombahnen, bei denen durch Anwenden geeigneter Maßnahmen oder Mittel unter bestimmungsgemäßen Betriebsbedingungen weder ein Kurzschluß noch ein Erdschluß zu erwarten ist.

A.7.7 Erdschluß ist ein durch einen Fehler, auch über einen Lichtbogen entstandene leitende Verbindung eines Außenleiters oder eines betriebsmäßig isolierten Mittelleiters mit Erde oder geerdeten Teilen.

A.7.8 Vollkommener Körper-, Kurz- oder Erdschluß liegt vor, wenn die leitende Verbindung an der Fehlerstelle nahezu widerstandslos ist.

A.7.9 Fehlerstrom ist der Strom, der durch einen Isolationsfehler zum Fließen kommt.

A.7.10 Erdschlußstrom ist der Strom, der infolge eines Erdschlusses zum Fließen kommt.

A.8 Schutz gegen gefährliche Körperströme

A.8.1 Schutz gegen direktes Berühren sind alle Maßnahmen zum Schutz von Personen und Nutztieren vor Gefahren, die sich aus einer Berührung mit aktiven Teilen elektrischer Betriebsmittel ergeben. Es kann sich hierbei um einen vollständigen oder teilweisen Schutz handeln.

Bei teilweisem Schutz besteht nur ein Schutz gegen zufälliges Berühren.

A.8.2 Basisisolierung ist die Isolierung von aktiven Teilen, um den grundlegenden Schutz gegen gefährliche Körperströme zu gewährleisten.

Anmerkung: Die Basisisolierung ist nicht notwendigerweise identisch mit dem früher verwendeten Begriff „Betriebsisolierung“.

A.8.3 Freischalten in Starkstromanlagen ist das allseitige Abschalten oder Abtrennen einer Anlage, eines Teils einer Anlage oder eines Betriebsmittels von allen nicht geerdeten Leitern.

A.8.4 Schutz bei indirektem Berühren ist der Schutz von Personen und Nutztieren vor Gefahren, die sich im Fehlerfall aus einer Berührung mit Körpern oder fremden leitfähigen Teilen ergeben können.

A.8.5 Schutzisolierung ist eine Schutzmaßnahme und wird hergestellt

— durch eine zusätzliche Isolierung zur Basisisolierung oder

— durch eine Verstärkung der Basisisolierung

in einer solchen Art, daß bei einem Versagen der einfachen Basisisolierung keine gefährlichen Körperströme zum Fließen kommen können.

A.8.6 Schutztrennung ist eine Schutzmaßnahme, bei der Betriebsmittel vom speisenden Netz sicher getrennt und nicht geerdet sind.

A.8.7 Schutzkleinspannung ist eine Schutzmaßnahme, bei der Stromkreise mit Nennspannung bis 50 V Wechselspannung bzw. 120 V Gleichspannung ungeerdet betrieben werden und die Speisung aus Stromkreisen höherer Spannung von diesen sicher getrennt sind.

A.8.8 Funktionskleinspannung ist eine Schutzmaßnahme, bei der die Stromkreise mit Nennspannung bis 50 V Wechselspannung bzw. 120 V Gleichspannung betrieben werden, die aber nicht die an die Schutzkleinspannung gestellten Forderungen erfüllt und deshalb zusätzlichen Bedingungen unterliegt.

A.9 Hebezeuge

In diesem Sonderdruck nicht wiedergegeben.

A.10 Antriebe und Antriebsgruppen

In diesem Sonderdruck nicht wiedergegeben.

Zitierte Normen und andere Unterlagen

In diesem Sonderdruck nicht wiedergegeben.

Frühere Ausgaben

In diesem Sonderdruck nicht wiedergegeben.

Änderungen

In diesem Sonderdruck nicht wiedergegeben.

Erläuterungen

In diesem Sonderdruck nicht wiedergegeben.

Gesamtstichwortverzeichnis

In diesem Sonderdruck nicht wiedergegeben.

Internationale Patentklassifikation

In diesem Sonderdruck nicht wiedergegeben.

DK 621.316.17.002.2.001.14:621.3.027.26 DEUTSCHE NORM (Auszug) **November 1985**

Errichten von Starkstromanlagen mit Nennspannungen bis 1000 V

Allgemeine Angaben zur Planung elektrischer Anlagen

Diese auch vom Vorstand des Verbandes Deutscher Elektrotechniker (VDE) e.V. genehmigte Norm ist damit zugleich eine VDE-Bestimmung im Sinne von VDE 0022. Sie ist unter obenstehender Nummer in das VDE-Vorschriftenwerk aufgenommen und in der etz Elektrotechnische Zeitschrift bekanntgegeben worden.

Erection of power installations with nominal voltages up to 1000 V; general data concerning planning of electrical installations

Ersatz für
DIN 57 100 Teil 310/
VDE 0100 Teil 310/04.82
Siehe jedoch Übergangsfrist!

In diese Norm sind die Sachaussagen der IEC-Publikationen 364-3 (1977, 1. Ausgabe), IEC 364-3A (1979), IEC 364-3B (1980), Nachtrag Nr 1 (1980) und des CENELEC HD 384.3 eingearbeitet.

Die Abschnittsnummern des HD 384.3, die denen der vorstehend genannten IEC-Publikationen entsprechen, sind am Rand in eckige Klammern gesetzt, um den Bezug zu diesen Schriftstücken aufzuzeigen.

Die Änderungen gegenüber DIN 57 100 Teil 310/VDE 0100 Teil 310/04.82 waren veröffentlicht in den Entwürfen
VDE 0100x/. . . 76,
DIN IEC 64(CO)66/VDE 0100 Teil 311/07.80,
DIN IEC 64(CO)84/VDE 0100 Teil 313.2/07.80,
DIN 57 100 Teil 300/VDE 0100 Teil 300/05.84.

Beginn der Gültigkeit

Diese Norm (VDE-Bestimmung) gilt ab 1. November 1985.

Daneben gilt DIN 57 100 Teil 310/VDE 0100 Teil 310/04.82 noch in einer Übergangsfrist bis zum 31. Oktober 1986.

Inhalt

Fortsetzung Seite 2 bis 5

Deutsche Elektrotechnische Kommission im DIN und VDE (DKE)

Verkauf durch VDE-VERLAG GmbH, Berlin 12 und Offenbach
und BEUTH VERLAG GmbH, Berlin 30
11.85

DIN VDE 0100 Teil 300 Nov 1985 Preisgr. 5 K
VDE-Vertr.-Nr. 010045
Beuth-Vertr.-Nr. 2405

1 Anwendungsbereich

Diese Norm gilt für die Planung elektrischer Starkstromanlagen. Sie gilt nur in Verbindung mit den entsprechenden anderen Normen der Reihe DIN VDE 0100 sowie mit den noch nicht ersetzten Paragraphen von DIN VDE 0100/05.73 mit Änderung DIN VDE 0100 g/07.76.

2 Begriffe

In diesem Sonderdruck nicht wiedergegeben.

3 Allgemeine Anforderungen [300.1]

In diesem Sonderdruck nicht wiedergegeben.

[311]

4 Leistungsbedarf und Gleichzeitigkeitsfaktor [311.1]

In diesem Sonderdruck nicht wiedergegeben.

[313]
[313.1.1]

5 Stromversorgung [313.1.2]

In diesem Sonderdruck nicht wiedergegeben.

6 Netzformen [312]

Kenngrößen für Netzformen sind:

— Art und Anzahl der aktiven Leiter der Einspeisung
— Art der Erdverbindungen.

6.1 Netzformen und aktive Leiter [312.1]

Netzformen werden nach Art (Gleichstrom, Wechselstrom) und Anzahl der aktiven Leiter unterschieden.

6.2 Netzformen und Erdung [312.2]

Bezogen auf die Arten der Erdverbindungen werden in dieser Norm die Netzformen nach Abschnitt 6.2.1 bis 6.2.3 berücksichtigt.

Die Bilder 1 bis 5 sind Beispiele für übliche Drehstromnetze. Die angewendeten Kurzzeichen haben folgende Bedeutung:

Erster Buchstabe: — Erdungsverhältnisse der Stromquelle;
T direkte Erdung eines Punktes,
I entweder Isolierung aller aktiven Teile von Erde oder Verbindung eines Punktes mit Erde über eine Impedanz.

Zweiter Buchstabe: — Erdungsverhältnisse der Körper der elektrischen Anlage;
T Körper direkt geerdet, unabhängig von der etwa bestehenden Erdung eines Punktes der Stromquelle
N Körper direkt mit dem Betriebserder verbunden (in Wechselspannungsnetzen ist der geerdete Punkt im allgemeinen der Sternpunkt).

Weitere Buchstaben: — Anordnung des Neutralleiters und des Schutzleiters im TN-Netz;

S Neutralleiter- und Schutzleiterfunktionen durch getrennte Leiter.

C Neutralleiter- und Schutzleiterfunktionen kombiniert in einem Leiter (PEN-Leiter).

Anmerkung: In den Bildern dieser Norm sind die Leiter entsprechend ihres Verwendungszweckes nach DIN 40 717/11.83 wie folgt gekennzeichnet:

Darstellung für den Schutzleiter

Darstellung für den PEN-Leiter

Darstellung für den Neutralleiter.

6.2.1 TN-Netze [312.2.1]

In TN-Netzen ist ein Punkt direkt geerdet (Betriebserder); die Körper der elektrischen Anlage sind über Schutzleiter bzw. PEN-Leiter mit diesem Punkt verbunden. Drei Arten von TN-Netzen sind entsprechend der Anordnung der Neutralleiter und der Schutzleiter zu unterscheiden:

TN-S-Netz — Getrennte Neutralleiter und Schutzleiter im gesamten Netz.

TN-C-Netz — Neutralleiter- und Schutzleiterfunktionen sind im gesamten Netz in einem einzigen Leiter, dem PEN-Leiter, zusammengefaßt.

TN-C-S-Netz — In einem Teil des Netzes sind die Funktionen des Neutralleiters und des Schutzleiters in einem einzigen Leiter, dem PEN-Leiter, zusammengefaßt.

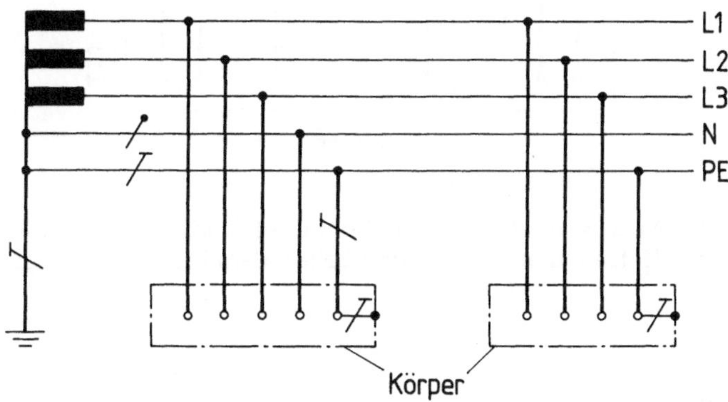

Bild 1. TN-S-Netz: Getrennte Neutralleiter und Schutzleiter im gesamten Netz

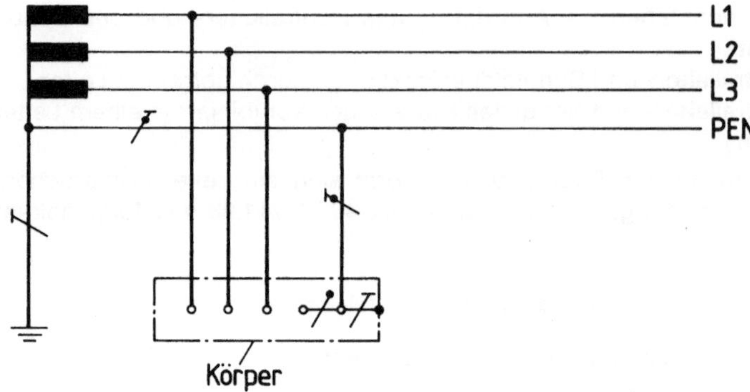

Bild 2. TN-C-Netz: Neutralleiter- und Schutzleiterfunktionen sind im gesamten Netz in einem einzigen Leiter, dem PEN-Leiter, zusammengefaßt.

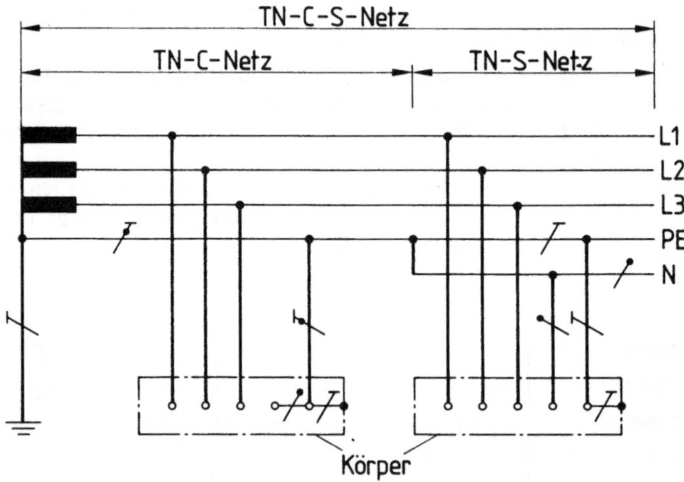

Bild 3. TN-C-S-Netz Neutralleiter- und Schutzleiterfunktionen sind in einem Teil des Netzes in einem einzigen Leiter, dem PEN-Leiter, zusammengefaßt

6.2.2 TT-Netz [312.2.2]

Im TT-Netz ist ein Punkt direkt geerdet (Betriebserder); die Körper der elektrischen Anlage sind mit Erdern verbunden, die vom Betriebserder getrennt sind.

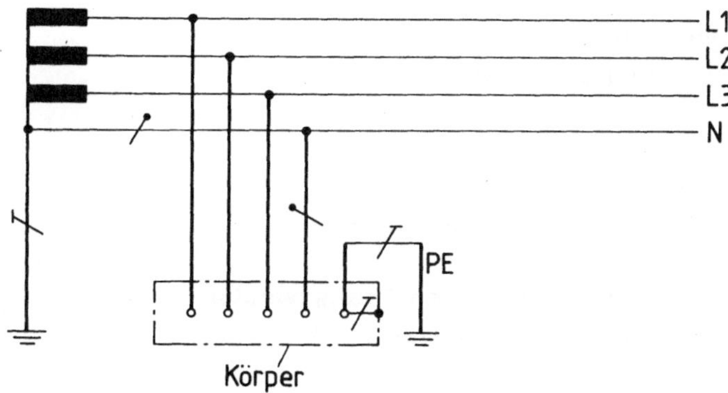

Bild 4. TT-Netz

6.2.3 IT-Netz [312.2.3]

Das IT-Netz hat keine direkte Verbindung zwischen aktiven Leitern und geerdeten Teilen; die Körper der elektrischen Anlage sind geerdet.

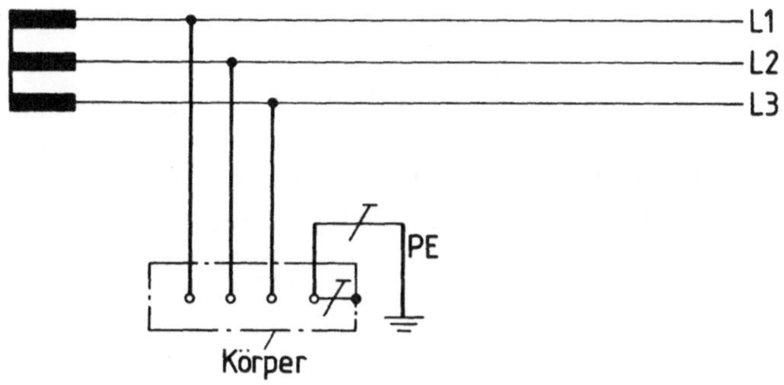

Bild 5. IT-Netz

7 Aufteilung in Stromkreise [314] [314.1]

In diesem Sonderdruck nicht wiedergegeben.

8 Äußere Einflüsse auf Betriebsmittel [32]

In diesem Sonderdruck nicht wiedergegeben.

[33]

9 Verträglichkeit [330.1]

In diesem Sonderdruck nicht wiedergegeben.

[34]

10 Wartbarkeit [340.1]

In diesem Sonderdruck nicht wiedergegeben.

11 Elektrische Anlagen für Sicherheitszwecke [35]

In diesem Sonderdruck nicht wiedergegeben.

Zitierte Normen und andere Unterlagen

In diesem Sonderdruck nicht wiedergegeben.

Frühere Ausgaben

In diesem Sonderdruck nicht wiedergegeben.

Änderungen

In diesem Sonderdruck nicht wiedergegeben.

Erläuterungen

In diesem Sonderdruck nicht wiedergegeben.

Internationale Patentklassifikation

In diesem Sonderdruck nicht wiedergegeben.

DK 621.316.17.002.2
:621.3.027.26 : 614.825-084 DEUTSCHE NORM (Auszug) November 1983

Errichten von Starkstromanlagen mit Nennspannungen bis 1000 V
Schutzmaßnahmen; Schutz gegen gefährliche Körperströme [VDE-Bestimmung]

DIN 57 100 Teil 410

Erection of power installations with rated voltages up to 1000 V; protective measures; protection against electric shock [VDE Specification]

Ersatzvermerk siehe unten

Diese Norm ist zugleich eine VDE-Bestimmung im Sinne von VDE 0022 und in das VDE-Vorschriftenwerk unter nebenstehender Nummer aufgenommen.	VDE 0100 Teil 410

In diese Norm sind die Sachaussagen der IEC-Publikationen 364-4-41 (1977), 364-4-41A (1981), Änderung Nr. 1 (1979), Änderung Nr. 2 (1981) und der IEC-Publikation 364-4-47 (1981) und des CENELEC HD 384.4.41 eingearbeitet.

Die Abschnittsnummern der IEC-Publikationen 364-4-41 und 364-4-47 sind am Rand in eckige Klammern gesetzt. Damit ist der Bezug der einzelnen Abschnitte dieser Norm sowohl zu den bezeichneten Abschnitten dieser Publikationen als auch zu dem CENELEC-Harmonisierungsdokument HD 384.4.41 hergestellt.

Ersatzvermerk

Ersatz für VDE 0100/05.73 § 4, § 5, § 7, § 8 und §§ 11 bis 15, und zusammen mit DIN 57 100 Teil 540/VDE 0100 Teil 540/11.83 Ersatz für VDE 0100/05.73 § 6, § 9, § 10.

Siehe jedoch Übergangsfrist

Beginn der Gültigkeit

Diese als VDE-Bestimmung gekennzeichnete Norm gilt ab 1. November 1983[1]).

Daneben gelten für in Planung oder in Bau befindliche Anlagen die entsprechenden Festlegungen von VDE 0100/05.73 noch bis 31. Oktober 1985.

Die Anforderungen in Abschnitt 4.1.5.2 an eine sichere Trennung werden, soweit sie die Vergleichbarkeit mit Sicherheitstransformatoren betreffen, für andere Betriebsmittel als für Stromquellen ausgesetzt bis zum Inkrafttreten entsprechender Bestimmungen für diese Betriebsmittel.

---

1) Genehmigt vom Vorstand des Verbandes Deutscher Elektrotechniker (VDE) e.V. und bekanntgegeben in der etz Elektrotechnische Zeitschrift.
Entwicklungsgang siehe Abschnitt „Frühere Ausgaben" und Beiblatt 1 zu DIN 57 100/VDE 0100

Fortsetzung Seite 2 bis 20

Deutsche Elektrotechnische Kommission im DIN und VDE (DKE)

Verkauf durch VDE-VERLAG GmbH, Berlin 12
und BEUTH VERLAG GmbH, Berlin 30
02.84

DIN 57 100 Teil 410/VDE 0100 Teil 410 Nov 1983 Preisgr. 14 K
VDE-Vertr.-Nr. 010027
Beuth-Vertr.-Nr. 2414

Inhalt

1 Anwendungsbereich [400.1]

Diese als VDE-Bestimmung gekennzeichnete Norm gilt für die Maßnahmen zum Schutz gegen gefährliche Körperströme. Sie gilt nur in Verbindung mit den entsprechenden anderen Normen der Reihe DIN 57 100/ VDE 0100 sowie mit den noch nicht ersetzten Paragraphen von VDE 0100.

Diese Norm ist eine im Rahmen der Pilotfunktion für den Schutz gegen gefährliche Körperströme erarbeitete Grundnorm.

2 Begriffe

2.1 Allgemeine Begriffe siehe DIN 57 100 Teil 200/ VDE 0100 Teil 200.

2.2 Gefährliche Körperströme

(Begriffserklärung siehe Entwurf DIN IEC 1(CO)1153 Teil 826/VDE 0100 Teil 200 A1/06.82, Abschnitt 826-03-07).

3 Allgemeine Anforderungen

[400.1.2, 400.1.3, 410.1]
[470.1, 471.1, 471.2.1]

3.1 Der Schutz von Personen und Nutztieren gegen gefährliche Körperströme ist sicherzustellen durch

- Maßnahmen nach Abschnitt 4, die sowohl den Schutz gegen direktes als auch bei indirektem Berühren bewirken,

oder

- Maßnahmen nach Abschnitt 5, die den Schutz gegen direktes Berühren bewirken, und durch Maßnahmen nach Abschnitt 6, die den Schutz bei indirektem Berühren bewirken. [470.3]

3.2 Der Schutz gegen gefährliche Körperströme muß sichergestellt werden durch

a) das Betriebsmittel selbst, oder

b) Anwendung der Schutzmaßnahmen beim Errichten, oder

c) eine Kombination von a) und b).

Ausnahmen siehe Abschnitt 8

3.3 Die Auswahl der in dieser Norm festgelegten Schutzmaßnahmen für besondere Umgebungsbedingungen wird in besonderen Bestimmungen, z.B. in der Gruppe 700 der Normen der Reihe DIN 57 100/ VDE 0100, geregelt.

Dabei können die Bestimmungen für die Schutzmaßnahmen den besonderen Bedingungen angepaßt werden.

Anmerkung: Verschärfende Bestimmungen gelten z.B. für Baderäume, Landwirtschaftliche Betriebsstätten.

Erleichternde Bestimmungen gelten z. B. für elektrische Betriebsstätten, abgeschlossene elektrische Betriebsstätten.

3.4 Maßnahmen zum Schutz bei indirektem Berühren dürfen kein Ersatz für fehlende oder unzureichende Schutzmaßnahmen gegen direktes Berühren oder für unsachgemäße Errichtung sein.

[470.4]

3.5 Verschiedene Schutzmaßnahmen, die in derselben Anlage oder in demselben Teil einer Anlage (z. B. in einem Raum) angewendet werden, dürfen sich nicht gegenseitig nachteilig beeinflussen.

[470.4]

3.6 Die Wirksamkeit von Schutzmaßnahmen darf durch Betriebsmittel nicht beeinträchtigt werden, z. B. durch Gleichstrombeeinflussung der Fehlerstrom-Schutzeinrichtungen, Verlängerungsleitungen ohne Schutzleiter.

3.7 Alle Angaben von Wechselspannungswerten in dieser Norm sind Effektivwerte.

Die Werte für Gleichspannung gelten, wenn diese oberschwingungsfrei ist. Als oberschwingungsfrei gilt eine Gleichspannung, wenn ihre Welligkeit nicht größer als 10 % ist.

Anmerkung: Werte für nicht oberschwingungsfreie Gleichspannung in Bearbeitung.

4 Schutz sowohl gegen direktes als auch bei indirektem Berühren [411]

4.1 Schutz durch Schutzkleinspannung [411.1]

4.1.1 Allgemeines [411.1.1]

Der Schutz gegen gefährliche Körperströme ist sichergestellt, wenn

- die Nennspannung 50 V Wechselspannung oder 120 V Gleichspannung nicht überschreitet, und
- die Speisung aus einer Stromquelle nach Abschnitt 4.1.2 erfolgt, und
- Abschnitte 4.1.3 bis 4.1.5 erfüllt sind.

Anmerkung 1: Wenn eine der in den Abschnitten 4.1.2 bis 4.1.5 genannten Bedingungen nicht erfüllt ist, kann gegebenenfalls Schutz durch Funktionskleinspannung nach Abschnitt 4.3 angewendet werden.

Anmerkung 2: Für bestimmte Umgebungsbedingungen sind niedrigere Nennspannungswerte festgelegt.

4.1.2 Stromquellen für Schutzkleinspannung [411.1.2]

Die in den Abschnitten 4.1.2.1 bis 4.1.2.4 aufgeführten Stromquellen sind als Stromquellen für Schutzkleinspannung geeignet.

4.1.2.1 Sicherheitstransformatoren nach VDE 0551. [411.1.2.1]

Wenn die einschlägigen VDE-Bestimmungen es zulassen, sind auch Transformatoren mit sicherer elektrischer Trennung, z. B. nach DIN 57 804/VDE 0804, ausreichend. Für Sicherheitstransformatoren der Schutzklasse II sind geerdete Abschirmungen nicht zulässig.

Anmerkung: Eine Anpassung der zur Zeit noch unterschiedlichen Bestimmungen für die in diesem Abschnitt genannten Transformatoren ist vorgesehen.

[411.1.2.2]

4.1.2.2 Stromquellen, die den gleichen Sicherheitsgrad gewährleisten, wie Sicherheitstransformatoren nach Abschnitt 4.1.2.1, z. B. Motorgeneratoren mit entsprechend getrennten Wicklungen nach VDE 0530 Teil 1 oder Dieselaggregate.

[411.1.2.3]

4.1.2.3 Elektrochemische Stromquellen, z. B. Akkumulatoren nach DIN 57 510/VDE 0510 oder andere galvanische Elemente.

[411.1.2.4]

4.1.2.4 Den Stromquellen für Schutzkleinspannung sind gleichgestellt elektronische Geräte, bei denen sichergestellt ist, daß beim Auftreten eines Fehlers im Gerät die Spannung an den Ausgangsklemmen und gegen Erde nicht höher ist als der Spannungswert, der in Abschnitt 4.1.1 festgelegt ist (siehe z. B. DIN 57 160/VDE 0160).

Höhere Spannungen an den Ausgangsklemmen sind jedoch zulässig, wenn sichergestellt ist, daß bei Berühren von aktiven Teilen oder von Körpern fehlerbehafteter Betriebsmittel die Spannung an den Ausgangsklemmen unverzögert ($<$ 0,2 s) und unmittelbar auf die Werte nach Abschnitt 4.1.1 oder niedrigere Werte herabgesetzt wird.

Anmerkung: Unmittelbar bedeutet ohne Abschaltung durch eine Schutzeinrichtung nach Abschnitt 6.1.7.

Voraussetzung ist, daß die elektronischen Geräte den für sie geltenden Normen entsprechen.

[411.1.3.6]

4.1.3 Ortsveränderliche Transformatoren müssen so ausgewählt oder mit einer Isolierung versehen werden, daß sie Abschnitt 6.2 genügen.

[411.1.3.7]

4.1.4 Wenn die Nennspannung 25 V Wechselspannung oder 60 V Gleichspannung überschreitet, muß ein Schutz gegen direktes Berühren sichergestellt werden durch:

- Abdeckungen oder Umhüllungen mindestens in Schutzart IP 2X nach DIN 40 050 oder
- eine Isolierung, die einer Prüfspannung von 500 V Wechselspannung 1 min standhält.

Wenn die Nennspannung 25 V Wechselspannung bzw. 60 V Gleichspannung nicht überschreitet, so erübrigt sich in der Regel ein Schutz gegen direktes Berühren.

[411.1.3.7]

Anmerkung: Bei bestimmten Umgebungsbedingungen kann Schutz gegen direktes Berühren auch für Spannungen unter 25 V Wechselspannung bzw. 60 V Gleichspannung gefordert werden (siehe z. B. DIN 57 100 Teil 706/VDE 0100 Teil 706).

4.1.5 Anordnung der Stromkreise [411.1.3]

[411.1.3.1]

4.1.5.1 Aktive Teile von Schutzkleinspannungs-Stromkreisen dürfen weder mit Erde noch mit Schutzleitern oder mit aktiven Teilen anderer Stromkreise verbunden werden.

Schutzkleinspannungs-Stromkreise dürfen untereinander nur verbunden werden, wenn dadurch die Spannungswerte nach Abschnitt 4.1.1 nicht überschritten werden.

[411.1.3.3]

4.1.5.2 Zwischen aktiven Teilen von Schutzkleinspannungs-Stromkreisen und Stromkreisen höherer Spannung muß eine elektrische Trennung[2]) vorhanden sein, die mindestens derjenigen zwischen der Primär- und der Sekundärseite eines Sicherheitstransformators entspricht.

Anmerkung: Eine solche elektrische Trennung ist insbesondere notwendig zwischen den aktiven Teilen innerhalb elektrischer Betriebsmittel wie Relais, Schütze, Hilfsschalter, wenn andere aktive Teile mit Stromkreisen höherer Spannung verbunden sind.
(siehe hierzu Seite 1 Abschnitt „Beginn der Gültigkeit)

[411.1.3.2]

4.1.5.3 Körper dürfen nicht absichtlich verbunden werden, weder mit Erde noch mit Schutzleitern oder Körpern von Stromkreisen anderer Spannung.

Anmerkung: Wenn Körper von Schutzkleinspannungs-Stromkreisen mit Körpern anderer Stromkreise direkt oder über fremde leitfähige Teile in Berührung kommen, hängt der Schutz gegen gefährliche Körperströme nicht mehr allein von der Schutzmaßnahme Schutzkleinspannung ab, sondern auch von der Schutzmaßnahme, in die die Körper der anderen Stromkreise einbezogen sind.

[411.1.3.4]

4.1.5.4 Leitungen von Schutzkleinspannungs-Stromkreisen sind vorzugsweise getrennt von Leitungen anderer Stromkreise zu verlegen. Wenn dies nicht möglich ist, muß eine der folgenden Maßnahmen getroffen werden:

- Leitungen von Schutzkleinspannungs-Stromkreisen müssen zusätzlich zur Aderisolierung einen nichtmetallenen Mantel oder eine gleichwertige Umhüllung haben.

---

2) Anforderungen an die elektrische Trennung zwischen aktiven Teilen innerhalb elektrischer Betriebsmittel sind in den einzelnen Betriebsmittelbestimmungen in Vorbereitung. Bis zur Erarbeitung dieser Bestimmungen hat der Hersteller oder der Anwender in eigener Verantwortung zu entscheiden, ob eine ausreichende sichere Trennung als gegeben angesehen werden kann.

- Leitungen von Stromkreisen verschiedener Spannung müssen durch einen geerdeten Metallschirm oder einen geerdeten Metallmantel voneinander getrennt sein.

Anmerkung: In den oben erwähnten Fällen braucht die Aderisolierung nur für die Spannung des Stromkreises bemessen zu sein, zu dem sie gehört.

- Mehradrige Kabel, Leitungen und Leiterbündel dürfen Stromkreise verschiedener Spannung enthalten; dabei müssen jedoch die Leitungsadern von Schutzkleinspannungsstromkreisen einzeln oder gemeinsam mit einer Isolierung versehen sein, die der höchsten vorkommenden Betriebsspannung entspricht.

[411.1.3.5]

4.1.5.5 Steckvorrichtungen müssen den folgenden Anforderungen genügen:

- Steckvorrichtungssysteme in Stromkreisen mit Schutz durch Schutzkleinspannung dürfen nicht in Stromkreisen mit Schutz durch eine andere Schutzmaßnahme verwendet werden, auch nicht in Stromkreisen mit Schutz durch Funktionskleinspannung,
- die Stecker dieser Systeme dürfen sich nur in Steckdosen von Stromkreisen gleicher oder niedrigerer Spannung einführen lassen,
- die Steckdosen dieser Systeme dürfen keinen Schutzkontakt haben bzw. ein vorhandener Schutzkontakt darf nicht angeschlossen sein.

4.2 Schutz durch Begrenzung der Entladungsenergie (in Bearbeitung) [411.2]

Anmerkung: Der Schutz gegen direktes Berühren gilt bis auf weiteres als erfüllt, wenn die Entladungsenergie nicht größer als 350 mJ ist.

4.3 Schutz durch Funktionskleinspannung [411.3]

Anmerkung 1: Schutz durch Funktionskleinspannung ist z. B. anzuwenden, wenn der Kleinspannungsstromkreis selbst oder die Körper der Betriebsmittel aus Funktionsgründen geerdet sind oder wenn er Betriebsmittel wie Transformatoren, Relais, Fernschalter und Schütze enthält, deren Isolierung gegenüber Stromkreisen höherer Spannung nicht derjenigen genügt, die für Schutzkleinspannung gefordert ist.

Anmerkung 2: Wenn Kleinspannung aus einer höheren Spannung über Einrichtungen wie Spartransformatoren, Potentiometer, Halbleiterbauelemente und dergleichen erzeugt wird, so handelt es sich nicht um Funktionskleinspannung. Der Sekundärstromkreis gilt als Teil des Primärstromkreises und ist deshab durch Schutzmaßnahmen nach Abschnitt 5 und Abschnitt 6 zu schützen.

4.3.1 Allgemeines

Der Schutz gegen gefährliche Körperströme ist sichergestellt, wenn folgende Bedingungen gleichzeitig erfüllt sind:

a) Die Nennspannung überschreitet nicht 50 V Wechselspannung bzw. 120 V Gleichspannung

b) Abschnitt 4.3.2 oder Abschnitt 4.3.3 wird erfüllt

Anmerkung: Die Anwendung der Maßnahmen nach Abschnitt 4.3.2 oder Abschnitt 4.3.3 hängt davon ab, ob die erforderliche elektrische Trennung des Kleinspannungsstromkreises von Stromkreisen höherer Spannung dieselben Anforderungen wie beim Schutz durch Schutzkleinspannung (siehe Abschnitt 4.1) erfüllt oder nicht. Es wird deshalb unterschieden zwischen

- Funktionskleinspannung mit sicherer Trennung (siehe Abschnitt 4.3.2),
- Funktionskleinspannung ohne sichere Trennung (siehe Abschnitt 4.3.3).

4.3.2 Funktionskleinspannung mit sicherer Trennung

Alle Anforderungen an eine sichere Trennung wie bei Schutz durch Schutzkleinspannung nach den Abschnitten 4.1.2, 4.1.5.2 und 4.1.5.4 sind zu erfüllen.

[411.3.2.1]

4.3.2.1 Als Schutzmaßnahme gegen direktes Berühren sind anzuwenden

- Schutz durch Isolierung aktiver Teile nach Abschnitt 5.1; die Isolierung muß einer Prüfspannung von 500 V Wechselspannung während 1 min standhalten; oder
- Schutz durch Abdeckungen oder Umhüllungen nach Abschnitt 5.2; Die Abdeckung oder Umhüllung braucht jedoch nur den Anforderungen nach Abschnitt 5.2.1 zu genügen; die übrigen Anforderungen, insbesondere nach Abschnitt 5.2.4, brauchen nicht berücksichtigt zu werden.

Diese Bestimmung schließt die Errichtung oder Verwendung von Betriebsmitteln, die nicht in der angegebenen Weise gegen direktes Berühren geschützt sind, nicht aus, wenn die Abweichung technologisch bedingt ist und die Betriebsmittel den für sie geltenden Bestimmungen entsprechen.

[411.3.3.1]

4.3.2.2 Die Maßnahmen nach Abschnitt 4.3.2.1 schließen den Schutz bei indirektem Berühren ein bzw. machen diesen entbehrlich.

4.3.3 Funktionskleinspannung ohne sichere Trennung

Wenn die Anforderungen an eine sichere Trennung nach Abschnitt 4.3.2 **nicht** erfüllt sind, gelten die in den Abschnitten 4.3.3.1 und 4.3.3.2 angegebenen Bestimmungen.

[411.3.2.2]

4.3.3.1 Als Schutzmaßnahme gegen direktes Berühren sind anzuwenden

- Schutz durch Isolierung aktiver Teile nach Abschnitt 5.1; die Isolierung muß derjenigen Mindestspannung standhalten, die für die Betriebsmittel der Stromkreise der höheren Spannung festgelegt sind, von der die Funktionskleinspannungs-Stromkreise nicht sicher getrennt sind; oder
- Schutz durch Abdeckungen oder Umhüllungen nach Abschnitt 5.2, jedoch ohne die Ausnahmen nach Abschnitt 4.3.2.1.

  Betriebsmittel, deren konstruktionsbedingte Isolierung den Anforderungen an diese Mindestprüfspannung nicht genügt, dürfen verwendet werden, wenn berührbare nicht leitfähige Teile so beschaffen sind oder ihre Isolierung im Zuge der Errichtung so verstärkt wird, daß sie einer Prüfspannung von 1500 V Wechselspannung während 1 min standhalten.

[411.3.3.2]

4.3.3.2 Der Schutz bei indirektem Berühren ist durch folgende Maßnahmen sicherzustellen:

- Wenn in Stromkreisen höherer Spannung eine Schutzmaßnahme mit automatischer Abschaltung nach Abschnitt 6.1 angewendet wird, sind die Körper von Betriebsmitteln des Funktionskleinspannungs-Stromkreises mit dem Schutzleiter der Stromkreise höherer Spannung zu verbinden;

- wenn in Stromkreisen höherer Spannung die Schutztrennung nach Abschnitt 6.5.3 angewendet wird, sind die Körper von Betriebsmitteln des Funktionskleinspannungs-Stromkreises mit dem Potentialausgleichsleiter nach Abschnitt 6.5.3.1 zu verbinden.

4.3.4 Steckvorrichtungen müssen den folgenden Anforderungen genügen:

- Steckvorrichtungssysteme in Stromkreisen mit Schutz durch Funktionskleinspannung dürfen nicht in Stromkreisen mit Schutz durch eine andere Schutzmaßnahme verwendet werden, auch nicht in Stromkreisen mit Schutz durch Schutzkleinspannung,
- die Stecker dieser Systeme dürfen sich nur in Steckdosen von Stromkreisen gleicher oder niedrigerer Spannung einführen lassen.

4.3.5 Anordnung der Stromkreise

Aktive Teile von Funktionskleinspannungs-Stromkreisen dürfen nicht mit aktiven Teilen anderer Stromkreise verbunden werden. Funktionskleinspannungsstromkreise dürfen untereinander verbunden werden, wenn dadurch die Spannungswerte nach Abschnitt 4.3.1 nicht überschritten werden.

5 Schutz gegen direktes Berühren [412]

Schutzmaßnahmen nach den Abschnitten 5.1 und 5.2 dürfen in allen Fällen angewendet werden, Schutzmaßnahmen nach den Abschnitten 5.3 und 5.4 dürfen nur in Fällen angewendet werden, in denen die entsprechenden Normen dieses ausdrücklich gestatten.

5.1 Schutz durch Isolierung aktiver Teile [412.1]

Anmerkung: Durch die Isolierung wird ein vollständiger Schutz gegen direktes Berühren aktiver Teile sichergestellt.

Aktive Teile müssen vollständig mit einer Isolierung umgeben werden, die nur durch Zerstören entfernt werden kann.

Bei fabrikfertigen Betriebsmitteln muß die Isolierung den entsprechenden Normen genügen.

Bei anderen Betriebsmitteln muß der Schutz durch eine Isolierung verwirklicht werden, die den mechanischen, chemischen, elektrischen und thermischen Beanspruchungen, denen sie gegebenenfalls im Betrieb ausgesetzt wird, dauerhaft standzuhalten vermag. Farben, Lakke und dergleichen sind für sich allein kein ausreichender Schutz gegen direktes Berühren.

Anmerkung: Wenn die Isolierung während der Errichtung der elektrischen Anlage angebracht wird, sollte die Eignung der Isolierung durch Prüfungen nachgewiesen werden, die jenen vergleichbar sind, mit denen die Isolationseigenschaften ähnlicher fabrikfertiger Betriebsmittel nachgewiesen werden.

5.2 Schutz durch Abdeckungen oder Umhüllungen [412.2]

Anmerkung: Durch Abdeckungen oder Umhüllungen wird ein vollständiger Schutz gegen direktes Berühren aktiver Teile sichergestellt.

[412.2.1]

5.2.1 Aktive Teile müssen von Umhüllungen umgeben oder hinter Abdeckungen angeordnet sein, die mindestens der Schutzart IP 2X nach DIN 40 050 entsprechen. Dies gilt nicht, wenn beim Auswechseln von Teilen größere Öffnungen entstehen, z. B. bei bestimmten Lampenfassungen, bei Steckdosen, bei Schraubsicherungen, oder wenn nach den entsprechenden Gerätebestimmungen für den ordnungsgemäßen Betrieb von elektrischen Betriebsmitteln eine größere Öffnung erforderlich ist.

In diesem Falle müssen geeignete Vorkehrungen getroffen werden, um zu verhindern, daß Personen unbeabsichtigt mit aktiven Teilen in Berührung kommen. Gegebenenfalls gilt dieses auch für den Schutz von Nutztieren.

[412.2.2]

5.2.2 Obere horizontale Oberflächen von Abdeckungen oder Umhüllungen, die leicht zugänglich sind, müssen mindestens der Schutzart IP 4X nach DIN 40 050 entsprechen.

Anmerkung: Bis zur endgültigen internationalen Klärung dürfen obere horizontale Oberflächen in IP 3X nach DIN 40 050 ausgeführt werden, wenn die Betriebsmittel nach folgenden Bestimmungen hergestellt sind:

DIN 57 603/VDE 0603, DIN 57 606/VDE 0606, DIN 57 659/VDE 0659, VDE 0660 Teil 5.

5.2.3 Abdeckungen und Umhüllungen müssen sicher befestigt werden. Sie müssen eine ausreichende Festigkeit und Haltbarkeit haben, um die geforderte Schutzart und einen ausreichenden Abstand zu aktiven Teilen unter den zu erwartenden Betriebsbedingungen und bei Berücksichtigung der Umgebungsbedingungen aufrechtzuerhalten.

[412.2.3]
[412.2.4]

5.2.4 In Fällen, in denen Abdeckungen entfernt, Umhüllungen geöffnet oder Teile von Umhüllungen abgenommen werden müssen, darf dies nur möglich sein

- mit Hilfe eines Schlüssels oder Werkzeuges oder
- nach Ausschalten der Spannung an allen aktiven Teilen, gegenüber denen die Abdeckungen oder Umhüllungen als Schutz dienen; eine Wiedereinschaltung darf erst möglich sein, wenn die Abdeckungen oder Umhüllungen sich wieder an ihrer ursprünglichen Stelle befinden bzw. geschlossen sind, oder
- wenn eine Zwischenabdeckung mindestens in Schutzart IP 2X nach DIN 40 050 eine Berührung aktiver Teile verhindert und diese Zwischenabdekkung sich nur mittels eines Schlüssels oder Werkzeuges entfernen läßt.

5.2.5 Wenn hinter den Abdeckungen oder Umhüllungen Betriebsmittel so angeordnet sind, daß sich Betätigungselemente in der Nähe berührungsgefährlicher Teile befinden, ist DIN 57 106 Teil 100/VDE 0106 Teil 100 zu beachten.

5.3 Schutz durch Hindernisse [412.3]

Anmerkung: Hindernisse bieten einen teilweisen Schutz gegen direktes Berühren; sie brauchen jedoch nicht das absichtliche Berühren durch bewußtes Umgehen des Hindernisses auszuschließen.

[412.3.1]

5.3.1 Hindernisse müssen verhindern:

- die zufällige Annäherung an aktive Teile, z. B. durch Schutzleisten, Geländer, Gitterwände, und
- das zufällige Berühren aktiver Teile bei bestimmungsgemäßem Gebrauch von Betriebsmitteln, z. B. durch Abdeckungen. Siehe DIN 57 106 Teil 100/ VDE 0106 Teil 100.

[412.3.2]

5.3.2 Hindernisse dürfen ohne Schlüssel oder Werkzeug abnehmbar sein, sie müssen jedoch so befestigt sein, daß ein unbeabsichtigtes Entfernen verhindert ist.

5.4 Schutz durch Abstand [412.4]

Anmerkung: Durch Abstand wird ein teilweiser Schutz gegen direktes Berühren aktiver Teile sichergestellt.

[412.4.1]

5.4.1 Im Handbereich dürfen sich keine gleichzeitig berührbaren Teile unterschiedlichen Potentials befinden.

Anmerkung: Teile gelten als gleichzeitig berührbar, wenn sie weniger als 2,50 m voneinander entfernt sind.

[412.4.2]

5.4.2 Ist eine Standfläche durch ein Hindernis begrenzt, z. B. Geländer, Maschengitter, so beginnt der Handbereich an diesem Hindernis.

[412.4.3]

5.4.3 An Stellen, an denen üblicherweise sperrige oder lange leitfähige Gegenstände gehandhabt werden, müssen die durch die Abschnitte 5.4.1 und 5.4.2 geforderten Abstände entsprechend vergrößert werden.

[412.5]

5.5 Zusätzlicher Schutz durch Fehlerstrom-Schutzeinrichtungen

Anmerkung: Die Verwendung von Fehlerstrom-Schutzeinrichtungen ist nur als Ergänzung von Schutzmaßnahmen gegen direktes Berühren anzusehen. Unter welchen Bedingungen von diesem zusätzlichen Schutz Gebrauch gemacht werden muß, wird in besonderen Bestimmungen festgelegt.

[412.5.1]

5.5.1 Die Verwendung von Fehlerstrom-Schutzeinrichtungen mit einem Nennfehlerstrom von $I_{\Delta n} \leq 30$ mA kann zusätzlich ein gewisser Schutz bei direktem Berühren aktiver Teile sein.

[412.5.2]

5.5.2 Die Verwendung solcher Einrichtungen als alleiniger Schutz ist nicht zulässig und schließt nicht die Notwendigkeit aus, eine der in den Abschnitten 5.1 bis 5.4 festgelegten Schutzmaßnahmen anzuwenden.

6 Schutz bei indirektem Berühren [413]

[471.2.1.1]

Als Schutz bei indirektem Berühren sind im allgemeinen Maßnahmen nach Abschnitt 6.1 „Schutz durch Abschaltung oder Meldung" notwendig und sollten deshalb in jeder elektrischen Anlage vorgesehen werden.

[471.2.1.3]

Die Schutzmaßnahmen Schutzkleinspannung nach Abschnitt 4.1, Schutzisolierung nach Abschnitt 6.2 und Schutztrennung nach Abschnitt 6.5 dürfen in jeder elektrischen Anlage angewendet werden. Für besondere Fälle sind sie zwingend erforderlich.

[471.2.1.2]

Die Schutzmaßnahmen nach Abschnitt 6.3 „Schutz durch nichtleitende Räume" und Abschnitt 6.4 „Schutz durch erdfreien örtlichen Potentialausgleich" dürfen nur dort angewendet werden, wo Schutzmaßnahmen nach Abschnitt 6.1 nicht durchgeführt werden können oder nicht zweckmäßig sind.

6.1 Schutz durch Abschaltung oder Meldung [413.1]

Anmerkung 1: Durch automatische Abschaltung nach Auftreten von Fehlern soll verhindert werden, daß eine Berührungsspannung solange fortbesteht, daß sich hieraus eine Gefahr ergeben könnte.

Anmerkung 2: Die Festlegungen dieses Abschnittes gelten nur für Wechselstromnetze. Entsprechende Festlegungen für Gleichstromnetze sind in Bearbeitung.

6.1.1 Allgemeines [413.1.1]

[413.1.1.1]

6.1.1.1 Diese Schutzmaßnahme erfordert eine Koordinierung von

- Netzform (siehe DIN 57 100 Teil 310/VDE 0100 Teil 310) und
- Schutzeinrichtungen (siehe Abschnitt 6.1.7).

[413.1.1.2, 413.1.3.5]

6.1.1.2 Die Körper müssen unter den in den Abschnitten 6.1.3 bis 6.1.5 für jede Netzform festgelegten Bedingungen an einen Schutzleiter angeschlossen werden. Der Schutzleiter und der PEN-Leiter sind nach DIN 57 100 Teil 540/VDE 0100 Teil 540 zu bemessen.

[413.1.1.3]

6.1.1.3 Eine Schutzeinrichtung muß den zu schützenden Teil der Anlage im Fehlerfall innerhalb der vorgegebenen Zeit nach den nachfolgenden Bestimmungen abschalten, damit keine zu hohe Berührungsspannung bestehen bleiben kann.

[413.1.1.4]

6.1.1.4 Die Grenze für die dauernd zulässige Berührungsspannung beträgt bei Wechselspannung U_L = 50 V, bei Gleichspannung U_L = 120 V.

Anmerkung 1: Diese Grenzen wurden international vereinbart.

Anmerkung 2: Für besondere Anwendungsfälle werden gegebenenfalls niedrigere Werte gefordert.

6.1.2 Hauptpotentialausgleich [413.1.2]

Bei jedem Hausanschluß oder jeder gleichwertigen Versorgungseinrichtung muß ein Hauptpotentialausgleich die folgenden leitfähigen Teile miteinander verbinden:

- Hauptschutzleiter,
- Haupterdungsleitung,
- Blitzschutzerder
- Hauptwasserrohre,
- Hauptgasrohre,
- andere metallene Rohrsysteme, z. B. Steigeleitungen zentraler Heizungs- und Klimaanlagen, Metallteile der Gebäudekonstruktion soweit möglich.

Anmerkung 1: Hauptschutzleiter im Sinne dieser Norm ist der von der Stromquelle kommende oder vom Hausanschlußkasten abgehende Schutzleiter.

Anmerkung 2: Haupterdungsleitung im Sinne dieser Norm ist die vom Erder oder den Erdern kommende Erdungsleitung.

Anmerkung 3: Hauptwasserrohre und Hauptgasrohre im Sinne dieser Norm sind die Wasserverbrauchsleitungen und Gasinnenleitungen nach der Hauseinführung in Fließrichtung hinter der ersten Absperrarmatur (siehe auch VDE 0190).

Anmerkung 4: Bemessung der Hauptpotentialausgleichsleiter siehe DIN 57 100 Teil 540/ VDE 0100 Teil 540.

6.1.3 Schutzmaßnahmen im TN-Netz [413.1.3]

[413.1.3.1]

6.1.3.1 Alle Körper müssen mit dem geerdeten Punkt des speisenden Netzes durch Schutzleiter bzw. PEN-Leiter verbunden werden.

Üblicherweise ist der geerdete Punkt der Sternpunkt.

Wenn ein Sternpunkt nicht vorhanden oder nicht zugänglich ist, so darf ein Außenleiter geerdet werden. In diesem Fall dürfen die Funktionen des Außenleiters und des Schutzleiters nicht in einem Leiter vereinigt werden.

Anmerkung: In der Nähe von Bahnanlagen ist auch DIN 57 115 Teil 1/VDE 0115 Teil 1 zu beachten.

[413.1.3.2]

6.1.3.2 Der Schutzleiter bzw. PEN-Leiter muß in der Nähe jedes Transformators oder Generators geerdet werden. Sofern weitere gut geerdete Teile vorhanden sind, wird empfohlen, den Schutzleiter bzw. PEN-Leiter, soweit möglich, auch mit diesen zu verbinden. Eine Erdung an zusätzlichen, möglichst gleichmäßig verteilten Punkten kann erforderlich sein, um zu gewährleisten, daß das Potential des Schutzleiters bzw. PEN-Leiters im Fehlerfall möglichst wenig vom Erdpotential abweicht. Aus dem gleichen Grund wird empfohlen, Schutzleiter bzw. PEN-Leiter am Eintritt in Gebäude oder sonstige bauliche Anlagen zu erden.

Die zulässige Höhe des Gesamterdungswiderstandes ist in Abschnitt 6.1.8 festgelegt.

[413.1.3.3]

6.1.3.3 Die Kennwerte der Schutzeinrichtungen und die Querschnitte der Leiter müssen so ausgewählt werden, daß bei Auftreten eines Fehlers mit vernachlässigbarer Impedanz (Scheinwiderstand) an beliebiger Stelle zwischen einem Außenleiter und einem Schutzleiter bzw. PEN-Leiter oder damit verbundenen Körpern die automatische Abschaltung innerhalb der festgelegten Zeit erfolgt.

Dieser Forderung ist entsprochen, wenn folgende Bedingung erfüllt ist

$$Z_S \cdot I_a \leq U_o$$

Z_S Impedanz der Fehlerschleife

Anmerkung: Z_S kann durch Rechnung, durch Messung oder am Netzmodell ermittelt werden.

I_a Strom, der das automatische Abschalten bewirkt

- in Stromkreisen bis 35 A Nennstrom mit Steckdosen innerhalb von 0,2 s,
- in Stromkreisen, die ortsveränderliche Betriebsmittel der Schutzklasse I enthalten, die während des Betriebes üblicherweise dauernd in der Hand gehalten oder umfaßt werden, innerhalb von 0,2 s,
- in allen anderen Stromkreisen innerhalb von 5 s.

Bei Verwendung einer Fehlerstrom-Schutzeinrichtung ist I_a der Nennfehlerstrom $I_{\Delta n}$.

U_o Nennspannung gegen geerdeten Leiter

Wenn die Bedingungen dieses Abschnittes nicht erfüllt werden können, ist ein „Zusätzlicher Potentialausgleich" nach Abschnitt 6.1.6 erforderlich.

Abweichend von obigen Abschaltzeiten ist es in öffentlichen Verteilungsnetzen sowie in anderen Verteilungsnetzen, die als Freileitungen oder als im Erdreich verlegte Kabel ausgeführt sind, sowie schutzisolierte Hauptstromversorgungssystemen nach DIN 18 015 Teil 1 ausreichend, wenn am Anfang des zu schützenden Leitungsabschnittes eine Überstrom-Schutzeinrichtung vorhanden ist, und wenn im Fehlerfall mindestens der Strom zum Fließen kommt, der eine Auslösung der Schutzeinrichtung unter den in der Gerätebestimmung für den Überlastbereich festgelegten Bedingungen (großer Prüfstrom) bewirkt.

[413.1.3.6]

6.1.3.4 Im TN-Netz ist die Verwendung folgender Schutzeinrichtungen zulässig:

- Überstrom-Schutzeinrichtungen nach Abschnitt 6.1.7.1,
- Fehlerstrom-Schutzeinrichtungen nach Abschnitt 6.1.7.2.

In dem Teil eines TN-Netzes, in dem Neutralleiter und Schutzleiter vereinigt sind (TN-C-Netz), muß der Schutz durch Überstrom-Schutzeinrichtungen erfolgen.

Anmerkung: Bei Verwendung von Fehlerstrom-Schutzeinrichtungen für die automatische Abschaltung brauchen die Körper nicht mit dem Schutzleiter des TN-Netzes verbunden zu sein, sofern sie mit einem Erder verbunden sind, dessen Widerstand dem Ansprechstrom der Fehlerstrom-Schutzeinrichtung entspricht. Der so geschützte Stromkreis ist dann als TT-Netz zu betrachten; es gelten die Bedingungen nach Abschnitt 6.1.4.

Ist kein getrennter Erder vorhanden, so muß der Anschluß der Körper an den Schutzleiter des Netzes vor der Fehlerstrom-Schutzeinrichtung erfolgen.

6.1.3.5 PEN-Leiter dürfen für sich allein nicht schaltbar sein. Sind sie zusammen mit den Außenleitern schaltbar, so muß das im PEN-Leiter liegende Schaltstück beim Einschalten vor- und beim Ausschalten nacheilen.

Bei Verwendung von Schaltern mit Momentschaltung ist gleichzeitiges Schalten von PEN- und Außenleitern zulässig. Überstromschutzeinrichtungen im PEN-Leiter sind unzulässig.

Anmerkung: Bei der Einspeisung in Niederspannungsnetze durch Notstromaggregate, bei der Überbrückung von herausgetrennten Teilstücken in Freileitungs- und Kabelnetzen (TN-C-Netz) oder in ähnlichen Fällen stellt die Verwendung von 4adrigen beweglichen Leitungen (Querschnitte > 16 mm^2 Cu) mit einer grün-gelb gekennzeichneten Ader keinen Verstoß gegen die Festlegungen dieses Abschnittes dar. Vergleiche auch DIN 57 100 Teil 540/VDE 0100 Teil 540/11.83, Abschnitt 8.2.1. Diese Leitungen werden im Hinblick auf ihren Querschnitt und vor allem deswegen, weil sie während des Betriebes nicht bewegt werden und auch nicht zum Anschluß beweglicher Geräte dienen, als fest verlegt angesehen.

6.1.4 Schutzmaßnahmen im TT-Netz [413.1.4]

[413.1.4.1]

6.1.4.1 Alle Körper, die durch eine Schutzeinrichtung gemeinsam geschützt sind, müssen durch Schutzleiter an einen gemeinsamen Erder angeschlossen werden.

Gleichzeitig berührbare Körper müssen an denselben Erder angeschlossen werden.

Im TT-Netz muß der Sternpunkt von Transformatoren oder von Generatoren geerdet werden; fehlt ein Sternpunkt, so muß ein Außenleiter geerdet werden. Die zulässige Höhe des Gesamterdungswiderstandes ist in Abschnitt 6.1.8 festgelegt.

[413.1.4.2]

6.1.4.2 Folgende Bedingung muß erfüllt sein:

$$R_A \cdot I_a \leq U_L$$

R_A Erdungswiderstand der Erder der Körper

I_a Strom, der das automatische Abschalten der Schutzeinrichtung innerhalb 5 s bewirkt. Bei Verwendung einer Fehlerstrom-Schutzeinrichtung ist I_a der Nennfehlerstrom $I_{\Delta n}$.

Werden in besonderen Fällen Überstrom-Schutzeinrichtungen verwendet, muß auch im Neutralleiter eine Überstrom-Schutzeinrichtung vorgesehen werden, es sei denn, das Auftreten eines Fehlers mit vernachlässigbarer Impedanz an jeder beliebigen Stelle im Netz bewirkt das Ansprechen der zugehörigen Schutzeinrichtung innerhalb von 0,2 s.

Die Überstrom-Schutzeinrichtung muß so beschaffen sein, daß der Neutralleiter in keinem Fall vor den Außenleitern ausgeschaltet wird (siehe auch DIN 57 100 Teil 430/VDE 0100 Teil 430/06.81, Abschnitt 9.3).

U_L Vereinbarte Grenze der dauernd zulässigen Berührungsspannung nach Abschnitt 6.1.1.4.

Werden Fehlerspannungs-Schutzeinrichtungen verwendet, so soll R_A 200 Ω nicht überschreiten. Ein höherer Wert bis zu 500 Ω ist in Ausnahmefällen zulässig, wenn der Wert von 200 Ω z.B. bei felsigem Boden nicht eingehalten werden kann.

Wenn die Bedingungen des Abschnittes 6.1.4.2 nicht erfüllt werden können, ist ein „Zusätzlicher Potentialausgleich" nach Abschnitt 6.1.6 erforderlich.

[413.1.4.3]

6.1.4.3 Im TT-Netz dürfen folgende Schutzeinrichtungen verwendet werden:

- Überstrom-Schutzeinrichtungen nach Abschnitt 6.1.7.1,
- Fehlerstrom-Schutzeinrichtungen nach Abschnitt 6.1.7.2,
- Fehlerspannungs-Schutzeinrichtungen nach Abschnitt 6.1.7.3 (jedoch nur in Sonderfällen).

6.1.5 Schutzmaßnahmen im IT-Netz [413.1.5]

[413.1.5.1]

6.1.5.1 IT-Netze müssen entweder gegen Erde isoliert werden oder über eine ausreichend hohe Impedanz geerdet werden. Diese Impedanz kann zwischen Erde und dem Sternpunkt des Netzes oder einem künstlichen Sternpunkt liegen.

Der Fehlerstrom bei Auftreten nur eines Körper- oder Erdschlusses ist niedrig, eine Abschaltung ist nicht erforderlich. Es müssen jedoch Maßnahmen getroffen werden, um bei Auftreten eines weiteren Fehlers Gefahren zu vermeiden.

[413.1.5.2]

6.1.5.2 Kein aktiver Leiter der Anlage darf direkt geerdet werden.

Anmerkung: Zur Herabsetzung von Überspannungen oder zur Dämpfung von Schwingungen kann eine Erdung über Impedanzen oder künstliche Sternpunkte notwendig sein.

[413.1.5.3]

6.1.5.3 Körper müssen einzeln, gruppenweise oder in ihrer Gesamtheit mit einem Schutzleiter verbunden werden.

Die folgende Bedingung muß erfüllt sein:

$R_A \cdot I_d \leq U_L$

R_A Erdungswiderstand aller mit einem Erder verbundenen Körper.

I_d Fehlerstrom im Falle des ersten Fehlers mit vernachlässigbarer Impedanz zwischen einem Außenleiter und dem Schutzleiter oder einem damit verbundenen Körper. Der Wert von I_d berücksichtigt die Ableitströme und die Gesamtimpedanz der elektrischen Anlage gegen Erde.

U_L Vereinbarte Grenze der dauernd zulässigen Berührungsspannung nach Abschnitt 6.1.1.4.

6.1.5.4 Entweder muß

- in der gesamten Anlage ein zusätzlicher Potentialausgleich nach Abschnitt 6.1.6 und eine Isolationsüberwachungseinrichtung nach Abschnitt 6.1.5.7 vorgesehen werden, oder
- es müssen die Bedingungen in Abschnitt 6.1.5.5 oder Abschnitt 6.1.5.6 erfüllt sein,

um im Fall von 2 Fehlern das Bestehenbleiben von zu hohen Berührungsspannungen zu verhindern.

6.1.5.5 Wenn alle Körper durch einen Schutzleiter miteinander verbunden sind, muß Abschnitt 6.1.3.3 erfüllt sein. In Netzen ohne Neutralleiter ist U_0 durch die Spannung zwischen den Außenleitern zu ersetzen. Als Impedanz der Fehlerschleife Z_S gilt die Impedanz bestehend aus Außenleiter und Schutzleiter zwischen Stromquelle und betrachtetem Betriebsmittel.

6.1.5.6 Wenn nicht alle Körper durch einen Schutzleiter miteinander verbunden, sondern einzeln oder in Gruppen geerdet sind, muß Abschnitt 6.1.4.1, Abs. 1 und 2, und Abschnitt 6.1.4.2 erfüllt werden.

[413.1.5.4 und 413.1.5.5]

6.1.5.7 Sofern eine Isolationsüberwachungseinrichtung vorgesehen ist, mit der der erste Körper- oder Erdschluß angezeigt wird, muß diese Einrichtung

- ein akustisches oder optisches Signal auslösen oder
- eine automatische Abschaltung herbeiführen.

Anmerkung 1: Es wird empfohlen, den ersten Isolationsfehler so schnell wie möglich zu beseitigen.

Anmerkung 2: Eine Isolationsüberwachungseinrichtung kann auch aus Gründen, die nicht den Schutz bei indirektem Berühren betreffen, erforderlich sein.

[413.1.5.6]

6.1.5.8 Im IT-Netz dürfen folgende Schutzeinrichtungen verwendet werden:

- Überstrom-Schutzeinrichtungen nach Abschnitt 6.1.7.1,
- Fehlerstrom-Schutzeinrichtung nach Abschnitt 6.1.7.2,
- Isolationsüberwachungseinrichtung nach Abschnitt 6.1.7.4,
- Fehlerspannungs-Schutzeinrichtungen nach Abschnitt 6.1.7.3 (jedoch nur in Sonderfällen).

6.1.5.9 Werden bei Anwendung der Abschnitte 6.1.5.5 und 6.1.5.6 Fehlerstrom-Schutzeinrichtungen verwendet, so muß sichergestellt sein, daß bei zwei Fehlern hinter derselben Fehlerstrom-Schutzeinrichtung eine Überstrom-Schutzeinrichtung, eine Isolationsüberwachungseinrichtung oder eine Fehlerspannungs-Schutzeinrichtung die Abschaltung mindestens eines Fehlers bewirkt.

6.1.6 Zusätzlicher Potentialausgleich [413.1.6]

[413.1.6.1]

6.1.6.1 Ein örtlicher sogenannter „Zusätzlicher Potentialausgleich" ist neben dem Hauptpotentialausgleich nach Abschnitt 6.1.2 anzuwenden, wenn

- die festgelegten Bedingungen für das automatische Abschalten als Schutz bei indirektem Berühren nicht erfüllt werden können, oder
- Abschnitt 6.1.5.4, 1. Mittestrich angewendet wird, oder
- ein Potentialausgleich wegen besonderer Gefährdung aufgrund der Umgebungsbedingungen in den Bestimmungen, z. B. der Gruppe 700 der Normen der Reihe DIN 57 100/VDE 0100, gefordert wird.
  Abweichungen zu den Festlegungen der Abschnitte 6.1.6.2, 6.1.6.3 und 6.1.6.4 sind gegebenenfalls in den jeweiligen Bestimmungen festgelegt.

[413.1.6.2]

6.1.6.2 In den „Zusätzlichen Potentialausgleich" müssen alle gleichzeitig berührbaren Körper ortsfester Betriebsmittel, Schutzleiteranschlüsse und alle „fremden leitfähigen Teile" einbezogen werden. Dies gilt auch für die Bewehrung der Stahlbetonkonstruktionen von Gebäuden, soweit dies durchführbar ist.

[413.1.6.3]

6.1.6.3 Der „Zusätzliche Potentialausgleich" muß mit einem Potentialausgleichsleiter nach DIN 57 100 Teil 540/VDE 0100 Teil 540 durchgeführt werden.

Der „Zusätzliche Potentialausgleich" kann auch hergestellt werden durch fremde leitfähige Teile, wie Metallkonstruktionen, oder durch zusätzliche Leiter oder durch eine Kombination von beiden.

[413.1.6.4]

6.1.6.4 Bestehen Zweifel an der Wirksamkeit des zusätzlichen Potentialausgleichs, so ist nachzuweisen, daß der Widerstand zwischen gleichzeitig berührbaren Körpern untereinander sowie zwischen gleichzeitig berührbaren Körpern und fremden leitfähigen Teilen die folgende Bedingung erfüllt:

$$R \leq \frac{U_L}{I_a}$$

R Widerstand zwischen Körpern und fremden leitfähigen Teilen, die gleichzeitig berührbar sind.

U_L Vereinbarte Grenze der dauernd zulässigen Berührungsspannung nach Abschnitt 6.1.1.4

I_a Strom, der das automatische Abschalten der Schutzeinrichtung innerhalb der in Abschnitt 6.1.3.3 angegebenen Zeit bewirkt.

6.1.7 Schutzeinrichtungen

Wenn in den unter Abschnitt 6.1.7.1 bis Abschnitt 6.1.7.4 genannten Bestimmungen keine Kennwerte angegeben sind, wenn die Kennwerte einstellbar sind, oder wenn die Verwendung von Schutzeinrichtungen eines bestimmten Herstellers sichergestellt ist, dürfen als Kennwerte die Angaben des Herstellers verwendet werden.

6.1.7.1 Überstrom-Schutzeinrichtungen

Dieser Norm für den Schutz bei indirektem Berühren liegen die Kennwerte von Überstrom-Schutzeinrichtungen nach folgenden Normen zugrunde:

- Niederspannungssicherungen nach den Normen der Reihe DIN 57 636/VDE 0636
- Geräteschutzsicherungen für den Hausgebrauch und ähnliche Zwecke nach DIN 57 820 Teil 1/VDE 0820 Teil 1
- Leitungsschutzschalter nach DIN 57 641/VDE 0641
- Leistungsschalter nach den Normen der Reihe DIN 57 660 Teil 101/VDE 0660 Teil 101

6.1.7.2 Fehlerstrom-Schutzeinrichtungen

Dieser Norm liegen die Kennwerte von Fehlerstrom-Schutzeinrichtungen nach DIN 57 664 Teil 1/VDE 0664 Teil 1 und DIN 57 664 Teil 2/VDE 0664 Teil 2 (z. Z. Entwurf) zugrunde.

Anmerkung: Leitungsschutzschalter mit Differenzstromauslöser (LS/DI) nach DIN 57 641 Teil 4/VDE 0641 Teil 4*) gelten nicht als Fehlerstrom-Schutzeinrichtungen im Sinne der Normen der Reihe DIN 57 664/VDE 0664.

*) Zur Zeit Entwurf

6.1.7.3 Fehlerspannungs-Schutzeinrichtungen

Dieser Norm liegen die Kennwerte von Fehlerspannungs-Schutzeinrichtungen nach VDE 0663 zugrunde.

6.1.7.4 Isolationsüberwachungseinrichtungen

Dieser Norm liegen die Kennwerte von Isolationsüberwachungseinrichtungen nach DIN 57 413 Teil 2/VDE 0413 Teil 2 zugrunde.

6.1.8 Spannungsbegrenzung bei Erdschluß eines Außenleiters [413.1.3.4]

In TN- und TT-Netzen soll der Gesamterdungswiderstand aller Betriebserder möglichst niedrig sein, um bei Erdschluß eines Außenleiters den Spannungsanstieg aller anderen Leiter, insbesondere des Schutz- bzw. PEN-Leiters im TN-Netz, gegen Erde zu begrenzen.

Ein Wert von 2 Ω gilt als ausreichend. Wenn bei Böden mit niedrigem Leitwert der Wert von 2 Ω nicht zu erreichen ist, muß folgende Bedingung erfüllt sein:

$$\frac{R_B}{R_E} \leq \frac{U_L}{U_0 - U_L}$$

darin ist:

R_B Gesamterdungswiderstand aller Betriebserder

R_E angenommener kleinster Erdübergangswiderstand der nicht mit einem Schutzleiter verbundenen fremden leitfähigen Teile, über die ein Erdschluß entstehen kann.

U_0 Nennspannung gegen geerdete Leiter

U_L Vereinbarte Grenze der dauernd zulässigen Berührungsspannung nach Abschnitt 6.1.1.4.

6.2 Schutzisolierung [413.2]

Schutz durch Verwendung von Betriebsmitteln der Schutzklasse II nach DIN 57 106 Teil 1/VDE 0106 Teil 1 oder von Betriebsmitteln mit gleichwertiger Isolierung.

Anmerkung: Durch diese Maßnahme soll das Auftreten gefährlicher Spannungen an den berührbaren Teilen elektrischer Betriebsmittel infolge eines Fehlers in der Basisisolierung vermieden werden.

[413.2.1]

6.2.1 Der Schutz muß durch eine der in den Abschnitten 6.2.1.1 bis 6.2.1.3 festgelegten Maßnahmen sichergestellt werden.

[413.2.1.1]

6.2.1.1 Verwendung elektrischer Betriebsmittel, die den einschlägigen Normen entsprechen und mit dem Symbol ⧈ nach DIN 30 600 Reg.-Nr. 1545 (siehe auch DIN 40 100 Teil 8) gekennzeichnet sind (Betriebsmittel der Schutzklasse II nach DIN 57 106 Teil 1/VDE 0106 Teil 1).

Anmerkung: Leitung und Kabel, z.B. nach VDE 0250, VDE 0271, DIN 57 272/VDE 0272, Normen der Reihe DIN 57 281/VDE 0281, Normen der Reihe DIN 57 282/VDE 0282, gelten als schutzisoliert, wenn sie in den entsprechenden Normen so bezeichnet sind. Sie sind jedoch nicht mit dem Symbol ⧈ gekennzeichnet.

[413.2.1.2]

6.2.1.2 Anbringung einer zusätzlichen Isolierung an elektrischen Betriebsmitteln, die nur eine Basisisolierung haben.

Bei der Errichtung einer elektrischen Anlage kann an elektrischen Betriebsmitteln, die nur eine Basisisolierung haben, eine zusätzliche Isolierung angebracht werden, durch die ein Maß an Sicherheit erreicht wird, das dem elektrischen Betriebsmittel nach Abschnitt 6.2.1.1 gleichwertig ist und das den Anforderungen nach den Abschnitten 6.2.2 bis 6.2.6 genügt.

[413.2.1.3]

6.2.1.3 Anbringung einer verstärkten Isolierung an nicht isolierten aktiven Teilen.

Bei der Errichtung einer elektrischen Anlage kann an elektrischen Betriebsmitteln, die zunächst ohne Isolierung sind, eine verstärkte Isolierung angebracht werden, durch die ein Maß an Sicherheit erreicht wird, das dem elektrischen Betriebsmittel nach Abschnitt 6.2.1.1 gleichwertig ist und das den Anforderungen nach den Abschnitten 6.2.2 bis 6.2.6 genügt. Diese Form der Isolierung ist nur zulässig, wenn die Konstruktionsmerkmale die Anbringung einer zusätzlichen Isolierung nach Abschnitt 6.2.1.2 ausschließen.

[413.2.2]

6.2.2 Alle leitfähigen Teile eines Betriebsmittels, die von aktiven Teilen nur durch eine Basisisolierung getrennt sind, müssen von einer isolierenden Umhüllung mindestens in Schutzart IP 2X nach DIN 40 050 umschlossen sein.

[413.2.3]

6.2.3 Die Isolierstoffumhüllung muß den mechanischen, elektrischen und thermischen Beanspruchungen standhalten, die üblicherweise auftreten können.

Überzüge aus Farbe, Lack und dergleichen genügen in der Regel diesen Anforderungen nicht, es sei denn bei typgeprüften Umhüllungen, wenn die entsprechenden Normen ihren Gebrauch zulassen und wenn die Überzüge nach den entsprechenden Prüfbestimmungen geprüft sind.

[413.2.4]

6.2.4 Wenn die Isolierstoffumhüllung nicht vorher geprüft wurde und Zweifel an ihrer Wirksamkeit bestehen, ist eine geeignete Prüfung durchzuführen.

Anmerkung: Bis zur Annahme einer harmonisierten Prüfbestimmung kann wie folgt verfahren werden:
Betriebsmittel, deren Nennspannung 500 V Wechselspannung nicht überschreitet, müssen nach Installation und Anschluß während einer Minute einer Prüfspannung von 4000 V zwischen den aktiven Teilen und den äußeren Metallteilen, beispielsweise ihren Befestigungsteilen, ohne Überschlag oder Durchschlag standhalten.
Die Frequenz der Prüfspannung muß der Betriebsfrequenz entsprechen.
Diese Spannungsprüfung ist möglichst unmittelbar nach einer evtl. erforderlichen Prüfung zum Nachweis des Wasserschutzes durchzuführen.

[413.2.5]

6.2.5 Durch die Isolierstoffumhüllung dürfen keine leitfähigen Teile geführt werden, durch die Spannungen verschleppt werden können.

Anmerkung: Wenn mechanische Verbindungen oder Anschlüsse, (z. B. für die Bedienungsgriffe eingebauter Geräte, durch die Isolierstoffumhüllung geführt werden müssen, sind sie so anzuordnen, daß der Schutz bei indirektem Berühren nicht beeinträchtigt wird.

[413.2.6]

6.2.6 Wenn Deckel oder Türen in der Isolierstoffumhüllung ohne Werkzeug oder Schlüssel geöffnet werden können, müssen alle leitfähigen Teile, die bei geöffnetem Deckel oder geöffneter Tür berührbar sind, hinter einer Isolierstoffabdeckung mindestens in Schutzart IP 2X nach DIN 40 050 angeordnet sein.

Diese Abdeckung darf nur mit Werkzeug abnehmbar sein.

6.2.7 Wenn hinter Abdeckungen oder Umhüllungen Betriebsmittel so angeordnet sind, daß sich Betätigungselemente in der Nähe berührungsgefährlicher Teile befinden, ist DIN 57 106 Teil 100/VDE 0106 Teil 100 zu beachten.

[413.2.7]

6.2.8 Leitfähige Teile innerhalb der Umhüllung dürfen nicht an einen Schutzleiter angeschlossen werden, wenn dies nicht in den Normen für die betreffenden Betriebsmittel ausdrücklich vorgesehen ist.

Dies schließt jedoch nicht aus, daß Anschlußmöglichkeiten für Schutzleiter vorgesehen sind, die zwangsläufig durch die Umhüllung durchgeschleift werden, weil sie für andere Betriebsmittel benötigt werden, deren Stromkreis ebenfalls durch die Umhüllung führt. Innerhalb der Umhüllung müssen solche Leiter und ihre Anschlußklemmen wie aktive Teile isoliert werden. Ihre Anschlußklemmen sind entsprechend zu kennzeichnen.

Enthält die Anschlußleitung eines Betriebsmittels einen Schutzleiter, so muß dieser im Stecker angeschlossen werden, während im Betriebsmittel kein Anschluß erfolgen darf.

Anmerkung: Werden leitfähige Teile innerhalb der Umhüllung an einen Schutzleiter angeschlossen, so gilt das Betriebsmittel nicht mehr als ein Betriebsmittel der Schutzklasse II. Die Symbole ⧈ nach DIN 30 600 Reg.-Nr. 154 (siehe auch DIN 40 100 Teil 8) sind unkenntlich zu machen, z. B. durch Entfernen oder Überkleben. Leitfähige Teile innerhalb der Umhüllung gelten als Körper und sind in eine Schutzmaßnahme, z. B. nach Abschnitt 6.1, einzubeziehen. Die Anschlußstelle ist mit dem Symbol ⏚ nach DIN 30 600 Reg.-Nr. 1545 (siehe auch DIN 40 100 Teil 3) zu kennzeichnen.

[413.2.8]

6.2.9 Die Umhüllung darf den Betrieb der durch sie geschützten Betriebsmittel nicht nachteilig beeinträchtigen.

[413.2.9]

6.2.10 Das Befestigen von Betriebsmitteln der Schutzklasse II nach DIN 57 106 Teil 1/VDE 0106 Teil 1 und das Anschließen von Leitern innerhalb dieser Betriebsmittel muß so erfolgen, daß der in der Gerätenorm festgelegte Schutz nicht beeinträchtigt wird.

6.3 Schutz durch nichtleitende Räume [413.3]

Anmerkung: Durch diese Schutzmaßnahme wird ein gleichzeitiges Berühren von Teilen vermieden, die aufgrund des Versagens der Basisisolierung aktiver Teile unterschiedliches Potential haben können.

[413.3.1]

6.3.1 Die Körper müssen so angeordnet sein, daß es unter normalen Umständen ausgeschlossen ist, daß Personen gleichzeitig in Berührung kommen mit

- zwei Körpern oder
- einem Körper und einem fremden leitfähigen Teil.

6.3.2 In einem nichtleitenden Raum darf an festeingebauten Betriebsmitteln der Schutzklasse I und an Steckdosen ein Schutzleiter nicht angeschlossen werden. Betriebsmittel der Schutzklasse I dürfen jedoch verwendet werden, wenn

a) ein ausreichender Abstand sowohl zwischen Körpern und fremden leitfähigen Teilen als auch zwischen Körpern besteht. Der Abstand gilt als ausreichend, wenn die Entfernung zwischen zwei Teilen mindestens 2,50 m beträgt; sie kann außerhalb des Handbereichs auf 1,25 m herabgesetzt werden,

b) wirksame Hindernisse zwischen Körpern und zwischen Körpern und fremden leitfähigen Teilen angebracht werden. Hindernisse gelten als hinreichend wirksam, wenn sie die überbrückbare Entfernung auf die in Aufzählung a) genannten Werte vergrößern. Sie dürfen nicht mit geerdeten Teilen oder mit Körpern verbunden werden; nach Möglichkeit sollen sie aus Isolierstoff bestehen,

c) fremde leitfähige Teile isoliert oder isoliert angeordnet werden. Die Isolierung muß ausreichende mechanische Festigkeit haben und einer Prüfspannung von mindestens 2000 V Wechselspannung standhalten. Hierbei darf der Ableitstrom unter normalen Betriebsbedingungen 1 mA nicht überschreiten.

[413.3.4]

6.3.3 Der Widerstand von isolierenden Fußböden und isolierenden Wänden darf an keiner Stelle die folgenden Werte unterschreiten:

- 50 kΩ, wenn die Nennspannung 500 V Wechselspannung oder 750 V Gleichspannung nicht überschreitet,
- 100 kΩ, wenn die Nennspannung 500 V Wechselspannung oder 750 V Gleichspannung überschreitet.

Anmerkung 1: Die Messung kann bis zum Ersatz durch ein Teil von DIN 57 100/VDE 0100 nach VDE 0100/05.73, § 24 erfolgen.

Anmerkung 2: Wenn der Widerstand an einer Stelle unter dem festgelegten Wert liegt, gelten die Böden und Wände im Sinne des Berührungsschutzes als fremde leitfähige Teile.

[413.3.5]

6.3.4 Die getroffenen Maßnahmen müssen dauerhaft sein und dürfen nicht unwirksam gemacht werden können. Der Schutz muß auch für den Fall sichergestellt sein, daß die Verwendung ortsveränderlicher Betriebsmittel beabsichtigt ist.

Anmerkung 1: Es wird auf die Gefahr hingewiesen, daß in Fällen, in denen die elektrischen Anlagen nicht unter wirksamer Kontrolle stehen, unter Umständen zu einem späteren Zeitpunkt leitfähige Teile in die Anlage eingeführt werden (z. B. ortsveränderliche Betriebsmittel der Schutzklasse I, die außerhalb des nichtleitenden Raumes angeschlossen sind, oder Wasserrohre aus Metall) und daß dadurch die Maßnahmen nach Abschnitt 6.3.4 unwirksam werden können.

Anmerkung 2: Es ist wichtig, sicherzustellen, daß die Isolierung von Böden und Wänden nicht durch Feuchtigkeit beeinträchtigt werden kann.

[413.3.6]

6.3.5 Es müssen Vorkehrungen getroffen werden, um sicherzustellen, daß durch fremde leitfähige Teile keine Spannungen aus dem betreffenden Raum verschleppt werden können.

[413.4]

6.4 Schutz durch erdfreien, örtlichen Potentialausgleich

Anmerkung: Ein erdfreier, örtlicher Potentialausgleich verhindert das Auftreten einer gefährlichen Berührungsspannung.

[413.4.1]

6.4.1 Alle gleichzeitig berührbaren Körper und fremde leitfähige Teile müssen durch Potentialausgleichsleiter nach DIN 57 100 Teil 540/VDE 0100 Teil 540 miteinander verbunden werden.

[413.4.2]

6.4.2 Das örtliche Potentialausgleichssystem darf weder über Körper noch über fremde leitfähige Teile mit Erde verbunden sein.

Anmerkung: In Fällen, in denen diese Anforderung nicht erfüllt werden kann, kann Schutz durch automatische Abschaltung angewendet werden (siehe Abschnitt 6.1).

[413.4.3]

6.4.3 Es müssen Maßnahmen getroffen werden, um sicherzustellen, daß Personen beim Betreten eines erdpotentialfreien Raumes keiner gefährlichen Berührungsspannung ausgesetzt werden, besonders dann, wenn ein gegen Erdpotential isolierter, leitfähiger Fußboden mit dem Potentialausgleich verbunden ist.

6.5 Schutztrennung [413.5]

Anmerkung: Durch Schutztrennung eines einzelnen Stromkreises werden Gefahren beim Berühren von Körpern vermieden, die durch einen Fehler in der Basisisolierung des Stromkreises Spannung annehmen können.

[413.5.1]

6.5.1 Für die Schutztrennung müssen alle Festlegungen der Abschnitte 6.5.1.1 bis 6.5.1.6 sowie von

- Abschnitt 6.5.2 beim Anschluß nur eines Gerätes bzw.
- Abschnitt 6.5.3 beim Anschluß mehrerer Geräte

eingehalten werden.

Anmerkung: Das Produkt aus Spannung in V und Leitungslänge in m sollte den Wert 100 000 nicht überschreiten, wobei die Leitungslänge nicht größer als 500 m sein sollte.

[413.5.1.1]

6.5.1.1 Zur Versorgung muß verwendet werden:

- ein Trenntransformator nach VDE 0550 Teil 3 oder DIN 57 551 Teil 21/VDE 0551 Teil 21 (zur Zeit Entwurf), DIN 57 551 Teil 22/VDE 0551 Teil 22 (zur Zeit Entwurf), DIN IEC 14D(CO)7/VDE 0551 Teil 100 (zur Zeit Entwurf).
- ein Motorgenerator mit entsprechend isolierten Wicklungen nach VDE 0530 Teil 1, oder
- eine andere Stromversorgung, die eine gleichwertige Sicherheit bietet.

Ortsveränderliche Trenntransformatoren müssen schutzisoliert sein nach Abschnitt 6.2.

Ortsfeste Trenntransformatoren, Motorgeneratoren oder gleichwertige Stromversorgungen müssen entweder

- nach Abschnitt 6.2 schutzisoliert sein

  oder

- so beschaffen sein, daß der Ausgang sowohl vom Eingang als auch von leitfähigen Gehäusen durch eine Isolierung getrennt ist, die den Bedingungen nach Abschnitt 6.2 (Schutzisolierung) genügt; wenn eine solche Stromquelle mehrere Betriebsmittel speist (siehe Abschnitt 6.5.3), so dürfen Körper dieser Betriebsmittel nicht mit der Metallumhüllung der Stromquelle verbunden werden.

[413.5.1.3]

6.5.1.2 Die aktiven Teile des Sekundärstromkreises dürfen weder mit einem anderen Stromkreis noch mit Erde verbunden werden.

Um die Gefahr eines Erdschlusses zu vermeiden, muß besonders auf die Isolierung aktiver Teile geachtet werden, vor allem bei beweglichen Leitungen.

Die aktiven Teile des Sekundärstromkreises müssen von anderen Stromkreisen elektrisch sicher getrennt sein. Die Anordnung muß eine elektrische Trennung gewährleisten, die derjenigen zwischen Primär- und Sekundärseite eines Trenntransformators nach Abschnitt 6.5.1.1 mindestens gleichwertig ist.

Anmerkung: Diese elektrische Trennung ist insbesondere notwendig zwischen den aktiven Teilen innerhalb elektrischer Betriebsmittel, wie Relais, Schütze, Hilfsschalter, wenn aktive Teile auch mit anderen Stromkreisen verbunden sind.

[413.5.1.4]

6.5.1.3 Bewegliche Leitungen müssen an allen Stellen, an denen sie mechanischen Beanspruchungen ausgesetzt sind, sichtbar sein.

Es sind Gummischlauchleitungen, mindestens vom Typ H07RN-F bzw. A07RN-F nach DIN 57 282 Teil 810/VDE 0282 Teil 810 zu verwenden.

[413.5.1.5]

6.5.1.4 Es wird empfohlen, Stromkreise mit Schutztrennung getrennt von anderen Stromkreisen zu verlegen.

Falls eine gemeinsame Verlegung nicht zu vermeiden ist, müssen mehradrige Kabel oder Leitungen ohne Metallmantel oder isolierte Leiter in Isolierstoffrohren verwendet werden.

Ihre Nennspannung muß mindestens der höchsten vorkommenden Betriebsspannung entsprechen.

Jeder dieser Stromkreise muß gegen die Auswirkungen von Überstrom geschützt sein.

[413.5.1.6]

6.5.1.5 Die Körper des Stromkreises mit Schutztrennung dürfen absichtlich weder mit Erde noch mit dem Schutzleiter oder Körpern anderer Stromkreise verbunden werden.

Anmerkung: Wenn in Stromkreisen mit Schutztrennung, deren Körper entweder zufällig oder absichtlich mit Körpern anderer Stromkreise in Berührung kommen, hängt der Schutz gegen zu hohe Berührungsspannung nicht mehr allein von der Schutzmaßnahme Schutztrennung ab, sondern auch von der Schutzmaßnahme, in die die letztgenannten Körper einbezogen sind.

6.5.2 Wenn die Schutzmaßnahme Schutztrennung im Hinblick auf eine besondere Gefährdung allein oder neben anderen Schutzmaßnahmen zwingend vorgeschrieben ist, darf an die Stromquelle nach Abschnitt 6.5.1.1 nur **ein** einzelnes Verbrauchsmittel angeschlossen werden.

6.5.2.1 Der Körper des Verbrauchsmittels darf nicht an einen Schutzleiter angeschlossen werden.

6.5.2.2 Wenn der Standort des Benutzers metallisch leitend ist, z. B. in Kesseln, auf Stahlgerüsten, ist der Körper des zu schützenden Verbrauchsmittels mit dem Standort durch einen besonderen Leiter zu verbinden, dessen Querschnitt nach DIN 57 100 Teil 540/VDE 0100 Teil 540 zu bemessen ist. Dieser Leiter muß außerhalb der Zuleitung sichtbar verlegt werden. Im übrigen siehe DIN 57 100 Teil 706/VDE 0100 Teil 706.

[413.5.3]

6.5.3 Wenn alle Festlegungen der Abschnitte 6.5.3.1 bis 6.5.3.4 erfüllt sind, darf ein Trenntransformator, ein Motorgenerator oder eine gleichwertige Stromversorgung nach Abschnitt 6.5.1.1 mehr als ein Verbrauchsmittel speisen.

[413.5.3.1]

6.5.3.1 Körper müssen untereinander durch ungeerdete isolierte Potentialausgleichsleiter verbunden werden. Solche Leiter dürfen nicht mit den Schutzleitern oder Körpern von Stromkreisen mit anderen Schutzmaßnahmen oder mit fremden, leitfähigen Teilen verbunden werden.

Anmerkung: Dies schließt die Verwendung von schutzisolierten Betriebsmitteln nicht aus.

[413.5.3.2]

6.5.3.2 Es sind Steckdosen mit Schutzkontakt zu verwenden. Die Schutzkontakte sind mit dem Potentialausgleichsleiter nach Abschnitt 6.5.3.1 zu verbinden.

[413.5.3.3]

6.5.3.3 Alle beweglichen Leitungen, ausgenommen Anschlußleitungen an schutzisolierten Betriebsmitteln, müssen einen Schutzleiter enthalten, der als Potentialausgleichsleiter zu verwenden ist.

[413.5.3.4]

6.5.3.4 Es ist sicherzustellen, daß bei Auftreten von zwei Fehlern mit vernachlässigbarer Impedanz zwischen verschiedenen Außenleitern und dem Potentialausgleichsleiter oder damit verbundenen Körpern eine automatische Abschaltung mindestens eines Fehlers innerhalb der in Abschnitt 6.1.3.3 angegebenen Zeit erfolgt.

In Mehrleiternetzen ohne Mittelleiter ist U_0 durch die Spannung zwischen den Außenleitern zu ersetzen.

7 Verwendung von Fehlerspannungs-Schutzeinrichtungen

Bei Verwendung von Fehlerspannungs-Schutzeinrichtungen sind die in den Abschnitten 7.1. bis 7.6 angegebenen Bedingungen zu erfüllen.

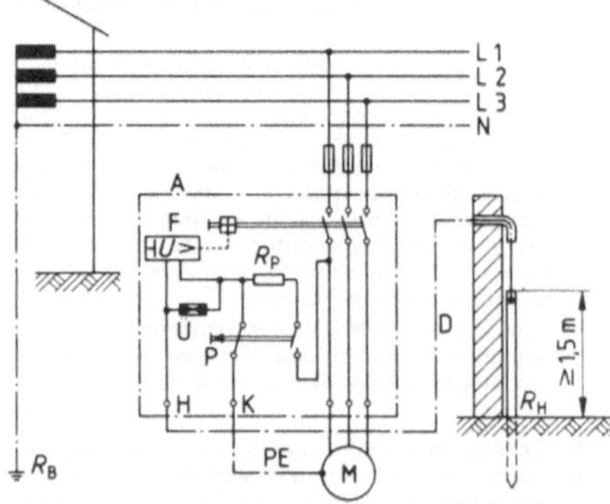

A Schutzeinrichtung
D isolierter Hilfserdungsleiter
F Fehlerspannungsspule
H Hilfserdungsleiteranschluß
K Schutzleiteranschluß
P Prüfeinrichtung
PE Schutzleiter
R_B Betriebserdung
R_H Hilfserder
R_P Prüfwiderstand
Ü Überspannungsableiter

Bild 1. Schaltung der Fehlerspannungs-Schutzeinrichtung

7.1 Die Fehlerspannungsspule ist wie ein Spannungsmesser anzuschließen, so daß sie die zwischen dem zu schützenden Anlagenteil und dem Hilfserder auftretende Spannung überwacht.

7.2 Der Hilfserdungsleiter muß gegen den Schutzleiter und gegen das Gehäuse des zu schützenden Betriebsmittels und gegen metallene Gebäude- und Konstruktionsteile, die mit dem Betriebsmittel in leitender Verbindung stehen, so isoliert verlegt werden, daß die Fehlerspannungsspule nicht überbrückt wird. Um Zufallsüberbrückungen der Fehlerspannungsspule zu vermeiden, ist als Hilfserdungsleiter ein isolierter Leiter zu verwenden.

7.3 Der Schutzleiter darf nur mit den Körpern solcher elektrischen Betriebsmittel in Verbindung kommen, deren Zuleitungen im Fehlerfall durch die Schutzeinrichtung abgeschaltet werden; anderenfalls ist auch der Schutzleiter isoliert zu verlegen.

7.4 Werden mehrere Betriebsmittel an **eine** Fehlerspannungs-Schutzeinrichtung angeschlossen und ist eines dieser Betriebsmittel mit einem Erder verbunden, dessen Erdungswiderstand kleiner als 5 Ω ist, dann muß der Querschnitt jedes Schutzleiters mindestens gleich dem halben Außenleiterquerschnitt desjenigen Betriebsmittels sein, das am höchsten abgesichert ist.

7.5 Als Hilfserder muß ein besonderer Erder verwendet werden, der nicht im Spannungsbereich anderer Erder liegen darf. Er muß daher einen Abstand von mindestens 10 m von anderen Erdern haben.

7.6 Es dürfen nur Fehlerspannungs-Schutzeinrichtungen verwendet werden, die alle Außenleiter und bei Vorhandensein eines Neutralleiters auch diesen gleichzeitig abschalten.

8 Ausnahmen

8.1 Schutzmaßnahmen gegen direktes Berühren

Bei Schweißeinrichtungen, Glüh- und Schmelzöfen sowie elektrochemischen Anlagen, z. B. für Elektrolyse, kann von einem Berührungsschutz abgesehen werden, wenn dieser technisch und aus Betriebsgründen nicht durchführbar ist. In diesen Fällen sind andere Maßnahmen zu treffen, z. B. isolierender Standort, isolierende Fußbekleidung, isoliertes Werkzeug. Darüber hinaus sind Warnschilder anzubringen.

8.2 Schutzmaßnahmen bei indirektem Berühren

Schutzmaßnahmen bei indirektem Berühren werden nicht gefordert in Anlagen und bei Betriebsmitteln mit

a) Spannungen bis 250 V gegen Erde für Betriebsmittel der öffentlichen Stromversorgung zur Messung elektrischer Arbeit und Leistung, z. B. Elektrizitätszähler, Tarifschaltgeräte, die in regelmäßigen Fristen von Prüfstellen überprüft werden.

Anmerkung: Für diese Betriebsmittel wird jedoch die Schutzisolierung empfohlen.

[471.2.2]

b) Wechselspannungen bis 1000 V und Gleichspannungen bis 1500 V für
   - Metallrohre mit isolierenden Auskleidungen, Metallrohre zum Schutz von Mehraderleitungen oder Kabeln, Metallumhüllungen oder Metallmäntel von Leitungen sowie Bewehrungen von Leitungen oder Kabeln, Metallmäntel von Kabeln, sofern die Kabel nicht im Erdreich verlegt sind.
   - Stahl- und Stahlbetonmaste in Verteilungsnetzen.
   - Dachständer und mit diesen leitend verbundene Metallteile in Verteilungsnetzen.

c) Körper von Betriebsmitteln die so klein (Maße etwa 50 mm x 50 mm) oder so angebracht sind, daß sie nicht umgriffen werden oder in nennenswerten Kontakt mit Teilen des menschlichen Körpers kommen können, vorausgesetzt, daß der Anschluß eines Schutzleiters nur unter Schwierigkeiten möglich ist oder unzuverlässig wäre.

Anmerkung: Hierunter fallen z. B. Schrauben, Bolzen, Nieten, Schilder und Kabelschellen.

Zitierte Normen

In diesem Sonderdruck nicht wiedergegeben

Frühere Ausgaben

In diesem Sonderdruck nicht wiedergegeben

Änderungen

In diesem Sonderdruck nicht wiedergegeben

Erläuterungen

Diese Norm wurde ausgearbeitet vom Komitee 221 „Errichten von Starkstromanlagen bis 1000 V" der Deutschen Elektrotechnischen Kommission im DIN und VDE (DKE).

Der Inhalt dieser Norm ist der Öffentlichkeit in verschiedenen Entwürfen[3]) zur Stellungnahme vorgelegt worden. Die Entwürfe beruhten zum größten Teil auf CENELCOM-, CENELEC- und IEC-Dokumenten. Soweit durchsetzbar, sind die zu den Entwürfen eingegangenen nationalen Einsprüche bei den nachfolgenden internationalen Beratungen berücksichtigt worden. Diese Einspruchsberatungen führten zum CENELEC-Harmonisierungsdokument HD 384.4.41 vom Februar 1980, das durch die vorliegende Norm inhaltlich in die nationalen Bestimmungen übernommen wird.

1 Allgemeines

Die wesentliche konzeptionelle Änderung in dieser Norm gegenüber den bisher geltenden Bestimmungen ist die Forderung, daß Schutzmaßnahmen gegen direktes Berühren und bei indirektem Berühren grundsätzlich immer anzuwenden sind, während bisher in Anlagen bis 65 V Schutzmaßnahmen bei indirektem Berühren entbehrlich waren. Die neue Forderung kann erfüllt werden entweder durch Anwendung der Schutzmaßnahmen „Schutz durch Schutzkleinspan-

3) VDE 0100d Entwurf 1967, VDE 0100n Entwurf 1972, VDE 0100o Entwurf 1973, VDE 0100c Entwurf 1976, VDE 0100 Teil 102 Entwurf 1978, VDE 0100 Teil 103 Entwurf 1978, DIN IEC 64(CO)79/VDE 0100 Teil 470 Entwurf August 1980, DIN 57 100 Teil 410/VDE 0100 Teil 410 Entwurf Januar 1982.

nung" nach Abschnitt 4.1 oder „Schutz durch Funktionskleinspannung" nach Abschnitt 4.3 oder durch Anwendung der auch für höhere Spannungen zugelassenen Schutzmaßnahmen gegen direktes Berühren nach Abschnitt 5 und bei indirektem Berühren nach Abschnitt 6. Eine Kombination der Schutzmaßnahmen nach den Abschnitten 5 und 6 führt in der Regel jedoch zu schärferen Bedingungen als die Anwendung der Schutzmaßnahmen nach den Abschnitten 4.1 und 4.3.

In DIN 57 100 Teil 410/VDE 0100 Teil 410 sind nur die Schutzmaßnahmen als solche beschrieben, ihre allgemeine Anwendung, sowie die Ausnahmen, bei denen auf Schutzmaßnahmen ganz verzichtet werden kann. Die Anwendung von Schutzmaßnahmen in besonderen Fällen, teils mit verschärfenden Zusatzbestimmungen (z. B. in landwirtschaftlichen Betriebsstätten), teils mit erleichternden Zusatzbestimmungen (z. B. in abgeschlossenen elektrischen Betriebsstätten), wird im einzelnen in der Gruppe 700 der Normen der Reihe DIN 57 100/VDE 0100 geregelt (siehe hierzu auch Beiblatt 2 zu DIN 57 100/VDE 0100 und Beiblatt 3 zu DIN 57 100/VDE 0100).

Die dauernd zulässige Berührungsspannung im Fehlerfall wurde von 65 V in 50 V Wechselspannung und 120 V Gleichspannung, die Nennspannung, bei der unter bestimmten Bedingungen Schutz gegen direktes Berühren entbehrlich ist, von 42 V in 25 V Wechselspannung und 60 V Gleichspannung geändert. Die Unterschiede zwischen Wechselspannung und Gleichspannung beruhen auf unterschiedlichen Werten für den sogenannten Loslaßstrom, d. h. den Stromwert, bei dem noch keine nachhaltige Muskelverkrampfung auftritt. Obwohl auch 50 V Wechselspannung und 120 V Gleichspannung noch unterhalb der als gefährlich eingestuften Spannungsgrenze liegen, wurden die zulässigen Höchstwerte für nicht gegen direktes Berühren geschützte Teile halbiert, damit in diesem Fall auch Durchströmungen, die zwar nicht gefährlich sind, aber doch als unangenehm empfunden werden, weitgehend vermieden werden. Andererseits treten die für den Fehlerfall zugelassenen Werte nur im gestörten Betrieb und dann auch immer nur solange auf, bis der Fehler beseitigt ist, auch wenn hierfür eine Zeitbegrenzung nicht vorgegeben ist (siehe Abschnitte 6.1.1.3 und 6.1.1.4).

2 Schutzkleinspannung und Funktionskleinspannung

Die Schutzmaßnahme „Schutz durch Schutzkleinspannung" ist im wesentlichen vorgesehen für Anwendungsfälle, bei denen im Hinblick auf die Umgebungsbedingungen oder die Art der Tätigkeit eine besonders hohe Gefährdung auftreten kann, sowie für Anwendungsfälle, bei denen aus funktionellen Gründen ein Schutz gegen direktes Berühren nicht möglich ist, aber trotzdem ein Höchstmaß an Sicherheit gewährleistet sein soll, z. B. bei Kinderspielzeug.

Bei der neu eingeführten Schutzmaßnahme „Schutz durch Funktionskleinspannung" wird unterschieden zwischen „Funktionskleinspannung mit sicherer Trennung" und „Funktionskleinspannung ohne sichere Trennung". Die „Funktionskleinspannung mit sicherer Trennung" ist im wesentlichen identisch mit der in anderen Bestimmungen beschriebenen oder erwähnten „Sicherheitskleinspannung".

Von praktischer Bedeutung wird in der Zukunft vornehmlich die „Funktionskleinspannung mit sicherer Trennung" sein, da es in diesem Fall im Prinzip wirtschaftlicher ist, die Sicherheit durch die Konstruktion der Betriebsmittel als durch Maßnahmen bei der Errichtung zu gewährleisten. Das setzt allerdings voraus, daß möglichst einheitliche Bestimmungen für diese Betriebsmittel erarbeitet werden und auch eine entsprechende Kennzeichnung vorgeschrieben wird. Es wird besonders darauf hingewiesen, daß hiervon nicht nur die Stromquellen betroffen sind – für die es im übrigen auch noch keine einheitlichen Bestimmungen gibt –, sondern auch viele andere Betriebsmittel, in denen Stromkreise mit Funktionskleinspannung und solche mit höheren Spannungen und anderen Schutzmaßnahmen in Berührung kommen können, z. B. Relais, Schütze, Betriebsmittel der Meß- und Regelungstechnik.

Daß die Gültigkeit von Abschnitt 4.1.5.2 vorerst teilweise ausgesetzt wurde (siehe Beginn der Gültigkeit), bedeutet nicht, daß die darin enthaltene Forderung nun völlig außer acht gelassen werden darf. Bis zur Erarbeitung entsprechender Geräte-Bestimmungen hat vielmehr der Hersteller oder der Anwender in eigener Verantwortung zu entscheiden, ob eine ausreichend sichere Trennung als gegeben angesehen werden kann. Wenn hinsichtlich dieses Punktes Bedenken bleiben, können, sofern nicht Schutzkleinspannung vorgeschrieben ist, die schärferen Bestimmungen für „Funktionskleinspannung ohne sichere Trennung" angewendet werden. Der Anschluß an den Schutzleiter des Netzes höherer Spannung wird im allgemeinen keine unüberwindlichen Schwierigkeiten bereiten. Weniger praxisnah erscheint hingegen die Möglichkeit, im Zuge der Errichtung die Isolationsfähigkeit nichtleitfähiger Teile zu erhöhen, wie in Abschnitt 4.3.3.1 vorgesehen. In der Regel wird man dann wohl besser auf Betriebsmittel zurückgreifen, die für eine höhere Spannung vorgesehen sind und damit von sich aus der geforderten Prüfspannung von 1500 V genügen.

3 Schutz gegen direktes Berühren

Unter die Maßnahme nach Abschnitt 5.1 – Schutz durch Isolierung aktiver Teile – fallen z. B. die meisten Hausgeräte sowie Kabel und Leitungen, unter die Maßnahmen nach Abschnitt 5.2 z. B. größere Werkzeugmaschinen, Schaltanlagen und Verteilungen. In beiden Abschnitten sind nur Mindestanforderungen beschrieben, die in der Regel in den entsprechenden Gerätevorschriften noch ergänzt werden müssen. Das gilt insbesondere für die Bestimmungen in Abschnitt 5.2.1.

Die Schutzmaßnahmen nach den Abschnitten 5.3 und 5.4 gewähren nur einen teilweisen Schutz gegen direktes Berühren und sind deshalb nur unter besonderen Bedingungen, z. B. in abgeschlossenen elektrischen Betriebsstätten, anwendbar. Ergänzende Bestimmungen hierzu enthält DIN 57 106 Teil 100/VDE 0106 Teil 100.

Mit Abschnitt 5.5 wird der Tatsache Rechnung getragen, daß Fehlerstrom-Schutzeinrichtungen mit Nennfehlerströmen $I_{\Delta n} \leq 30$ mA bei direktem, einpoligen Berühren einen gewissen zusätzlichen Schutz geben können. Das gilt bedingt auch in IT-Netzen oder bei Anwendung der Schutzmaßnahme „Schutztrennung", weil entweder bei hinreichend hohen Körperströmen, d. h. relativ niedrigem Netzwiderstand gegen Erde (Nullimpedanz), eine Abschaltung eintritt, oder bei hoher Nullimpedanz der Körperstrom auf Werte begrenzt wird, die normalerweise noch nicht gefährlich sind. Auf die Notwendigkeit, trotzdem Schutzmaßnahmen gegen direktes Berühren nach den Abschnitten 5.1 bis 5.4 anzuwenden, wird im zweiten Absatz hingewiesen.

Das in VDE 0100 n/Entwurf 1972, Abschnitt 6.6.3, noch enthaltene Verbot, Fehlerstrom-Schutzeinrichtungen ohne Anschluß der Körper an einen Schutzleiter zu verwenden, ist hier aus Gründen der Systematik entfallen. Für den zusätzlichen Schutz bei direktem Berühren ist diese Verbindung nicht erforderlich, im Zusammenhang mit den Schutzmaßnahmen bei indirektem Berühren mit Abschaltung im Fehlerfall (siehe Abschnitt 6.1) wird der Anschluß der Körper an den Schutzleiter zwingend gefordert. Daher gelten alte Anlagen ohne mitgeführten Schutzleiter nach wie vor als Anlagen ohne Schutz bei indirektem Berühren, selbst wenn in diesen nachträglich Fehlerstrom-Schutzschalter installiert wurden.

4 Schutz bei indirektem Berühren

Abschnitt 6.1 ersetzt die bisherigen §§ 9 bis 13 in VDE 0100/05.73. Die Konzeption wurde völlig geändert. Es wird von den drei typischen Netzformen nach DIN 57 100 Teil 310/VDE 0100 Teil 310 ausgegangen, und es wird gefordert, daß die Schutzorgane so ausgewählt werden müssen, daß unter bestimmten Bedingungen ein Fehler innerhalb vorgegebener Zeit abgeschaltet wird.

Dabei kann man in erster Näherung gleichsetzen

- Schutzmaßnahmen mit Überstrom-Schutzeinrichtungen im TN-Netz mit Nullung nach § 10 und Schutzerdung nach § 9b) 2.
  von VDE 0100/05.73.
- Schutzmaßnahmen mit Überstrom-Schutzeinrichtungen im TT-Netz mit Schutzerdung nach § 9 b)1. von VDE 0100/05.73.
- Schutzmaßnahmen mit Fehlerstrom-Schutzeinrichtungen im TT-Netz mit Fehlerstrom-Schutzschaltung nach § 13 von VDE 0100/05.73.
- Schutzmaßnahmen im IT-Netz mit Schutzleitungssystem nach § 11 und Schutzerdung nach § 9b)1 von VDE 0100/05.73.

Die Fehlerspannungs-Schutzschaltung ist nur noch als Ausnahmefall erwähnt und wird in Abschnitt 7 gesondert beschrieben.

4.1 TN-Netz

Im TN-Netz mit Überstrom-Schutzeinrichtungen muß über den Schleifenwiderstand der Fehlerstrom und aus diesem und der Kennlinie der verwendeten Schutzeinrichtung die Abschaltzeit ermittelt werden. Zur Erleichterung für den Projekteur sind Tabellen in Vorbereitung, aus denen in Abhängigkeit von Leiterquerschnitt und verwendetem Schutzeinrichtung die maximal zulässige Länge des Stromkreises abgelesen werden kann.

Die unterschiedlichen Abschaltzeiten für Stromkreise mit Steckdosen und solche ohne Steckdosen finden ihre Begründung darin, daß zum einen die Beanspruchung und damit die Fehlerhäufigkeit von Betriebsmitteln, die über Steckdosen angeschlossen werden, allgemein höher ist, zum anderen diese Betriebsmittel häufig mit der Hand umfaßt werden, so daß im Fehlerfall ein Unterbrechen des Körperstromes durch Loslassen oft nicht mehr möglich ist. Die Abschaltzeiten für Stromkreise mit Steckdosen sind im Geltungsbereich von CENELEC noch nicht harmonisiert, weil eine Einigung bisher nicht erzielt werden konnte. Das Komitee geht aber davon aus, daß sie sich nicht mehr wesentlich ändern werden.

Neu ist auch, daß bei Verwendung von Fehlerstrom-Schutzeinrichtungen in TN-Netzen der im Verteilungsnetz mitgeführte Schutz- bzw. PEN-Leiter als Erder verwendet werden darf.

Die Anforderungen an die Abschaltbedingungen im Verteilungsnetz konnten gegenüber VDE 0100/05.73 u.a. wegen des jetzt generell geforderten Hauptpotentialausgleichs entschärft werden. Damit soll die Anwendung der Kombination Überstrom-Schutzeinrichtung/Fehlerstrom-Schutzeinrichtung, die gewisse sicherheitstechnische Vorteile bietet, erleichtert werden.

Mit der Aufnahme einer allgemeingültigen Formel für den höchstzulässigen Widerstand des Betriebserders R_B in Abschnitt 6.1.3.3 wurde den unterschiedlichen Bodenverhältnissen Rechnung getragen. International sind Verteilungsnetze für die öffentliche Versorgung von den Bestimmungen vorerst ausgenommen.

Tabelle 10-1 aus VDE 0100/05.73 und alle Aussagen über Schutzleiter sind in DIN 57 100 Teil 540/VDE 0100 Teil 540 enthalten, VDE 0100/05.73 Bild 10-1 in abgewandelter Form im Anhang A dieser Norm.

Zu Abschnitt 6.1.3.5 hat das Komitee 221 die dort in der Anmerkung aufgeführte Auslegung getroffen.

4.2 TT-Netz

Die Formel in Abschnitt 6.1.4.2 für TT-Netze entspricht bei Verwendung von Fehlerstrom-Schutzeinrichtungen derjenigen in VDE 0100/05.73, § 13, und bei Verwendung von Überstromschutzeinrichtungen derjenigen in VDE 0100/05.73 § 9b)1. Anstelle der *k*-Faktoren nach VDE 0100/05.73 Tabelle 9-1 tritt die Abschaltzeit von 5 s. Bei einem Vergleich mit den Abschaltzeiten im TN-Netz ist zu beachten, daß diese auf der Annahme eines Kurzschlusses Außenleiter-Körper-Schutzleiter beruhen, während die Abschaltzeit im TT-Netz für einen widerstandsbehafteten Fehler festgelegt wurde, und zwar so, daß eine Abschaltung erfolgen muß, wenn die Spannung am Erdungswiderstand R_A den Wert von U_L, z. B. 50 V, überschreitet. Legt man auch hier den widerstandslosen Fehler zugrunde, so ist der Fehlerstrom z. B. in einem 220-V-Netz etwa 4mal so hoch, sofern der Widerstand der Betriebserde R_B klein gegenüber R_A ist. Die Abschaltzeit beträgt dann bei Verwendung von Überstrom-Schutzeinrichtungen ebenfalls etwa 0,2 s.

Wenn auch in der Regel R_B klein gegenüber R_A sein wird, so ist dieses jedoch keine Forderung. Es mußte daher auch der Fall berücksichtigt werden, daß bei widerstandslosem Fehler eine Abschaltung nicht erfolgt, z. B. bei $R_A < R_B$. Hierfür gelten die Bestimmungen in Abschnitt 6.1.4.1 betreffend eine Schutzeinrichtung im Neutralleiter. Durch sie soll verhindert werden, daß bei einem Fehler zwischen Mittelleiter und Körper an diesem eine zu hohe Berührungsspannung auftreten oder bestehen bleiben kann, wenn gleichzeitig ein Außenleiter entweder direkt, z. B. bei Erdschluß in einem Freileitungs-Verteilungsnetz oder indirekt, z. B. über einen zweiten Körperschluß, mit Erde in Verbindung kommt. Ein Vorschlag, in TT-Netzen nur Fehlerstrom-Schutzeinrichtungen zuzulassen, wodurch diese Zusatzbestimmungen überflüssig geworden wären, konnte sich international nicht durchsetzen.

Im Gegensatz zum TN-Netz wird im TT-Netz nicht zwischen Stromkreisen mit Steckdosen und anderen Stromkreisen unterschieden. Der Grund liegt darin, daß im TN-Netz Fehlerspannungen im fehlerbehafteten Stromkreis nicht oder nur in vernachlässigbarer Höhe auf Betriebsmittel in parallelen Stromkreisen übertragen werden, während im TT-Netz im Fehlerfall an allen, mit demselben Erder verbundenen Betriebsmitteln nahezu die gleiche Fehlerspannung auftritt und bis zum Abschalten des fehlerbehafteten Betriebsmittels bestehen bleibt.

Die Forderung, daß alle Körper, die durch eine Schutzeinrichtung gemeinsam geschützt sind, an einen gemeinsamen Erder angeschlossen werden müssen (Abschnitt 6.1.4.1, 1. Absatz), wurde deshalb aufgenommen, weil theoretisch nachgewiesen werden konnte, daß sich die Fehlerströme in zwei fehlerbehafteten Betriebsmitteln gegenseitig so kompensieren können, daß die Fehlerstrom-Schutzeinrichtung nicht anspricht. Wenn die Betriebsmittel jedoch an denselben Erder angeschlossen sind, kann damit gerechnet werden, daß in diesem Fall die Schutzeinrichtung gegen Überstrom oder Kurzschluß anspricht. Von praktischer Bedeutung ist diese Forderung in TT-Netzen nicht, wenn der Widerstand der Betriebserde R_B klein ist.

Die Forderung, daß gleichzeitig berührbare Körper an denselben Erder angeschlossen werden müssen (Abschnitt 6.1.4.1, 2. Absatz), erschien notwendig, weil theoretisch sich andernfalls die Spannungen von je 50 V an jedem Erder vektoriell zu einer Berührungsspannung von 86 V addieren können.

4.3 IT-Netz

Die Bestimmungen für IT-Netze weichen im Inhalt und Aufbau am meisten von dem analogen § 11 „Schutzleitungssystem" in VDE 0100/05.73 ab. Das hat seine Gründe in den unterschiedlichen Schutztechniken in den CENELEC-Mitgliedsländern. Während in Deutschland in IT-Netzen – ausgehend von den weit verbreiteten TN-Netzen – vorwiegend Überstrom-Schutzeinrichtungen eingesetzt werden, werden in Frankreich – ausgehend von den dort überwiegend installierten TT-Netzen – vorwiegend Fehlerstrom-Schutzeinrichtungen verwendet. Die Forderung nach Abschaltung im Doppelfehlerfall ist daher in Frankreich vergleichsweise leicht zu erfüllen und der Nachweis dafür auch unschwer zu erbringen; anders in Deutschland, wo deshalb der Doppelfehlerfall bisher direkt nicht behandelt wurde, sondern nur indirekt durch die Forderung nach einem umfassenden Potentialausgleich abgedeckt war.

Die neuen Bestimmungen stellen beide Möglichkeiten als gleichwertig nebeneinander, wobei wohl auch in Zukunft in Deutschland dem umfassenden Potentialausgleich – nunmehr „zusätzlicher Potentialausgleich" genannt – der Vorzug gegeben werden wird.

Wenn ein zusätzlicher Potentialausgleich nicht vorgesehen oder nicht möglich ist, muß die Einhaltung der Abschaltbedingungen im Doppelfehlerfall durch Rechnung oder Messung nachgewiesen werden (siehe z. B. Abschnitt 6.1.5.5). Theoretisch müßten hierzu alle Fehlerschleifen bei Auftreten von Fehlern in zwei beliebigen Betriebsmitteln herangezogen werden. Bei nur 10 Betriebsmitteln wären das schon 45 mögliche Fehlerkombinationen, bei 50 Betriebsmitteln 1 225. Damit eine Berechnung oder Prüfung überhaupt praktikabel ist, wird von einer Impedanz, bestehend aus Außenleiter und Schutzleiter zwischen Stromquelle und dem betrachteten Betriebsmittel, ausgegangen. Wenn die in Betracht zu ziehenden Fehler nicht – was sicher selten ist – in der Spannungsquelle und in einem Verbrauchsmittel auftreten, sondern in zwei Verbrauchsmitteln, ist die Impedanz dieser Fehlerschleife zwar größer und die Abschaltzeit damit länger, möglicherweise auch länger als 0,2 s bzw. 5 s; dieses wird aber in Kauf genommen, weil es nicht sehr wahrscheinlich ist, daß bei der Auslegung für alle Stromkreise die maximal zulässige Abschaltzeit in Anspruch genommen wird.

Die Verwendung von Fehlerstrom-Schutzeinrichtungen im IT-Netz (siehe Abschnitt 6.1.5.8) erscheint auf den ersten Blick ungewöhnlich, weil gerade im IT-Netz der erste Fehler noch zu keiner Abschaltung führen soll. Wenn diese übliche Bedingung eingehalten werden soll, muß der Nennfehlerstrom $I_{\Delta n}$ größer sein, als der Strom I_d nach Abschnitt 6.1.5.3.

Die Verwendung von Fehlerstrom-Schutzeinrichtungen ist jedoch immer dann notwendig, wenn das IT-Netz im Fall des ersten Fehlers zum TT-Netz wird und im Falle des zweiten Fehlers eine Abschaltung sichergestellt werden soll, z. B. um den Aufwand für einen zusätzlichen Potentialausgleich zu vermeiden (siehe Abschnitt 6.1.5.4). Eine Abschaltung erfolgt freilich nur, wenn die beiden Fehler hinter verschiedenen Fehlerstrom-Schutzeinrichtungen liegen. Andernfalls müssen Überstrom- oder andere Schutzeinrichtungen die Abschaltung übernehmen (siehe Abschnitt 6.1.5.9). Damit sind Fehlerstrom-Schutzeinrichtungen in begrenzten Anlagen, z. B. in Steuerstromkreisen, für Ersatzstromversorgungsanlagen und in medizinisch genutzten Räumen, in der Regel als Schutzeinrichtungen ungeeignet, weil sie weder beim ersten Fehler – wegen des sehr kleinen Ableitstromes – noch im Doppelfehlerfall ansprechen.

Die bisherige Forderung nach Begrenzung des Erdungswiderstandes auf 20 Ω ist durch eine Formel ersetzt worden, nach der auch höhere Erdungswiderstände zulässig sind. Neu ist auch, daß der Sternpunkt des Netzes hochohmig geerdet werden darf. Die Bemessung des Schutzleiters – bisher nach VDE 0100/05.73 Tabelle 9-2 vorzunehmen – ist in DIN 57 100 Teil 540/VDE 0100 Teil 540 geregelt.

4.4 Sonstige Schutzmaßnahmen

Der in Abschnitt 6.1.6 beschriebene „Zusätzliche Potentialausgleich" –„zusätzlich" zum Hauptpotentialausgleich nach Abschnitt 6.1.2 – ist vorgesehen, wenn die geforderte Abschaltzeit nicht eingehalten werden kann, z. B. im TN-Netz bei großen Motoren mit Schweranlauf, wenn die Abschaltzeit schwer zu berechnen oder nachzuweisen ist, z. B. im IT-Netz, oder wenn aufgrund der Umgebungsbedingungen eine besondere Gefährdung vorliegt, z. B. in Baderäumen.

Die Schutzmaßnahmen nach den Abschnitten 6.3 und 6.4 dürften hinsichtlich ihrer praktischen Anwendung nur geringe Bedeutung haben. Sie sind auf Wunsch anderer CENELEC-Mitgliedsländer aufgenommen worden.

Bei der Schutztrennung nach Abschnitt 6.5 wird unterschieden zwischen dem Anschluß nur eines Verbrauchsmittels und dem Anschluß mehrerer Verbrauchsmittel. Es sind also zusammengefaßt die Bestimmungen aus VDE 0100/05.73 §§ 14, 53 c). Hinsichtlich der Anwendung der Schutztrennung ergeben sich keine Änderungen. Bei besonderer Gefährdung darf auch in Zukunft hinter einem Trenntransformator nur **ein** Verbrauchsmittel angeschlossen werden.

Eine Spannungsbegrenzung auf der Primär- und Sekundärseite wurde nicht aufgenommen. Demnach sind Spannungen bis zur Grenze des Geltungsbereiches der Bestimmung erlaubt, d. h. bis zu 1000 V Wechselspannung und 1500 V Gleichspannung.

5 Ausnahmen und besondere Bestimmungen

In Abschnitt 8 sind die Ausnahmen aus VDE 0100/05.73, § 4 und § 6 aufgenommen. Die Bestimmungen in VDE 0100/05.73 § 6 über Schutzleiter wurden nach DIN 57 100 Teil 540/VDE 0100 Teil 540 übertragen. Bestimmungen, die Verbrauchsmittel betreffen, sind, sofern sie in den betreffenden Gerätebestimmungen bereits enthalten sind, ganz entfallen. Sofern das nicht der Fall ist, werden sie im Zuge der Neugestaltung der Normen der Reihe DIN 57 100/VDE 0100 an geeigneter Stelle erscheinen.

Internationale Patentklassifikation

In diesem Sonderdruck nicht wiedergegeben

Anhang A

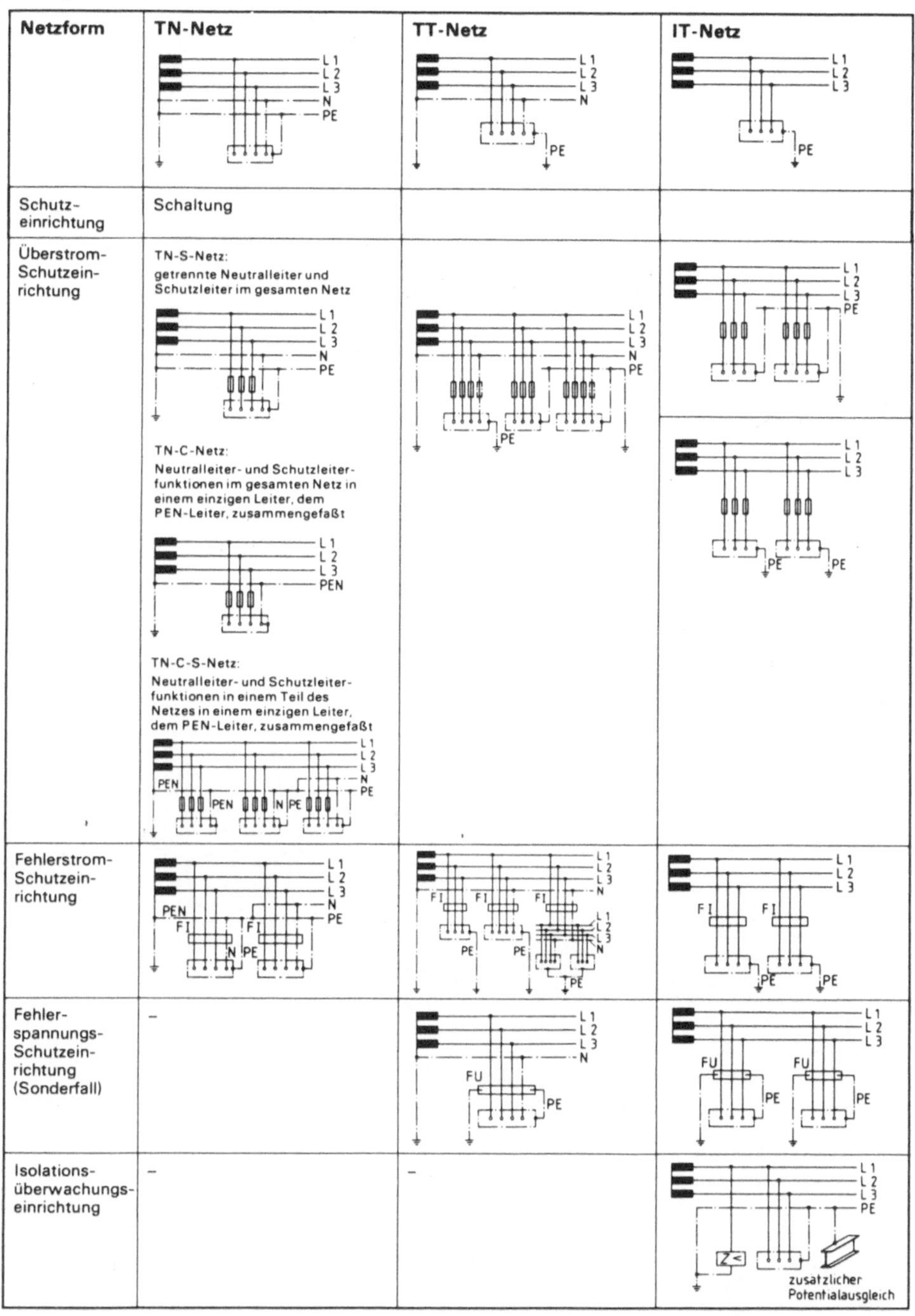

Netzform	**TN-Netz**	**TT-Netz**	**IT-Netz**
Schutz-einrichtung	Schaltung		
Überstrom-Schutzein-richtung	TN-S-Netz: getrennte Neutralleiter und Schutzleiter im gesamten Netz TN-C-Netz: Neutralleiter- und Schutzleiter-funktionen im gesamten Netz in einem einzigen Leiter, dem PEN-Leiter, zusammengefaßt TN-C-S-Netz: Neutralleiter- und Schutzleiter-funktionen in einem Teil des Netzes in einem einzigen Leiter, dem PEN-Leiter, zusammengefaßt		
Fehlerstrom-Schutzein-richtung			
Fehler-spannungs-Schutzein-richtung (Sonderfall)	–		
Isolations-überwachungs-einrichtung	–	–	zusätzlicher Potentialausgleich

DK 621.316.17.002.2 : 621.3.027.26 : 621.316.99
: 621.315-78 : 614.825-084 DEUTSCHE NORM (Auszug) November 1983

Errichten von Starkstromanlagen mit Nennspannungen bis 1000 V Auswahl und Errichtung elektrischer Betriebsmittel; Erdung, Schutzleiter, Potentialausgleichsleiter [VDE-Bestimmung]	 57 100 Teil 540

Diese Norm ist zugleich eine VDE-Bestimmung im Sinne von VDE 0022 und in das VDE-Vorschriftenwerk unter nebenstehender Nummer aufgenommen.	**VDE** 0100 Teil 540

Erection of power installations with rated voltages up to 1000 V;
selection and erection of equipment;
earthing arrangements, protective conductors,
equipotential bonding conductors
[VDE Specification]

Ersatzvermerk siehe unten

In diese Norm sind die Sachaussagen der IEC-Publikation 364-5-54, Ausgabe 1980, eingearbeitet. Die Abschnittsnummern der IEC-Publikation sind in eckigen Klammern angegeben. Damit ist der Bezug der einzelnen Abschnitte dieser Norm zu den Abschnitten der IEC-Publikation hergestellt.

Ersatzvermerk

Ersatz für VDE 0100/05.73 § 20, § 21 und VDE 0190/05.73 § 2g), § 2h), § 4, § 5 und zusammen mit DIN 57 100 Teil 410/VDE 0100 Teil 410/11.83 Ersatz für VDE 0100/05.73 § 6, § 9, § 10.
Siehe jedoch Übergangsfrist.

Beginn der Gültigkeit

Diese als VDE-Bestimmung gekennzeichnete Norm gilt ab 1. November 1983 [1]).

Daneben gelten für in Planung oder in Bau befindliche Anlagen die entsprechenden Festlegungen von VDE 0100/05.73 und VDE 0190/05.73 noch bis zum 31. Oktober 1985.

---

1) Genehmigt vom Vorstand des Verbandes Deutscher Elektrotechniker (VDE) e. V. und bekanntgegeben in der etz Elektrotechnische Zeitschrift.
Entwicklungsgang siehe Abschnitt „Frühere Ausgaben" und Beiblatt 1 zu DIN 57 100/VDE 0100.

Fortsetzung Seite 2 bis 12

Deutsche Elektrotechnische Kommission im DIN und VDE (DKE)

Verkauf durch VDE-VERLAG GmbH, Berlin 12
und BEUTH VERLAG GmbH, Berlin 30
11.83

DIN 57 100 Teil 540/VDE 0100 Teil 540 Nov 1983 Preisgr. 9 K
VDE-Vertr.-Nr. 010028
Beuth-Vertr.-Nr. 2409

Inhalt

1 Anwendungsbereich

Diese als VDE-Bestimmung gekennzeichnete Norm gilt für die Errichtung von Erdungsanlagen, Schutzleitern und Potentialausgleichsleitern zum Schutz bei indirektem Berühren und zu Betriebszwecken sowie für die Bemessung von Potentialausgleichsleitern.

Sie gilt nur in Verbindung mit den entsprechenden anderen Normen der Reihe DIN 57 100/VDE 0100 sowie mit den noch nicht ersetzten Paragraphen von VDE 0100.
Diese Norm ist eine im Rahmen der Pilotfunktion für die Verbindung elektrischer Betriebsmittel mit Erde unter Sicherheitsaspekten erarbeitete Grundnorm.

2 Begriffe

Allgemeine Begriffe siehe DIN 57 100 Teil 200/ VDE 0100 Teil 200

2.1 Funktionserdung ist eine Erdung, die nur den Zweck hat, die beabsichtigte Funktion einer Fernmeldeanlage oder eines Betriebsmittels zu ermöglichen. Die Funktionserdung schließt auch Betriebsströme von solchen Fernmeldegeräten ein, die die Erde als Rückleitung benutzen.

3 Allgemeine Anforderungen [541]

Diese Norm dient zur sicherheitsgerechten Errichtung von Erdungsanlagen, Schutzleitern, PEN-Leitern und Potentialausgleichsleitern. Dabei sind auch die Erfordernisse der Funktion der elektrischen Anlage zu berücksichtigen.

4 Erdungsanlage [542] [542.1] [542.1.1]

In diesem Sonderdruck nicht wiedergegeben

5 Schutzleiter [543]

5.1 Querschnitte [543.1]

Der Querschnitt der Schutzleiter muß entweder

- nach Abschnitt 5.1.1 ausgewählt werden oder
- nach Abschnitt 5.1.2 berechnet werden, wobei Abschnitt 5.1.3 berücksichtigt werden muß.

[543.1.2]

5.1.1 Die Auswahl der Mindestquerschnitte von Schutzleitern erfolgt nach Tabelle 2.

Die Werte der Tabelle 2 sind nur gültig, wenn der Schutzleiter aus dem gleichen Material besteht, wie die Außenleiter. Trifft dies nicht zu, so ist der Querschnitt des Schutzleiters so festzusetzen, daß sich die gleiche Leitfähigkeit ergibt wie bei Anwendung von Tabelle 2. Ergeben sich dabei nicht genormte Querschnitte, so ist der in der Normreihe nächsthöhere Querschnitt auszuwählen.

In IT-Netzen braucht der Querschnitt eines getrennt verlegten Schutzleiters aus Fe oder einer Erdungsleitung aus Fe jedoch nicht größer als 120 mm^2 zu sein, sofern zusätzlicher Potentialausgleich und Isolationsüberwachung angewendet werden (siehe DIN 57 100 Teil 410/VDE 0100 Teil 410/11.83 Abschnitt 6.1.5.4).

[543.1.1]

5.1.2 Zur Berechnung der Mindestquerschnitte für Abschaltzeiten bis 5 s ist folgende Gleichung anzuwenden:

$$S = \frac{\sqrt{I^2\, t}}{k}.$$

Wobei gilt,

S ist der Mindestquerschnitt in mm^2;

I ist der effektive Wechselstromwert des Fehlerstromes in A, der bei einem vollkommenen Kurzschluß durch die Schutzvorrichtung fließen kann;

t ist die Ansprechzeit in s für die Abschaltvorrichtung;

k ist ein Materialbeiwert[3]), der abhängt

- von dem Leiterwerkstoff des Schutzleiters
- von dem Werkstoff der Isolierung
- von dem Werkstoff anderer Teile
- von Anfangs- und Endtemperatur des Schutzleiters.

Physikalische Einheit von

$$k\colon \mathrm{A}\ \frac{\sqrt{\mathrm{s}}}{\mathrm{mm}^2}.$$

(Berechnung von k siehe Anhang B)

Materialbeiwert k für Schutzleiter bei verschiedener Anwendung und verschiedenen Betriebsarten sind in den Tabellen 3 bis 6 angegeben.

Wenn sich durch die Anwendung der Gleichung nicht genormte Querschnitte ergeben, so müssen die nächsthöheren genormten Querschnitte angewendet werden.

3) Die Benennung „Materialbeiwert" soll zukünftig auch in DIN 57 100 Teil 430/VDE 0100 Teil 430 für den „k-Faktor" verwendet werden.

Tabelle 2. **Zuordnung der Mindestquerschnitte von Schutzleitern zum Querschnitt der Außenleiter**

1	2	3	4		5
Nennquerschnitte					
	Schutzleiter oder PEN-Leiter[1])		Schutzleiter[3]) getrennt verlegt		
Außenleiter mm²	Isolierte Starkstromleitungen mm²	0,6/1-kV-Kabel mit 4 Leitern mm²	geschützt mm² Cu	 Al	ungeschützt[2]) mm² Cu
bis 0,5	0,5	–	2,5	4	4
0,75	0,75	–	2,5	4	4
1	1	–	2,5	4	4
1,5	1,5	1,5	2,5	4	4
2,5	2,5	2,5	2,5	4	4
4	4	4	4	4	4
6	6	6	6	6	6
10	10	10	10	10	10
16	16	16	16	16	16
25	16	16	16	16	16
35	16	16	16	16	16
50	25	25	25	25	25
70	35	35	35	35	35
95	50	50	50	50	50
120	70	70	50	50	50
150	70	70	50	50	50
185	95	95	50	50	50
240	–	120	50	50	50
300	–	150	50	50	50
400	–	185	50	50	50

[1]) PEN-Leiter ≥ 10 mm² Cu oder ≥ 16 mm² Al, nach Abschnitt 8.2.1.
[2]) Ungeschütztes Verlegen von Leitern aus Aluminium ist nicht zulässig.
[3]) Ab einem Querschnitt des Außenleiters von ≥ 95 mm² vorzugsweise blanke Leiter anwenden.

Anmerkung 1: Temperaturbegrenzungen für Anlagen in explosionsgefährdeten Bereichen: siehe DIN 57 165/VDE 0165 und DIN 57 165 A1/VDE 0165 A1

Anmerkung 2: Werte für mineralisolierte Leitungen sind in Beratung.

[543.1.3]

5.1.3 Der nach Abschnitt 5.1.2 berechnete Querschnitt jedes Schutzleiters, der nicht mit Außenleitern und Neutralleitern in einer gemeinsamen Umhüllung verlegt ist, darf in keinem Falle kleiner sein als:

- 2,5 mm² Cu oder 4 mm² Al, wenn mechanischer Schutz vorgesehen ist;
- 4 mm² Cu, wenn mechanischer Schutz nicht vorgesehen ist,
- 50 mm² Fe bei Bandstahl von mindestens 2,5 mm Dicke.

Ungeschütztes Verlegen von Leitern aus Aluminium ist nicht zulässig.

Tabelle 3. **Materialbeiwerte k für:**
- isolierte Schutzleiter aus Cu und Al außerhalb von Kabeln und Leitungen, oder
- blanke Schutzleiter aus Cu, Al und Fe, die mit Kabel- oder Leitungsmänteln in Berührung kommen[4])

	Werkstoff der Isolierung von Schutzleitern oder der Mäntel von Kabeln und Leitungen			
	G	PVC	VPE, EPR	IIK
ϑ_i in °C	30	30	30	30
ϑ_f in °C	200	160	250	220
	k in A $\sqrt{s}$/mm²			
Cu	159	143	176	166
Al	–	95	116	110
Fe	–	52	64	60

[4]) In der Tabelle bedeuten
ϑ_i Anfangstemperatur am Leiter
ϑ_f Zulässige Höchsttemperatur am Leiter
G Gummiisolierung
PVC Isolierung aus Polyvinylchlorid
VPE Isolierung aus vernetztem Polyäthylen
EPR Isolierung aus Äthylen-Propylen-Kautschuk
IIK Isolierung aus Butyl-Kautschuk

5.1.4 Wird ein gemeinsamer Schutzleiter für mehrere Stromkreise verwendet, so muß der Querschnitt des Schutzleiters entsprechend dem Querschnitt des stärksten Außenleiters bemessen werden.

5.2 Arten von Schutzleitern [543.2] [543.2.1]

5.2.1 Als Schutzleiter können verwendet werden:

- Leiter in mehradrigen Kabeln und Leitungen,
- isolierte oder blanke Leiter in gemeinsamer Umhüllung mit Außenleitern und dem Neutralleiter, z. B. in Rohren, in Elektroinstallationskanälen,
- fest verlegte blanke oder isolierte Leiter,
- metallische Umhüllungen wie Mäntel, Schirme und konzentrische Leiter bestimmter Kabel, z. B. NKLEY nach VDE 0255 mit Änderung DIN 57 255 A4/ VDE 0255 A4, NYCY, NYCWY nach VDE 0271 mit Änderung DIN 57 271 A3/VDE 0271 A3
- Metallrohre[5]) oder andere Metallumhüllungen, z. B. Installationskanäle, Gehäuse von Stromschienensystemen,
- fremde leitfähige Teile, nach Abschnitt 5.2.4.

[543.2.2]

5.2.2 Wenn die Anlage Gehäuse oder Konstruktionsteile von Schaltgeräte-Kombinationen oder metallgekapselte Stromschienensysteme umfaßt, können die Metallgehäuse oder Konstruktionsteile als Schutzleiter verwendet werden.

Dazu müssen die in den Abschnitten 5.2.2.1 bis 5.2.2.4 angegebenen Anforderungen erfüllt sein.

[543.2.2a]

5.2.2.1 Ihre durchgehende elektrische Verbindung muß so ausgeführt sein, daß eine Verschlechterung infolge mechanischer, chemischer oder elektrochemischer Einflüsse verhindert wird.

5.2.2.2 Ihre Leitfähigkeit muß mindestens dem Querschnitt nach Abschnitt 5.1 entsprechen.

5) Bestimmungen für geeignete Metallrohre sind in Vorbereitung

Tabelle 4. **Materialbeiwert *k* für isolierte Schutzleiter in einem Kabel oder einer Leitung[4])**

	Werkstoff der Isolierung			
	G	PVC	VPE, EPR	IIK
ϑ_i in °C	60	70	90	85
ϑ_f in °C	200	160	250	220
	k in $A\sqrt{s}/mm^2$			
Cu	141	115	143	134*)
Al	–	76*)	94	89*)

*) Diese Werte weichen von DIN 57 100 Teil 430/ VDE 0100 Teil 430/06.81 Abschnitt 6.3.2 ab. Die hier genannten Werte beruhen auf neueren Berechnungen (siehe IEC-Publikation 364-5-54 Tabelle 54C). Zu gegebener Zeit erfolgt eine Anpassung von DIN 57 100 Teil 430/VDE 0100 Teil 430.

Tabelle 5. **Materialbeiwert *k* für Schutzleiter als Mantel oder Bewehrung eines Kabels bzw. einer Leitung[4])**

	Werkstoff der Isolierung			
	G	PVC	VPE, EPR	IIK
ϑ_i in °C	50	60	80	75
ϑ_f in °C	200	160	250	220
	k in $A\sqrt{s}/mm^2$			
Fe	53	44	54	51
Fe, kupferplattiert	in Vorbereitung			
Al	97	81	98	93
Pb	27	22	27	26

Tabelle 6. **Materialbeiwert *k* für blanke Leiter in Fällen, in denen keine Gefährdung der Werkstoffe benachbarter Teile infolge der in der Tabelle angegebenen Temperaturen entsteht[4])**

Leiterwerkstoff \ Bedingungen		Sichtbar und in abgegrenzten Bereichen*)	normale Bedingungen	bei Feuergefährdung
Cu	ϑ_f in °C	500	200	150
	k in $A\sqrt{s}/mm^2$	228	159	138
Al	ϑ_f in °C	300	200	150
	k in $A\sqrt{s}/mm^2$	125	105	91
Fe	ϑ_f in °C	500	200	150
	k in $A\sqrt{s}/mm^2$	82	58	50

Anmerkung: Die Anfangstemperatur ϑ_i am Leiter wird mit 30 °C angenommen.

*) Die angegebenen Temperaturen gelten nur dann, wenn die Temperatur der Verbindungsstelle die Qualität der Verbindung nicht beeinträchtigt.

4) Siehe Seite 35

5.2.2.3 Der Ausbau von Konstruktionsteilen, die den Schutzleiter bilden, darf keine Unterbrechung der Schutzleiterbahn zur Folge haben.

5.2.2.4 Schaltanlagen und Stromschienensysteme müssen Anschlußmöglichkeiten für alle ankommenden und abgehenden Schutzleiter haben, die in der Nähe der zugehörigen Außenleiteranschlüsse liegen sollen. Die Zugehörigkeit zu diesen Anschlüssen muß erkennbar sein.

[543.2.3]

5.2.3 Metallene Umhüllungen (blank oder isoliert) von Kabeln und Leitungen können als Schutzleiter verwendet werden, wenn sie die Festlegungen der Abschnitte 5.2.2.1 bis 5.2.2.3 erfüllen.

[543.2.4]

5.2.4 Fremde leitfähige Teile können als Schutzleiter verwendet werden, wenn sie die in den Abschnitten 5.2.4.1 bis 5.2.4.4 angegebenen Anforderungen erfüllen.

[543.2.4a)]

5.2.4.1 Die durchgehende elektrische Verbindung muß entweder durch

- die Bauart oder
- die Anwendung geeigneter Verbindungselemente gewährleistet sein, so daß eine Beeinträchtigung infolge mechanischer, chemischer oder elektrochemischer Einflüsse verhindert wird.

Anmerkung: Geeignete Verbindungen können hergestellt werden durch
Schweiß- oder Nietverbindungen oder
Schraubverbindungen, die gegen Selbstlockern gesichert sind.

[543.2.4b)]

5.2.4.2 Ihre Leitfähigkeit muß mindestens dem Wert nach Abschnitt 5.1 entsprechen.

[543.2.4c)]

5.2.4.3 Es müssen Vorkehrungen gegen den Ausbau der fremden leitfähigen Teile getroffen sein, es sei denn, es sind zum Ersatz Überbrückungen vorgesehen.

[543.2.4d)]

5.2.4.4 Sie müssen für eine solche Verwendung vorgesehen sein und erforderlichenfalls entsprechend angepaßt werden.

Anmerkung: Nach VDE 0190/05.73 § 3 dürfen Gasrohrnetze und Gasinnenleitungen nicht als Schutzleiter verwendet werden.
Die Verwendung von metallenen Wasserverbrauchsleitungen ist auch in VDE 0190/05.73 § 3 geregelt.

[543.2.5]

5.2.5 Fremde leitfähige Teile dürfen nicht als PEN-Leiter verwendet werden.

5.2.6 Spannseile, Aufhängeseile

Metallschläuche und dergleichen dürfen nicht als Schutzleiter verwendet werden. Metallschutzschläuche zum Schutz flexibler Leitungen siehe DIN 57 100 Teil 520/VDE 0100 Teil 520, Entwurf Mai 1983, Abschnitt 5.3.

5.3 Aufrechterhaltung der durchgehenden elektrischen Verbindung der Schutzleiter [543.3]

[543.3.1]

5.3.1 Schutzleiter müssen angemessen gegen die Beeinträchtigung ihrer Eigenschaften infolge mechanischer und chemischer Einflüsse und elektrodynamischer Beanspruchungen geschützt werden.

[543.3.2]

5.3.2 Schutzleiterverbindungen müssen zwecks Besichtigung und Prüfung zugänglich sein, es sei denn, sie sind vergossen.

[543.3.3]

5.3.3 Im Schutzleiter darf kein Schaltorgan eingebaut werden. Es dürfen jedoch Trennelemente vorgesehen werden oder Klemmstellen, die für Prüfzwecke mit Werkzeug auftrennbar sind.

[543.3.4]

5.3.4 Wenn eine elektrische Überwachung der durchgehenden Verbindung angewendet wird, dürfen die entsprechenden Spulen nicht in die Schutzleiter eingebaut werden.

[543.3.5]

5.3.5 Die Körper der elektrischen Betriebsmittel dürfen nicht als Schutzleiter für andere elektrische Betriebsmittel verwendet werden. Ausnahme siehe Abschnitt 5.2.2.

5.3.6 Schutzleiterverbindung und Schutzleiteranschlüsse müssen gegen Selbstlockern gesichert sein.

Anmerkung: Befestigungs- und Verbindungsschrauben sind nicht für den Anschluß ankommender und abgehender Schutzleiter geeignet.

6 Erdungsleitung und Schutzleiter für Fehlerspannungs-Schutzeinrichtungen [544.2]

Der Hilfserder und der Hilfserdungsleiter nach DIN 57 100 Teil 410/VDE 0100 Teil 410/11.83 Abschnitt 7 müssen vom Schutzleiter und von allen anderen geerdeten Metallteilen, wie z. B. von metallenen Konstruktionsteilen, Rohren oder Kabelmänteln, elektrisch getrennt sein. Diese Anforderung gilt als erfüllt, wenn der Hilfserder in mindestens 10 m Abstand von anderen geerdeten Metallteilen entfernt ist.

7 Betriebserdung (Funktionserdung) [545] [545.1]

Die Betriebserdung muß so ausgeführt sein, daß ein einwandfreier Betrieb der Betriebsmittel gewährleistet bzw. eine zuverlässige und sichere Funktion der Anlagen möglich ist.

8 Kombinierte Erdung für Schutz- und Funktionszwecke [546]

8.1 Allgemeines [546.1]

In Fällen, in denen die Erdung zugleich für Schutz- und Funktionszwecke verwendet wird, haben die Festlegungen für die Schutzmaßnahmen Vorrang, z. B. für die Kennzeichnung.

8.2 PEN-Leiter [546.2]

[546.2.1]

8.2.1 In TN-Netzen darf bei fester Verlegung und einem Leiterquerschnitt von mindestens 10 mm^2 Cu oder 16 mm^2 Al ein gemeinsamer Leiter (PEN-Leiter) verwendet werden, der sowohl die Funktion des Schutzleiters als auch die des Neutralleiters vereinigt.

Der Mindestquerschnitt des PEN-Leiters darf jedoch 4 mm^2 betragen, wenn es sich um Kabel oder Leitungen mit konzentrischen Leitern handelt. Voraussetzung ist, daß an allen Anschlußstellen und Klemmen im Verlauf der konzentrischen Leiter doppelte Verbindungen vorhanden sind.

Die Anwendung von konzentrischen PEN-Leitern setzt Geräte und Einrichtungen voraus, die für diesen Zweck konstruiert sind.

Anmerkung: Für Sonderfälle gilt folgendes:
Bei der Einspeisung in Niederspannungsnetze durch Notstromaggregate, bei der Überbrückung von herausgetrennten Teilstücken in Freileitungs- und Kabelnetzen (TN-C-Netz) oder in ähnlichen Fällen stellt die Verwendung von 4adrigen beweglichen Leitungen (Querschnitte ≥ 16 mm^2 Cu) mit einer grün-gelb gekennzeichneten Ader keinen Verstoß gegen die hier getroffenen Festlegungen dar. Die genannten Leitungen werden aufgrund ihres Querschnittes und vor allem auf der Tatsache beruhend, daß diese Leitungen während des Betriebes nicht bewegt werden, und auch keine beweglichen Geräte angeschlossen sind, als fest verlegt angesehen.

[546.2.2]

8.2.2 Der PEN-Leiter muß zur Vermeidung von Streuströmen für die höchste zu erwartende Spannung isoliert werden.

Anmerkung: Der PEN-Leiter braucht innerhalb von Schaltanlagen nicht isoliert zu sein.

[546.2.3]

8.2.3 Hinter der Aufteilung des PEN-Leiters in Neutral- und Schutzleiter dürfen diese nicht mehr miteinander verbunden werden.

Der Neutralleiter darf nach der Aufteilung nicht mehr geerdet werden.

An der Aufteilungsstelle müssen getrennte Klemmen oder Schienen für die Schutz- und Neutralleiter vorgesehen werden. Der PEN-Leiter muß an die für den Schutzleiter bestimmte Klemme oder Schiene angeschlossen werden.

Anmerkung: Wird der PEN-Leiter an der Aufteilungsstelle in je nur einen Schutz- und einen Neutralleiter aufgeteilt, so ist dies mit einer einzelnen geeigneten Klemme zulässig. Bei geeigneten Klemmen kann auch zusätzlich noch ein Potentialausgleichsleiter angeschlossen werden. Getrennte Klemmstellen auf einer gemeinsamen Schiene sind hierfür ebenfalls geeignet.

8.2.4 Für größere PEN-Leiterquerschnitte als in Abschnitt 8.2.1 festgelegt, ist der PEN-Leiterquerschnitt in Abhängigkeit vom Außenleiterquerschnitt nach Tabelle 2 zu bemessen.

9 Potentialausgleichsleiter [547]

9.1 Querschnitte [547.1]

Querschnitte von Potentialausgleichsleitern sind Tabelle 7 zu entnehmen.

Ein zusätzlicher Potentialausgleich darf auch mit Hilfe von festangebrachten fremden leitfähigen Teilen wie z. B. Metallkonstruktionen oder zusätzlichen Leitern oder einer Kombination von beiden, ausgeführt werden.

9.2 Überbrückung von Wasserzählern [547.1.3]

Wenn Wasserverbrauchsleitungen als Schutzleiter, Potentialausgleichsleiter oder Erdungsleitung verwendet werden, muß der Wasserzähler überbrückt werden. Der Querschnitt des Überbrückungsleiters muß so ausgelegt sein, daß er seinem Verwendungszweck entspricht.

Anmerkung: Als ausreichende Querschnitte gelten

verzinntes Cu-Seil	16 mm^2
verzinntes Fe-Seil	25 mm^2
verzinkter Bandstahl	60 mm^2, Mindestdicke 3 mm

oder leitwertgleiche Haltekonstruktion

10 Kennzeichnung von Schutzleiter, PEN-Leiter, Erdungsleitung und Potentialausgleichsleiter

10.1 Isolierte Leiter

Isolierte Schutzleiter und isolierte PEN-Leiter sind in ihrem ganzen Verlauf durchgehend grün-gelb zu kennzeichnen (siehe auch DIN 40 705).

Diese Kennzeichnung darf auch für

- Potentialausgleichsleiter mit Schutzfunktion
- Erdungsleitung mit Schutzfunktion

verwendet werden. Für andere Leiter ist die Farbkennzeichnung grün-gelb nicht zulässig.

Tabelle 7. **Querschnitte für Potentialausgleichsleiter**

	Hauptpotentialausgleich	Zusätzlicher Potentialausgleich	
normal	0,5 × Querschnitt des Hauptschutzleiters *)	zwischen zwei Körpern	1 × Querschnitt des kleineren Schutzleiters
		zwischen einem Körper und einem fremden leitfähigen Teil	0,5 × Querschnitt des Schutzleiters
mindestens	6 mm^2 Cu oder gleichwertiger Leitwert **)	bei mechanischem Schutz	2,5 mm^2 Cu 4 mm^2 Al
		ohne mechanischen Schutz	4 mm^2 Cu
mögliche Begrenzung	25 mm^2 Cu oder gleichwertiger Leitwert **)	–	–

*) Hauptschutzleiter im Sinne dieser Festlegungen ist der
- von der Stromquelle kommende oder
- vom Hausanschlußkasten oder dem Hauptverteiler abgehende Schutzleiter

**) Ungeschützte Verlegung von Leitern aus Aluminium ist nicht zulässig

10.2 Einadrige Kabel und Leitungen

Bei Verwendung einadriger Leitungen mit Mantel, z. B. NYM nach DIN 57 250 Teil 204/VDE 0250 Teil 204, und einadriger Kabel, z. B. NYY nach VDE 0271, darf auf die durchgehende Aderkennzeichnung verzichtet werden. Es ist jedoch bei der Installation eine dauerhafte Grün-gelb-Kennzeichnung an den Enden anzubringen.

Anmerkung: Als Enden gelten in diesem Zusammenhang die Teile der Leitung oder des Kabels, bei denen an Anschlußstellen der Mantel entfernt wurde.

10.3 Konstruktionsteile und nichtisolierte Leiter

Die Grün-gelb-Kennzeichnung kann entfallen

- bei konzentrischen Leitern und Metallmänteln
- in Schalt- und Verteilungsanlagen sowie bei Kranschleifleitungen, wenn der Schutzleiter oder das Schutzleiteranschlußteil auf andere Weise, z. B. durch Form oder Aufschrift, kenntlich gemacht wird.
- bei blanken Schutzleitern, wenn eine dauerhafte Kennzeichnung nicht möglich ist.

  Anmerkung: Eine dauerhafte Kennzeichnung ist z. B. in Hüttenbetrieben und chemischen Betrieben wegen aggressiver Atmosphäre und Schmutz nicht immer möglich.
- wenn der Schutzleiter aus leitfähigen Konstruktionsteilen oder aus fremden leitfähigen Teilen besteht.
- bei Freileitungen.

Anhang A

In diesem Sonderdruck nicht wiedergegeben

Anhang B

Verfahren zur Ermittlung des Materialbeiwertes *k* in Abschnitt 5.1.2

Der Materialbeiwert *k* wird durch folgende Gleichung bestimmt.

$$k = \sqrt{\frac{Q_C (B + 20\,°C)}{\varrho_{20}} \ln\left(1 + \frac{\vartheta_f - \vartheta_i}{B + \vartheta_i}\right)}$$

Bedeutung der einzelnen Größen:

Q_C ist die volumetrische Wärmekapazität des Leiterwerkstoffs in J/°C mm^3.

B ist der Reziprokwert des Temperaturkoeffizienten des spezifischen Widerstands bei 0 °C für den Leiterwerkstoff in °C.

ϱ_{20} ist der spezifische Widerstand des Leiterwerkstoffs bei 20 °C in Ω mm.

ϑ_i ist die Anfangstemperatur des Leiters in °C

ϑ_f ist die Endtemperatur des Leiters in °C (zulässige Höchsttemperatur)

Leiter-werkstoff	B in °C	Q_C in J/°C mm^3	ϱ_{20} in Ω mm	$\sqrt{\frac{Q_C (B+20\,°C)}{\varrho_{20}}}$ in A $\sqrt{s}$/mm²
Kupfer	234,5	3,45 × 10^{-3}	17,241 × 10^{-6}	226
Aluminium	228	2,5 × 10^{-3}	28,264 × 10^{-6}	148
Blei	230	1,45 × 10^{-3}	214 × 10^{-6}	42
Stahl	202	3,8 × 10^{-3}	138 × 10^{-6}	78

Schrifttum zum Anhang B: ELEKTRA Nr. 24, Oktober 1972 Herausgeber: CIGRE (Conférence internationale des grands réseaux électriques à haute tension; 112 Boulevard Haussmann, 75008 Paris

Zitierte Normen und andere Unterlagen

In diesem Sonderdruck nicht wiedergegeben

Frühere Ausgaben

In diesem Sonderdruck nicht wiedergegeben

Änderungen

In diesem Sonderdruck nicht wiedergegeben

Erläuterungen

In diesem Sonderdruck nicht wiedergegeben

Internationale Patentklassifikation

In diesem Sonderdruck nicht wiedergegeben

DK 621.3.001.33 : 621.3.014-78
: 621.316.933.8 : 614.825

DEUTSCHE NORM (Auszug)

Mai 1982

Schutz gegen elektrischen Schlag
Klassifizierung von elektrischen und elektronischen Betriebsmitteln
[VDE-Bestimmung]

DIN 57 106 Teil 1

Protection against electric shock;
Classification of electrical and electronic equipment
[VDE Specification]

Diese Norm ist zugleich eine VDE-Bestimmung im Sinne von VDE 0022 und in das VDE-Vorschriftenwerk unter nebenstehender Nummer aufgenommen.	VDE 0106 Teil 1/05.82

Diese Norm stimmt sachlich unverändert überein mit dem durch die Internationale Elektrotechnische Kommission (IEC) herausgegebenen Report 536 „Classification of electrical and electronic equipment with regard to protection against electric shock" und entspricht somit dem Harmonisierungsdokument 366 des Europäischen Komitees für elektrotechnische Normung (CENELEC).

Beginn der Gültigkeit

Diese als VDE-Bestimmung gekennzeichnete Norm gilt ab 1. Mai 1982[1]).

[1]) Genehmigt vom Vorstand des VDE im Oktober 1981, bekanntgegeben in etz 101 (1980) Heft 18 und etz 103 (1982) Heft 7/8.

Fortsetzung Seite 2 bis 6

Deutsche Elektrotechnische Kommission im DIN und VDE (DKE)

Alleinverkauf der Normen im Format A 4 durch Beuth Verlag GmbH, Berlin 30
Alleinverkauf der Normen im Format A 5 durch VDE-Verlag GmbH, Berlin 12
05.82

DIN 57 106 Teil 1 Mai 1982 Preisgr. 5 K
Vertr.-Nr. 2405
VDE 0106 Teil 1/05.82 Preisgr. 2 K
Vertr.-Nr. 010601

1 Anwendungsbereich

Diese Norm enthält Begriffe und beschreibt eine Klassifizierung zum Schutz gegen elektrischen Schlag im Fall eines Fehlers der Isolation. Sie legt keine detaillierten Anforderungen für Entwicklung, Konstruktion und Prüfung gemäß dieser Klassifizierung fest.
Diese Klassifizierung gilt für elektrische und elektronische Betriebsmittel (aber nicht für Einzelteile davon), die für den Anschluß an eine äußere Stromversorgung, deren Systemspannung 440 V Effektivwert zwischen den Außenleitern (250 V Effektivwert zwischen Außenleiter und Erde) nicht übersteigt, und zur Benutzung durch die allgemeine Öffentlichkeit in Wohnungen, Büros, Werkstätten, Schulen, Bauernhöfen und ähnlichem bestimmt sind sowie für medizinische und zahnmedizinische Zwecke.
Offene Betriebsmittel, d. h. Betriebsmittel, die selbst nicht den geforderten Schutz gegen Berühren unter Spannung stehender Teile haben, sind von dieser Norm nicht betroffen.

2 Zweck

Diese Norm ist dazu bestimmt, einen Leitfaden zu geben für die Klassifizierung von elektrischen und elektronischen Betriebsmitteln hinsichtlich des Schutzes gegen elektrischen Schlag im Fall eines Versagens der Isolation. Die Klassifizierung gilt für Betriebsmittel für den Anschluß an eine äußere Stromversorgung. Entsprechend dieser Klassifizierung kann dieser Schutz durch die Umgebung, durch das Betriebsmittel selbst oder durch das Versorgungssystem erreicht werden; in der Tabelle im Anhang A sind diese Gesichtspunkte zusammengefaßt.
Diese Norm basiert auf Erfahrungen mit Betriebsmitteln für Anwendungsfälle nach Abschnitt 1, die mit Spannungen bis 440 V Effektivwert zwischen den Außenleitern sowie 250 V Effektivwert zwischen Außenleiter und Erde betrieben werden. Für höhere Spannungen und andere Anwendungsfälle darf diese Norm sinngemäß angewendet werden.

3 Begriffe

3.1 Basisisolierung

Basisisolierung ist die Isolierung unter Spannung stehender Teile zum grundlegenden Schutz gegen elektrischen Schlag.
Anmerkung:
Die Basisisolierung ist nicht ohne weiteres mit der Betriebsisolierung gleichzusetzen.

3.2 Zusätzliche Isolierung

Zusätzliche Isolierung ist eine unabhängige Isolierung zusätzlich zur Basisisolierung, die den Schutz gegen elektrischen Schlag im Fall eines Versagens der Basisisolierung sicherstellt.

3.3 Doppelte Isolierung

Doppelte Isolierung ist eine Isolierung, die aus Basisisolierung und zusätzlicher Isolierung besteht.

3.4 Verstärkte Isolierung
Verstärkte Isolierung ist eine einzige Isolierung unter Spannung stehender Teile, die unter den in den einschlägigen Normen genannten Bedingungen den gleichen Schutz gegen elektrischen Schlag wie eine doppelte Isolierung bietet.
Anmerkung:
Das besagt nicht, daß die Isolierung homogen sein muß. Sie darf aus mehreren Lagen bestehen, die nicht einzeln als zusätzliche Isolierung oder Basisisolierung geprüft werden können.

Weitere Begriffe sind in diesem Sonderdruck nicht wiedergegeben.

4 Schutzklassen der Betriebsmittel

Die Klassifizierung dient nicht dazu, den Sicherheitspegel des Betriebsmittels auszudrücken, sie ist lediglich eine Aussage über die Maßnahmen, mit denen die Sicherheit erreicht wird.

4.1 Betriebsmittel der Schutzklasse 0**)
Betriebsmittel der Schutzklasse 0 sind Betriebsmittel, bei denen der Schutz gegen elektrischen Schlag auf der Basisisolierung beruht; das schließt ein, daß keine Möglichkeiten vorhanden sind zur Verbindung berührbarer leitfähiger Teile mit dem Schutzleiter der festen Installation. Es wird davon ausgegangen, daß der Schutz beim Versagen der Basisisolierung durch die Umgebung gewährleistet wird.

4.2 Betriebsmittel der Schutzklasse I
Betriebsmittel der Schutzklasse I sind Betriebsmittel, bei denen der Schutz gegen elektrischen Schlag nicht nur auf der Basisisolierung beruht. Eine zusätzliche Schutzmaßnahme ist dadurch gegeben, daß Teile mit dem Schutzleiter der festen Installation verbunden werden, so daß im Fall eines Versagens der Basisisolierung keine Spannung bestehen bleiben kann.
Anmerkung 1:
Für Betriebsmittel, die zum Gebrauch mit einer flexiblen Anschlußleitung bestimmt sind, schließt diese Festlegung das Vorhandensein eines Schutzleiters in der flexiblen Anschlußleitung ein.
Anmerkung 2:
Wenn Betriebsmittel der Schutzklasse I mit einer zweiadrigen flexiblen Leitung mit einem Stecker, der nicht in Steckdosen mit Schutzkontakt paßt, angeschlossen werden, entsprechen sie nur der Schutzklasse 0. Die Voraussetzungen für den Schutzleiteranschluß am Betriebsmittel müssen jedoch voll den Anforderungen der Schutzklasse I entsprechen.

4.3 Betriebsmittel der Schutzklasse II
Betriebsmittel der Schutzklasse II sind Betriebsmittel, bei denen der Schutz gegen elektrischen Schlag nicht nur auf der Basisisolierung beruht, sondern bei denen zusätzliche Sicherheitsvorkehrungen wie doppelte Isolierung oder verstärkte Isolierung vorhanden sind. Es besteht keine Anschlußmöglichkeit für Schutzleiter und ist unabhängig von den Installationsbedingungen.
Anmerkung 1:
In Sonderfällen, wie z. B. bei Signalklemmen von elektronischen Betriebsmitteln, darf eine Schutzimpedanz für Betriebsmittel der Schutzklasse II verwen-

*) Siehe Erläuterungen

**) In Deutschland nicht zugelassen, siehe Erläuterungen

det werden, wenn das zuständige technische Komitee die Verwendung zuläßt und die Bedingungen festlegt.

Anmerkung 2:

Betriebsmittel der Schutzklasse II dürfen mit Vorkehrungen zum Durchschleifen von Schutzleitern versehen sein, vorausgesetzt sie befinden sich innerhalb des Betriebsmittels und sind entsprechend den Anforderungen der Schutzklasse II isoliert.

Anmerkung 3:

In bestimmten Fällen kann es notwendig sein zwischen „vollisolierten" und „metallgekapselten" Betriebsmitteln der Schutzklasse II zu unterscheiden.

Anmerkung 4:

Metallgekapselte Betriebsmittel der Schutzklasse II dürfen mit einer Anschlußstelle für einen Potentialausgleichleiter am Gehäuse nur dann ausgestattet sein, wenn dies in den einschlägigen Normen zugelassen ist.

Anmerkung 5:

Betriebsmittel der Schutzklasse II dürfen mit einer Anschlußstelle für Betriebserdung nur dann ausgestattet sein, wenn dies in den einschlägigen Normen zugelassen ist.

4.4 Betriebsmittel der Schutzklasse III

Betriebsmittel der Schutzklasse III sind Betriebsmittel, bei denen der Schutz gegen elektrischen Schlag auf Schutzkleinspannung beruht und in denen Spannungen, die höher als die Schutzkleinspannung sind, nicht erzeugt werden.

Anmerkung 1:

Betriebsmittel der Schutzklasse III dürfen nicht mit Anschlußstellen für den Schutzleiter ausgestattet sein.

Anmerkung 2:

Metallgekapselte Betriebsmittel der Schutzklasse III dürfen mit Anschlußstellen für Potentialausgleichleiter am Gehäuse nur dann ausgestattet sein, wenn dies in den einschlägigen Normen zugelassen ist.

Anmerkung 3:

Betriebsmittel der Schutzklasse III dürfen mit Anschlußstellen für Betriebserdung nur dann ausgestattet sein, wenn dies in den einschlägigen Normen zugelassen ist.

Anhang A

Hauptmerkmale von Betriebsmitteln entsprechend dieser Klassifizierung und Voraussetzungen, die für den Fall eines Versagens der Basisisolierung für die Sicherheit notwendig sind.

Schutzklasse / Merkmale	0	I	II	III
Hauptmerkmale der Betriebsmittel	Keine Anschluß-stelle für Schutzleiter	Anschlußstelle für Schutzleiter	Zusätzliche Isolierung, keine Anschlußstelle für Schutzleiter	Versorgung mit Schutz-kleinspannung
Voraussetzungen für die Sicherheit	Umgebung frei von Erdpotential	Anschluß an Schutzleiter	Keine	Anschluß an Schutzklein-spannung

Erläuterungen

In diesem Sonderdruck nicht wiedergegeben.

Sonderdruck

Nur zu Ausbildungszwecken

Auszug aus

DIN 31 000/ VDE 1000/3.79

Allgemeine Leitsätze für das sicherheitsgerechte Gestalten technischer Erzeugnisse

Deutsche Elektrotechnische Kommission im DIN und VDE (DKE)

Arbeitsausschuß Sicherheitstechnische Grundsätze im DIN (ASG)

VDE-Vertr.-Nr. 090001

Vorwort

Die Anregung, die als VDE-Bestimmung gekennzeichnete Norm DIN 31 000/VDE 1000 auszugsweise herauszugeben und zu Ausbildungszwecken kostenlos zur Verfügung zu stellen, wurde von namhaften, in der Lehre tätigen Persönlichkeiten an uns herangetragen.

Dem Schutz des Menschen vor den Gefahren seiner technischen Umwelt wird in unserem Lande ein außerordentlich hoher Wert beigemessen. Den Bemühungen aller zuständigen Kreise ist es zu danken, daß die Zahl der Unfälle stetig abnimmt. Eine wichtige Rolle in der Unfallbekämpfung spielen die technischen Sicherheitsnormen. Diese werden ständig dem neuesten Erkenntnisstand entsprechend überarbeitet. Derartige Normen müssen aber übergeordneten und allgemeingültigen Erfahrungen Rechnung tragen.

So lag es auf der Hand, daß sich die für Sicherheitsfragen zuständigen Kreise unter der Federführung des DIN zusammenfanden und unter Nutzung der im VDE während vieler Jahrzehnte zusammengetragenen Erfahrungen eine Grundnorm erarbeiteten, die mit wissenschaftlichem Hintergrund unmittelbar auf die Praxis bezogen die Umsetzung sicherheitstechnischen Denkens in Planung, Konstruktion und Anwendung beschreibt. Dabei entstand eine Grundnorm, die auch als die „Philosophie" heutigen technischen Sicherheitsdenkens bezeichnet werden kann.

Eine solche Gesamtschau ist geeignet, allen Studierenden – sowohl den an den Grundlagen und Zusammenhängen Interessierten, als auch den in einer praxisorientierten Ausbildung befindlichen – eine wirksame Einführung in eine allgemeine und trotzdem konkrete Sicherheitstechnik zu geben.

DIN 31 000/VDE 1000 wurde vom Arbeitsausschuß Sicherheitstechnische Grundsätze im DIN (ASG) [jetzt Normenausschuß Sicherheitstechnische Grundsätze im DIN (NASG)] und von der Deutschen Elektrotechnischen Kommission im DIN und VDE (DKE) erarbeitet und wird von diesen beiden Normenausschüssen getragen.

Anforderungen auf kostenlose Lieferung an mit der Lehre befaßte Institutionen, die den Status der Gemeinnützigkeit haben, sind zu richten an:

Deutsche Elektrotechnische Kommission im DIN und VDE (DKE), Stresemannallee 15, 6000 Frankfurt am Main 70.

DK 62.001.25 : 001.4 : 62-78 : 614.8 DEUTSCHE NORMEN März 1979

Allgemeine Leitsätze für das sicherheitsgerechte Gestalten technischer Erzeugnisse

DIN 31 000

General guide for designing of technical equipments to satisfy safety requirements

Guide général à la conception des produits techniques selon la sécurité

Diese Norm ist zugleich eine VDE-Rahmen-Bestimmung im Sinne von VDE 0022 und in das VDE-Vorschriftenwerk unter nebenstehender Nummer aufgenommen.	**VDE** 1000/3.79

Zusammenhang mit CENELEC-Memorandum Nr 2, dem Anhang I der Niederspannungs-Richtlinie und dem Entwurf 2 zu DIN 57 000/VDE 1000/76 siehe Erläuterungen.

Arbeitsausschuß Sicherheitstechnische Grundsätze (ASG)
im DIN Deutsches Institut für Normung e. V.
Deutsche Elektrotechnische Kommission im DIN und VDE (DKE)

Frühere Ausgaben:
DIN 31 000 : 12.71

Änderung März 1979:
Norm-Entwurf DIN 57 000/VDE 1000 eingearbeitet.
Vornormcharakter aufgehoben

Inhalt

Beginn der Gültigkeit

Diese zusätzlich als VDE-Rahmen-Bestimmung gekennzeichnete Norm (im folgenden kurz "Norm" genannt) gilt ab 1. März 1979[1]).

1 Geltungsbereich

1.1 Diese Norm gilt für technische Erzeugnisse (siehe Abschnitt 3.1) – einschließlich elektrischer Betriebsmittel (siehe Abschnitt 3.1.1) – unter Voraussetzung ihrer bestimmungsgemäßen Verwendung (siehe Abschnitt 3.3).

1.2 In ihrer Funktion als VDE-Rahmen-Bestimmung gilt diese Norm

a) für elektrische Betriebsmittel im Sinne von Abschnitt 3.1.1, die bei ihrer bestimmungsgemäßen Verwendung von Laien (siehe Abschnitt 3.6.3) betrieben werden, von Laien berührt werden oder auf Laien einwirken sowie

b) unter Berücksichtigung von Abschnitt 4.3 für elektrische Betriebsmittel im Sinne von Abschnitt 3.1.1, die vorzugsweise oder ausschließlich Fachkräften (siehe Abschnitt 3.6.1) oder unterwiesenen Personen (siehe Abschnitt 3.6.2) zugänglich sind und die nach Art ihres Aufbaues oder ihrer Funktion zur Verwendung in elektrischen Betriebsstätten (siehe Abschnitt 3.7.1) oder in abgeschlossenen elektrischen Betriebsstätten (siehe Abschnitt 3.7.2) bestimmt sind.

1.3 Diese Norm gilt nicht für:

a) Werkstoffe, Hilfsstoffe, soweit sie nicht für oder in technischen Erzeugnissen Verwendung finden;

b) nicht selbständig verwendbare Halb- oder Vorfabrikate;

c) Bauwerke.

---

[1]) Genehmigt vom Vorstand des VDE im Dezember 1978, bekanntgegeben in etz-b 26 (1974) Heft 20, etz-b 28 (1976) Heft 8 und etz 100 (1979) Heft 4.

2 Zweck und Anwendung

2.1 Die Inanspruchnahme der Technik bringt neben wachsenden Vorteilen vielfach vermehrte Gefahren mit sich, die teils von den technischen Erzeugnissen selbst ausgehen, teils in der Verhaltensweise des Menschen im Umgang mit technischen Erzeugnissen begründet sind.
Diese Gefahren können vermieden oder verringert werden, wenn bei der Gestaltung technischer Erzeugnisse die in dieser Norm aufgeführten sicherheitstechnischen Leitsätze berücksichtigt werden.

2.2 Diese Norm vermittelt Grundlagen für das sicherheitsgerechte Gestalten technischer Erzeugnisse, gegebenenfalls auch im Sinne der einschlägigen Rechts- und sonstigen Vorschriften, z. B. Energiewirtschaftsgesetz (EnWG), Gesetz über technische Arbeitsmittel (GtA), Unfallverhütungsvorschriften (UVV'en).
In ihrer Funktion als VDE-Rahmen-Bestimmung enthält diese Norm grundlegende und für alle Arten elektrischer Betriebsmittel gemeinsam geltende sicherheitstechnische Festlegungen.

2.3 Diese Norm dient als Basis für die inhaltliche Gestaltung von Sicherheitsnormen bzw. VDE-Bestimmungen.

2.4 Diese Norm ermöglicht eine erste Beurteilung technischer Erzeugnisse hinsichtlich ihrer Sicherheit, soweit gültige, konkretisierte und vollständige Normen bzw. VDE-Bestimmungen dafür nicht oder noch nicht zur Verfügung stehen. Bei dieser Beurteilung können bereits bestehende Einzelfestlegungen für vergleichbare Sachverhalte oder für technische Erzeugnisse, die einem vergleichbaren Zweck dienen, sinngemäß angewendet werden.
Ob ein technisches Erzeugnis im ganzen gesehen sicherheitsgerecht gestaltet ist, kann jedoch mit Hilfe dieser Norm allein nicht beurteilt werden.

2.5 Die grundsätzlichen Festlegungen dieser Norm werden in Normen für einzelne Arten technischer Erzeugnisse bzw. in VDE-Bestimmungen für die einzelnen Arten elektrischer Betriebsmittel konkretisiert und durch Angaben über die zugehörigen Prüfungen ergänzt.

3 Begriffe

3.1 Technische Erzeugnisse
Technische Erzeugnisse im Sinne dieser Norm sind alle verwendungsfertigen technischen Gegenstände und Einrichtungen. Hierzu gehören unter anderem:
- Einrichtungen der Energie-Erzeugung, -Verteilung, -Umwandlung und -Speicherung;
- Kraft- und Arbeitsmaschinen;
- Hebezeuge und Fördermittel;
- Prüfmaschinen und -geräte;
- Fahrzeuge (Land-, Luft- und Wasserfahrzeuge, einschließlich schwimmender Geräte und Schwimmkörper);
- Einrichtungen der Nachrichten- und Informationstechnik;
- verfahrenstechnische Einrichtungen;

- Arbeitseinrichtungen und -geräte (einschließlich Büroeinrichtungen und -geräte);
- Leitern, Tritte, verfahrbare Arbeitsbühnen und ähnliche gerüstartige Arbeitspodeste;
- Werkzeuge, Spannzeuge und Meßzeuge;
- Einrichtungen zum Beheizen, Lüften, Kühlen und Beleuchten;
- Geräte und Einrichtungen für Heim und Freizeit;
- Sport-, Spiel- und Bastelgeräte;
- Bild-, Film- und Tongeräte;
- Einrichtungen der medizinischen Technik;
- Laboreinrichtungen (einschließlich Lehr-, Lern- und Ausbildungsmittel).

3.1.1 Als **elektrische Betriebsmittel** im Sinne dieser Norm gelten technische Erzeugnisse oder deren Bestandteile, soweit sie nach Funktion und Aufbau dem Anwenden elektrischer Energie dienen. Hierzu gehören z. B. Gegenstände zum Erzeugen, Fortleiten, Verteilen, Speichern, Messen, Überwachen, Steuern, Regeln, Umsetzen und Verbrauchen elektrischer Energie – auch im Bereich der Fernmeldetechnik – und deren Zusammenfassung zu elektrischen Ausrüstungen und elektrischen Anlagen.

3.2 Gefahren

Gefahren im Sinne dieser Norm sind Gefahren aller Art für Leben oder Gesundheit, soweit ihre Wirkungen bei bestimmungsgemäßer Verwendung technischer Erzeugnisse ein nach dem jeweiligen Stand der Technik zumutbares Risiko überschreiten, einschließlich der Gefahren, die durch Lärm, Erschütterungen, Luft- oder Wasserverunreinigungen, Hitzeentwicklung und durch sonstige Belastungen verursacht werden.

3.3 Bestimmungsgemäße Verwendung

Bestimmungsgemäße Verwendung im Sinne dieser Norm ist diejenige Verwendung, für die das technische Erzeugnis nach Angaben des Herstellers einschließlich seiner Angaben zum Zwecke der Werbung geeignet ist. Im Zweifel ist es eine solche Verwendung, die sich aus der Bauart, Ausführung und Funktion des technischen Erzeugnisses als üblich ergibt.
Zur bestimmungsgemäßen Verwendung gehört auch die Einhaltung der vorgesehenen Betriebs- und Instandhaltungsbedingungen sowie die Berücksichtigung von voraussehbarem Fehlverhalten.

3.4 Sicherheitstechnische Maßnahmen

Sicherheitstechnische Maßnahmen im Sinne dieser Norm sind alle gestalterischen und beschreibenden Maßnahmen, die zur Vermeidung von Gefahren getroffen werden. Hierbei ist zwischen unmittelbarer, mittelbarer und hinweisender Sicherheitstechnik zu unterscheiden (siehe Abschnitte 4.1.1 bis 4.1.3).

3.5 Besondere sicherheitstechnische Mittel

Besondere sicherheitstechnische Mittel im Sinne dieser Norm sind alle Einrichtungen in oder an technischen Erzeugnissen, die ohne zusätzliche Funktion allein den Zweck haben, deren gefahrlose Verwendung zu fördern oder zu bewirken.

3.6 Benutzer

3.6.1 Als **Fachkraft (Fachmann)** gilt, wer auf Grund seiner fachlichen Ausbildung, Kenntnisse und Erfahrungen sowie Kenntnis der einschlägigen Bestimmungen die ihm übertragenen Arbeiten beurteilen und mögliche Gefahren erkennen kann.
Anmerkung:
Zur Beurteilung der fachlichen Ausbildung kann auch eine mehrjährige Tätigkeit auf dem betreffenden Arbeitsgebiet herangezogen werden.

3.6.2 Als **unterwiesene Person** gilt, wer über die ihr übertragenen Aufgaben und die möglichen Gefahren bei unsachgemäßem Verhalten unterrichtet und erforderlichenfalls angelernt sowie über die notwendigen Schutzeinrichtungen und Schutzmaßnahmen belehrt wurde.

3.6.3 Als **Laie** gilt, wer weder als Fachkraft nach Abschnitt 3.6.1 noch als unterwiesene Person nach Abschnitt 3.6.2 qualifiziert ist.

3.7 Elektrotechnische Begriffe

3.7.1 **Elektrische Betriebsstätten** sind Räume oder Orte, die im wesentlichen zum Betrieb elektrischer Anlagen dienen und in der Regel nur von Fachkräften oder unterwiesenen Personen betreten werden.
Anmerkung:
Hierzu gehören z. B. Schalträume, Schaltwarten, Verteilungsanlagen in abgetrennten Räumen, abgetrennte elektrische Prüffelder und Laboratorien, Maschinenräume von Kraftwerken und dergleichen, deren Betriebsmittel nur von Fachkräften oder unterwiesenen Personen betätigt werden.

3.7.2. **Abgeschlossene elektrische Betriebsstätten** sind Räume oder Orte, die ausschließlich zum Betrieb elektrischer Anlagen dienen und unter Verschluß gehalten werden. Der Verschluß darf nur von beauftragten Personen geöffnet werden. Der Zutritt ist nur Fachkräften oder unterwiesenen Personen gestattet.
Anmerkung:
Hierzu gehören z. B. abgeschlossene Schalt- und Verteilungsanlagen, Transformatorzellen, Schalterzellen, Verteilungsanlagen in Blechgehäusen oder in anderen abgeschlossenen Anlagen, Maststationen, Triebwerksräume von Aufzügen.

3.7.3 Als **Schutz gegen direktes Berühren** gelten alle Maßnahmen zum Schutz von Personen und Tieren vor Gefahren, die sich aus der Berührung mit aktiven Teilen elektrischer Betriebsmittel ergeben.

3.7.4 Als **Schutz bei indirektem Berühren** gelten alle Maßnahmen zum Schutz von Personen und Tieren bei Gefahren, die durch gefährliche Berührungsspannungen an Körpern (siehe Abschnitt 3.7.6) entstehen.

3.7.5 Als **aktive Teile** gelten Leiter und leitfähige Teile von Betriebsmitteln, die unter normalen Betriebsbedingungen unter Spannung stehen.

3.7.6 Als **Körper** gelten berührbare leitfähige Teile von Betriebsmitteln, die nicht aktive Teile sind, jedoch im Fehlerfalle unter gefährlicher Berührungsspannung stehen können.

3.7.7 Als **Masse** gilt die Gesamtheit aller untereinander leitend verbundenen, nicht aktiven Teile eines elektrischen Betriebsmittels, die auch im Fehlerfall keine gefährliche Berührungsspannung annehmen können.
Anmerkung:
*Der Begriff „Masse" ist **nicht** identisch mit den Begriffen „nicht aktive Teile (inaktive Teile)" bzw. „Körper" (siehe Abschnitt 3.7.6) und der physikalischen Größe „Masse".*

4 Grundlagen für das sicherheitsgerechte Gestalten

4.1 Ziele der Sicherheitstechnik
Technische Erzeugnisse müssen so hergestellt sein, daß sie bei ordnungsgemäßer Errichtung bzw. Aufstellung und bei einer bestimmungsgemäßen Verwendung keine Gefahren verursachen.
Können die nach Abschnitt 5 notwendigen Maßnahmen nicht verwirklicht werden, ohne die zur bestimmungsgemäßen Verwendung des technischen Erzeugnisses gehörenden Funktionen zu beeinträchtigen, so muß das technische Erzeugnis nach Möglichkeit an den Gefahrstellen entsprechend gekennzeichnet sein. Auf diese Angaben darf nur verzichtet werden, wenn mögliche Gefahren ohne weiteres erkennbar oder auch für den Laien offensichtlich voraussehbar sind.
Bei der sicherheitsgerechten Gestaltung ist derjenigen Lösung der Vorzug zu geben, durch die das Schutzziel technisch sinnvoll und wirtschaftlich am besten erreicht wird. Dabei haben im Zweifel die sicherheitstechnischen Erfordernisse den Vorrang vor wirtschaftlichen Überlegungen. Diese Ziele der Sicherheitstechnik sollen in nachstehender Rangfolge verwirklicht werden.

4.1.1 Unmittelbare Sicherheitstechnik
Technische Erzeugnisse sollen so gestaltet werden, daß keine Gefahren vorhanden sind.

4.1.2 Mittelbare Sicherheitstechnik
Ist eine Lösung nach Abschnitt 4.1.1 nicht oder nicht vollständig möglich, sollen besondere sicherheitstechnische Mittel (siehe Abschnitt 5.16) Verwendung finden.

4.1.3 Hinweisende Sicherheitstechnik
Führen die Maßnahmen der unmittelbaren oder mittelbaren Sicherheitstechnik nicht oder nicht vollständig zum Ziel, muß angegeben werden, unter welchen Bedingungen eine gefahrlose Verwendung möglich ist.

4.1.3.1 Können bestimmte Gefahren durch die Art des Transportes, der Lagerung, der Aufstellung, der Anbringung, des Anschlusses oder der Inbetriebnahme eines technischen Erzeugnisses verhütet werden, so ist darauf ausreichend hinzuweisen.

4.1.3.2 Müssen zur Verhütung von Gefahren bestimmte Regeln bei der Verwendung, Ergänzung und Instandhaltung eines technischen Erzeugnisses beachtet werden, so ist eine leicht verständliche Gebrauchs- oder Betriebsanleitung mitzuliefern. Sind die betreffenden technischen Erzeugnisse für den deutschen Markt bestimmt, so muß die Gebrauchs- oder Betriebsanleitung zumindest auch deutschsprachig sein.

4.2 Sicherheitstechnische Sonderbedingungen

Werden technische Erzeugnisse bei ihrer bestimmungsgemäßen Verwendung besonderen Umwelt- oder Betriebsbedingungen ausgesetzt, so müssen sie – gegebenenfalls unter Anwendung zusätzlicher Sicherheitsmaßnahmen – so beschaffen sein, daß sie dieser Norm auch unter den zu erwartenden – und dem Hersteller bekanntzugebenden – Sonderbedingungen genügen.

Besondere Bedingungen solcher Art treten z. B. auf bei Verwendung der technischen Erzeugnisse

a) in explosions- oder explosivstoff-, staub- oder feuergefährdeten Arbeitsstätten;
b) unter ungewöhnlich hohen oder niedrigen Temperaturen;
c) unter ungewöhnlicher Feuchte oder Nässe;
d) unter besonderer chemischer, physikalischer oder biologischer Beanspruchung.

4.3 Sicherheitstechnische Sondermaßnahmen

Von den Festlegungen dieser Norm darf im einzelnen abgewichen werden, soweit die notwendige Sicherheit für den Benutzer oder Dritte durch besondere, im Ergebnis gleichwertige, von Beschaffenheit und Funktion des technischen Erzeugnisses unabhängige Maßnahmen erreicht wird.

Als besondere Maßnahmen solcher Art können z. B. angesehen werden:

a) Einschränkung des freien Zugangs zu den technischen Erzeugnissen, z. B. durch Verwendung in abgeschlossenen oder auf andere Weise besonders gesicherten Arbeitsstätten (z. B. Kesselhaus, Versuchs- oder Prüffeld).
b) Beschränkung der freien Verwendung der technischen Erzeugnisse auf Fachkräfte bzw. unterwiesene Personen (siehe Abschnitte 3.6.1 und 3.6.2), z. B. in Laboratorien, bei Hochleistungsschaltanlagen.

4.4 Sicherheit bei der Herstellung

Bei der Gestaltung technischer Erzeugnisse ist darauf zu achten, daß auch bei ihrer Herstellung, einschließlich Transport, Zusammenbau, Inbetriebnahme und Demontage, die größtmögliche Sicherheit gegeben ist.

5 Allgemeine Leitsätze und Rahmen-Bestimmungen

5.1 Beanspruchungen

Technische Erzeugnisse müssen so gestaltet werden, daß sie unter Einwirkungen, die bei bestimmungsgemäßer Verwendung zu erwarten sind, keine Gefahr hervorrufen können. Sie müssen insbesondere den zu erwartenden physikalischen und chemischen Beanspruchungen standhalten. Beanspruchungen, die zu Gefahren führen, können z. B. entstehen durch statische oder dynamische Belastungen, durch Einwirkungen von Flüssigkeiten oder Gasen, durch thermische Einwirkungen oder Belastung durch besondere Klimaeinflüsse.

Wenn damit zu rechnen ist, daß ein Mißverhältnis zwischen vorgesehener und auftretender Belastung oder ein nicht rechtzeitig erkennbarer Werkstoffehler auftreten kann und dabei schädigende Wirkungen eintreten können, so sind besondere sicherheitstechnische Mittel zu verwenden. Gefahren durch Überlastung, Werkstoffehler oder Verschleiß können unwirksam gemacht werden, z. B.

a) durch besondere sicherheitstechnische Mittel, die den technischen Prozeß oder die Energiezufuhr unterbrechen oder ungefährlich machen, sobald eine Überlastung eintritt (z. B. Schmelzsicherungen, Druckbegrenzungsventile, Sollbruchstellen, Rutschkupplungen). Diese Mittel dürfen ihrerseits keine Gefahren hervorrufen;

b) durch besondere sicherheitstechnische Mittel, die die durch Werkstoffehler, Verschleiß oder Überlastung wegfliegenden oder fallenden Teile, die eine Gefahr herbeiführen können, auffangen (z. B. Schutzkörbe unter Kreisförderern oder bei Werkstoff-Prüfmaschinen, Schleifkörperschutzhauben, Sicherungsseile oder -ketten).

5.2 Werkstoffe

5.2.1 Allgemeines

Für die Herstellung technischer Erzeugnisse dürfen nur solche Werkstoffe verwendet werden, die den bei bestimmungsgemäßer Verwendung auftretenden physikalischen und chemischen Beanspruchungen standhalten.

5.2.2 Schädigende Werkstoffe

Werkstoffe, die zu schädigenden Wirkungen führen können, sollen für die Herstellung technischer Erzeugnisse nicht verwendet werden. Sie sollen bei allen möglichen Betriebszuständen physiologisch unbedenklich sein, d. h. gefährliche Wirkungen beim Berühren, durch Gase oder Dämpfe (z. B. bei Erwärmung) und durch Strahlung dürfen nicht möglich sein. Ist das nicht sicherzustellen, müssen besondere sicherheitstechnische Mittel angewendet werden.
Reichen auch diese besonderen sicherheitstechnischen Mittel zur Abwendung von schädigenden Wirkungen nicht aus, ist in einer Gebrauchs- oder Betriebsanleitung auf die möglichen Gefahren hinzuweisen.

5.2.3 Alterungsbeständige Werkstoffe

Wo bei bestimmungsgemäßer Verwendung eine Minderung der technologischen Eigenschaften durch Alterung die Sicherheit beeinträchtigen könnte, müssen hinreichend alterungsbeständige Werkstoffe verwendet werden.

5.2.4 Korrosionsgefährdete Teile

Korrosionsgefährdete Teile müssen aus nicht korrodierendem Werkstoff bestehen oder in anderer Weise gegen Korrosion ausreichend geschützt werden, wenn ohne solche Maßnahmen die Sicherheit beeinträchtigt würde.

5.2.5 Elektrische Isolierung

5.2.5.1 Elektrische Betriebsmittel müssen ausreichend isoliert sein, damit eine gefahrlose Funktion des Gerätes und Schutz gegen Gefahren durch unmittelbare Wirkungen des elektrischen Stromes gegeben sind.
Zu diesem Zweck müssen

a) der Ableitstrom auf den je nach Anwendungsgebiet sicherheitstechnisch als unbedenklich geltenden Grenzwert beschränkt sein **und**
b) die Isolierung einen ausreichend hohen Isolationswiderstand haben **und**
c) die Isolierung unter Berücksichtigung eines angemessenen Sicherheitsfaktors und von außen wirkender oder betriebsbedingter oder störungsbedingter Überspannungen eine ausreichende Spannungssicherheit haben.

5.2.5.2 Isolierungen, die den Schutz gegen gefährliche Berührungsspannungen im Fehlerfalle bewirken (siehe Abschnitt 5.9.1.3), sind hierbei gesondert zu beurteilen.

5.2.5.3 Isolierteile aller Art müssen hinreichend gegen Wärme beständig sein. Isolierteile, die aktive oder stromführende Teile tragen oder abdecken – insbesondere solche, an denen betriebsmäßig Lichtbögen auftreten können, und solche, die bei bestimmungsgemäßer Verwendung in besonders hohem Maße der Erhitzung ausgesetzt sind –, müssen darüber hinaus so hergestellt sein, daß sie sich durch die Wärmebeanspruchung nicht sicherheitsgefährdend verändern.

5.2.5.4 Isolierteile, die aktive Teile (siehe Abschnitt 3.7.5) tragen, müssen hinreichend kriechstromsicher sein, wenn bei bestimmungsgemäßer Verwendung des Betriebsmittels eine sicherheitsgefährdende Minderung der Isolierung durch Feuchte, Verschmutzung oder ähnliche Einwirkungen zu befürchten ist.

5.3 Bewegte Teile
Technische Erzeugnisse müssen so gestaltet werden, daß bewegte Teile, die eine Gefahr darstellen, nicht zugänglich sind oder nicht berührt werden können, soweit dies ohne Einschränkung der Funktion bzw. des Verwendungszweckes möglich ist. Lassen sich außenliegende und der Berührung zugängliche rotierende, oszillierende und translatorisch bewegte Teile nicht vermeiden, müssen zum Schutz gegen dadurch mögliche Gefahren besondere sicherheitstechnische Mittel Verwendung finden.
Rotierende, oszillierende und translatorisch bewegte Teile lassen sich häufig – der Berührung nicht zugänglich – im Maschinen- oder Gerätekörper des technischen Erzeugnisses unterbringen. Einsatzwerkzeuge können sicherheitstechnisch so gestaltet oder so in die Konstruktion einbezogen werden, daß sie nur am Wirkangriff (Arbeitsstelle) frei bleiben, soweit nicht aus funktionellen oder aus sicherheitstechnischen Gründen eine ungehinderte Beobachtung des gesamten Werkzeuges erforderlich ist.

5.4 Oberflächen, Ecken und Kanten
An technischen Erzeugnissen sind, soweit der Verwendungszweck es zuläßt, scharfe Ecken und Kanten sowie rauhe Oberflächen, die zu Verletzungen führen können, zu vermeiden. Insbesondere ist darauf zu achten, daß Kanten entgratet, umgebördelt oder eingefaßt werden.

5.5 Tritt- und Stehsicherheit, Gleithemmung
Bei technischen Erzeugnissen sind erforderlichenfalls besondere sicherheitstechnische Mittel zur Sicherstellung einer ausreichenden Tritt- und Stehsicherheit für das Arbeits- und Instandhaltungspersonal vorzusehen. Solche sicherheitstechnischen Mittel sind z. B. Arbeits- und Wartungsbühnen. Diese und ihre Zugänge sind gleithemmend zu gestalten und erforderlichenfalls mit Fußleisten und Geländern zu versehen.

5.6 Standsicherheit
Technische Erzeugnisse, die freistehend verwendet werden, müssen ausreichend standsicher gestaltet sein, d. h., sie dürfen auch durch Erschütterungen, durch Winddruck, durch Anstoßen oder andere zu erwartende äußere Belastungen nicht umfallen oder sich nicht unbeabsichtigt fortbewegen lassen.
Kann diese Anforderung durch Formgestalten oder stabile Gewichtsverteilung nicht oder nicht ausreichend erfüllt werden, müssen durch besondere sicherheitstechnische Mittel günstigere Schwerpunktlagen hergestellt, Bewegungen von Teilen des Erzeugnisses begrenzt, Befestigungs- bzw. Arretierungsmöglichkeiten

oder, bei fahrbaren technischen Erzeugnissen mit Fahrersitz, erforderlichenfalls Umsturzschutzvorrichtungen vorgesehen werden.
Kann die geforderte Standsicherheit nur durch besondere Maßnahmen am Aufstellungs- oder Verwendungsort oder durch eine bestimmte Verwendungsart erreicht werden, so muß am Erzeugnis selbst oder in Gebrauchs- oder Betriebsanleitungen darauf hingewiesen werden.

5.7 Transportgerechte Gestaltung

Technische Erzeugnisse, die nicht von Hand bewegt oder transportiert werden können, müssen mit geeigneten Anschlageinrichtungen für den Transport mit Hebe- und Fördermitteln ausgerüstet sein oder werden können. Die Anschlageinrichtungen müssen sich vom Transportpersonal gefahrlos erreichen lassen oder ein automatisches Anschlagen ermöglichen. Sie müssen unter Berücksichtigung des Schwerpunktes so angeordnet werden, daß die technischen Erzeugnisse bei sachgerechtem Anheben nicht kippen können.
Betriebsmäßig lösbare Teile technischer Erzeugnisse, wie z. B. Werkzeuge und Vorrichtungen, die ihres Gewichtes wegen nicht von Hand transportiert werden können, sollen durch eine Gewichtsangabe gekennzeichnet sein. Diese muß deutlich sichtbar angebracht werden und erkennen lassen, ob sich die Angabe auf das lösbare Teil oder das komplette Erzeugnis bezieht.

5.8 Beim Betrieb auftretende Gefahren

5.8.1 Wegfliegende Teile

Können beim Betrieb technischer Erzeugnisse Werkstücke, Werkzeuge oder Teile von beiden – auch Späne und Stäube – wegfliegen, sind, soweit damit Gefahren verbunden sind, besondere sicherheitstechnische Mittel anzuwenden.
Besondere sicherheitstechnische Mittel zum Vermeiden gefährlicher Auswirkungen des Wegfliegens sind beispielsweise Schutzhauben, Schutzfenster, Absauganlagen sowie Rückschlagsicherungen an Holzbearbeitungsmaschinen.
Hinweisende sicherheitstechnische Mittel dürfen nur in Ausnahmefällen verwendet werden.

5.8.2 Lärm und Erschütterungen

Technische Erzeugnisse müssen so gestaltet werden, daß Lärm und Erschütterungen so gering wie möglich gehalten werden. Als konstruktive Maßnahmen hierzu bieten sich z. B. an: Wahl günstiger Drehzahlen, Verwenden geräuscharmer Antriebe, Verwenden schwingungsdämpfender Bauteile zwischen Maschine und Fundament.
Sind diese Maßnahmen nicht möglich oder nicht ausreichend, so muß die Lärmausbreitung durch besondere Mittel, z. B. Schalldämmung, Schalldämpfung, Schallableitung, vermindert werden.

5.8.3 Wärme und Kälte

Können warme oder unterkühlte Teile technischer Erzeugnisse zu Gefahren führen, müssen sie gegen Berühren abgeschirmt werden, soweit das ohne Beeinträchtigung der Funktion möglich ist. Auch Wärmestrahlung, die zu Gefahren führen kann, muß durch besondere sicherheitstechnische Mittel (z. B. Abschirmung) vermieden werden.

5.8.4 Betriebsmäßig auftretende Flüssigkeiten
Technische Erzeugnisse, die mit Flüssigkeiten arbeiten, müssen so gestaltet werden, daß die Flüssigkeiten nicht in gefahrbringender Weise in den Arbeitsraum, in dem sich Personen aufhalten (z. B. wegen Rutschgefahr), und an den Körper von Personen (wegen Gefährdung der Gesundheit) gelangen können.

5.8.5 Stäube, Dämpfe, Gase
Werden einem technischen Erzeugnis gefährliche Stäube, Dämpfe oder Gase für das anzuwendende Verfahren zugeführt oder entstehen im Arbeitsprozeß derartige Medien, so müssen diese sicher umschlossen sein oder so abgeleitet und unschädlich gemacht werden, daß sie keine Gefahr bilden.

5.9 Elektrische Energie

5.9.1 Gefahren durch unmittelbare Wirkungen der elektrischen Energie

5.9.1.1 Allgemeines
Elektrische Betriebsmittel müssen so hergestellt sein, daß bei bestimmungsgemäßer Verwendung hinreichender Schutz gegen Gefahren durch unmittelbare Wirkungen der elektrischen Energie besteht.
Elektrische Betriebsmittel müssen so gestaltet und bemessen sein, daß unerwünschte oder unbeabsichtigte gefahrbringende Wirkungen der elektrischen Energie bei bestimmungsgemäßer Verwendung verhindert oder zumindest unschädlich gemacht sind. Die hierfür notwendigen Einrichtungen müssen der Funktion der elektrischen Betriebsmittel angemessen gestaltet und zweckmäßig angebracht sein sowie ausreichend sicher wirken.

5.9.1.2 Schutz gegen direktes Berühren

5.9.1.2.1 Elektrische Betriebsmittel müssen unter Berücksichtigung der Betriebszustände, die der Benutzer oder Dritte herbeiführen können, so gestaltet sein, daß der Benutzer oder Dritte aktive Teile (siehe Abschnitt 3.7.5) ohne Hilfsmittel oder Werkzeuge nicht berühren bzw. sich ihnen nicht gefahrbringend nähern können (siehe jedoch Abschnitt 5.9.1.2.3).

5.9.1.2.2 Teile von elektrischen Betriebsmitteln, die den Schutz gegen direktes Berühren bewirken, dürfen nur mit Hilfe von Werkzeug oder Schlüssel entfernbar oder zu öffnen sein (siehe jedoch Abschnitt 5.9.1.2.3), wenn die unter Spannung stehenden Teile nicht durch das Entfernen oder Öffnen dieser Teile in einen spannungslosen Zustand versetzt werden.

5.9.1.2.3 Auf den Schutz nach den Abschnitten 5.9.1.2.1 und 5.9.1.2.2 darf verzichtet werden, wenn eine der folgenden Bedingungen eingehalten wird:

a) Die anstehende Spannung übersteigt nicht einen für den jeweiligen Anwendungsfall als ungefährlich geltenden Wert und wird in einer Stromquelle erzeugt, die diesen Grenzwert auch im Falle eines Fehlers im zugehörigen Stromkreis nicht überschreiten läßt.
   Anmerkung:
   Durch sichere elektrische Trennung ist verhindert, daß von äußeren Stromkreisen, insbesondere von der Anschlußstelle an das Versorgungsnetz her, gefährliche Spannungen auf das elektrische Betriebsmittel übertreten können.

b) Bei direktem Berühren (siehe Abschnitt 3.7.3) kann nur ein nach Frequenz, Einwirkungsdauer und Energieinhalt auf einen ungefährlichen Wert begrenzter Strom fließen.
c) Bei zur selbständigen Verwendung nicht geeigneten oder bestimmten elektrischen Betriebsmitteln wird der notwendige Schutz durch Einbau in ein (größeres) elektrisches Betriebsmittel bewirkt, das seinerseits den Anforderungen zum Schutz gegen direktes Berühren genügt.
d) Der notwendige Schutz wird durch das Aufstellen in abgeschlossenen elektrischen Betriebsstätten bewirkt.

5.9.1.3 Schutz bei indirektem Berühren

5.9.1.3.1 Elektrische Betriebsmittel müssen so hergestellt sein, daß Personen auch bei einem Fehler der Betriebsisolierung des elektrischen Betriebsmittels oder beim Auftreten von Lichtbögen gegen gefährliche Berührungsspannungen geschützt sind. Zu diesem Zweck müssen die elektrischen Betriebsmittel so ausgeführt sein, daß eine der in der folgenden Aufzählung a) bis c) angegebenen Schutzmaßnahmen verwirklicht ist.
a) Die Körper (siehe Abschnitt 3.7.6) sind so hergestellt, daß sie in eine der mit Schutzleiter wirkenden Schutzmaßnahmen einbezogen werden können. Zu diesem Zweck ist sichergestellt, daß die vorgesehenen Anschlußmittel und Verbindungsstellen elektrisch und mechanisch einwandfrei beschaffen sind und daß alle Körper untereinander und mit dem Schutzleiter sicher verbunden sind.
b) Berührbare leitfähige Teile sind nicht vorhanden oder von Teilen, die im Falle des Versagens der Betriebsisolierung eine gefährliche Berührungsspannung annehmen können, durch eine zusätzlich zur Betriebsisolierung vorhandene Isolierung (Schutzisolierung) getrennt. Es sind keine Vorrichtungen vorhanden, um solche Teile mit einem Schutzleiter verbinden zu können.
c) Die elektrischen Betriebsmittel werden mit Spannungen betrieben, von denen auch im Fehlerfalle keine Gefahr ausgehen kann (siehe Abschnitt 5.9.1.2.3a).
Anmerkung zu der Aufzählung a) bis c):
Die hier aufgeführten Schutzmaßnahmen beinhalten die Grundsätze für die „Schutzklassen I, II bzw. III" in einzelnen besonderen VDE-Bestimmungen für elektrische Betriebsmittel.

5.9.1.3.2 Innerhalb der elektrischen Betriebsmittel dürfen die Schutzmaßnahmen nach Abschnitt 5.9.1.3.1 miteinander kombiniert werden, soweit dadurch die Wirkung der einzelnen Schutzmaßnahmen nicht beeinträchtigt wird.

5.9.1.3.3 Zu selbständiger Verwendung nicht bestimmte elektrische Betriebsmittel brauchen nicht nach Abschnitt 5.9.1.3.1 ausgeführt zu sein, wenn der Schutz bei indirektem Berühren durch die Beschaffenheit des elektrischen Betriebsmittels gegeben ist, dessen Bestandteil sie werden.

5.9.2 Gefahren durch beabsichtigte Einwirkungen der elektrischen Energie auf Mensch und Tier

Von beabsichtigten Einwirkungen der elektrischen Energie auf Menschen und Tiere in Form von Stromleitung, Strahlung, elektrischen Feldern und dergleichen darf nur mit eigens dafür bestimmten elektrischen Betriebsmitteln Gebrauch gemacht werden und soweit dabei – gegebenenfalls durch zusätzliche Sicherheitsvorkehrungen – für den notwendigen Schutz gegen Gefahren in besonderem Maße gesorgt ist (Beispiele: elektromedizinische Geräte, Elektrozaun-Geräte).

Anmerkung:
Hierunter fallen auch elektrische Betriebsmittel, bei denen von begrenzter, ungefährlicher Stromleitung durch den menschlichen Körper bestimmungsgemäß Gebrauch gemacht wird (Beispiele: einpolige Spannungsprüfer, elektronische Tast-Schalter).

5.9.3 Gefahren durch mittelbare Wirkungen der elektrischen Energie

5.9.3.1 Elektrische Betriebsmittel müssen so hergestellt sein, daß Gefahren aus nicht leitungsgebundenen Wirkungen der elektrischen Energie (z. B. bei Röntgeneinrichtungen, Rundfunksendern, Diathermie-Geräten) nicht auftreten können.
Soweit nicht leitungsgebundene Wirkungen der elektrischen Energie funktionsbedingt auftreten, muß dafür gesorgt werden, daß gefährliche Wirkungen außerhalb des gewollten Wirkungsbereiches nicht auftreten können.
Die Vorkehrungen nach dem ersten und zweiten Absatz dieses Abschnittes müssen auch dazu geeignet sein, andere elektrische Betriebsmittel gegen vorhersehbare Funktionsstörungen zu schützen, durch die Gefahren entstehen können (z. B. Störungen in ferngesteuerten elektrischen Betriebsmitteln als Folge der Einwirkungen von Funkstörungen durch andere elektrische Betriebsmittel).

5.9.3.2 Elektrische Betriebsmittel müssen so hergestellt sein, daß die in oder an ihnen – auch bei Überstrom (Überlast, Kurzschluß) – auftretenden Temperaturen die Beschaffenheit und die Funktion des Betriebsmittels und seine Umgebung nicht in sicherheitsgefährdender Weise beeinträchtigen.

5.9.3.3 Elektrische Betriebsmittel müssen so hergestellt sein, daß auch eine Gefahr durch andere, nicht elektrische Wirkungen vermieden ist. Zu diesem Zweck müssen z. B. mechanische oder thermische Wirkungen durch Kurzschluß, UV-Strahlung, Ultraschall-Strahlung, Entwicklung von gesundheitsschädlichen Gasen, Dämpfen, Wirkungen von Explosionen, Implosionen und Detonationen, Lärm, Schwingungen, Erschütterungen und dergleichen auf ein unschädliches Maß begrenzt werden.

5.9.4 Gefahren durch äußere Einwirkungen auf elektrische Betriebsmittel

5.9.4.1 Einwirkungen aus der Umgebung
Elektrische Betriebsmittel müssen gegen die zu erwartenden, sicherheitsgefährdenden Einwirkungen aus der Umgebung – z. B. durch Stoß, Druck, Feuchte, Eindringen von Fremdkörpern (auch von Staub) oder Erschütterungen – hinreichend geschützt sein.

5.9.4.2 Überlastung

5.9.4.2.1 Elektrische Betriebsmittel müssen so beschaffen sein, daß sie auch bei einer Überlastung, wie sie bei bestimmungsgemäßer Verwendung auftreten kann, nicht in sicherheitsgefährdender Weise beeinträchtigt werden können.

5.9.4.2.2 Die elektrischen Betriebsmittel müssen selbsttätig wirkende Einrichtungen zur Unterbrechung oder Begrenzung der Stromaufnahme enthalten, wenn die Forderung nach Abschnitt 5.9.4.2.1 ohne solche Einrichtungen nicht eingehalten werden kann. Dies gilt nur, soweit die elektrischen Betriebsmittel bei bestimmungsgemäßer Verwendung zeitweilig der Aufsicht oder der Beeinflussung durch den Benutzer entzogen sind und eine etwaige Überlastung Gefahren mit sich bringt.

5.9.5 Aufschriften und Kennzeichnung

5.9.5.1 Elektrische Betriebsmittel müssen mit dauerhaft angebrachten, leicht erkennbaren und eindeutigen Aufschriften versehen sein, aus denen alle Merkmale ersichtlich sind, die für gefahrlose Verwendung und sichere Funktion wichtig sind. Hierzu gehören insbesondere die elektrischen Nenndaten, Angaben über den ordnungsgemäßen Anschluß bei bestimmungsgemäßer Verwendung, etwaige besondere Betriebsarten und Betriebsbedingungen. Mit Hilfe der Aufschriften müssen auch Herkunft und Typ der elektrischen Betriebsmittel identifizierbar sein.

5.9.5.2 Elektrische Betriebsmittel, die während der bestimmungsgemäßen Verwendung nach Wahl des Verwenders (Benutzers) auf unterschiedliche Betriebs- oder Funktionsarten oder -zustände eingestellt werden können, müssen Vorrichtungen oder Kennzeichnungen haben, die den jeweils gewählten Zustand (Funktion) eindeutig erkennen lassen.
Mittelbar diesem Zweck dienende Vorrichtungen (z. B. Meßinstrumente, Funktionswahl-Schalter) müssen so ausgeführt sein, daß der quantitativ oder qualitativ jeweils angezeigte Wert dem tatsächlichen Wert der dargestellten Größe mit ausreichender Genauigkeit entspricht.
Anmerkung:
Unterschiedliche Betriebs- oder Funktionsart im vorstehenden Sinne ist z. B. bei Geräten gegeben, die auf verschiedene Nennspannungen eingestellt werden können.

5.9.5.3 Elektrische Betriebsmittel, von denen eine unvermeidbare, funktionsbedingte Gefahr ausgehen kann, müssen entsprechend gekennzeichnet sein. Hierauf darf nur verzichtet werden, wenn die möglichen Gefahren ohne weiteres erkennbar oder – auch für den Laien – offensichtlich voraussehbar sind.

5.9.5.4 Soweit die erforderlichen Angaben nach den Abschnitten 5.9.5.1 bis 5.9.5.3 wegen der Beschaffenheit der elektrischen Betriebsmittel nicht als Aufschrift auf diesen selbst angebracht werden können, müssen sie dem Benutzer in anderer Weise zuverlässig, eindeutig und wirksam bekanntgegeben werden, z. B. in Form der Begleitpapiere (Bedienungsanleitung, Montageanleitung). Diese gelten in einem solchen Falle als Bestandteil des elektrischen Betriebsmittels.

5.9.6 Nennbetrieb

Die elektrischen Betriebsmittel müssen so hergestellt sein, daß sie mit den in den Nenndaten angegebenen Werten bei bestimmungsgemäßer Verwendung betrieben werden können, ohne daß dabei Personen, Tiere oder Sachen gefährdet oder die Funktion des Betriebsmittels gefahrbringend beeinflußt werden.
Soweit es für die Sicherheit erforderlich ist, müssen die Abweichungen der Betriebsdaten von den Nenndaten innerhalb angemessener Toleranzen liegen.

5.9.7 Sonstige Anforderungen

5.9.7.1 Elektrischer Anschluß und elektrische Verbindungen

5.9.7.1.1 Elektrische Betriebsmittel müssen mit Einrichtungen versehen sein, die ihren sicheren Anschluß an das Netz (bei fest anzuschließenden elektrischen Betriebsmitteln durch eine Fachkraft) ermöglichen.

5.9.7.1.2 Die hierfür erforderlichen Anschlußmittel – z. B. Steckvorrichtungen, Anschluß- und Verbindungsleitungen, Klemmen – müssen den auftretenden elektrischen (Nennspannung, Nennstrom, Nennleistung), thermischen (innere und äußere Erwärmung) und mechanischen (Zug, Druck, Verdrehung usw.) Beanspruchungen standhalten. Besonders gefährdete Stellen müssen durch Anordnung, Gestaltung oder zusätzliche Einrichtungen gesichert werden.

5.9.7.1.3 Insbesondere müssen die Strombahnen und die leitenden Verbindungen stromführender oder aktiver Teile so hergestellt und erforderlichenfalls zusätzlich so gesichert sein, daß sie sich bei betriebsgemäßer Belastung nicht unzulässig erwärmen, lockern oder in anderer gefahrbringender Weise verändern.

5.9.7.2 Luftstrecken, Kriechstrecken und Abstände

5.9.7.2.1 An allen Stellen, an denen eine Gefahr infolge anstehender Spannung, Fehlerstrom, Ableitstrom oder ähnlicher Einwirkungen zu befürchten ist, müssen hinreichend bemessene Luftstrecken, Kriechstrecken und Abstände vorgesehen sein.

5.9.7.2.2 Soweit Luftstrecken und Kriechstrecken in besonderem Maße – z. B. durch Verwendung chemisch-aggressiver Flüssigkeiten, Auftreten von Kohleabriebstaub bei bestimmungsgemäßer Verwendung des Betriebsmittels – beeinträchtigt werden können, müssen diese durch Lage, Formgebung, Werkstoffauswahl oder in anderer geeigneter Weise gegen Verschmutzung, Feuchte oder andere schädliche Einwirkungen geschützt sein.

5.9.7.2.3 Von den Anforderungen der Abschnitte 5.9.7.2.1 und 5.9.7.2.2 darf abgewichen werden, wenn auf andere, mindestens gleichwertige Weise sichergestellt ist, daß im Fehlerfalle – z. B. durch Überlastung oder Kurzschluß – keine sicherheitsgefährdenden Erscheinungen infolge von Beeinträchtigungen von Luftstrecken und Kriechstrecken auftreten.

5.10 Pneumatische und hydraulische Ausrüstung

Bei der pneumatischen und hydraulischen Ausrüstung von technischen Erzeugnissen ist insbesondere darauf zu achten,

a) daß im technischen Erzeugnis der zulässige Druck nicht überschritten werden kann (z. B. durch Druckbegrenzungseinrichtungen);
b) daß bei Druckausfall oder -abfall keine gefährlichen Vorgänge ausgelöst werden können (z. B. bei Kraftspannfuttern);
c) daß von austretenden Druckflüssigkeiten oder Druckgasen keine Gefahr ausgehen kann (z. B. mittels Entspannen oder Ableiten);
d) daß pneumatische und hydraulische Ausrüstungen selbst gegen schädigende Einwirkung von außen geschützt sind.

5.11 Gastechnische Ausrüstung für brennbare Gase

Bei der gastechnischen Ausrüstung von technischen Erzeugnissen ist insbesondere darauf zu achten,

a) daß ein unbeabsichtigtes Ausströmen von Gas, das zu einer Gefahr führen kann, vermieden wird (z. B. durch Druckbegrenzungseinrichtungen, Zündsicherungen, Gasmangelsicherungen);

b) daß die Brennsicherheit bei Gasverbrauchseinrichtungen gegeben ist (z. B. durch einwandfreies Überzünden zum Hauptbrenner, einwandfreies Durchzünden der einzelnen Flammen des Hauptbrenners, Erhalten der Flammenstabilität);
c) daß der CO-Gehalt im Abgas die zulässigen Grenzen nicht überschreitet (z. B. durch geeignete Wahl des Brenners und durch ausreichende Luftzufuhr, so daß auch ein teilweises Ansaugen von Abgas anstelle von Frischluft in den Brenner nicht möglich ist);
d) daß eine Rückzündung in gasführende Teile verhindert wird.

5.12 Ausrüstung für flüssige und feste Brennstoffe

Bei der wärmetechnischen Ausrüstung von technischen Erzeugnissen, die mit flüssigen oder festen Brennstoffen betrieben werden, ist insbesondere darauf zu achten,
a) daß bei der Brennstoffbeschickung keine Gefahr auftreten kann;
b) daß – soweit eine Brennstoffbevorratung in unmittelbarer Nähe der Feuerstätte notwendig ist – sich daraus keine Gefahren ergeben;
c) daß eine ausreichende Verbrennungsluftzufuhr gewährleistet wird;
d) daß die Schadstoffe im Rauchgas die zulässigen Grenzen nicht überschreiten.

5.13 Ausrüstung für Treibmittel-Energie

Technische Erzeugnisse, die als Energieträger Treibmittel – insbesondere Explosivstoffe – verwenden, müssen so gestaltet sein, daß ungewollte, gefahrbringende Auslösung verhindert wird.

5.14 Einrichtungen zum Schalten, Steuern und Regeln

5.14.1 Steuerungen und Stellteile

Energien aller Art bei technischen Erzeugnissen müssen so geschaltet und gesteuert werden können, daß größtmögliche Sicherheit gegeben ist.
Stellteile müssen so gestaltet, angeordnet oder gesichert werden, daß ungewolltes, versehentliches Schalten oder Auslösen von Bewegungs- oder sonstigen Arbeitsvorgängen verhindert oder wenigstens erschwert wird. Bei handgesteuerten Vorgängen soll die Sinnfälligkeit der Schaltbewegungen gewährleistet sein. Läßt sich das nicht verwirklichen, müssen entsprechende allgemein verständliche Bildzeichen oder auch, wenn diese nicht ausreichen, Textangaben vorhanden sein. Bei selbsttätigen oder teilweise selbsttätig wirkenden Schalt- und Steuervorgängen muß die Folge der Funktionen so sichergestellt sein, daß gefährliche Überlagerungen oder Überkreuzungen von Vorgängen ausgeschlossen sind. Entsprechende Verriegelungen oder Begrenzungen sind vorzusehen. Steuerleitungen sind so zu gestalten, daß Beschädigungen der Leitungen nicht zu gefährdenden Schalt- und Steuervorgängen führen können.
Wenn eine Kopplung oder Verriegelung von Steuerung und besonderen sicherheitstechnischen Mitteln an technischen Erzeugnissen vorgesehen ist, müssen diese zwangläufig wirken. Diese Forderung ist erfüllt, wenn z. B.
a) mit Einleiten (Einschalten) des Arbeits- oder Bewegungsvorganges die sicherheitstechnischen Mittel wirksam werden;
b) das Einleiten (Einschalten) des Arbeits- oder Bewegungsvorganges erst nach Wirksamwerden der sicherheitstechnischen Mittel möglich ist;
c) bei Annäherung an den Gefahrenbereich während der Gefährdungszeit der Arbeits- und Bewegungsvorgang zwangläufig unterbrochen wird.

5.14.2 Gefahrenschaltungen
Kraftbetriebene technische Erzeugnisse müssen mit Gefahrenschaltung (Notschaltung) ausgerüstet werden, wenn

a) im Gefahrenbereich der Betätigungsschalter zum Abschalten gefahrbringender Bewegungen nicht schnell und gefahrlos erreicht werden kann;
b) mehrere bewegliche Einheiten vorhanden sind, von denen eine Gefahr ausgehen kann und die nicht über einen gemeinsamen, schnell und gefahrlos erreichbaren Schalter abzuschalten sind;
c) durch Abschalten bestimmter Einheiten eine zusätzliche Gefahr eintreten kann;
d) die technischen Erzeugnisse vom Steuerstand nicht vollständig übersehen werden können.

Gefahrenschalter müssen in ausreichender Anzahl vorhanden, von allen Steuer- und Beschickungsstellen schnell und gefahrlos erreichbar angebracht und auffällig rot gekennzeichnet sein.
Durch das Betätigen der Gefahrenschaltung darf weder bei eingeschalteten noch bei abgeschalteten technischen Erzeugnissen eine gefährliche Bewegung ausgelöst werden; erforderlichenfalls müssen auslaufende gefährdende Bewegungen abgebremst werden. Nach Abschalten durch einen Gefahrenschalter darf eine Wiederinbetriebnahme des technischen Erzeugnisses erst dann möglich sein, nachdem der Gefahrenschalter selbst (bei mechanischer Verriegelung) oder ein anderes dafür vorgesehenes Stellteil (bei elektrischer Verriegelung) von Hand in die Einschalt- oder Zustimmungsstellung gebracht wurde.
Bei selbsttätigem Arbeitsablauf muß es möglich sein, die einzelnen beweglichen Einheiten nach Umschalten auf Handbetrieb zu fahren, soweit es zur Abwendung von Gefahren erforderlich ist.

5.14.3 Besondere Sicherheitsschaltungen
Technische Erzeugnisse, bei denen es erforderlich ist, beim Einrichten, Warten, Inspizieren und Instandsetzen den Gefahrenbereich zu begehen oder mit Körperteilen (z. B. Hände oder Arme) in den Gefahrenbereich einzudringen, müssen gegen irrtümliches Inbetriebsetzen gesichert werden können.
Diese Forderung kann erfüllt werden, z. B. durch

a) mechanisches Absichern des Gefahrenbereiches und gleichzeitige zwangläufige Unterbrechung der Steuerung oder der Energiezufuhr des technischen Erzeugnisses (z. B. Sicherungsstützen oder -blöcke bei Pressen und Druckgießmaschinen);
b) in „AUS"-Stellung mehrfach mit Vorhängeschlössern abschließbare Hauptschalter;
c) Steuerungs- oder Verriegelungselemente, die sich direkt an der Gefahrenstelle befinden und nur von dort aus die Inbetriebnahme sperren oder freigeben;
d) abziehbare Zündschlüssel.

Handgehaltene kraftbetriebene Maschinen oder Werkzeuge müssen vom Benutzer ohne Loslassen der Handgriffe des Werkzeuges ausgeschaltet werden können oder mit einem Einschalter, der sich beim Loslassen selbsttätig in die „AUS"-Stellung begibt, versehen sein.

5.15 Anforderungen an die gefahrlose Funktion

5.15.1 Technische Erzeugnisse müssen so beschaffen sein, daß sie während einer angemessenen Nutzungsdauer ihrer bestimmungsgemäßen Verwendung entsprechend sicher bleiben, d. h. keine Gefahr herbeiführen können.

Bei elektrischen Betriebsmitteln darf auch nach Ablauf der angemessenen Nutzungsdauer keine Gefahr durch noch funktionsfähige Geräte herbeigeführt werden.

5.15.2 Teile von elektrischen Betriebsmitteln, die betriebsmäßig elektrische Stromkreise schließen oder unterbrechen, müssen geeignet sein, den entsprechend ihren Nenndaten (Strom, Spannung, Frequenz, Schalthäufigkeit usw.) zu erwartenden elektrischen, thermischen und mechanischen Beanspruchungen standzuhalten. Insbesondere muß eine sichere Schaltfunktion gegeben sein, soweit hiervon die Sicherheit abhängt.

5.15.3 Zur Abwendung von Gefahren, die von der Funktion der elektrischen Betriebsmittel – selbst bei deren einwandfreier Beschaffenheit – ausgehen können, müssen neben den nach Abschnitt 5.9.1.1, zweiter Absatz geforderten Maßnahmen Einrichtungen vorhanden sein, mit denen im Falle drohender Gefahr der Energiefluß unterbrochen werden kann.
Es muß die notwendige Sicherheit dagegen gegeben sein, daß solche Einrichtungen versehentlich oder irrtümlich unwirksam gemacht werden.

5.15.4 Elektrische Betriebsmittel müssen zwangläufig und sicher wirkende Einrichtungen haben, mit denen ungewolltes Inbetriebsetzen aus den Zuständen „Außer Betrieb" oder „Halt" heraus verhindert ist, wenn durch unerwartetes Inbetriebsetzen Personen gefährdet werden können.

5.15.5 Besondere sicherheitstechnische Mittel müssen vor dem Inverkehrbringen als zuverlässig erprobt sein. Wenn Kopplungen oder Verriegelungen mit der Steuerung vorgesehen sind, darf das Versagen besonderer sicherheitstechnischer Mittel oder einzelner Teile davon entweder die Schutzwirkung nicht aufheben, oder es muß das Abschalten gefährlicher Vorgänge bewirkt werden. Komplizierte sicherheitstechnische Systeme sollen mit Einrichtungen zur Selbstüberwachung ausgerüstet werden.

5.16 Wirksamkeit besonderer sicherheitstechnischer Mittel
Die Wirksamkeit besonderer sicherheitstechnischer Mittel soll für die vorbestimmte Aufgabe zwangläufig sein, d. h., es darf nicht leicht möglich sein, sie unwirksam zu machen. Kann die zwangläufige Wirkung der besonderen sicherheitstechnischen Mittel nicht erreicht werden, muß angegeben werden (z. B. an dem Erzeugnis oder in der Gebrauchs- bzw. Betriebsanleitung), unter welchen Bedingungen eine gefahrlose Verwendung des technischen Erzeugnisses möglich ist.

5.17 Elektrostatische Aufladung
Gefährliche elektrostatische Aufladungen müssen verhindert werden; wenn das nicht möglich ist, müssen besondere sicherheitstechnische Mittel zum Unschädlichmachen bzw. Ableiten vorgesehen werden.

5.18 Betriebsstoffe und Arbeitsstoffe

5.18.1 Die für das Betreiben technischer Erzeugnisse und das Arbeiten mit technischen Erzeugnissen notwendigen Betriebsstoffe und Arbeitsstoffe sollen keine schädigenden Wirkungen haben. Kann auf gefährliche Betriebsstoffe und Arbeitsstoffe nicht verzichtet werden (z. B. bei Härtereianlagen, Farbspritzanlagen,

Galvanisierungsanlagen), müssen besondere sicherheitstechnische Mittel zur Abwehr der Gefahr vorgesehen oder ersatzweise in der Gebrauchs- oder Betriebsanleitung die Bedingungen angegeben werden, unter denen eine gefahrlose Verwendung möglich ist.

5.18.2 Technische Erzeugnisse, für die Betriebsstoffe (z. B. Flüssigkeiten, Gase) benötigt werden, müssen so gestaltet werden, daß austretende Betriebsstoffe sich nicht in ihnen oder in ihrer Umgebung in gefahrdrohender Menge ansammeln können.

5.19 Menschengerechte (ergonomische) Gestaltung
Technische Erzeugnisse sollen so gestaltet werden, daß das Arbeiten mit ihnen bzw. ihre Verwendung weitgehend erleichtert wird. Damit wird auch einer möglichen Gefahr vorgebeugt. Das bedeutet, daß das Erzeugnis den Körpermaßen, den Körperkräften und den anatomischen und physiologischen Gegebenheiten des Menschen angepaßt werden soll.

Erläuterungen

Zum Inhalt

Innerhalb des Deutschen Normenwerkes hat DIN 31 000/VDE 1000 die gleiche Bedeutung und Funktion wie die bisherige Vornorm DIN 31 000.
Der methodische Grundgedanke kommt in den Abschnitten 4.1.1 bis 4.1.3 deutlich zum Ausdruck:

> Eine Drei-Stufen-Methode für das sicherheitsgerechte Gestalten im Rahmen der Gesamtlösung einer Konstruktionsaufgabe.

Der Gestalter soll zunächst versuchen, seine Aufgabe so zu lösen, daß bei der bestimmungsgemäßen Verwendung des Erzeugnisses keine Gefahren für Leben und Gesundheit vorhanden sind. Zum Beispiel wird es häufig möglich sein, die beweglichen Elemente eines Erzeugnisses so in einem Maschinen- oder Gerätekörper unterzubringen, daß sie für den Benutzer nicht erreichbar sind (Abschnitt 4.1.1 „Unmittelbare Sicherheitstechnik").
Ist das aus konstruktions- oder funktionsbedingten zwingenden Gründen nicht möglich, so sollen besondere sicherheitstechnische Mittel (Schutzmaßnahmen) angewendet werden, um die Gefahren wirkungslos zu machen. Die Mittel sind funktional in die Gesamtlösung einzubeziehen (Abschnitt 4.1.2 „Mittelbare Sicherheitstechnik").
Können auch besondere sicherheitstechnische Mittel bei Berücksichtigung der unter Abschnitt 4.1 genannten Gesichtspunkte keine Anwendung finden, muß angegeben werden, unter welchen Bedingungen eine gefahrlose Verwendung des Erzeugnisses möglich ist. Soweit von der „Hinweisenden Sicherheitstechnik" Gebrauch gemacht wird, muß sichergestellt werden, daß der Hinweis auch an den Benutzer gelangt. Dies soll z. B. durch Aufschrift oder Hinweis in der Gebrauchs- oder Betriebsanleitung geschehen.
Die „Hinweisende Sicherheitstechnik" ist in Verbindung mit der „Unmittelbaren Sicherheitstechnik" und der „Mittelbaren Sicherheitstechnik" auch dann anzuwenden, wenn bei Erzeugnissen eine Gefahr nur durch ein bestimmtes Verhalten des Benutzers verhindert werden kann (Abschnitt 4.1.3 „Hinweisende Sicherheitstechnik").

Grundsätzlich sei jedoch noch einmal darauf hingewiesen, daß alle Einzelangaben dieser Norm und dabei insbesondere die „Allgemeinen Leitsätze und Rahmen-Bestimmungen" nach Abschnitt 5 unter Voraussetzung folgender grundsätzlicher Feststellungen gelten:

- Nach Abschnitt 1.1 gilt diese Norm für technische Erzeugnisse unter Voraussetzung ihrer bestimmungsgemäßen Verwendung, zu der nach Abschnitt 3.3 auch die Einhaltung der vorgeschriebenen Betriebs- und Instandhaltungsbedingungen sowie die Berücksichtigung von voraussehbarem Fehlverhalten gehört.
- Nach Abschnitt 4.1, erster Absatz, wird darüber hinaus eine ordnungsgemäße Errichtung bzw. Aufstellung als Voraussetzung genannt.
- Nach Abschnitt 3.2 werden nur solche Gefahren berücksichtigt, deren Wirkungen ein nach dem jeweiligen Stand der Technik zumutbares Risiko überschreiten.
- Nach Abschnitt 4.2 ist dem Hersteller technischer Erzeugnisse bekanntzugeben, wenn sie unter besonderen Umwelt- oder Betriebsbedingungen verwendet werden, unter denen besondere Beanspruchungen auftreten.

Die Wiederholung der grundsätzlichen Feststellungen an einigen speziellen Stellen hat lediglich den Charakter einer Erinnerung.

Neben ihrer Funktion als DIN-Norm stellt DIN 31 000/VDE 1000 zugleich auch eine VDE-Rahmen-Bestimmung dar. Deren Bedeutung und Funktion sind im grundsätzlichen in „VDE 0022/6.77 – Vorschriftenwerk des Verbandes Deutscher Elektrotechniker (VDE) e. V. – [VDE-Druckschrift]" dargestellt. Für den vorliegenden Einzelfall sind Geltungsbereich, Zweck und Anwendung dieser VDE-Rahmen-Bestimmung in den Abschnitten 1 und 2 klargestellt.

In der Sache stellt DIN 31 000/VDE 1000 in ihrer Funktion als VDE-Rahmen-Bestimmung alle für die Sicherheit von elektrischen Anlagen und elektrischen Betriebsmitteln wesentlichen Kriterien zusammen und trifft grundlegende Festlegungen darüber, was – unter Beachtung des sicherheitstechnischen Grundkonzeptes des gesamten VDE-Vorschriftenwerkes – bei der Errichtung und dem Betreiben von elektrischen Anlagen sowie beim Herstellen und Verwenden elektrischer Betriebsmittel zur Abwendung von Gefahren für Leben und Gesundheit des Benutzers und zum Schutz gegen Beschädigung von Sachen beachtet werden muß.

DIN 31 000/VDE 1000 stellt damit eine dem gegenwärtigen Stand der Sicherheitstechnik entsprechende Sicherheitsnorm dar und berücksichtigt weitgehend das bereits vorliegende Sicherheitstechnische Regelwerk von DIN und VDE. Aufgrund der ständigen Erweiterung dieses Regelwerkes bzw. des Entstehens immer neuer produktspezifischer Sicherheitsnormen und der Gewinnung neuer Erkenntnisse und Einsichten wird es aber notwendig sein, um eine Vervollständigung dieser Norm bemüht zu bleiben, z. B. um Hinweise auf Gefahren, die sich durch andere Energieformen ergeben, und um eine Abrundung durch weitere Kriterien für das sicherheitsgerechte Gestalten technischer Erzeugnisse, die sich aus der Facharbeit ergeben.

In Ergänzung und in Weiterführung dieser „Allgemeinen Leitsätze" sollen fachübergreifende sicherheitstechnische Festlegungen für bestimmte Bereiche oder Schutzziele in Grundnormen (Mittelbau) zusammengefaßt werden. Schließlich sollen Produktgruppen oder einzelne Produkte in Fachbereichsnormen oder Teilenormen erfaßt werden.